土建类高职高专规划教材

SHIZHENGGONGCHENG

GAILUN

市政工程概论

【建筑工程技术专业用】

樊琳娟　主　编

胡红英　杨　庚　蔡晓飞　副主编

金志强［江苏省交通运输厅质监站］　主　审

U0294170

人民交通出版社

China Communications Press

内 容 提 要

　　本书为土建类高职高专规划教材,系统地介绍了市政工程的基本概念和知识。全书共八章,主要包括:绪论,道路线形及交叉口工程,路基路面工程,桥梁工程,市政管道工程,城市环境工程,城市污水处理工程,市政工程新技术。每章前面设有重点内容和学习目标,每章后附有思考题与习题,以便学生理解和掌握主要内容。

　　本书为市政工程技术、建筑工程、建筑管理工程、公路与城市道路工程、给排水工程、水利工程、工程造价等土建类专业的教材,也可供相关专业的工程技术人员和企业管理人员学习参考。

图书在版编目(CIP)数据

市政工程概论/樊琳娟主编. —北京:人民交通
出版社,2010.8
　　ISBN 978-7-114-08601-4

　　Ⅰ.①市…　Ⅱ.①樊…　Ⅲ.①市政工程　Ⅳ.
①TU99

　　中国版本图书馆 CIP 数据核字(2010)第 155795 号

土建类高职高专规划教材

书　　　名:	市政工程概论(建筑工程技术专业用)
著 作 者:	樊琳娟
责 任 编 辑:	黎小东
出 版 发 行:	人民交通出版社股份有限公司
地　　　址:	(100011) 北京市朝阳区安定门外外馆斜街 3 号
网　　　址:	http://www.ccpress.com.cn
销 售 电 话:	(010) 59757973
总 经 销:	人民交通出版社股份有限公司发行部
经　　　销:	各地新华书店
印　　　刷:	北京市密东印刷有限公司
开　　　本:	787×1092　1/16
印　　　张:	21.25
字　　　数:	528 千
版　　　次:	2010 年 8 月　第 1 版
印　　　次:	2019 年 5 月　第 6 次印刷
书　　　号:	ISBN 978-7-114- 08601- 4
定　　　价:	46.00 元

(有印刷、装订质量问题的图书由本社负责调换)

土建类高职高专规划教材

"建筑工程技术专业"教材编写委员会

前　　言

　　随着城市化进程的不断推进,市政工程建设已进入快速发展时期,建设规模大,建设速度不断加快,社会急需大批市政工程建设管理和技术人才。针对这一现状,很多高职院校开办了市政工程技术专业。为了满足教学的需要,我们组织了教学和工程实践经验丰富的资深教师,针对交通高职院校学生的特点编写了本教材。

　　本教材的主要特色有以下几点:

　　1. 教材依据现行的新规范和标准进行编写,内容包括:市政工程的基本概念、相关法规标准及规范;市政道路工程;市政桥梁工程;市政管道工程;城市环境工程;污水处理工程;市政工程新技术等知识。该书除针对市政工程技术专业的学生外,还为土建类专业学生介绍了公路工程相关基础知识,以拓展学生的职业能力提供平台。

　　2. 教材借鉴了各优秀教材、期刊杂志等有关本专业的最新成果,反映了市政工程专业的最新发展动向。市政道路、桥梁、管道工程的内容突出实用且通俗易懂;城市环境、污水处理工程的内容具有新意。市政工程新技术介绍了最新的市政科技应用成果,可以开阔学生的视野。

　　3. 该书使学生能够了解市政工程技术专业的涵盖范围,了解从事市政工程专业所应具备的知识和能力,为后续专业课程的学习打下基础。

　　4. 本书每单元前有学习目标,单元后有归纳总结、复习思考题,有利于教师在教学中把握重点、难点,便于学生复习和巩固所学知识。

　　本教材由南京交通职业技术学院樊琳娟副教授担任主编。具体编写分工如下:南京交通职业技术学院樊琳娟副教授编写第一章、第二章、第三章、第四章;湖北城市建设职业技术学院胡红英副教授编写第五章;南京交通职业技术学院杨庚高级工程师编写第六章、第七章;南京交通职业技术学院蔡晓飞讲师编写第八章。

　　为了更好地体现本教材的科学性和实用性,土建类高职高专规划教材编审委员会特邀江苏省交通运输厅工程质量监督站金志强(研究员级高级工程师)担任主审。主审认真审阅了本教材,提出了很多宝贵的修改建议。在编写过程中,还得到人民交通出版社高职教材出版中心的大力帮助。在此,对他们的辛勤劳动表示衷心的感谢。

　　由于时间和水平有限,书中错误或不当之处在所难免,敬请同行专家和读者批评指正。

编　者

2010 年 6 月

目　　录

第一章 绪 论

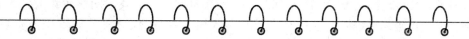

重点内容和学习目标

　　本章重点讲述了市政工程的基本概念,道路工程的发展概况,道路的分类、分级及基本组成,市政工程的相关标准、规范。

　　通过本章学习,了解市政工程的基本概念及我国道路发展史;掌握道路的分类方法及具体分类;掌握道路的等级划分及道路基本组成;了解市政工程相关法规、规范、标准。

第一节 市政工程的基本概念

　　市政工程是城市建设中,市政基础设施工程建造(除建筑业的房屋建造)的科学技术活动的总称,是人们应用市政工程技术、各种材料、工艺和设备进行市政基础设施的勘测、设计、监督、管理、施工、保养维修等技术活动,在地上、地下或水中建造的直接或间接为人们生活、生产服务的各种城市基础设施。

　　市政工程一般是指城市道路、桥涵、隧道、排水(含污水处理)、防洪和城市照明等市政基础设施。广义的市政工程包括:

　　(1)市政工程设施。包括城市的道路、桥梁、隧道、涵洞、防洪、下水道、排水管渠、污水处理厂(站)、城市照明等设施。

　　(2)公用事业基础设施。包括城市供水、供气、供热、公共交通(含公共汽车、电车、地铁、轻轨列车、轮渡、出租汽车及索道缆车)等。

　　(3)园林绿化设施。包括园林建筑、园林绿化、道路绿化及公共绿地的绿化等。

　　(4)市容和环境卫生。包括市容市貌的设施建设、维护和管理等。

　　以上各项设施及其附属设施,统称市政公用设施。

　　市政工程自身的特点是隐蔽工程量多。如城市道路,除面层表层裸露外,路基、垫层、基础都位于面层之下,工程完工后,仅看见面层表面部位;排水管渠工程除检查井的口、盖外,工程结构的主要构造绝大部分都隐蔽在地下。

　　市政工程随着社会经济的发展、科学技术的进步而不断发展。社会的发展对市政工程的需要不断地、迅速地增长,首先是作为市政工程物质基础的建筑材料;其次是随之发展的设计理论与施工工艺技术,这成为市政工程建设技术水平发展的先决条件。新的技术、性能优良的建筑材料、新的设计理论或成功采用的新的施工工艺技术,都能促使市政工程建设水平的提高。

1

第二节 道路工程的发展概况

一、道路工程的发展概况

1. 城市道路的发展概况

国外一些发达国家,由于经济水平较高,私家车拥有数量很高,城市道路不适应交通需要的矛盾日益突出,以至于交通堵塞、车祸和环境污染日益严重。我国同样如此,近20年来,我国采取了一些措施来缓解以上这些矛盾,如提高大城市道路设施水平和道路服务质量。近几年来,为适应今后汽车工业的更大发展,缓解与改善城市道路交通,今后治理与规划的对策是继续深化多层次的城市规划与交通规划,注意工程建设与管理政策的双管齐下。我国在此方面发展的主要方向为:发展快速路、优化道路网布局以及开辟步行街等。

(1)发展快速路,优化道路网布局

城市快速路是指一种有四条以上车道,设有中央分隔带、与其他道路立体交叉、全部或局部控制出入,专供高速车辆分向、分道行驶的道路,其功能就是纯交通功能。最常见的形式是在大城市与特大城市修建环形放射式快速路网,它与原有道路网有着良好的衔接,将长距离交通车流从一般道路上分离出来,达到快、慢车流分行的目的。如上海的"申"形高架路和天津的中环线等。此外,还可采取充分利用城市空间和高架轨道交通等设施,来缓和、减轻城市道路客运交通的压力。目前,地下铁道已经成为特大城市公共客运交通的重要手段。而高架桥在一些房屋密集、市区干线运量饱和、用地局限的大城市中,也成为解决交通道路矛盾的设施之一。此外,还有一些城市采用新型交通设施,如上海的磁悬浮铁路、武汉的轻轨系统等。

一般来说,优化现有的道路网,建设环形放射式快速道路网,以疏导、分散过境交通,减轻中心城区交通压力,是比较行之有效的措施。城市中心,特别是旧城中心往往是人口稠密,商业集中,交通繁忙的地区。近年来,国内外有些城市以在市中心周围增建多层环形路与放射性干道相结合的方式,将进入市中心的过境交通疏导分散。

(2)开辟步行街和步行区

为保证市中心区步行交通安全,提高中心城区的环境质量,近几年来国内外还注意在一些交通繁忙的闹事划区定界,规划为步行街和步行区,严禁车辆驶入。例如武汉的步行街,考文垂新城步行街。在这种步行街中,不仅商业服务设施集中,而且布置有休息绿地、花坛、喷水池等。此外,在步行街出入口附近或步行广场周围均应该注意到规划安排必要的公共交通站点和停车场,以便于居民进入步行区。

将繁华的市中心规划、改造成步行区,不仅有利于密集人群的步行安全,而且可以使一个喧闹、杂乱、行人与车辆相互干扰的地区变成一个安全、宁静、舒适、有利于居民生活的新环境。

2. 城市道路网分类

城市道路网由各类各级城市道路所组成,由主、次干路及快速路组成的干路网构成城市发展的骨架。目前,国内外常见的城市道路网布局结构形式有四种类型:方格网式、环形放射式、自由式和混合式。

(1)方格网式路网

方格网式适用于地势平坦地区的中小城市和大城市的各分区,其形式是每隔一定的距离设置平行的干道,在干道之间布设次干道,如图1-1所示。

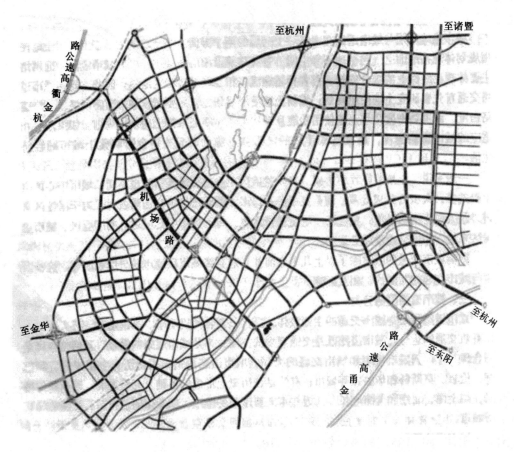

图 1-1 方格形路网示意图

方格网式道路网的优点是布局整齐,有利于建筑物的布置和方向识别,平行道路多则有利于交通组织的灵活进行。国内外一些大城市的旧城区由于历史原因形成了路幅窄、间距小、密度大的方格路网,虽很难适应现代交通的需求,但可通过组织单向交通来提高通行能力或缓解交通拥挤。方格网式道路网的缺点是对角线方向交通不方便,道路的非直线系数大,增加了部分车辆的绕行。

（2）环形放射式路网

环形放射式路网一般都是由于旧城中心区逐渐向外发展,由旧城中心区向四周引出的放射干道的放射式路网演变而来。为了便于各区之间的联系,在城市发展过程中逐渐加上一个或几个环城干道,便形成了环形放射式道路网,如图 1-2 所示。

环形放射式路网的优点是有利于市中心区与各分区、郊区、市区外围相邻各区之间的交通联系,非直线系数小。其缺点是交通组织不如方格网灵活,且容易使市中心区机动车交通更集中,有时形成不够规则的街区,不利于建筑的布置。为了分散市中心区机动车交通,可以布置两个或两个以上的中心,亦可将某些放射干道分别止于二环或三环上,而不在市中心区汇合。此外,环形放射式路网要结合城市自然地形条件下与对外交通的现状,不能机械地追求完善圆形,环路可以是多边折线式的,放射干道也不一定都布设在城市各个方向。这种形式的路网适用于大城市和特大城市,国内外许多城市都采用了环形放射式路网结构,取得了较好的效果。

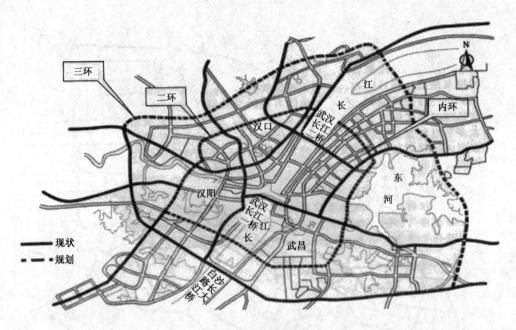

图1-2 环形放射路网示意图

（3）自由式路网

自由式路网一般是由于城市地形起伏，道路为减少纵坡，结合地形选线而成，路线弯曲形成自由几何图形。该形式路网的优点是充分结合自然地形，线形对周边环境和景观破坏较少，减少工程造价。其缺点是非直线系数大，车辆绕行时间长，不规则街区多，建筑用地分散。在我国完全采用自由式路网的城市较少，部分山丘城市采用。

（4）混合式路网

混合式路网是上述三种路网形式进行组合而成的一种结构形式。该结构形式是取各家之长的一种较为合理的形式。如能够结合城市用地交通条件，因地制宜合理规划，就能发挥上述几种结构形式的优点，又能避免各自缺点，较好地组织城市交通。

3. 公路的发展概况

道路的历史就是人类社会的发展史。20世纪初（1902年），汽车开始输入我国，从1906年在广西友谊关修建第一条公路到1949年底，全国公路通车里程仅8.1万km。中华人民共和国成立以后，国家一直将公路作为加快基础设施建设的重要内容之一，我国公路事业发展迅速，至1994年底公路通车里程达到110万km，并实现了县县通公路，97%的乡及78%的行政村通了汽车。截至2009年底，全国公路通车总里程达到386.08万km，其中，国道15.85万km，省道26.60万km，县道51.95万km，乡道101.96万km，专用公路6.72万km，村道183.00万km。路网结构进一步完善，公路通达深度明显提高，北京、上海与所有直辖市、省会、自治区首府等大城市将由以高速公路为主的高等级公路相通，使贯通和连接的城市总数超过200个。

公路技术等级和路面等级进一步提高。截至2009年底，全国等级公路里程305.63万km，占公路总里程的79.2%。各等级公路里程分别为：高速公路6.51万km，居世界第二位；一级公路5.95万km；二级公路30.07万km；三级公路37.90万km；四级公路225.207万km；等外公路80.46万km。

4

公路密度进一步提高。截至 2009 年底,全国公路密度为 40.22km/100km²,全国通公路的乡(镇)占全国乡(镇)总数的 99.60%,通公路的建制村占全国建制村总数的 95.77%。

(1)国道干线网络系统

我国的国道干线网络采用放射线和方格网的混合结构形式。路网由放射线、南北纵线和东西横线三类路线组成,北京是路网的中心。

①放射线。是北京连接国内周边城市的干线公路,按顺时针方向统一编号,为 101～112。

②南北纵线。由北向南共有 28 条,自东向西排列,编号为 201～228。

③东西横线。由东向西共 30 条,自北往南排列,编号为 301～330。

(2)国道主干线系统

国道主干线系统是指在国道干线网络中起主骨架作用,以高等级公路为主,简称"五纵七横"。"五纵"是指:同江—三亚,北京—福州,北京—珠海,二连浩特—河口,重庆—湛江;"七横"是指:绥芬河—满洲里,丹东—拉萨,青岛—银川,连云港—霍尔果斯,上海—成都,上海—瑞丽,衡阳—昆明。12 条主干线规划里程约为 3.5 万 km。

(3)高速公路网

国家高速公路网,简称为"7918 网",由 7 条首都放射线、9 条南北纵向线和 18 条东西横向线组成。于 2004 年 12 月 17 日经国务院审议通过,是中国公路网中最高层次的公路通道,服务于国家政治稳定、经济发展、社会进步和国防现代化,体现国家强国富民、安全稳定、科学发展、建立综合运输体系以及加快公路交通现代化的要求。国家高速公路网布局方案如图1-3所示。

国家高速公路网规划采用放射线与纵横网格相结合的布局方案,形成由中心城市向外放射以及横连东西、纵贯南北的大通道,总规模约 8.5 万 km,其中:主线 6.8 万 km,地区环线、联络线等其他路线约 1.7 万 km,将把我国人口超过 20 万的城市全部用高速公路连接起来,覆盖 10 亿人口。建成后将实现"东部加密、中部成网、西部连通",形成"首都连接省会、省会彼此相通、连接主要城市、覆盖重要县市"的新高速公路网络。

二、城市道路的功能及特点

1. 城市道路的功能

城市道路是城市人们生活和物质运输不可或缺的交通基础设施,同时其也起到保护环境,为市政工程设施提供场地、城市规划以及救灾防灾等许多方面的功能。

(1)交通功能

在城市里,道路交通是城市交通的主要形式,城市里各个不同功能的分区,如:学校、工业区、商业区、体育场、公园等都需要通过城市道路进行连接。城市道路的首要功能就是为了提供给各种机动车、非机动车和行人通行的廊道和场地。实践证明,没有良好的城市道路以及道路网,城市建设和经济建设都不可能得到很好的发展。因此,道路网的布设以及建设必须妥善考虑。

(2)环境保护功能

街道绿化可改善空气质量环境,调节城市的气温和湿度。另外,合理的道路间距以及建筑宽度可以保证城市日照、空气流通的环境条件。因此,城市道路与城市的绿地结合起来,成为城市各个分区的区界和卫生与防护空间。

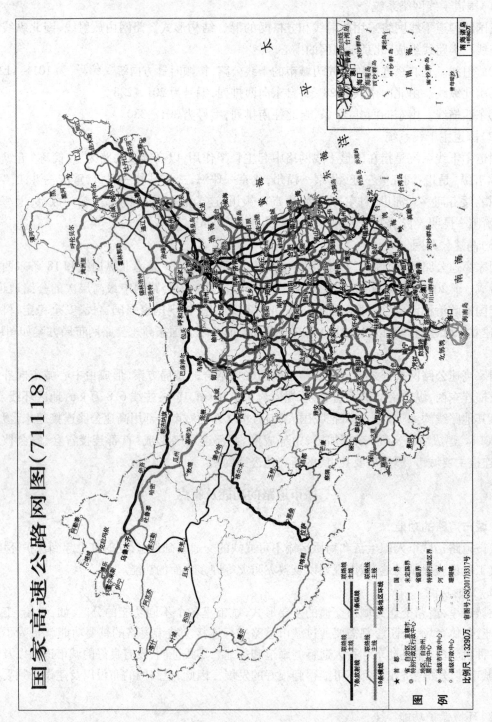

图 1-3 我国国家高速公路网布局示意图

（3）为市政工程设施提供场地

城市道路除保障车辆、行人通行外，还为城市其他设施提供场地。城市道路一旦建成，就占据了一定的城市用地，沿街建筑物和地上、地下管线等有关的市政设施，也相应固定下来。

（4）城市规划和建筑艺术功能

城市道路是城市建设水平最集中的表现，在道路交通高度发达的现代城市中，交通和环境的问题越来越重要，在城市道路的规划、设计和管理中，应该把人、车、路和周围环境联系起来研究，从而使道路达到安全、快速、经济、舒适等要求。

（5）防灾救灾功能

道路的防灾救灾功能包括避难场地作用、防火隔离带作用、消防和救援通道等作用。

2. 城市道路的特点

（1）功能多样性

城市道路除了用作人、车的行走外，还用于布置市政设施、停车场、环境保护、城市文化等。因此，在规划和设计城市道路时，要兼顾各方面功能的要求。

（2）组成内容复杂

城市道路的组成内容比较多，包括人行道、绿化、照明、停车场、地下管线、高架道路、地下道路、人防设施等。

（3）行人交通量大

城市道路的行人远比公路多，尤其是在商业街区、车站、大型公共娱乐场所等处的道路人流尤为集中。

（4）汽车类型、数量、车速参差不一

城市道路交通的车辆类型多，有客运和货运、各种吨位以及大量的非机动车，这些车辆的差异较大，相互干扰也较大。

（5）交叉口多

城市道路网有许多交叉口。这些交叉口直接影响到车速和道路的通行能力。

（6）道路两侧建筑物较多

道路两侧的建筑物随着道路的建成而相应固定下来，对以后的拓宽道路带来一定影响。因此，在进行道路规划时，必须充分预计到中远期的交通发展的需要，并且要严格控制道路的红线宽度。

（7）交通分布不均匀

由于道路分布在城市各个角落，因此，全市的道路交通也相应分布在各条道路上。但各条道路的交通量不一致，有主有次，不同等级的道路、不同时段的情况也不一样。

（8）艺术要求高

道路网在很大程度上能够反映出城市的总平面布局是否美观、合理。另外，城市环境的景观和建筑艺术，也要通过道路才能反映出来。因此，不仅要求道路本身具有良好的景观，也要求与城市的建筑群体、自然风光、城市文明等的配合。

（9）设计时影响因素多

城市道路上人流量大，其他一些市政公共设施如绿化、照明设施等大多设在道路上，这些因素都对设计产生影响。

（10）政策性强

在道路网的规划和设计中，经常要考虑城市的发展规模、技术设施标准、房屋拆迁、土地征用等,这牵涉很多的方针政策。

第三节　道路的分类、分级

一、道路分类

1. 道路的定义

道路是供各种车辆(无轨)和行人等通行的工程设施。按其使用特点分为公路、城市道路、厂矿道路、林区道路及乡村道路等。

2. 城市道路

在城市范围内,供车辆及行人通行的,具备一定技术条件和设施的道路称为城市道路。城市道路是城市组织生产、安排生活、搞活经济、物质运输所必需的交通设施,也是城市市政设施的重要组成部分。城市道路的功能除了把城市各部分联系起来为城市各种交通服务外,还起着形成城市结构布局的骨架,提供通风、采光,保持城市生活环境空间以及为防火、绿化提供场地的作用。

3. 公路

公路是指连接城市、乡村和工矿基地等,主要供汽车行驶,具备一定技术和设施的道路。公路按其重要性和使用性质又可划分为国家干线公路(简称国道)、省干线公路(简称省道)、县公路(简称县道)以及专用公路等。

(1)国道,是指在国家干线网中,具有全国性的政治、经济、国防意义,并经确定为国家干线的公路。编号前加字母"G"。

(2)省道,是指在省公路网中,具有全省性的政治、经济、国防意义,并经确定为省级干线的公路。编号前加字母"S"。

(3)县道,是指具有全县性的政治、经济意义,并经确定为县级的公路。

(4)专用公路,由工矿、农林等部门投资修建,主要供部门使用的公路。

在城市、厂矿、林区、港口等内部的道路,都不属于公路范畴,但穿过小城镇的路段仍属公路。

4. 厂矿道路

厂矿道路主要是指为工厂、矿山运输车辆通行的道路。

5. 林区道路

林区道路是指修建在林区,主要供各种林业运输工具通行的道路。

6. 乡村道路

乡村道路是指修建在乡村、农场,主要供行人及各种农业运输工具通行的道路。

二、城市道路的分类、分级

1. 城市道路的分类、分级

城市道路有各种类型,在为生产、生活服务等方面所起的作用各有特点。因此,一般应根据道路在城市中的地位、功能作用及其交通特征进行分类。确定分类的基本因素是交通性质、交通量和行车速度。

1) 城市道路的分类

根据城市道路在城市道路网中的地位、交通功能以及对建筑物服务功能的不同,我国《城市道路设计规范》(CJJ 37—90)将城市道路分为快速路、主干路、次干路、支路四类。

(1)快速路。快速路应为城市中大量、长距离、快速交通服务。快速路对向车行道之间应设中间分隔带,其进出口应采用全部控制或部分控制且两侧不应设置吸引车流、人流的公共建筑物的进出口。两侧一般建筑物的进出口应加以控制。

快速路在特大城市或大城市中的设置,主要是起着联系市区各主要地区、市区和主要的近郊区卫星城镇、主要对外公路等作用,其主要为城市远距离交通服务,具有较高车速和大的通行能力。

快速路的主要技术要求为:

①只准汽车行驶,禁止行人和非机动车进入快速车道;

②每个行车方向至少有两条机动车道,中间设置宽度不小于 1m 的中央分隔带;

③大部分交叉口采用立体交叉(步行横道亦应设立体交叉);

④控制快速车道的出入口,车辆只能在指定的地点进出;

⑤设计速度为 80km/h 或 60km/h。

不具备上述要求的为常规道路。但由于我国许多特大城市的快速路多沿原有道路选线,两侧有成片建筑,所以仍要在快速车道的两侧设地方性车道(供进出车辆单向行驶,又称辅助道路、服务性道路)和没有分隔带的非机动车道及人行道,但只能右转进入,在指定的路口才准左转,出入口可利用互通式立体交叉或在适当的路段上设置。

(2)主干路。主干路应为连接城市各主要分区的干路,以交通功能为主。自行车交通量大时,宜采用机动车与非机动车分隔形式,如三幅路或四幅路。

主干路联系城市的主要工业区、住宅区以及港口、车站等货运中心,承担城市的主要客货运交通,是城市内部的交通大动脉。主干路一般设 6 条车道或 4 条机动车道加有分隔带的非机动车道。主干路一般不设立体交叉,而是采用扩宽交叉口引道的办法来提高通行能力。个别流量特大的主干路交叉口,也可设置立体交叉。主干路沿线不应设置吸引大量车流、人流的公共建筑的进出口(特别是在交叉口附近),必须设置时,建筑物应后退,让出停车和人流疏散场地。不宜搞成商业街;街坊出入口应尽量设在侧面支路。

(3)次干路。次干路应与主干路结合组成道路网,起集散交通的作用,兼有服务功能。

次干路是城市中数量较多的一般的交通性道路,配合主干路组成城市干道网,起联系各部分和集散交通的作用。次干路一般不设立体交叉,部分交叉口可以扩大,并加以渠化,一般可设 4 条车道,也可不设单独非机动车道。次干路兼有服务功能,允许两侧布置吸引人流的公共建筑,但应设停车场。

(4)支路。支路是次干路与街坊的连接线,用来解决局部地区交通,以服务功能为主。

支路是一个地区内(如居住区内)的道路,是地区通向干道的道路。部分支路用以补充干道网的不足,可以设置公共交通路线,也可以作为自行车专用道。支路上不宜通行过境交通,只为地区交通服务。

此外,根据城市的不同情况,还可规划自行车专用道、有轨电车专用道、商业步行街、货运道路等专用道路。

2) 城市道路的分级

根据城镇道路功能、设计交通量、地形条件等,将各类道路均分为 3 个等级。

我国幅员辽阔,人口众多,城市星罗棋布。各个城市在人口数量、地理位置、政治经济发展、人口密度、土地开发利用、演变历史、交通状况等方面各具特点,对城市道路交通的要求也不同。按《城镇道路工程技术标准》(征求意见稿)规定,城镇道路等级分类及设计速度的主要技术指标如表1-1所示。

城镇道路等级分类及设计速度

表1-1

道路类别	快 速 路			主 干 路			次 干 路			支 路		
道路级别	I	II	III	I	II	III	I	II	III	I	II	III
设计速度 (km/h)	100	80 60	60	60	60 50	40	50	40 30	30	40	30 20	20

城市规模的大小是按城市人口规模划分的。我国按市区和近郊区(不包括所属县)的非农业人口总数,把城市的规模划分为四类:

(1)特大城市,人口在100万以上;

(2)大城市,人口在50万~100万之间;

(3)中等城市,人口在20万~50万之间;

(4)小城市,人口在20万人以下。

除快速路外,每类道路按照所在城市的规模、设计交通量、地形等分为I、II、III级。特大城市及大城市应采用各类道路中的I级标准;中等城市应采用II级标准;小城市应采用III级标准。

2. 城市道路的要求

《城市道路交通规划设计规范》(GB 50220—95)(以下简称《规划规范》)对各类道路的要求规定如下。

1)对快速路的要求

规划人口在200万以上的大城市和长度超过30km的带形城市应设置快速路。快速路应与其他干路构成系统,与城市对外公路有便捷的联系。

快速路上的机动车道两侧不应设置非机动车道。机动车道应设置中央分隔带;与快速路交汇的道路数量应严格控制;快速路两侧不应设置公共建筑出入口。快速路穿过人流集中的地区应设置人行天桥或地下通道。

2)对主干路的要求

主干路上的机动车与非机动车应分道行驶;交叉口之间分隔机动车与非机动车的分隔带宜连续;主干路两侧不宜设置公共建筑物出入口。

3)对次干路的要求

次干路两侧可设置公共建筑物,并可设置机动车和非机动车停车场、公共交通站点和出租汽车服务站。

4)对支路的要求

支路应与次干路和居住区、工业区、市中心区、市政公用设施用地、交通设施用地等内部道路相连接;支路可与平行快速路的道路相接,但不得与快速路直接相接。在快速路两侧的支路需要连接时,应采用分离式立体交叉跨越或穿过快速路;支路应满足公共交通线路行驶的要求;在市区建筑容积率大于4的地区,支路网的密度应适当加以提高。

三、公路的分级和技术标准

1. 公路等级的划分与选用

1) 公路等级表示

公路等级是表示公路通过能力和技术水平的指标。一般来说,公路等级越高,公路的各项技术指标越高,汽车在公路上允许行车速度越高,其交通量和车辆荷载越大,服务水平就越高,反之则低。因此,我们如果知道了某一条公路的等级,就可知道其一般情况。

我国公路根据功能和适应的交通量,按《公路工程技术标准》(JTG B01—2003)中规定,把公路分为高速公路、一级公路、二级公路、三级公路和四级公路共五个等级。

(1)高速公路为专供汽车分向、分车道行驶并应全部控制出入的多车道公路。四车道高速公路应能适应将各种汽车折合成小客车的年平均日交通量25 000~55 000辆;六车道高速公路应能适应将各种汽车折合成小客车的年平均日交通量45 000~80 000辆;八车道高速公路应能适应将各种汽车折合成小客车的年平均日交通量60 000~100 000辆。

(2)一级公路为供汽车分向、分车道行驶,并可根据需要控制出入的多车道公路。四车道一级公路应能适应将各种汽车折合成小客车的年平均日交通量15 000~30 000辆;六车道一级公路应能适应将各种汽车折合成小客车的年平均日交通量25 000~55 000辆。

(3)二级公路为供汽车行驶的双车道公路。双车道二级公路应能适应将各种汽车折合成小客车的年平均日交通量5 000~15 000辆。

(4)三级公路为供汽车行驶的双车道公路。双车道三级公路应能适应将各种车辆折合成小客车的年平均日交通量2 000~6 000辆。

(5)四级公路为供汽车行驶的双车道或单车道公路。双车道四级公路应能适应将各种车辆折合成小客车的年平均日交通量2 000辆以下。单车道四级公路应能适应将各种车辆折合成小客车的年平均日交通量400辆以下。

2) 公路等级的选用

公路等级应根据公路功能、路网规划、交通量,并充分考虑项目所在地区的综合运输体系、社会经济等因素,经论证后确定。一条公路可分段选用不同的公路等级。同一公路等级可分段选用不同的设计速度。不同公路等级、不同设计速度的路段间的过渡应顺适,衔接应协调。

(1)拟建公路为干线公路时,宜选用高速公路;拟建公路为集散公路时,宜选用一级公路。拟建公路交通量介于一级公路与高速公路之间时,应从安全、远景发展等方面予以论证确定。

(2)干线公路宜选用二级及二级以上公路。

(3)干线公路采用二级公路标准时,应采取增大平面交叉间距,采用主路优先交通管理方式,采取渠化平面交叉等措施,以减小横向干扰,其平面交叉间距不应小于500m。

(4)集散公路采用二级公路标准时,非汽车交通量大的路段,可采取设置慢车道,采用主路优先或信号等交通管理方式,采取渠化平面交叉等措施,以减小纵、横向干扰,其平面交叉间距不应小于300m。

(5)支线公路或地方公路可选用三级公路、四级公路,允许各种车辆在车道内混合行驶。

2. 公路工程技术标准

《公路工程技术标准》(JTG B01—2003)是国家颁布的法定技术准则,反映了我国公路建设的方针、政策和技术要求,是公路设计、施工和养护的基本依据。该技术标准是指对公路路线和构造物的设计和施工在技术性能、几何形状和尺寸、结构组成上的具体要求,把这些要求用指标和条文的形式确定下来即形成公路工程的技术标准。

因此,在公路设计、施工和养护中,必须严格遵守。同时,在符合《公路工程技术标准》(JTG B01—2003)的要求和不过分增加工程造价的前提下,根据技术经济原则尽可能采用较高的技术指标,以充分提高公路的使用质量和效益。

《公路工程技术标准》(JTG B01—2003)分总则、控制要素、路线、路基路面、桥涵、汽车及人群荷载、隧道、路线交叉、交通工程及沿线设施共九章。各级公路主要技术指标见表1-2。

各级公路的主要技术指标汇总表　　　　　　　　表1-2

公 路 等 级		高速公路、一级公路								
设计速度(km/h)		120			100			80		60
车道数		8	6	4	8	6	4	6	4	4
行车道宽度(m)		2×15.00	2×11.25	2×7.50	2×15.00	2×11.25	2×7.50	2×11.25	2×7.50	2×7.00
路基宽度 (m)	一般值	45.00	34.50	28.00	44.00	33.0	26.0	32.0	24.0	23.0
	最小值	42.00		26.00	41.00				21.0	20.0
平曲线最小半径 (m)	极限值	650			400			250		125
	一般值	1 000			700			400		200
停车视距(m)		210			160			110		75
最大纵坡(%)		3			4			5		6
车辆荷载		公路Ⅰ级								

公 路 等 级		二级公路、三级公路、四级公路				
设计速度(km/h)		80	60	40	30	20
车道数		2	2	2	2	2 或 1
行车道宽度(m)		2×7.0	2×7.0	2×7.0	2×6.0	2×6.0 单车道时为3.5
路基宽度 (m)	一般值	12.0	10.0	8.5	7.5	6.5(双车道)	4.5(单车道)
	最小值	10.0	8.5	—		—
平曲线最小半径 (m)	极限值	250	125	60	30	15
	一般值	400	200	100	65	30
会车视距(m)		220	150	80	60	40
最大纵坡(%)		5	6	7	8	9
车辆荷载		公路Ⅱ级				

3. 交通量与设计速度

1)设计速度

设计速度是在气象条件良好,车辆行驶只受道路本身条件影响时,具有中等驾驶技术的人员能够安全、顺适驾驶车辆的速度。设计速度是道路几何设计的基本依据。

公路路线与路线交叉几何设计所采用的设计车辆分为小客车、载货汽车和鞍式列车三种。我国公路设计把小客车作为“设计车辆”。各级公路的设计速度规定见表1-3。

各级公路的设计速度　　　　　　　　表1-3

公 路 等 级	高 速 公 路			一 级 公 路			二 级 公 路		三 级 公 路		四 级 公 路
设计车速(km/h)	120	100	80	100	80	60	80	60	40	30	20

2)交通量与设计速度的选用

(1)各级公路设计交通量的预测。

①高速公路和具干线功能的一级公路的设计交通量应按 20 年预测;具集散功能的一级公路以及二级公路、三级公路的设计交通量应按 15 年预测;四级公路可根据实际情况确定。

②设计交通量预测的起算年为该项目可行性研究报告中的计划通车年。

③设计交通量的预测应充分考虑走廊带范围内远期社会、经济的发展规划和综合运输体系的影响。

(2)交通量的定义及分类。

①交通量的定义。交通量是公路分级的主要依据。交通量(又称交通流量或流量)是指单位时间内(每小时或每昼夜)通过道路上某一横断面处的往返车辆总数。交通量是道路与交通工程中的一个基本交通参数,交通量与社会经济发展速度、气候、物产、文化生活水平等多方面因素有关,且随着时间、地点的不同而随机变化。其具体数值通过交通调查和交通预测确定。

交通量是一个随机数,不同时间、不同地点的交通量都是变化的,交通量随时间和空间而变化的现象,称之为交通量的时空分布特性。研究或观察交通量的变化规律,对于进行交通规划、交通管理、交通设施的规划、设计方案比较和经济分析以及交通控制与安全,均具有重要意义。

②年平均日交通量。公路交通量的普遍计量单位是年平均日交通量(简称 ADT),即一年 365d 交通量观测结果的平均值,其表达式为:

$$N = \frac{1}{365}\sum_{i=1}^{365} Q_i$$

式中:N——年平均日交通量,辆/日;

Q_i——年内的日交通量,辆/日。

③设计交通量。设计交通量是指修建公路到达远景设计年限时能达到的年平均日交通量。它是确定公路等级的主要依据。远景设计年平均日交通量根据公路使用任务和性质,目前一般按年平均增长率计算确定。

$$N_d = N_0(1 + r)^{t-1}$$

式中:N_d——远景设计年平均日交通量,辆/日;

N_0——起始年平均日交通量,辆/日;

r——年平均增长率,%;

t——远景设计年限。

④交通量折算。在公路上行驶的车辆主要是汽车,但是汽车的型号、规格各有不同,例如小汽车、载货汽车、铰接式汽车等。根据公路的使用任务与性质,我国公路设计把小客车作为"设计车辆",交通量折算中,车辆折算系数如表 1-4 所示。

汽车代表车型与车辆折算系数　　　　　　　　表 1-4

汽车代表车型	车辆折算系数	说　　明
小客车	1.0	少于 19 座的客车和载质量不大于 2t 的货车
中型车	1.5	多于 19 座的客车和载质量为 2～7t 的货车
大型车	2.0	7t < 载质量 ≤ 14t 的货车
拖挂车	3.0	载质量 > 14t 的货车

3)设计速度的选用

(1)各级公路设计速度应根据公路的功能、等级、交通量,并结合沿线地形、地质等状况,经论证确定。

13

（2）高速公路应根据交通量、地形等情况选用高的设计速度。

位于地形、地质等自然条件复杂山区及交通量较小的高速公路,经论证设计速度可采用 60km/h。

（3）一级公路作为干线公路,且纵、横向干扰小的时候,设计速度宜采用 100km/h 或 80km/h。

一级公路作为集散公路时,根据混合交通量、平面交叉间距等因素,设计速度宜采用 60km/h 或 80km/h。

（4）二级公路作为干线公路时,设计速度宜采用 80km/h。

二级公路作为集散公路时,混合交通量较大、平面交叉间距较小的路段,设计速度宜采用 60km/h;二级公路位于地形、地质等自然条件复杂的山区,经论证该路段的设计速度可采用 40km/h。

（5）三级公路作为支线公路时,设计速度宜采用 40km/h;地形、地质等自然条件复杂的路段,设计速度可采用 30km/h。

（6）地形、地质等自然条件复杂的山区,或交通量很小的路段,可采用设计速度为 20km/h 的四级公路。

第四节 道路的基本组成

一、城市道路的组成

城市道路是城市中组织生产、安排生活所必需的车辆、行人交通往来的道路。是连接城市各个组成部分,包括市中心、工业区、生活居住区、对外交通枢纽以及文化教育、风景浏览、体育活动场所等,并与郊区公路相贯通的交通纽带。主要作用在于安全、迅速、舒适地通行车辆和行人,为城市工业生产与居民生活服务。

同时,城市道路也是布置城市公用事业地上、地下管线设施,街道绿化,组织沿街建筑和划分街坊的基础,并为城市公用设施提供容纳空间。城市道路用地是在城市总体规划中所确定的道路规划红线之间的用地部分,是道路规划红线与城市建筑用地、生产用地以及其他用地的分界控制线。因此,城市道路是城市市政设施的重要组成部分。

城市道路横断面由行车道,人行道,平、侧石及附属设施四个主要部分组成。城市道路布置图见图 1-4。

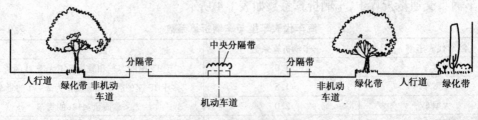

图 1-4 城市道路布置图

1）行车道

行车道即道路的行车部分,主要供各种车辆行驶,分快车道（机动车道）、慢车道（非机动车道）。车道的宽度根据通行车辆的多少及车速而定,一般每条机动车道宽度为 3.5～3.75m,

每条非机动车道宽度为 2 ~ 2.5m,一条道路的车行道可由一条或数条机动车道和数条非机动车道组成。

2)人行道

人行道是供行人步行交通所用,人行道的宽度取决于行人交通的数量。人行道每条步行带宽度为 0.75 ~ 1m,由数条步行带组成,一般宽度为 4 ~ 5m,但在车站、剧场、商业网点等行人集散地段的人行道,应考虑行人的滞留、自行车停放等因素,应适当加宽。为了保证行人交通的安全,人行道与车行道应有所分隔,一般高出车行道 15 ~ 17cm。

3)平、侧石

平、侧石位于车行道与人行道的分界位置,它也是路面排水设施的一个组成部分,同时又起着保护道路面层结构边缘部分的作用。

侧石与平石共同构成路面排水边沟,侧石与平石的线形确定了车行道的线形,平石的平面宽度属车行道范围。

4)附属设施

(1)排水设施。城市道路的排水设施包括为路面排水的雨水进水井口、检查井、雨水沟管、连接管、污水管的各种检查井等。

(2)交通隔离设施。城市道路的交通隔离设施包括分车岛、分隔带、隔离墩、护栏和用于导流交通和车辆回旋的交通岛和倒车岛等。

(3)绿化。城市道路的绿化是指行道树、林荫带、绿篱、花坛、街心花园的绿化,为保护绿化设置的隔离设施。

(4)地上杆线和地下管网。包括雨(污)水管道、给水管道、电力电缆、煤气等地下管网和电话、电力、热力、照明、公共交通等架空杆线及测量标志等。

(5)其他附属设施。包括路名牌、交通标志牌、交通指挥设备、消火栓、邮筒以及为保护路基设置的挡土墙、护栏、护坡以及停车场、加油站等。城市道路附属设施示意图见图 1-5。

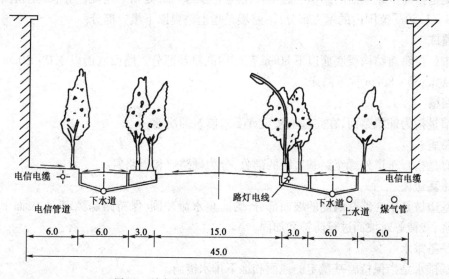

图 1-5 城市道路附属设施示意图(尺寸单位:m)

二、公路组成部分

公路是一种暴露于自然界中的线形工程构造物,其中线是一条空间曲线。公路中线及中线两侧一定范围内的地物、地貌在水平面上的投影称为路线平面图;在公路中线的立面上的投影展绘而成的图形称为路线纵断面图;在中心桩处垂直于公路中线方向的剖面图称为路基横断面图。图1-6 所示为公路组成示意图。

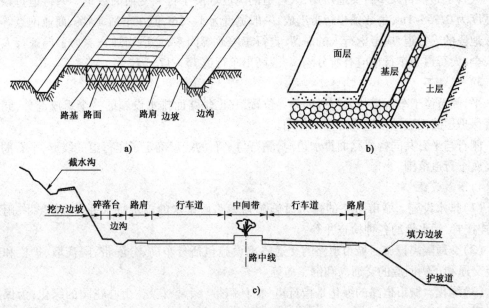

图1-6 公路组成示意图

公路的基本组成部分包括路基、路面、桥梁、涵洞、防护与加固工程、排水设施、山区特殊构造物(如半山桥、明洞)等。此外,还有各种沿线交通安全、管理、服务、环保等设施。

1. 路堤

路堤是指高于原地面的路基。路堤在结构上分为上路堤和下路堤,上路堤是指路面底面以下 0.8～1.50m 范围内的填方部分;下路堤是指上路堤以下填方部分。

2. 路床

路床是指路面结构层底面以下 80cm 范围内的路基部分。路面底面以下 0～30cm 路基范围称上路床;30～80cm 称下路床。

3. 路槽

路槽是指为铺筑路面,在路基上按设计要求修筑的浅槽。

4. 路肩

路肩是指行车道外缘至路基边缘的部分,分为硬路肩和土路肩。

5. 路基边坡

路基边坡是指在路基两侧的坡面部分,为防止水流冲刷,保持路基稳定,在坡面上采用砌石或喷浆、栽植等对坡面进行防护和加固。

6. 路基排水

路基排水是指保持路基稳定的地面和地下排水措施。

三、道路用地范围

1. 公路用地范围

公路用地范围是指公路路堤两侧排水沟外边缘(无排水沟时为路堤或护坡道坡脚)以外,

或路堑坡顶截水沟外边缘（无截水沟时为坡顶）以外不小于1m范围内的土地，在有条件的地段，高速公路和一级公路不小于3m、二级公路不小于2m范围内的土地为公路路基用地范围。

在风沙、雪害等特殊地质地带，需设置防护林，种植固沙植物，安装防沙或防雪栅栏以及设置反压护道等设施时，应根据实际需要确定其用地范围。

桥梁、隧道、互通式立体交叉、分离式立体交叉、平面交叉、交通安全设施、服务设施、管理设施、绿化以及料场、苗圃等，应根据实际需要确定其用地范围。

2. 城市道路用地范围

城市道路的总宽度即道路规划红线之间的宽度，也称路幅宽度。它是道路用地范围，包括城市道路各组成部分（车行道，人行道，绿化带，分车带及预留地等）所需宽度的总和。城市道路红线是指划分城市道路、城市建筑用地、生产用地及其他备用地的分界控制线。

在城市总体规划时，道路网规划主要是解决城市中各类干道的走向、位置、功能性质及交叉口控制点的相对位置等问题。在进行红线规划时，则要具体解决城市道路及与之相关的工程设施的近、远期建设问题，如解决其横断面的形式和各组成部分的几何尺寸。

所谓规划道路红线也就是规划道路的边界线，因为道路以外的用地要进行各种建设，建筑物的修建是百年大计，所以划定红线是非常重要的。道路红线的作用是控制街道两侧建筑不侵占道路规划，因此，它不但是具体道路单项工程的设计依据，也是城市公用设施（地面线杆、地下管线、绿化带、照明设备、公共交通停靠站等）用地的依据。

 思考题与习题

1. 市政工程包括哪几部分？
2. 公路的主要组成部分有哪些？
3. 何谓城市道路红线？
4. 何谓设计速度、设计交通量？
5. 我国公路和城市道路是如何分类的？各划分为哪些等级？
6. 技术标准如何分类？
7. 公路运输有哪些特点？
8. 今后我国公路的发展主要在哪些方面？
9. 我国公路按功能和交通量分成哪几级？
10. 各级公路主要技术指标如何？

第二章　道路线形及交叉口工程

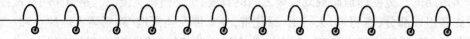

重点内容和学习目标

　　本章重点讲述了道路的平面、纵断面线形及横断面相关知识,介绍了道路的平面交叉、立体交叉等知识。

　　通过本章学习,掌握道路平面、纵断面、横断面的识图、计算、绘制,了解道路交叉的知识。

第一节　道路线形基本要求

一、线形设计的基本要求及选线

　　道路的服务对象是汽车,因此选择线形必须满足汽车在行驶过程中的稳定性、安全性、迅速性和舒适性的要求。为满足这些条件,必须根据道路所处的地形条件、水文地质条件、设计车辆数、设计行车速度和交通量来选择合理的线形。对线形设计的基本要求是:

　　(1)满足汽车行驶的力学要求;

　　(2)满足驾驶员视觉和心理要求;

　　(3)注意与周围地形、地物、环境相协调;

　　(4)要与沿线自然、经济、社会条件相适应。

　　在进行路线设计时,首先必须确定路线的大概方位,因此明确路线上的控制点是非常必要的,路线起、讫点和路线须经过的或靠近的城镇或旅游地点等,这些确定了路线的总方向;其次是明确自然条件上的控制点,如越岭线的垭口,跨越大河的桥位,需要绕避的滑坡、泥石流、软土、泥沼等严重地质不良地段,原有道路和不能拆除建筑的平面位置及高程等。根据这些控制点,路线线形的空间位置大体上就确定了。最后还需注意以下内容,如:平原区尽量避免采用长直线或小偏角;微丘区既不宜过分迁就微小地形,造成线形不必要的曲折,也不应过分追求直线造成纵面线形不必要的起伏;重丘区应注意填挖方的平衡和平、纵、横三个方面的综合协调,尽量随地形的变化而设;山岭区路线一般顺山沿河布设,必要时横越山岭,选择隧道穿过。

二、道路的平面、纵断面及横断面间的关系

　　道路中线是一条三维曲线,称为路线,线形就是指道路中线在空间的几何形状和尺寸。一般道路中线在水平面上的投影称为路线的平面。沿道路中线竖直剖切展开成平面的图形为道

路的纵断面图,它反映路线所经地区中线地面起伏与设计路线的坡度。沿道路中线任一点(即中桩)作的法向剖切面称为横断面图。道路平、纵、横关系示意图见图2-1。

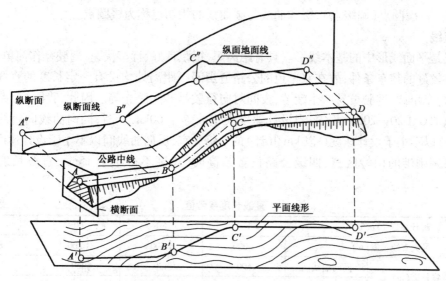

图 2-1　道路的平、纵、横关系示意图

第二节　道路平面线形

道路是一条带状的三维空间体,它的中心线(以下称道路中线)是一条空间曲线,这条中心线在平面上的投影简称为道路路线的平面线形。

一、平面线形的组成及要素

道路的平面线形,因受地形、地物等障碍的影响而产生转折。由于转折处需设置圆曲线,为满足车辆行驶顺畅、安全和速度的要求,在直线与圆曲线间或不同半径的两圆曲线之间还应插入缓和曲线。所以,直线、圆曲线和缓和曲线构成"平面线形三要素"。道路线形在平、纵面上都是由直线和曲线组成的。路线基本组成见图2-2。

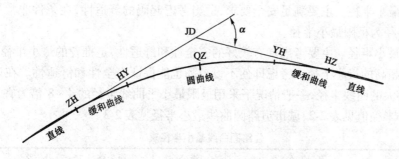

图 2-2　路线基本组成

α——偏角,路线由一个方向偏转至另一个方向时,偏转后的方向与原方向的夹角称为偏角;

JD——交点,相邻直线的转折点称为交点;

ZY(YZ)——直圆点(圆直点),直线与圆曲线的切点称为直圆点;

19

QZ——曲中点,圆曲线的中点称为曲中点;

ZH(HZ)——直缓点(缓直点),直线与缓和曲线的切点称为直缓点;

HY(YH)——缓圆点(圆缓点),缓和曲线与圆曲线的相切点称为缓圆点。

1. 直线

直线是平面线形中的基本线形。具有距离短、视距良好、行车快速、驾驶操作简单等特点,且能提供较好的超车条件,故在双车道的公路适当间隔距离处均设有一定长度的直线。但直线过长,行车单调,驾驶员易产生疲劳,夜间对向行驶易产生眩光等。因此,我国《公路路线设计规范》(JTG D20—2006)规定,当设计速度大于或等于60km/h时,同向曲线间直线段长度(以m计)以不小于设计速度(以km/h计)的6倍为宜,反向曲线间以不小于设计速度的2倍为宜。特别困难的山岭区三、四级公路设置超高时,长度不得小于15m。直线长度参考值见表2-1。

直线长度参考值　　　　　　　　　　表2-1

设计速度（km/h）		100	80	60	40
最大直线长度(m)		2 000	1 600	1 200	800
最小直线长度(m)	同向曲线间	600	480	360	240
	反向曲线间	200	160	120	80

2. 圆曲线

1)圆曲线半径

根据汽车在弯道上行驶时的受力状况及各种力的几何关系推导出公式(2-1)。

$$R = \frac{V^2}{127(\mu \pm i)}$$ 　　　　　(2-1)

式中:R——圆曲线半径,m;

　　　V——设计速度,km/h;

　　　μ——横向力系数;

　　　i——路面的横坡度。

《公路工程技术标准》(JTG B01—2003)规定了三种类型的最小半径,即极限最小半径、一般最小半径、不设超高最小半径。

(1)极限最小半径。主要满足安全要求,适当考虑起码的舒适性,在条件非常受限制时才可以使用的半径为极限最小半径。

(2)一般最小半径。主要考虑具有较好的安全性和舒适性,是推荐的最小半径。

(3)不设超高的最小半径。考虑即使不设超高也能保证安全性和舒适性。在适应地形情况下应选用较大的曲线半径,一般情况下采用极限最小平曲线半径的4~8倍为宜。不同等级的公路的最小半径值见表2-2,城市道路圆曲线最小半径见表2-3。

公路圆曲线最小半径表　　　　　　　　　　表2-2

公路等级	高速公路				一级公路		二级公路		三级公路		四级公路	
设计速度(km/h)	120	100	80	60	100	60	80	40	60	30	40	20
极限最小半径(m)	650	400	250	125	400	125	250	60	125	30	60	15
一般最小半径(m)	1 000	700	400	200	700	200	400	100	200	65	100	30
不设超高最小半径(m) 路拱≤2%	5 500	4 000	2 500	1 500	4 000	1 500	2 500	600	1 500	350	600	150

20

设计速度(km/h)	80	60	50	40	30	20
不设超高最小半径(m)	1 000	600	400	300	150	70
设超高推荐半径(m)	400	300	200	150	85	40
不设超高最小半径(m)	250	150	100	70	40	20

2)圆曲线要素及计算

圆曲线是平面线形中使用较多的线形。特点是比较容易适应地形的变化,又能引起驾驶员的注意。从正面能够看到路侧的景观,能起到视线诱导作用。当不设缓和曲线时,其几何要素的计算及关系,如图2-3所示。

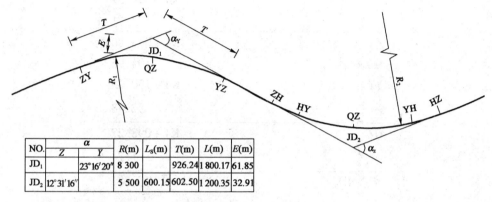

NO.	α		R(m)	L_s(m)	T(m)	L(m)	E(m)
	Z	Y					
JD$_1$		23°16′20″	8 300		926.24	1 800.17	61.85
JD$_2$	12°31′16″		5 500	600.15	602.50	1 200.35	32.91

图2-3　圆曲线要素示意图

(1)计算曲线要素:

$$T = R \times \tan\frac{\alpha}{2} \tag{2-2}$$

$$L = R\alpha\frac{\pi}{180} = 0.017\,45R\alpha \tag{2-3}$$

$$E = R\left(\sec\frac{\alpha}{2} - 1\right) \tag{2-4}$$

$$J = 2T - L \tag{2-5}$$

式中:T——切线长,m;

　　L——曲线长,m;

　　E——外距,m;

　　J——切曲差,m;

　　R——圆曲线半径,m;

　　α——偏角(转角)。

(2)曲线主点桩号计算:

$$ZY(桩号) = JD(桩号) - T$$
$$YZ(桩号) = ZY(桩号) + L$$
$$QZ(桩号) = YZ(桩号) + L/2$$
$$JD(桩号) = QZ(桩号) + J/2$$

[例2-1]　某平原区二级公路,已知某弯道交点 JD$_3$,其桩号为 K4 + 099.51,选用的平曲

线半径 $R = 200\text{m}$，转角 $\alpha = 30°04'00''$。试计算出该路段平曲线要素及主点桩号值。

解:(1)计算平曲线要素:

切线长 $\qquad T = R \times \tan\dfrac{\alpha}{2} = 200 \times \tan\dfrac{30°04'00''}{2} = 53.71(\text{m})$

曲线长 $\qquad L = 200 \times 30°04'00'' \times \dfrac{\pi}{180} = 104.95(\text{m})$

外距 $\qquad E = R\left(\sec\dfrac{\alpha}{2} - 1\right) = 200 \times \left(\sec\dfrac{30°04'00''}{2} - 1\right) = 2.48(\text{m})$

(2)计算主点桩号:

交点 JD_3	K4 +099.51
$-T$	53.71
ZY	K4 +045.80
$+L$	104.95
YZ	K4 +150.75
$-\dfrac{L}{2}$	52.48
QZ	K4 +098.27
$+\dfrac{J}{2}$	1.24
交点 JD_3	K4 +099.51(校核正确)

3)缓和曲线

为了适应汽车行驶的轨迹需要,在直线与圆曲线间,或不同半径圆曲线间设置半径连续变化的曲线,称为缓和曲线。缓和曲线的插入有利于行车稳定,易于驾驶转向操作,并使线形顺畅、美观和视觉协调。

《公路工程技术标准》(JTG B01—2003)中规定:当公路的平曲线半径小于表 2-4 所列不设超高的最小半径时,应设缓和曲线,四级公路可不设缓和曲线。缓和曲线采用回旋线。城市道路汽车行驶速度 $V = 20 \sim 80\text{km/h}$ 时,缓和曲线最小长度规定与公路相同。《城市道路设计规范》规定,当设计速度小于 40 km/h 时,可以省略缓和曲线,大于 40km/h 时,如半径大于不设缓和曲线的最小圆曲线半径时,缓和曲线可以省略,见表 2-5。

各级公路缓和曲线最小长度 表 2-4

公 路 等 级	高 速 公 路				一级公路		二级公路		三级公路		四级公路	
设计速度(km/h)	120	100	80	60	100	60	80	40	60	30	40	20
缓和曲线最小长度(m)	100	85	70	50	85	50	70	35	50	25	35	20

城市道路不设缓和曲线的最小圆曲线半径 表 2-5

设计速度(km/h)	80	60	50	40
不设缓和曲线的最小圆曲线半径(m)	2 000	1 000	700	500

二、平曲线超高

1.设置超高的原因

当圆曲线半径小于不设超高最小半径时,为使汽车能安全、经济、舒适地通过圆曲线,必须将圆曲线部分的路面做成向内侧倾斜的单向坡。这个单向坡坡度称为超高横坡度，用 $i_{超}$ 表示。目的是让汽车在圆曲线上行驶时能获得一个向圆曲线内侧的横向分力，以克服离心力，减小横向力，如图 2-4 所示。

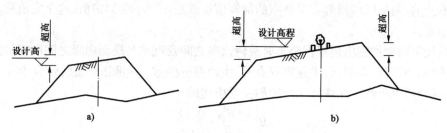

图 2-4　平曲线上的超高

2. 超高横坡度的确定

超高横坡度 $i_{超}$ 和圆曲线半径有密切的关系，如式(2-6)所示。

$$i_{超} = \frac{V^2}{127R} - \mu \tag{2-6}$$

式中：$i_{超}$——路面超高横坡度；

　　　V——车辆速度，km/h；

　　　R——曲线半径，m；

　　　μ——横向力系数。

公式(2-6)是理论计算公式，综合各种因素，一般情况下，高速公路和一级公路超高横坡度不大于 10%，其他各级公路超高横坡度不大于 8%，在积雪、寒冷地区，超高横坡度不宜大于 6%。

三、曲 线 加 宽

1. 加宽的原因

汽车在圆曲线上行驶，各个车轮的行驶轨迹是不同的，其中，前轴外侧车轮的轨迹半径最大，后轴内侧车轮的行驶轨迹最小，如图 2-5 所示。因此，在弯道行驶的汽车所占的行车道宽度比在直线上所占的宽度要大一些，才能满足行车要求，另外汽车在曲线上行驶时，前轴中心的轨迹并不完全符合理论轨迹，而是有较大的摆动偏移，故也需要进行加宽。

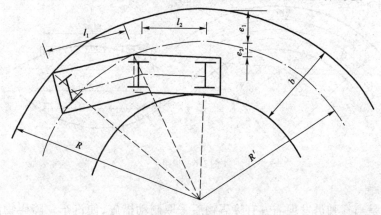

图 2-5　平曲线加宽

2. 加宽的设置

1）圆曲线上全加宽

汽车进入圆曲线后，圆曲线的半径为定值，汽车从圆曲线起点至圆曲线终点的车轮转向角是保持不变的，则从圆曲线起点至终点的加宽值也就是一个不变的定值，这个定值称为圆曲线上的全加宽。

圆曲线上的全加宽值是根据会车时两辆汽车之间及汽车与路面边缘之间所需的间距决定的，它与圆曲线半径、车型、行驶速度等有关，由两部分组成，一部分是前后轮迹半径不同引起的，另一部分是由于汽车在曲线上行驶的摆动引起的。

$$B_{\mathrm{j}} = \frac{d^2}{R} + \frac{0.1V}{\sqrt{R}} \tag{2-7}$$

式中：B_{j}——圆曲线上的全加宽值，m；

$\quad\quad d$——汽车后轴至前悬之间的距离，m；

$\quad\quad R$——圆曲线半径，m；

$\quad\quad V$——设计速度，一般取 $V=40\mathrm{km/h}$。

2）加宽缓和段

由于弯道上路面加宽后与弯道两端的直线段的路面宽窄不一，影响公路的美观，故需要设置从直线正常宽度逐渐增加到圆曲线上全加宽的缓和段。所以从直线到圆曲线之间应插入缓和曲线段，称为加宽缓和段。

加宽的设置方式，一般情况下，可按比例逐渐增加到全加宽的宽度。即加宽缓和段上任一点的加宽值 B_{jx} 等于该点到加宽缓和段起点的距离 x 和加宽缓和段 L_{j} 的比与全加宽 B_{j} 的积。

$$B_{\mathrm{jx}} = \frac{x}{L_{\mathrm{j}}}B_{\mathrm{j}} \tag{2-8}$$

四、行 车 视 距

为保证行车安全，驾驶员应能随时看到路面前方一定距离的障碍物或迎面来车，以便及时制动或绕过所行驶的必要安全距离，称为行车视距。各级公路在平面和纵面上，都应保证必要的行车视距。行车视距按行车状态不同分为停车视距、会车视距和超车视距。行车视距示意图见图2-6。

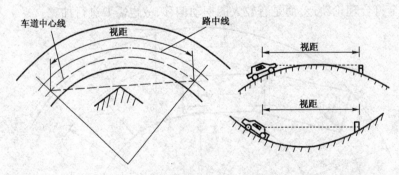

图2-6 视距

1. 停车视距

停车视距是当驾驶员发现前方有障碍物后采取制动措施，使汽车在障碍物前停止所保证的最短安全距离。

24

2. 会车视距

会车视距是在同一车道上对向行驶的汽车能及时制动所必需的最短安全距离,其值通常是停车视距的2倍。

3. 超车视距

超车视距是在双车道以上的路面,当后面的快速车要超越前面的慢速车时,从开始加速驶离原车道起至可见对向来车并能超车后安全驶回原车道所需的最短距离。《公路工程技术标准》(JTG B01—2003)规定各级公路的行车视距,不应小于表2-6所示数值。

各级公路停车与超车视距　　　　　　　　　　　表2-6

公 路 等 级	高 速 公 路				一级公路		二级公路		三级公路		四级公路	
设计速度(km/h)	120	100	80	60	100	60	80	40	60	30	40	20
停车视距(m)	210	160	110	75	160	75	110	40	75	30	40	20
超车视距(m)	—	—	—	—	—	—	550	200	350	150	200	100

五、路线平面图

路线平面图是路线平面设计的最终结果,它包括道路中线在内的有一定宽度的带状地形图。路线平面图综合反映了路线平面位置、线形、沿线人工构造物和工程设施的布置以及道路与周围环境、地形、地物的关系。

路线平面图应绘出沿线的地形、地物、里程桩号、平曲线的要素及主要桩位、水准点、大中桥路线交叉、隧道、主要沿线设施(高等级道路绘在平面图内)的位置及县以上境界等,比例尺用1:2 000,平原微丘区也可用1:5 000。

高等级公路还应示出坐标网络、导线点,列出导线点和交点坐标表,沿线排水系统等;路线位置应标出中心线、中央分隔带、路基边线、坡脚(或坡顶)线以及曲线主要桩位。比例尺用1:1 000 或1:2 000。公路路线平面图见图2-7。

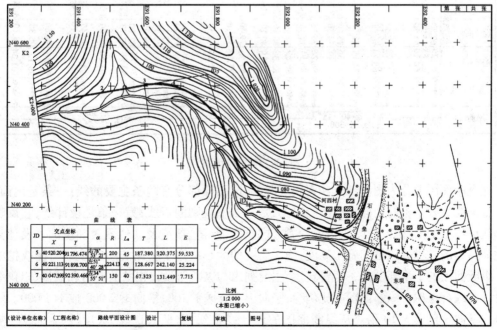

图2-7 公路路线平面图

第三节 道路纵断面线形

一、路线纵断面图

　　沿公路的中线作一垂直于水平面的剖面,然后展开所得到的垂直面,称为路线纵断面图。由于公路所经过的地面是起伏不平的,铺筑在地面上的公路也往往随着地面而起伏,因此路线在纵断面上就由不同的上坡段和下坡段组成。为了使汽车安全平顺地由一个坡段驶进另一个坡段(坡度线),在相邻的两个坡段间应用曲线连接起来,这种在纵断面上的曲线称为竖曲线,如图 2-8 所示。

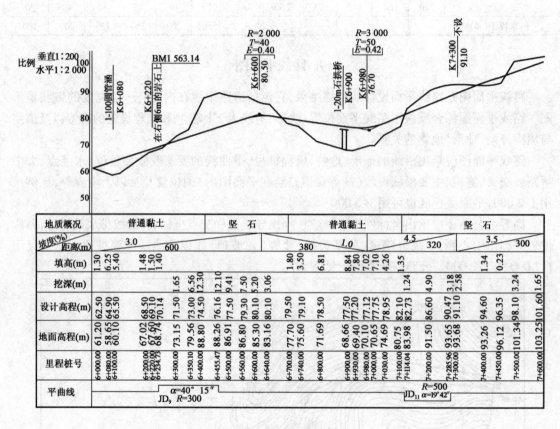

图 2-8 路线纵断面图

　　在纵断面图上分为图样部分和资料表两部分,图样部分有两条主要的线:一条是地面线,它是根据线上各个桩的地面高程而绘出的,是一条不规则的折线;另一条是设计线,它反映公路路线纵面上的形状和尺寸,是由设计者考虑技术、经济、环境及其他因素确定的。设计高程与地面高程的差称为该桩的施工高度,施工高度的大小决定了公路施工时填的高度或挖的深度。纵断面图的下半部分是一个资料表,主要列出与纵断面设计相关的资料和数据,以供纵断面设计时综合考虑。纵断面图的比例为:竖向 1:200 或 1:100;横向 1:2 000 或 1:1 000。竖向比例比横向比例放大 10 倍。从纵断面图的设计线看到,它是由直线(坡度线)和曲线(竖曲线)组成的,因此,纵断面设计也要解决坡度线和竖曲线问题。

26

二、纵 坡 设 计

纵断面坡度有上坡和下坡,坡度的大小用坡度线两端的高差 h 与其水平距离 L 的比值百分数来表示,称为纵坡度 i。沿路线前进的方向,上坡为正（＋）,下坡为负（－）。坡度的大小及长度会影响汽车的行驶速度、工程造价及营运经济和行车安全,因此,坡度临界值(最大纵坡、坡长)必须加以限制。纵坡度计算公式如下:

$$i = \frac{h}{l} \times 100\% \tag{2-9}$$

[例2-2] 如图 2-9 所示,A 点的高程为
21.00m,B 点的高程为 24.00m,C 点的高程为
20.00m,AB 之间的水平距离为 100m,BC 之间
的水平距离为 200m。求第一段和第二段的纵
坡度。

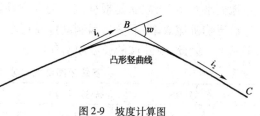

图 2-9 坡度计算图

解:第一段纵坡度:

$$i_1 = \frac{24 - 21}{100} \times 100\% = 3\%（上坡）$$

第二段纵坡度:

$$i_2 = \frac{20 - 24}{200} \times 100\% = -2\%（下坡）$$

1. 纵坡设计的基本要求

1)纵坡应满足汽车动力性能要求

汽车在公路上能够行驶,必须具备两个条件:一是汽车的牵引力必须大于所有行驶阻力(如空气阻力、上坡阻力、滚动阻力、惯性阻力);二是汽车的牵引力又要小于或等于驱动轮与路面的附着力。

2)纵坡应满足汽车的使用性能要求

纵坡应满足汽车的速度性能、通过性能、安全性能、经济性能等使用性能的要求。

3)纵坡应与地形相适应、与环境相配合

设计的纵坡,在满足技术要求前提下,应尽可能与地形相吻合,不能破坏生态平衡和自然景观。要根据当地地形、土壤地质、水文等作综合考虑,根据不同情况加以处理,以保证道路畅通和稳定。

纵坡应具有一定的平顺性,起伏不宜过于频繁,也不宜连续采用极限长度的陡坡,而应尽量采用较均匀的纵坡,以保证汽车以一定速度安全、顺适行驶。纵坡还应尽量做到纵向填挖平衡,以降低工程造价。

2. 最大纵坡与最小纵坡

1)最大纵坡

最大纵坡是指在纵坡设计时,各级公路允许采用的最大纵坡度值。它是公路设计中的一项重要指标。

2)最小纵坡

规定对最大纵坡进行限制,不等于说纵坡越小越好。为保证挖方地段、设置边沟的低填方地段和横向排水不畅的地段排水,防止积水渗入路基而影响其稳定性,一般在这些地段避免采

用水平纵坡,即 $i = 0$。所以,《公路工程技术标准》(JTG B01—2003)规定了上述情况下路线的纵坡不应小于 0.3%,但干旱少雨地区不受此限。

3. 合成坡度

公路在平曲线路段,如果纵向有纵坡并且横向有超高,则最大坡度既不在纵坡上,也不在超高上,而是在纵坡和超高合成的方向上,这时的最大坡度称为合成坡度。

$$i_合 = \sqrt{i_纵^2 + i_横^2} \tag{2-10}$$

我国规定最大纵坡度控制在 8% 以内,最小纵坡度不小于 0.3%(最小纵坡是为了迅速排除地面水)。坡长限制是根据汽车的动力性能来决定的。长距离的陡坡上坡会使汽车发动机过热影响机械效率,下坡又因制动危及行车安全;过短的坡长又使行车颠簸频繁,影响行车的平顺性。因此,对陡坡的长度要有所限制,见表 2-7 和表 2-8。

各级公路最大纵坡、坡长和最小坡长、合成坡度   表 2-7

公路 等级	高 速 公 路				一级公路		二级公路		三级公路		四级公路	
设计速度(km/h)	120	100	80	60	100	60	80	40	60	30	40	20
最大纵坡(%)	4	5	6	6	4	6	5	7	6	8	6	9
最小纵坡(m)	300	250	200	150	250	150	200	120	150	100	100	60
最大坡长(m)	700	600	500	600	800	600	700	500	600	300	700	200
合成坡度值(%)	10.0	10.0	10.5	10.5	10.0	10.5	9.0	10.0	9.5	10.0	9.5	10.0

城市道路最大纵坡、最小坡长和最大坡长   表 2-8

设计速度(km/h)	80			60			50			40		
纵坡度(%)	5	5.5	6	6	6.5	7	6	5.5	7	6.5	7	8
最大坡长(m)	600	500	400	400	350	300	350	300	250	300	250	200
最小纵坡(m)	290			170			140			110		

三、竖 曲 线

竖曲线(纵向曲线)是纵断面上为保证行车安全、舒适以及视距的需要而在变坡处设置的曲线,分为凸形竖曲线和凹形竖曲线。凹形竖曲线是两相邻不同坡度的交点在曲线下方,竖曲线开口向上;凸形竖曲线则相反,是交点在曲线上方,竖曲线开口向下。

纵断面上相邻两条坡度线相交处,就会出现变坡点和变坡角。变坡角用 ω 表示,ω 的大小近似等于相邻两纵坡坡度的代数差,凸形竖曲线 $\omega > 0$,凹形竖曲线 $\omega < 0$,计算公式见式(2-11)。

$$\omega = i_1 - i_2 \tag{2-11}$$

式中:i_1、i_2——分别为相邻坡度线的坡度值,上坡为正,下坡为负,%。

1. 竖曲线要素计算

竖曲线有抛物线和圆曲线两种。这两种线形计算的结果在应用范围内是完全相同的。由于在纵断面上只计水平距离和垂直高度。斜线不计角度而计坡度,故竖曲线的切线长和弧长均以其水平投影的长度计算。切线支距是竖向的高程差,如图 2-10 所示。

竖曲线要素的计算见式(2-12)~式(2-15)。

竖曲线长:

$$L = R\omega \tag{2-12}$$

切线长:

$$T = \frac{L}{2} = \frac{R\omega}{2} \tag{2-13}$$

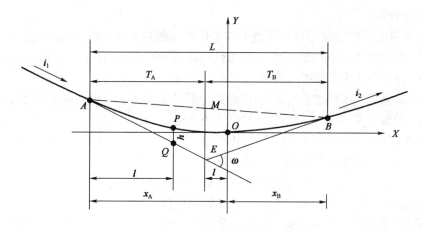

图 2-10　竖曲线要素计算

外距：
$$E = \frac{T^2}{2R} \qquad (2\text{-}14)$$

竖曲线上任意点竖距（纵距）：
$$y = \frac{x^2}{2R} \qquad (2\text{-}15)$$

式中：R——竖曲线半径，m；

$\quad\ T$——切线长，m；

$\quad\ L$——竖曲线的长度，m；

$\quad\ E$——外距，m；

$\quad\ x$——竖曲线上任意一点距竖曲线起点或终点的水平距离，m；

$\quad\ y$——竖曲线上任意点竖距（纵距），m。

2. 竖曲线半径的选择

竖曲线设计，首先要确定其半径，竖曲线半径的选定与平曲线半径选定一样，从满足行车要求出发，应力求选用较大半径，只有在地形困难地段才采用小半径。

汽车在凹形竖曲线上行驶，视距一般能得到保证，但车辆在其重力方向上又受到离心力作用而使车辆增重，乘客会感到不适，对汽车的悬挂系统也不利。为保证车辆行驶安全和舒适，减少车辆颠簸和振动，应对离心加速度有所限制，故竖曲线半径不能太小。

汽车在凸形竖曲线上行驶，离心力方向与重力方向相反，汽车会减重，对汽车的悬挂系统也不利；另外，在凸曲线上行车，如半径过小，则视线受阻，影响行车安全，所以，竖曲线半径不能太小。

《公路工程技术标准》(JTG B01—2003)规定竖曲线半径不小于表2-9所列数值。

竖曲线最小半径和最小长度　　　　　　　　　　　　　　　　　　表 2-9

设计速度(km/h)		120	100	80	60	40	30	20
凸形竖曲线半径(m)	一般值	17 000	10 000	4 500	2 000	700	400	200
	极限值	11 000	6 500	3 000	1 400	450	250	100
凹形竖曲线半径(m)	一般值	6 000	4 500	3 000	1 500	700	400	200
	极限值	4 000	3 000	2 000	1 000	450	250	100
竖曲线最小长度(m)		100	85	70	50	35	25	20

3.竖曲线计算

竖曲线计算的目的是确定设计纵坡上指定桩号的路基设计高程,其要点如下。

(1)首先根据转坡点处的地面线与相邻设计直线坡段情况,按上述竖曲线设计中的有关规定和要求,合理地选定竖曲线半径 R。

(2)根据转坡点相邻纵坡度 i_1、i_2 和已确定的半径 R,计算出竖曲线的基本要素(变坡角 ω、竖曲线长 L、切线长 T、外距 E)及竖曲线起、讫点桩号。

(3)分别计算出指定桩号处的切线设计高程、指定桩号至竖曲线起(或终)点间的平距 x、指定桩号的竖距 y。指定桩号的路基设计高程为:

凸形竖曲线   路基设计高程 = 切线设计高程 − y

凹形竖曲线   路基设计高程 = 切线设计高程 + y

[例2-3] 某山岭区二级公路,变坡点设在桩号为 K6 + 140 处,高程 H_1 = 428.90m,两相邻坡段的前坡坡度 i_1 = +4%,后坡坡度 i_2 = −5%,选用竖曲线半径 R = 2 000m。试计算竖曲线要素及桩号为 K6 + 080 和 K6 + 160 处的路基设计高程值。

解:(1)计算竖曲线要素。

转坡角: $\omega = i_1 - i_2 = 0.04 - (-0.05) = 0.09$ ($\omega > 0$,为凸形竖曲线)

曲线长: $L = R\omega = 2\,000 \times 0.09 = 180(\text{m})$

切线长: $T = \dfrac{L}{2} = \dfrac{R\omega}{2} = \dfrac{180}{2} = 90(\text{m})$

外距: $E = \dfrac{T^2}{2R} = \dfrac{90^2}{2 \times 2\,000} = 2.03(\text{m})$

(2)计算竖曲线起、终点桩号。

竖曲线起点桩号 = (K6 + 140) − 90 = K6 + 050

竖曲线终点桩号 = (K6 + 140) + 90 = K6 + 230

(3)计算路基设计高程。

①桩号 K6 + 080 处。

平距: $x = (\text{K6} + 080) - (\text{K6} + 050) = 30(\text{m})$

竖曲线上任意点竖距(纵距): $y = \dfrac{x^2}{2R} = \dfrac{30^2}{2 \times 2\,000} = 0.23(\text{m})$

切线高程 = 428.9 − 60 × 0.04 = 426.50(m)

设计高程 = 426.50 − 0.23 = 426.27(m)

②桩号 K6 + 160 处。

平距: $x = (\text{K6} + 230) - (\text{K6} + 160) = 70(\text{m})$

竖曲线上任意点竖距(纵距): $y = \dfrac{x^2}{2R} = \dfrac{70^2}{2 \times 2\,000} = 1.23(\text{m})$

切线高程 = 428.9 − 20 × 0.05 = 427.90(m)

设计高程 = 427.90 − 1.23 = 426.67(m)

四、平、纵面线形的组合

公路线形设计,不仅要注意个别元素的尺寸大小,而且要考虑各元素间的组合,不是孤立地考虑某一个投影面,而要综合考虑平、纵、横三个投影面的协调,不仅要满足汽车行使的力学要求,还要顾及交通条件、驾驶员的视觉和心理因素以及美学上的要求等。

平、纵线形要素组合及透视图见图2-11。

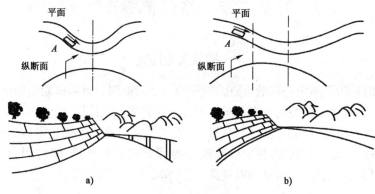

图2-11 平、纵线形要素组合及透视
a)平竖曲线重合;b)平竖曲线错位

根据经验做好如下几点,便会得到较好的线形。

(1)竖曲线与平曲线重合。平曲线与竖曲线的顶点——对应,且平曲线比竖曲线长,使竖曲线在平曲线范围内,即"平包竖"。这样对视觉有诱导作用,对行车安全有利。

(2)平曲线与竖曲线半径大小保持均衡。平曲线与竖曲线的线形,其中一方大而平缓时,则要注意另一方也要大而缓,切不可使二者差别太大。根据经验,在平曲线半径小于1 000m的情况下,竖曲线半径为平曲线半径的10~20倍即可获得线形的均衡性。

(3)不要在凸形竖曲线顶部、凹形底部插入小半径的平曲线。前者因没有视线诱导而必须急转方向盘,增加操作困难;后者因驾驶员向凹形底部行驶时,可能错认为是水平路段,以过高速度行驶导致急弯处发生事故。

(4)在一个平曲线内,避免纵面线形在一个平曲线范围内反复凸凹。若纵面线形反复凸凹时,往往形成看得见脚下和前方,而看不见中间凹陷的线形。

平曲线与竖曲线的组合见图2-12。

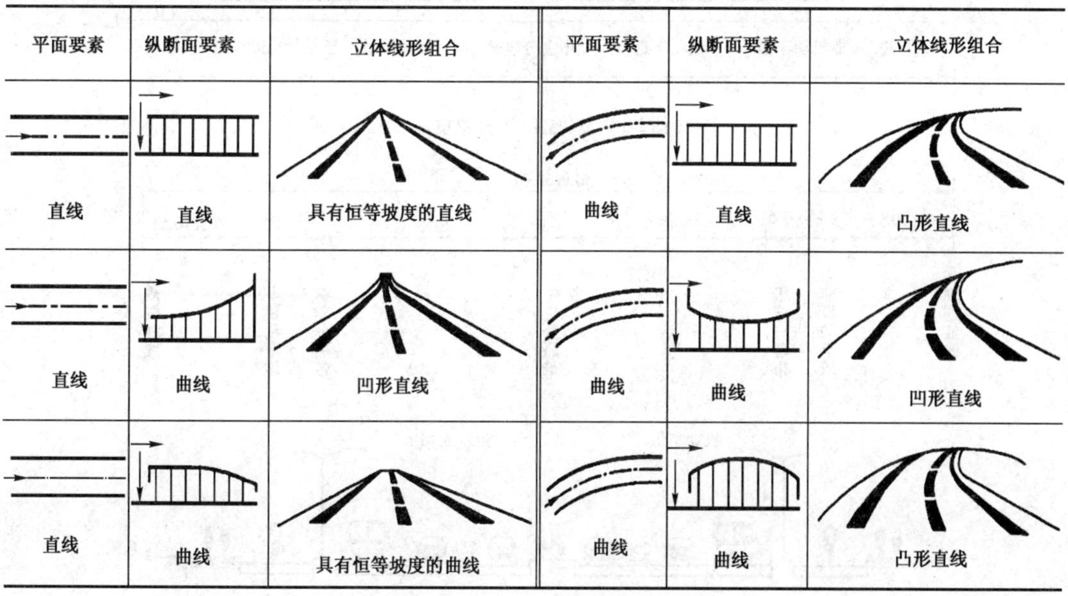

平面要素	纵断面要素	立体线形组合	平面要素	纵断面要素	立体线形组合
直线	直线	具有恒等坡度的直线	曲线	直线	凸形直线
直线	曲线	凹形直线	曲线	曲线	凹形直线
直线	曲线	具有恒等坡度的曲线	曲线	曲线	凸形直线

图2-12 平曲线与竖曲线的组合

第四节　路线横断面

一、横断面的构成

道路横断面是指沿路中心线的垂直方向作的一个剖面图。道路横断面图由地面线和横断面设计线构成,其中地面线表征地面在横断面方向的起伏变化;设计线包括行车道、路肩、分隔带、边沟边坡、截水沟、护坡道等,横断面设计只限于公路两路肩外侧边缘(城市道路红线)之间的部分,即各组成部分的宽度、横向坡度等,路幅设计包括行车道、路肩、中央分隔带和路拱等,可分为单幅路、双幅路、三幅路和四幅路几种(图2-13~图2-15)。

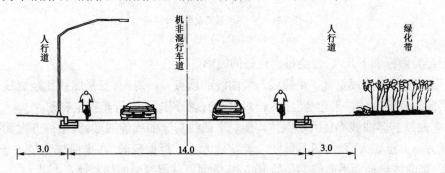

图 2-13　单幅路(尺寸单位:m)

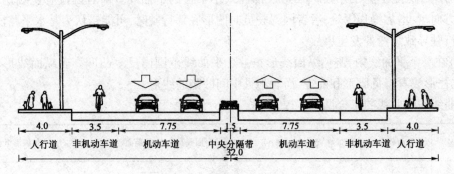

图 2-14　双幅路(尺寸单位:m)

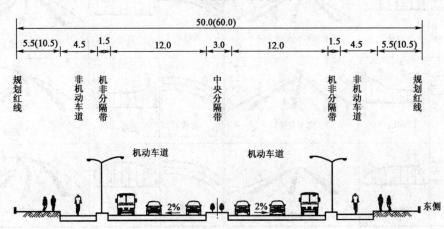

图 2-15　四幅路(尺寸单位:m)

32

（1）行车道宽度。行车道宽度包括车厢宽度和富余宽度，通常一条车道宽为 3.5 ~ 3.75m，车道数的多少由该路的交通量及通行能力确定。

（2）路肩。路肩是保护路面和绿化用，同时供发生故障的汽车临时停放以及供行人和非机动车来往用。高等级公路还需铺砌硬路肩，当硬路肩宽度小于 2.5m 时，还应设应急停车带，其间距不宜大于 500m，有效长度不小于 30m，宽度包括硬路肩在内为 3.5m。

（3）中间带。在高速公路中必须设置中间带，一级公路一般也应设置，当受到特殊条件限制时，可不设中央分隔带，但必须设置分隔设施。

（4）路拱。为使道路上的地面水迅速排除，保证行车安全而将路面设置成中间高、并向两侧倾斜的拱形，使其具有一定的坡度，这种形式为路拱，坡度称为路拱横坡度，用 i 表示。

路拱的基本形式有抛物线形、人字形和折线形三种（图 2-16）。

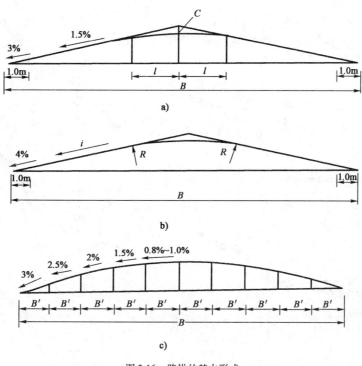

图 2-16 路拱的基本形式
a）抛物线形；b）人字形；c）折线形

①抛物线形。抛物线形路拱，路拱形式比较圆顺，行车道中间部分坡度较小，越到路的两边坡度越大，排除路面水十分有利，也较美观。缺点是行车道中间部分横坡度过于平缓，使行车容易集中到中央，这样使中央部分的路面损坏也较快，另外由于行车道横断面上各部分的坡度不同，增加了施工的难度。

②人字形。路拱两侧是向下倾斜的直线，在行车道中心线附近加设竖曲线或缓和曲线。它的优点是汽车轮胎和路面接触较为平顺，路面磨耗也较小，缺点是路面排水不及抛物线形。

③折线形。路拱两侧是用多段直线连接起来，各段直线的坡度不同，由小到大向外递增，倾斜形成折线路拱。优点是折线形的直线段要比人字形的直线段为短，施工容易，碾压平顺，也可以在行车最多的着力处作为转折点，即使行车后路面稍有变形，但路面水仍可排除。缺点是有多处凸出的转折，但可在施工时用压路机碾压平顺。

二、路线横断面图

横断面设计图绘制一般采用的竖向与水平距离的比例尺为 1∶200，以便用图解法计算挖、填土、石方的面积。横断面分为标准横断面与设计横断面。

路基标准横断面图标出了所有设计线（包括边坡、边沟、挡墙、护肩等）的形状、比例及尺寸，用以指导施工。

路基横断面图是路基施工及横断面面积计算的依据，图 2-17 中给出地面线与设计线，并标注桩号、施工高度与断面面积。相同的边坡坡度可只在一个断面上标注，挡墙等圬工构造物可只绘出形状不标注尺寸，边沟也只需绘出形状。横断面设计图应按从下到上、从左到右的方式进行布置。

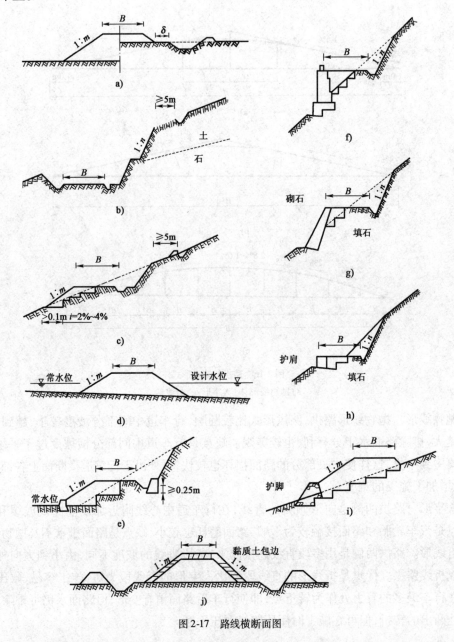

图 2-17　路线横断面图

第五节 道 路 交 叉

在公路与城市道路网中,交叉口是道路系统的重要组成部分,是道路交通的咽喉。道路与道路(或道路与铁路)相交部位称为道路交叉口。相交道路的各种车辆和行人都要在交叉口汇集、通过,稍有不慎,最易发生交通事故;由于人、车,特别是非机动车的相互干扰,阻滞了交通的流畅,降低了道路的通行能力;此外,在交叉口处的周期性制动、起动,对于燃料、车辆机件和轮胎的消耗都很大。因此,对于道路交叉口,如何设法减少以至消灭交通事故、提高交叉口的通行能力是道路设计的一项重要任务。

根据相交道路交会点的竖向高程设置安排的不同,可分为平面交叉口和立体交叉口两种类型,前者是道路在同一平面上相交,后者是道路在不同平面上相交。

一、交叉口交通分析及基本要求

1. 交叉口交通分析

进出交叉口的车辆,由于行驶方向不同,车辆与车辆之间的交错也有所不同,产生交错点的性质也不一样。

(1)分流点。同一行驶方向的车辆向不同方向分开的地点,称为分流点。

(2)合流点。来自不同行驶方向的车辆以较小角度向同一方向汇合的地点,称为合流点。

(3)冲突点(危险点)。来自不同行驶方向的车辆以较大角度(≥90°)相互交叉的地点,称为冲突点(危险点)。

上述不同类型的交错点是影响交叉口行车速度和发生交通事故的主要原因,其中车辆左转和直行形成的冲突点对交通的影响最大,车辆容易产生碰撞;其次是合流点,是车辆产生挤撞的危险地点,对交通安全不利。所以,在交叉口的设计中,要尽量设法减少冲突点和合流点,尤其是要减少或消灭冲突点。

在没有交通管制的情况下,三条、四条、五条道路平面相交时的冲突点分别如图 2-18 所示。通过上面的交通分析,可得出如下结论:一是在平面交叉口上,都存在冲突点(危险点),并随着相交道路条数增加而急剧增加;二是产生冲突点最多的是左转弯车辆,如在四条道路相交处,若没有左转弯车辆,则冲突点可从 16 个减少到 4 个。因此,在交叉口设计中,正确处理左转弯车辆所引起的冲突点,是交叉口设计中的关键之一。

通常消灭冲突点的方法有下列三种:

(1)实行交通管制。用交通信号灯或交警手势指挥,使直行和左转弯车辆通过交叉口的时间错开。

(2)渠化交通。在交叉口合理布置交通岛,组织车辆分道行驶,将冲突点变为交织点,减少车辆行驶时的相互干扰。

(3)设置立体交叉。将相交道路互相冲突的车流分别设在不同平面的车道上,各行其道,互不干扰,是保证行车安全和效率、提高道路通行能力的最有效措施。

2. 平面交叉口的基本要求

平面交叉口设计的基本要求有:一是在保证相交道路上所有车辆和行人安全的前提下,车流和人流交通受到最小的阻碍,亦即保证车辆和行人在交叉口处能以最短时间顺利、安全通过,这样就能使交叉口的通行能力适应各条道路的行车要求;二是正确设计交叉口立面,保证转弯车辆行驶稳定;三是要符合排水要求,使交叉口地面水能迅速排除,保持交叉口的干燥状态,有利于车辆和行人通过,并可使路面使用寿命延长。

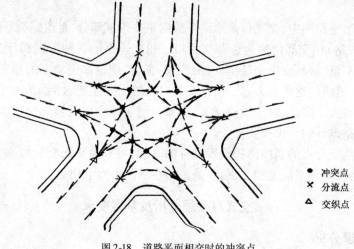

图 2-18　道路平面相交时的冲突点

二、平 面 交 叉

1. 平面交叉的一般要求

平面交叉是道路的一个重要组成部分,平面交叉选用的技术标准和形式是否合理,会直接影响公路的通行能力、使用品质以及交通安全。因此,设计交叉口时应符合如下要求:

(1)路线交叉部分的设计速度,应符合《公路工程技术标准》(JTG B01—2003)的要求。

(2)交叉口的形式应根据相交道路的交通量、交通性质及地形条件综合考虑后再确定。

(3)交叉口应选择地形平坦、视野开阔,至少应保证相交道路上汽车距冲突点前后的停车视距范围内通视,有碍视线的障碍物应予以清除。

(4)交叉口的布置要符合行车舒适、排水畅通的要求。

2. 平面交叉口的形式

(1)平面交叉口常见形式有如下几种:十字形、X 字形、T 字形、Y 字形和复合交叉等,如图 2-19 所示。

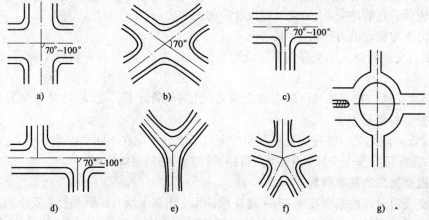

图 2-19　平面交叉口的常见形式

a)十字交叉;b)X 形交叉;c)T 形交叉;d)错位交叉;e)Y 形交叉;f)多路交叉;g)环形交叉

采用最多的是十字形交叉口。它形式简单,交通组织方便,街角建筑容易处理,适应范围广,可用于相同等级或不同等级的道路交叉,在任何一种形式的道路网规划中,它都是最基本的交叉口形式。

X字形交叉口是两条道路以锐角或钝角斜交,如图2-19b)所示。在相交的锐角较小的情况下,将形成狭长的交叉口,对转弯车辆行驶极为不利,锐角街口的建筑物也难处理。因此,应尽量使相交道路的锐角大些。

T字形交叉口,如图2-19c)所示,是一条尽头道路与另一条直行道路近于直角相交的交叉口,适用于不同等级道路或相同等级道路相交。

Y字形交叉口,如图2-19e)所示,是一条尽头道路与另一条道路以锐角或钝角(<75°或 >105°)相交的交叉口,适用于主要道路与次要道路相交,主要道路应设在交叉口的顺直方向。

复合交叉口,如图2-19f)所示,是多条道路交汇的地方,容易起到突出中心的效果,但占地面积较大,并给交通组织带来很大困难,采用时,必须全面慎重考虑。

(2)拓宽路口式交叉口。当交通量较大,转弯车辆较多,而交叉口的通行能力不能满足交通量的需要时,可在简单交叉口的基础上,增设候驶车道和变速车道,以适应车辆临时停候和变速行驶之用。

(3)环形交叉口。为了减少车辆阻滞,在交叉口中心设一圆形交通岛,使各类车辆按逆时针方向绕岛作单向行驶,这种平面交叉称为环形交叉,如图2-20所示。它的优点是把冲突点变为交织点,从而消除车辆碰撞危险,对安全行车有利。

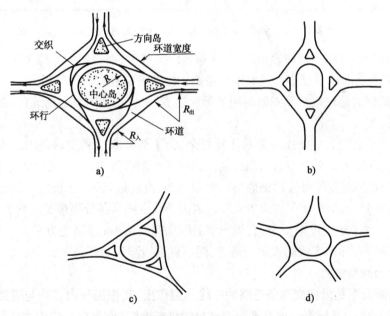

图2-20　环形交叉口

a)圆形;b)长圆形;c)三条道路相交;d)五条道路相交

环形交叉口的基本要素有中心岛、交织角、交织长度、环道宽度、进出口转弯半径等。

3. 平面交叉口工程图

1)交叉口的平面图

如图2-21所示为某城市一道路平面交叉口的平面图。从图中可知,此交叉口的形式为

37

"X"形,交通组织为环形。与道路路线平面图相似,交叉口平面图的内容包括道路与地形、地物各部分。

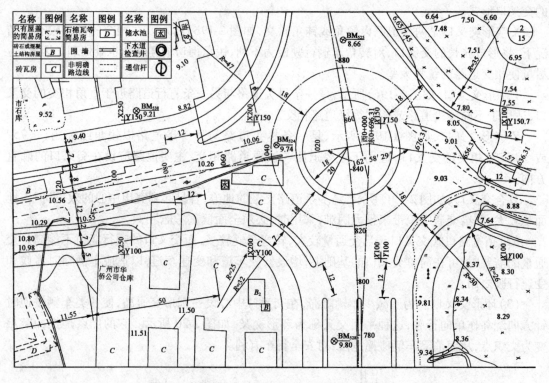

图 2-21 某城市道路平面交叉口的平面图(尺寸单位:m)

(1)道路的中心线用点画线表示,为了表示道路的长度,在道路中心线上标有里程处可以看出:北段道路是将北段道路中心线与南段道路中心线的交点作为里程起点。

(2)本图道路的地理位置和走向是用坐标网法表示的,X 轴向表示南北(左指北),Y 轴向表示东西(上指东)。

(3)由于道路在交叉口处连接关系比较复杂,为了清晰表达相交道路的平面位置关系和交通设施等,道路交叉口平面图的绘图比例较路线平面图大得多(如本图比例为 1:500),以便车、人行道的分布和宽度等可按比例画出。由图可知,西段道路为"三块板"断面形式,机动车道的标准宽度为 16m、非机动车道为 7m、人行道为 5m、中间两条分隔带宽度均为 2m。从桩号 195~245m 为机动车道宽度渐变段,右侧车道的附加宽度从 4m 逐渐变为零。

(4)图中两同心标准实线圆表示交通岛,同心点画线圆表示环岛车道中心线。

2)交叉口的纵断面图

交叉口纵断面图是沿相交两条道路的中线分别作出,其作用与内容均与道路路线纵断面基本相同。图 2-22 为某城市一道路平面交叉口的纵断面图(南北向),读图方法与路线纵断面图基本相同。东西向道路由于是现存道路,故没给出其纵断面图。

三、立 体 交 叉

随着我国经济的高速发展,城市道路建设和公路建设步入了史无前例的快速发展时期。发展平面交叉口已不能适应现代化交通的需求,而立体交叉工程能从根本上解决各车流在交叉口处的冲突,不仅能大大提高通行能力和安全舒适性,而且节约能源,提高交叉口现代化管理水平。所以,立体交叉工程已成为我国城市道路和公路建设中的重要组成部分。

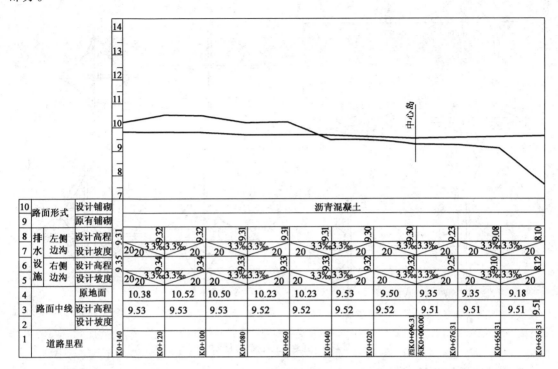

图 2-22　某城市道路平面交叉口的纵断面图(南北向)

1. 立体交叉的作用

立体交叉工程的种类很多,无论形式如何,所要解决的问题就是消除或部分消除各向车流的冲突点,也就是将冲突点处的各向车流组织在空间的不同高度上,使各向车流分道行驶,从而保证各向车流在任何时间都连续行驶,提高交叉口处的通行能力和安全舒适性。

立体交叉是两条道路在不同高程上交叉,两条道路上的车流互不干扰,各自保持原有车速通过交叉口。立体交叉能保证行车安全和提高交叉口通行能力,但与平面交叉相比,其技术复杂,占地面积大,造价高。

2. 立体交叉的组成

立体交叉口由相交道路、跨线桥、匝道、通道和其他附属设施组成。互通式立体交叉口形式如图 2-23 所示。

1)跨线桥

跨线桥是两条道路间的跨越结构物,有主线跨线桥和匝道跨线桥之分,它是立体交叉的主要结构物。跨线桥下应保证道路通行的足够净空尺寸,并应适当考虑建筑美观。相交道路从桥下通过的为上跨式,反之为下穿式。

2)匝道

匝道是连接互通式立体交叉上、下道路,使道路上的车流可以相互通行的构造物。

3)变速车道

减速车道、加速车道统称为变速车道,当车辆进入高速公路或匝道时必须设置。变速车道

39

有平行式和定向式两种。当高速公路与匝道的车速相差较大时,需设置平行式车道;当计算两车速相差不大时,宜采用缓和曲线连接或设置定向式变速车道。

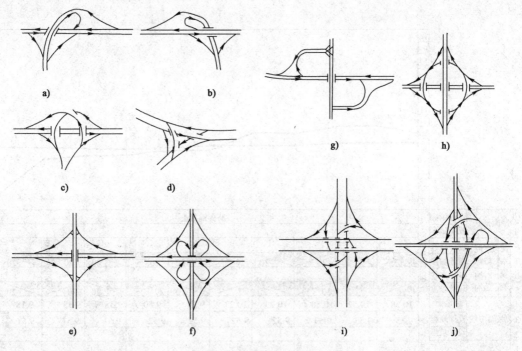

图 2-23　互通式立体交叉口形式

3. 立体交叉的分类

立体交叉分类有按路网系统功能分、按有无匝道连接分、按交叉结构形式分等分类方法。

1)按路网系统功能分类

按路网系统功能分类,可分为枢纽型立体交叉、服务型立体交叉、疏导型立体交叉。

(1)枢纽型。枢纽型立交是中、长距离,大交通量,高等级道路之间的立体交叉(图 2-24)。如高速公路之间、城市快速路之间、高速公路和城市快速路相互之间及与重要汽车专用道之间。

(2)服务型。服务型立交(又称一般互通立交),是高等级道路与低等级道路之间的立体交叉。如高速公路与其沿线城市出入干道或次要汽车专用道之间,城市快速路或重要汽车专用道与其沿线城市主干路或次级道路之间的立体交叉。

(3)疏导型。疏导型立交(又称简单立交)仅限地区次要道路上的交叉口。

2)按有无匝道连接分类

按有无匝道连接分类,可分为分离式立体交叉和互通式立体交叉两种。

(1)分离式立体交叉。这是一种简单的立交形式,指采用上跨或下跨的方式相交,上、下道路没有匝道连接,这种立交占地少、结构简单、造价低,但上、下公路的车辆不能互相转换。目前我国各地修建的公路与铁路交叉,多属于这种形式。

(2)互通式立体交叉。互通式立体交叉按其互通程度不同可分为部分互通和完全互通两种。

①部分互通式立交。不是每个方向都完全互通,至少保留 1 个或 1 个以上的平面交叉,主

要适用于主次道路相交或因地形、地物限制而采用的一种立交形式。其形状简单,用地少,工程造价低,但干扰大,通行能力较低。常见的形式有菱形立体交叉、环行立体交叉以及半苜蓿叶式立体交叉和叶形立体交叉四种。

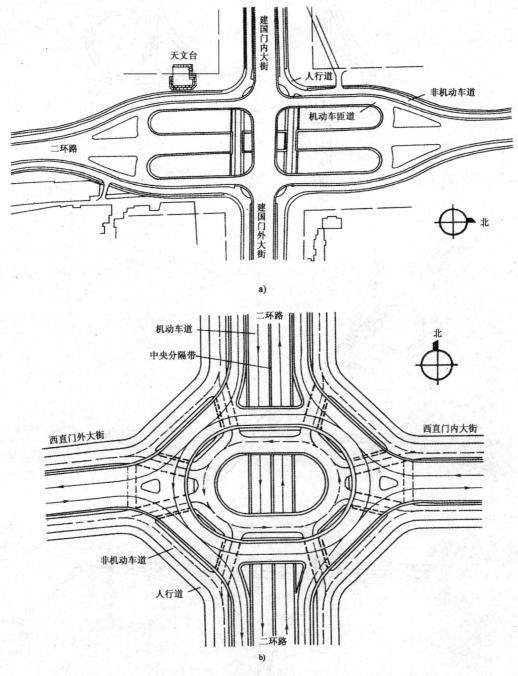

图 2-24 枢纽型立交

②完全互通式立体交叉。是一种比较完善的高级形式,保证相交道路上每个方向的车辆都不受其他车辆的干扰。其基本形式有苜蓿叶式立交、完全定向式立交、喇叭形立交和 Y 形立交(图 2-25)。

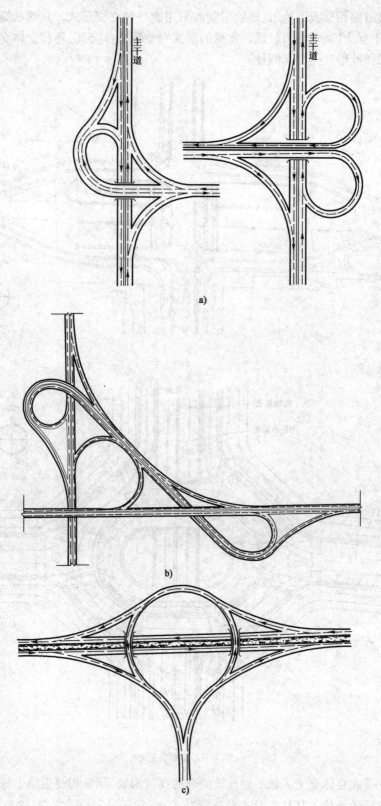

图 2-25　完全互通式立体交叉
a)喇叭形立体交叉;b)双喇叭形组合立交;c)Y形立交

思考题与习题

1.《公路工程技术标准》(JTG B01—2003)规定了哪几种类型的圆曲线最小半径？何谓圆曲线一般最小半径？

2.公路的横断面主要由哪些部分组成？路肩的主要作用是什么？

3.平曲线三种最小半径分别在什么情况下适用？

4.公路平面线形组合有哪几种主要形式？

5.缓和曲线是什么线形？作用是什么？

6.平曲线为什么要加宽？加宽设置的位置在哪里？

7.为什么要设置超高？设置超高的形式有几种？

8.纵断面图上的两条主要线是什么？

9.公路纵坡如何表示？为什么要进行坡长限制？

10.平面交叉口设计的基本要求有哪些？

11.某平原区二级公路，已知某弯道交点 JD_2，其桩号为 K6 + 034.61，选用的平曲线半径 $R = 200m$，转角 $\alpha = 30°12'00''$。试计算出该路段平曲线要素及主点桩号值。

12.竖曲线半径 $R = 3000m$，相邻坡段的坡度 $i_1 = -3.1\%$，$i_2 = -1.1\%$，变坡点的里程桩号为 K16 + 770.00，其高程为 396.67m。如果曲线上每 20m 设置一桩，试计算竖曲线起终点及各桩号的高程。

第三章　路基路面工程

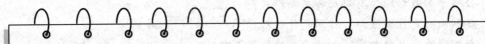

重点内容和学习目标

　　本章重点讲述了路基路面工程的特点、路基路面病害及产生原因、一般路基的设计、路基排水和防护、路面组成和分类、路面设计等知识。

　　通过本章学习,掌握路基路面病害及产生原因,掌握路面组成与分类,了解路基路面设计知识。

第一节　路基工程概述

一、路基工程的特点

　　路基是按照路线位置和一定技术要求修筑的作为路面基础的带状构造物。路基是路面的基础,它与路面共同承担汽车荷载的作用。路面是用硬质材料铺筑在路基顶面的层状结构,没有稳固的路基就没有稳固的路面。路基断面形式有路堤、路堑、半填半挖式三种,如图 3-1 所示。

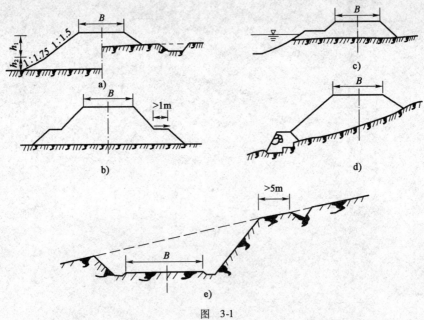

图　3-1

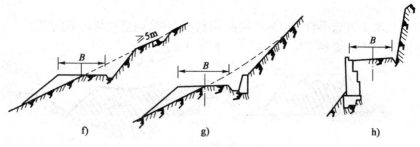

图3-1 路基断面形式

a)~d)路堤;e)路堑;f)~h)半填半挖式

为了保证路基的稳定,必须修建适宜的排水系统,如边沟、截水沟、排水沟、跌水、急流槽和盲沟、渗沟、渗井等排水设施。在修建山区公路时,还常修筑各种防护工程和特殊构筑物。如在山坡较陡时,为了保证路基的稳定和节省土方量,往往需修筑挡土墙、石砌边坡和护脚;为保护岩石路堑边坡避免自然因素侵蚀,可砌筑护面墙。

路基土石方工程量大,沿线分布不均匀,不仅与路基工程相关的设施,如路基排水、防护与加固等相互制约,而且同公路工程的其他项目,如桥涵、隧道、路面及附属设施相互交错。路基工程的项目较多,如土方、石方及圬工体等,在设计、施工方法与技术操作方面各不相同,总之,路基工程具有工艺较简单、工程数量大、耗费劳力多、占用投资大、涉及面广的特点。

二、路基的变形、破坏及原因

1.影响路基稳定性的因素

公路路基裸露在大气中,其稳定性在很大程度上由当地自然条件所决定,并受人为因素的影响。路基稳定性与下列因素有关。

1)自然因素

(1)地理条件。平原地区地势平坦,一般来说地面水容易积聚,地下水水位较高。因此,路基需要保持一定的最小填土高度;山岭重丘地区地势陡峻,路基的强度与稳定性特别是稳定性不易保证,需要采取某些防护与加固措施。

(2)地质条件。沿线岩土的种类、成因、岩层的走向、倾向和倾角、风化程度等,都影响路基的强度与稳定性。

(3)气候条件。公路沿线地区的气温、降雨量、降雪量、冰冻深度、日照、年蒸发量、风力、风向等,都影响路基的水温状况。

(4)水文和水文地质条件。水文是指地面径流、河道的洪水位,河岸的冲刷与淤积情况等;水文地质则是指地下水位、地下水移动的规律,有无泉水及层间水等。所有这些都会影响路基的稳定性,如处理不当,往往会导致路基产生各种病害。

(5)土的类别。分为巨粒土、粗粒土、细粒土和特殊土四大类。

2)人为因素

人为因素有行车荷载的作用、路基设计、施工及养护是否正确等因素。施工技术措施不当,如填料不当或大爆破等。

2.路基常见病害

1)路基的沉陷

路基沉陷的特征是路基表面产生较大的竖向位移,路基垂直方向产生较大的沉落,引起不均匀下落。

产生原因是施工方法不合理、压实不足、填料不当等，同地基软弱下沉有关。

路基沉陷的形式有堤身下陷、地基下陷，如图3-2所示。

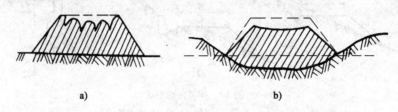

图 3-2　路基的沉陷

2）路基边坡坍方

按其破坏规模和原因的不同，路基边坡坍方可分为剥落和碎落、滑坍、崩坍、坍塌等（图3-3）。

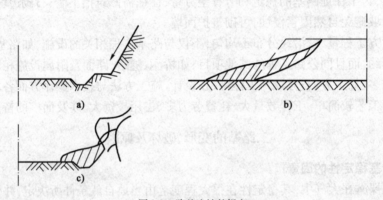

图 3-3　路基边坡的坍方

路基边坡的坍方是由于边坡过陡、过高、地质条件不良、自然风化以及水的侵蚀造成边坡的剥落、碎落、崩坍等现象。

（1）溜方，指的是边坡上薄的表层土下溜，是由于少量土体沿土质边坡向下移动所形成。

（2）滑坡，指一部分土体在重力作用下，沿路堤的某一滑动面滑动。发生原因是边坡较高（大于10~20m）、坡度较陡（大于50°）、填方不密实等。

（3）剥落是指边坡土层或风化岩层表面，在大气的干湿或冷热的循环作用下，表面发生胀缩现象，使表层土或岩石成片状或带状从坡面上剥落下来，而且老的脱落后，新的又不断产生。

（4）碎落是坡面岩石成碎块的一种剥落现象，其规模与危害程度比剥落严重。

（5）崩坍是大的石块或土块脱离原有岩体或土体而沿边坡倾落下来，崩坍体的各部分相对位置在移动过程中完全打乱。

（6）坍塌主要是由于土体遇水软化，而边坡又在45°~60°之间，且边坡无支撑情况下产生的。

路基边坡坍方的主要原因有：边坡过陡；填筑路堤方法不当；土体过于潮湿；坡脚被水冲刷；岩石破碎和风化严重等。

3）路基沿山坡滑动

由于地面过陡，未作任何处理引起路基沿山坡滑动。

4）不良地质和水文条件造成的路基破坏

公路通过不良地质条件（如泥石流、溶洞等）和较大自然灾害（如大暴雨）地区，均可能导致路基的大规模毁坏。

综上所述,路基发生变形、破坏的主要原因归纳为如下几个方面:

(1)不良的工程地质与水文地质条件。

(2)不利的水文与气候因素。

(3)设计不合理。

(4)施工不符合有关规定。

上述原因中,地质条件是影响路基工程质量和产生病害的基本前提,水是造成路基病害的主要原因。

三、对路基的基本要求

路基横断面形式及尺寸必须符合《公路工程技术标准》(JTG B01—2003)的有关规定,同时满足下列基本要求:

(1)具有足够的整体稳定性。路基是直接在地面上填筑或挖去一部分地面建成的。路基修建后,改变了原地面的天然平衡状态。在工程地质不良的地区,修建路基可能加剧原地面的不平衡状态,从而导致路基发生各种破坏现象。因此,为防止路基结构在行车荷载及自然因素作用下,不致发生不允许的变形或破坏,必须因地制宜地采取一定的措施来保证路基整体结构的稳定性。

(2)具有足够的强度。路基的强度是指行车荷载作用下路基抵抗变形与破坏的能力。因为行车荷载及路基路面的自重使路基下层和地基产生一定的压力,这些压力可使路基产生一定的变形,直接损坏路面的使用品质。为保证路基在外力作用下,不致产生超过容许范围的变形,要求路基应具有足够的强度。

(3)具有足够的水温稳定性。路基的水温稳定性在这里主要是指路基在水和温度的作用下保持其强度的能力。路基在地面水和地下水的作用下,其强度将会显著地降低。特别是季节性冰冻地区,由于水温状况的变化,路基将发生周期性冻融作用,形成冻胀和翻浆,使路基强度急剧下降。因此,对于路基,不仅要求有足够的强度,而且还应保证在最不利的水温状况下,强度不致显著降低,这就要求路基应具有一定的水温稳定性。

四、公路的自然区划及路基土的工程性质

由于我国地域辽阔,各地气候、地形、地貌、水文地质等自然条件相差很大,而这些自然条件与公路建设密切相关,为体现各地公路设计与施工的特点,侧重必须解决的问题。为了区分不同地理区域自然条件对公路工程影响的差异性及不同的筑路特点,有关部门制定了《公路自然区划标准》。

1. 公路自然区划划分

为使自然区划便于在实践中应用,结合我国地理、气候特点,将全国的公路自然区划分为三个等级:7个一级区,33个二级区和19个副区。现行区划标准仅规定一、二级区划,三级区划可由各地根据当地具体条件进行划分。

(1)一级自然区,是根据地理、地貌、气候、土质等因素,将我国划分为7个大区,名称与代号如下:Ⅰ. 北部多年冻土区;Ⅱ. 东部温润季冻区;Ⅲ. 黄土高原干湿过渡区;Ⅳ. 东南湿热区;Ⅴ. 西南潮湿区;Ⅵ. 西北干旱区;Ⅶ. 青藏高寒区。

(2)二级自然区,以气候和地形为主导因素,再以潮湿系数为依据,分为33个二级区划和

19个副区。与一级自然区有共同标志,即气候因素是潮湿系数K值,地形因素是独立的地形单元。二级区的划分,则因区而异,其标志是以潮湿系数K为主的一个标志体系。按全年的大小分为六个等级:过湿区、中湿区、润湿区、润干区、中干区、过干区。

（3）三级自然区,是对二级区的进一步划分,以行政区域作为界限,有两种划分方法:一种按照地貌、水文和地质类型将二级自然区划分为若干类型单元;另一种是继续以水热、地理和地貌等标志将二级区细分为若干区域。由各地根据当地具体情况选用。

2. 路基土的工程性质

1）土的分类

土按照《公路土工试验规程》(JTG E40—2007)可分为巨粒土、粗粒土、细粒土、特殊土四大类,土的分类见图3-4。黏质土用来填筑路基比粉质土好,但不如细粒土质砂,因此,细粒土质砂(或称砂土)是修筑路基的良好材料。

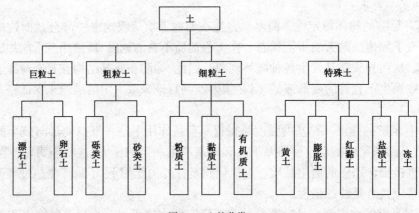

图3-4　土的分类

（1）巨粒土。巨粒土有很高的强度及稳定性,是填筑路基的很好材料。对于漂石土,在码砌边坡时,应正确选用边坡值,以保证路基稳定。对于卵石土,填筑时应保证有足够的密实度。

（2）粗粒土。粗粒土包括砾类土和砂类土。

①砾类土由于粒径较大,内摩擦力亦大,因而强度和稳定性均能满足要求。级配良好的砾类土混合料,密实程度好。

②砂类土又可分为砂、含细粒土砂(或称砂土)和细粒土质砂(或称砂性土)三种。

砂和含细粒土砂无塑性,透水性强,毛细上升高度很小,具有较大的摩擦系数和强度,水稳定性较好。但由于黏性小,易于松散,压实困难,需用振动法或灌水法才能压实。

细粒土质砂既含有一定数量的粗颗粒,使路基具有足够的强度和水稳性,又含有一定数量的细颗粒,使其具有一定的黏性,不致过分松散。一般遇水干得快,不膨胀,干时有足够的黏结性,扬尘少,容易被压实。

（3）细粒土。粉质土为最差的筑路材料。它含有较多的粉土粒,干时稍有黏性,但易被压碎,扬尘性大,浸水时很快被湿透,易成稀泥。如遇粉质土,特别是在水文条件不良时,应采取一定的措施,改善其工程性质。

黏质土透水性很差,黏聚力大,因而干时硬,不易挖掘。它具有较大的可塑性、黏结性和膨胀性,毛细现象也很显著。黏质土用来填筑路基比粉质土好,但不如细粒土质砂。

有机质土(如泥炭、腐殖土等)不宜作路基填料,如遇有机质土均应在设计和施工上采取适当措施。

(4)特殊土。黄土属大孔和多孔结构,具有湿陷性;膨胀土受水浸湿发生膨胀,失水则收缩;红黏土失水后体积收缩量较大;盐渍土潮湿时承载力很低。因此,特殊土也不宜作路基填料。

2)土的物理力学指标

土的物理力学指标主要有以下几项:

(1)密度。土的质量与其体积之比。

(2)含水率。土中水的质量与干土粒质量之比。

(3)界限含水率。指黏性土由一种物理状态向另一种物理状态转变的界限状态所对应的含水率。

(4)液限(w_L)。指土由流动状态转入可塑状态的界限含水率,即土的塑性上限,称为液性界限,简称液限。

(5)塑限(w_P)。土由可塑状态转为半固体状态时的界限含水率为塑性下限,称为塑性界限,简称塑限。

(6)内摩擦角与黏(内)聚力。土的抗剪强度由滑动面上土的黏聚力(阻挡剪切)和土的内摩阻力两部分组成,摩阻力又与法向应力成正比,其中内摩擦角反映了土的摩阻性质。因而内摩擦角与黏聚力是土抗剪强度的两个力学指标。

五、路基的干湿类型和路基临界高度

路基的强度、稳定性与路基的干湿状态密切相关,正确区分路基的干湿类型,是做好路基路面设计的前提。

路基在使用过程中,受到各种外界因素的影响,使湿度发生变化。路基土所处的状态是由土体的含水率或稠度决定的,影响路基湿度的水源有大气降水、地面水、地下水、水汽凝结水、毛细水、薄膜移动水等六种。

大气降水:大气降水通过路面、路肩和边坡渗入路基。

地面水:边沟及排水不良时的地表积水,以毛细水的形式渗入的毛细水。

地下水:靠近地面的地下水,借助毛细作用上升到路基内部。

水汽凝结水:在土粒空隙中流动的水汽凝结成水分。

毛细水:路基下的地下水,通过毛细管作用,上升到路基。

薄膜移动水:在水的结构中水以薄膜的形式从含水率较高处向较低处流动,或由温度较高处向冻结中心周围流动。

1.路基干湿类型划分方法

路基的干湿类型表示路基工作时,路基土所处的含水状态。在路基路面结构设计中,是以不利季节路床表面(路槽底)以下80cm深度内土的平均稠度与分界稠度的关系来确定相应的路基干湿类型。一般情况,不利季节在非冰冻区指雨季,冰冻区指春融期。

路基的干湿状态可分为干燥状态、中湿状态、潮湿状态和过湿状态四类。为保证路基的强度与稳定性,要求路基处在干燥、中湿状态。路基的干湿类型划分方法有平均稠度划分法、临界高度划分法两类。路基干湿类型见表3-1。

路基干湿类型	路床顶面以下 80cm 深度内平均稠度 w_c 与分界稠度 w_{ci} 的关系	一 般 特 征
干燥	$w_c \geqslant w_{c1}$	土基干燥稳定,路面强度和稳定性不受地下水和地表积水的影响。路基高度 $H_0 > H_1$
中湿	$w_{c1} > w_c \geqslant w_{c2}$	土基上部土层处于地下水或地表积水影响的过渡区内。路基高度 $H_2 < H_0 \leqslant H_1$
潮湿	$w_{c2} > w_c \geqslant w_{c3}$	土基上部土层处于地下水或地表积水毛细影响区内。路基高度 $H_3 < H_0 \leqslant H_2$
过湿	$w_c < w_{c3}$	路基极不稳定,冰冻区春融翻浆,非冰冻区软弹土基经处理后方可铺筑路面。路基高度 $H_0 \leqslant H_3$

1)根据土的平均稠度划分

路基土的平均稠度 w_c:

$$w_c = \frac{w_L - \overline{w}}{w_L - w_P} \tag{3-1}$$

式中:w_c——土的平均稠度;

$\overline{w}$——土的平均含水率;

w_L、w_P——土的液限、塑限。

土的稠度较准确地表示了土的各种形态与湿度的关系,稠度指标综合了土的塑性特性,包含了液限与塑限,全面直观地反映了土的硬软程度,物理概念明确。

(1)$w_c = 1$,即 $\overline{w} = w_P$,为半固体与硬塑状的分界值;

(2)$w_c = 0$,即 $\overline{w} = w_L$ 为流塑与流动状的分界值;

(3)$1 > w_c > 0$,即 $w_L > \overline{w} > w_P$,土处于可塑状态。

我国现行的《公路沥青路面设计规范》(JTG D50—2006)中规定,路基的干湿类型可以实测不利季节路床顶面以下 80cm 深度内土的平均稠度 w_c,再按表 3-2 中土基干湿状态的稠度建议值确定。

2)根据临界高度划分

路基的临界高度是指在不利季节,当路基处于某种干湿状态时,路槽底距地下水位或地表积水水位的最小高度。

对于新建公路,路基尚未建成,无法按上述方法现场勘测路基的湿度状况,可以用路基临界高度作为判别标准。当路基的地下水位或地表积水水位一定的情况下,路基的湿度由下而上逐渐减小,如图 3-5 所示。

地下水位或地表长期积水水位,通过公路勘测设计野外调查获得,路基高度从路线纵断面图或路基设计表中查得,扣除预估的路面厚度,即可得到路床顶面距地下水位或地表积水水位的高度。

在设计新建公路时,先选定路基处于干燥、中湿、潮湿状态的临界高度 H_1、H_2、H_3,再按表3-2 判断土基的干湿类型。

为了保证路基的强度和稳定性不受地下水或地表积水的影响,在设计路基时,要求路基保持干燥或中湿状态,路床顶面距地下水位或地表积水水位的距离,要大于或等于干燥、中湿状态所对应的临界高度。

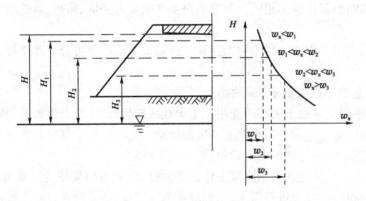

图 3-5　路基高度(对地下水)及路基土干湿类型

H-路槽底距地下水位的高度;H_1-干燥状态的路基临界高度;H_2-中湿状态的路基临界高度;H_3-潮湿状态的路基临界高度;w_x-规定深度内路基土的相对含水率;w_1、w_2、w_3-各种状态路基土分界相对含水率

路基干湿状态的分界稠度建议值　　　　　　表 3-2

干湿状态 土质类别	干燥状态 $w_c \geqslant w_{c1}$	中湿状态 $w_{c1} > w_c \geqslant w_{c2}$	潮湿状态 $w_{c2} > w_c \geqslant w_{c3}$	过湿状态 $w_c < w_{c3}$
土质砂	$w_c \geqslant 1.20$	$1.20 > w_c \geqslant 1.00$	$1.00 > w_c \geqslant 0.85$	$w_c < 0.85$
黏质土	$w_c \geqslant 1.10$	$1.10 > w_c \geqslant 0.95$	$0.95 > w_c \geqslant 0.80$	$w_c < 0.80$
粉质土	$w_c \geqslant 1.05$	$1.05 > w_c \geqslant 0.90$	$0.90 > w_c \geqslant 0.75$	$w_c < 0.75$

注:w_{c1}、w_{c2}、w_{c3}分别为干燥和中湿、中湿和潮湿、潮湿和过湿状态路基土的分界稠度;w_c为路床表面以下 80cm 深度内土的平均稠度。

2. 路基高度

按要求确定设计高程进行填筑,应满足最小填土高度的要求。路基最小填土高度是指为保证路基稳定,根据土质、气候和水文地质条件,所规定的路肩边缘距原地面的最小高度。为利于排水,干燥路基最小填土高度规定为:细粒土质砂 0.3~0.5m;黏质土 0.4~0.7m;粉质土 0.5~0.8m。

第二节　一般路基设计

一般路基是指在一般地区,填方高度和挖方深度小于规范规定高度和深度的路基。通常一般路基可以结合当地的地形、地质情况,直接套用标准横断面图。路基设计任务,是根据公路等级、技术标准、性质,结合当地的自然条件,拟订正确的路基设计方案,作为施工的依据。

路基设计的内容包括以下四个方面:

(1)路基主体设计,包括选择横断面形式,确定路基宽度、路基高度、路基边坡坡度等。

(2)路基的排水设计,根据公路沿线地面水和地下水流情况,进行排水系统总体布置以及地面、地下排水设施的设计。

(3)路基的防护与加固,包括坡面防护、冲刷防护及支挡结构物的布置。

(4)路基附属工程的设计,包括取土坑、弃土坑、护坡道等。

一、路基的类型与构造

为了满足行车的要求,路线有些部分高出原地面,需要填筑;有些部分低于原地面,需要开挖。因此,路基横断面形状各不相同。典型的路基横断面有路堤、路堑、填挖结合三种类型。

1.路堤

高于原地面,由填方构成的路基称为路堤。按路堤填土高度可分为矮路堤、高路堤和一般路堤。

(1)矮路堤,指填土高度低于1m的路堤。

矮路堤常在平坦地区取土困难时选用。平坦地区地势低,水文条件较差,易受地面水和地下水的影响,设计时应注意满足最小填土高度的要求。力求不低于规定的临界高度,使路基处于干燥或中湿状态。矮路堤两侧均应设边沟。

矮路堤的高度通常接近或小于路基工作区的深度,除填方路堤本身要求满足规定的施工要求外,天然地面也应按规定进行压实,达到规定的压实度,必要时进行换土或加固处理,以保证路基路面的强度和稳定性。

(2)高路堤,指填土高度大于规范规定值,即大于18m(土质)或大于20m(石质)的路堤。

高路堤的填方数量大,占地多,为使路基稳定和横断面经济合理,需进行个别设计。高路堤和浸水路堤的边坡可采用上陡下缓的折线形式或台阶形式,如在边坡中部设置护坡道。为防止水流侵蚀和冲刷坡面,高路堤和浸水路堤的边坡,须采取适当的坡面防护和加固措施,如铺草皮、砌石等。

(3)一般路堤,指填土高度在 1~18m(土质)的路堤称为一般路堤。

当地面横坡陡于1:5时,原地面挖成台阶,增加摩擦力,提高路堤的稳定性。

路堤常用横断面形式见图3-6。

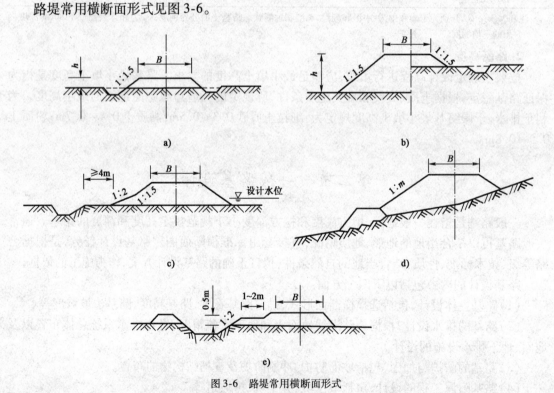

图 3-6 路堤常用横断面形式

2.路堑

路堑是指低于原地面,全部由挖方构成的路基。路堑横断面的几种基本形式有全挖断面、台口式路基、半山洞路基(图3-7)。

最典型的路堑为全挖断面,路基两侧均需设置边沟。在陡峭山坡上可挖成台口式路基,即在山坡上,以山体自然坡面为下边坡,其他部分由全部开挖形成,以避免局部填方。在整体坚硬的岩石层上,为节省石方工程,有时可采用半山洞路基,但要确保安全可靠,不得滥用。

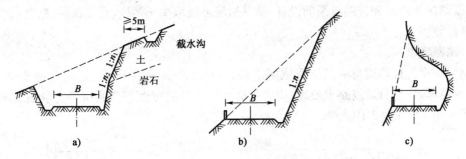

图 3-7 路堑常用横断面形式
a)全挖断面;b)台口式路基;c)半山洞路基

挖方边坡可视高度和岩土层情况设置成直线或折线。挖方边坡的坡脚处设置边沟,以汇集和排除路基范围内的地表径流。路堑的上方应设置截水沟,以拦截和排除流向路基的地表径流。挖方弃土可堆放在路堑的下方。边坡坡面易风化时,在坡脚处设置 0.5~1.0m 的碎落台,坡面可采用防护措施。

陡峭山坡上的半路堑,路中线宜向内侧移动,尽量采用台口式路基,避免出现路基外侧的少量填方。遇有整体性的坚硬岩石,为节省石方工程,可采用半山洞路基。

挖方路基处土层地下水文状况不良时,可能导致路面的破坏,所以对路堑以下的天然地基,要人工压实至规定的压实程度,必要时还应翻挖,重新分层填筑,换土或进行加固处理,采取加铺隔离层,设置必要的排水设施。

3. 半填半挖路基

由填方和挖方构成的路基,它是路堤路堑的综合形式。这种形式是比较经济的。但由于开挖部分路基为原状土,而填方部分为扰动土,往往这两部分密实程度不相同。另外,填方部分与山坡结合不够稳定,若处理不当,这类路基会在填挖交界面处出现纵向裂缝,填方沿基底滑动等病害。因此,应加强填挖交界面结合处的压实。原地面横坡陡于 1:5 的填方部分,应采取开挖台阶等措施,必要时,在路堤部分设置挡土墙或石砌护脚。

半填半挖路基常用横断面形式见图 3-8。

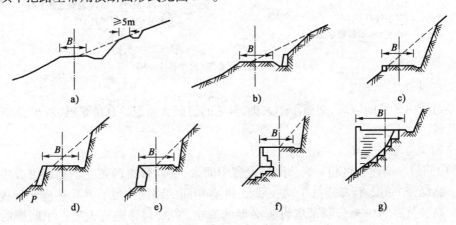

图 3-8 半填半挖路基常用横断面形式

二、路基设计的基本要素

路基的几何尺寸由宽度、高度和边坡坡度三要素构成。路基的宽度取决于公路的技术等级；高度取决于地形和公路纵断面设计；路基边坡坡度取决于地质、水文条件、路基高度和横断面经济性等因素。

1. 路基宽度

路基宽度为行车道与两侧路肩宽度之和，当设有中央分隔带、路缘带、变速车道、爬坡车道、紧急停车带、慢行道或路上设施，均应包括这些部分的宽度。公路路基宽度图及城市道路示意图见图 3-9 和图 3-10。

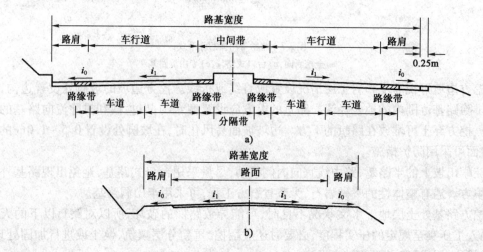

图 3-9　公路路基宽度图

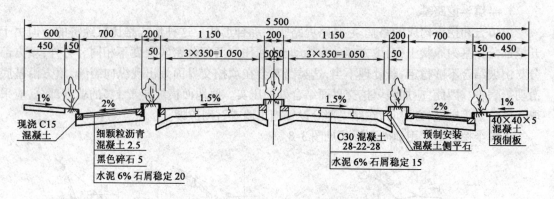

图 3-10　城市道路示意图(尺寸单位:cm)

1）行车道数及行车道

行车道数由公路的等级、交通量的大小、车流的组成所确定。有单车道、双车道、四车道和多车道几种。

2）中间带与路肩宽度

（1）中间带。高速公路和一级公路应设置中间带，中间带由两条左侧路缘带及中央分隔带组成。路缘带一般与行车道处于同一平面，并有相同的路面强度。其构造应起到诱导视线的作用。高速公路的中央分隔带应设置必要的安全、防眩和导向等设施。中间带的宽度见《公路工程技术标准》(JTG B01—2003)规定。

54

（2）路肩。路肩是指行车道外缘到路基边缘的带状部分宽度。路肩有保持及支撑路面结构的作用,供发生故障的车辆临时停放之用;作为侧向余宽的一部分,能增进行车安全和舒适感,增加公路的美观。

可根据规范要求选择采用路肩的宽度。设中间带的高速公路和一级公路,行车道左侧不设路肩。若采用分离式断面的路基时,行车道左侧应设硬路肩,其宽度一般为:高速公路平原、微丘区≥1.25m,重丘区≥1.00m,山岭区≥0.75m。

2. 路基高度

路基高度是指路堤的填筑高度或路堑的开挖深度,是路基设计高程与原地面高程之差。由于各级公路的情况有所不同,路基设计高度通常指路基中心线处的路基设计高程与原地面高程之差。

路基高度是影响路基稳定性的重要因素。它也直接影响到路面的强度和稳定性、路面厚度和结构及工程造价。为此,在路线纵坡设计时,应尽量满足最小填土高度要求,使路基处于干燥或中湿状态,尤其是路线穿越农田、冻害严重而又缺乏砂石的地区。在取土困难或用地受到限制,不能满足要求时,则应采取相应的处治措施,如路基两侧加深加宽边沟、换土或填石、设置隔离层等,以减少或防止地面积水和地下水危害路基。

3. 路基边坡坡度

路基边坡坡度用边坡高度 H 与边坡宽度 B 之比值表示,并取 $H=1$。边坡度也可用边坡角 α 或 θ 表示。为方便起见,习惯将高度定为1,一般写成 $1:m$,$m=b/H$ 称为坡率,如1:0.5,1:1.5,m 值越大,边坡越缓,稳定性越好,但工程数量增大,且边坡过缓而暴露面积过大,易受雨、雪侵蚀,反而不利。可见,路基边坡坡度对路基稳定起着重要的作用。

路基边坡坡度的大小取决于边坡的土质、岩石的性质,边坡的高度,水文地质条件等自然因素。在陡坡或填挖较大的路段,边坡稳定不仅影响土石方工程量和施工的难易,而且是路基整体稳定性的关键。因此,确定边坡坡度对于路基的稳定性和工程的经济合理性至关重要。一般路基的边坡坡度可根据多年工程实践经验和设计规范推荐的数值采用。

1）路堤边坡

一般路堤边坡度可根据填料种类和边坡高度选定。沿河路堤边坡坡度,要求在设计水位以下部分视填料情况,可采用1:1.75～1:2.0;常水位以下部分可采用1:2.0～1:3.0。若选用渗水性较强的土填筑,其值可采用较陡的边坡。路堤边坡示意图见图3-11。

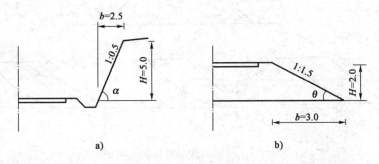

图3-11 路堤边坡示意图（尺寸单位:m）

2）路堑边坡

一般土质（包括粗粒土）的挖方边坡高度不宜超过30m。土质路堑边坡形状可分为直线形、上陡下缓折线形、上缓下陡折线形和台阶形四种形式。路堑边坡形式见图3-12。

55

路堑是从天然地层中开挖出来的路基结构物,设计路堑边坡时,首先应从地貌和地质构造上判断其整体稳定性。在遇到工程地质或水文地质条件不良的地层时,应尽量使路线避绕它;而对于稳定的地层,则应考虑开挖后,是否会由于减少支承、坡面风化加剧而引起失稳。

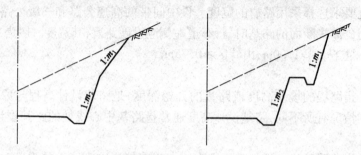

图 3-12　路堑边坡形式

　　影响路堑边坡稳定的因素较为复杂,除了路堑深度和坡体土石的性质之外,地质构造特征、岩石的风化和破碎程度、土层的成因类型、地面水和地下水的影响、坡面朝向以及当地的气候条件等都会影响路堑边坡的稳定性,在边坡设计时必须综合考虑。

第三节　路基稳定性及排水工程

　　路基边坡稳定性计算,是路基设计的主要内容之一。路基稳定性设计就是对其边坡稳定性进行分析和验算,以确定合理的路基横断面形式。但高路堤、深路堑、浸水的沿河路堤以及特殊地段的路基需进行个别设计。

一、边坡稳定原理与计算方法

　　大气降雨使土的抗剪强度降低,往往导致路基边坡产生滑塌。根据大量观测,边坡滑塌破坏时,会形成一滑动面。滑动面的形状主要因土质而异,有的近似直线平面,有的呈曲面,有的则可能是不规则的折线平面。为简化计算,近似地把滑动破裂面与路基横断面的交线假设为直线、圆曲线或折线,见图 3-13。

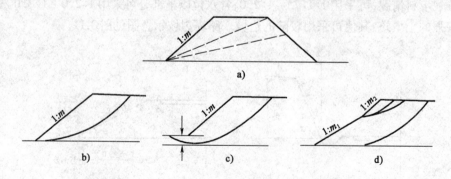

图 3-13　边坡滑动面
a)砂性土;b)黏性土;c)滑动面通过坡脚外;d)各种可能的滑动面

　　(1)直线破裂面法。

　　砂性土和碎(砾)石土有较大的内摩擦角(φ)、较小的黏聚力(c),边坡滑塌时的破裂面近似平面,验算时采用直线破裂面法。

（2）圆弧破裂面法。

黏性土具有显著的黏聚力（c），而内摩擦角（φ）较小，破坏时滑动面有时像圆柱形，有时像碗形，通常近似圆曲面，采用圆弧破裂面法验算。

（3）一般情况下，只考虑破裂面通过边坡坡脚时的稳定性。

二、边坡稳定性验算计算参数

1. 土的计算参数

边坡稳定性验算计算参数包括土的重度 $\gamma(\mathrm{kN/m^3})$、内摩擦角 $\varphi(°)$、黏聚力 $c(\mathrm{kPa})$。对于多层土体边坡稳定性验算参数可采用以层厚为权重的加权平均法求得（图 3-14）。

$$c = \frac{c_1 h_1 + \cdots + c_n h_n}{\sum h_i} \tag{3-2}$$

$$\varphi = \frac{\varphi_1 h_1 + \cdots + \varphi_n h_n}{\sum h_i} \tag{3-3}$$

$$\gamma = \frac{\gamma_1 h_1 + \cdots + \gamma_n h_n}{\sum h_i} \tag{3-4}$$

式中：h_i——i 土层厚度。

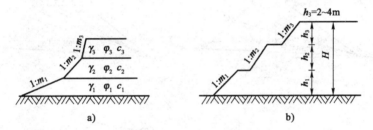

图 3-14　多层土体参数计算

2. 汽车荷载的当量换算

边坡稳定性验算时，需要将车辆按最不利情况排列，采用与设计标准车相应的加重车进行布置，并将车辆的设计荷载换算成当量土层厚度 h_0：

$$h_0 = \frac{NQ}{\gamma BL} \tag{3-5}$$

式中：N——横向分布的车辆数，单车道 $N=1$，双车道 $N=2$；

$\quad\quad Q$——每一辆车的重力，kN；

$\quad\quad \gamma$——路基填料的重度，$\mathrm{kN/m^3}$；

$\quad\quad L$——汽车前后轴（或履带）的总距，m；对公路—I 级和公路—II 级汽车荷载，$L=12.8\mathrm{m}$；

$\quad\quad B$——横向分布车辆轮胎最外缘之间总距，m，$B=Nb+(N-1)d$；

$\quad\quad b$——每一车辆的轮胎外缘之间的距离，m；

$\quad\quad d$——相邻两辆车轮胎（或履带）之间的净距，m。

荷载分布宽度，可以分布在行车道（路面）的范围，考虑到实际行车可能有横向偏移或车停放在路肩上，也可认为 h_0 厚的当量土层分布在整个路基宽度上，如图 3-15 所示。

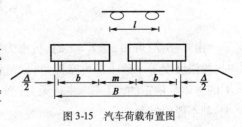

图 3-15　汽车荷载布置图

三、路基边坡稳定性验算

1. 直线滑动面

均质砂类土边坡适用于砂类土，土的抗力以内摩擦力为主，而黏聚力很小。验算时，先通过坡脚或变坡点假设一直线滑动面，将路堤上方分割出下滑土楔体，土楔体 ABD 沿假设的滑动面 AD 滑动（图3-16），其稳定系数 K 按式（3-6）计算（按边坡纵向单位长度计）。

$$K = \frac{R}{T} = \frac{Q\cos\omega \times \tan\varphi + cL}{Q\sin\omega} \tag{3-6}$$

式中：R——沿滑动面的抗滑力，kN；

$\quad\quad T$——沿滑动面的下滑力，kN；

$\quad\quad Q$——土楔体重力和路基顶面车辆换算土层荷载之和，kN；

$\quad\quad \omega$——滑动面对水平面的倾斜角；

$\quad\quad \varphi$——路堤填料的内摩擦角；

$\quad\quad c$——路堤填料的黏聚力，kPa；

$\quad\quad L$——滑动面 AD 的长度，m。

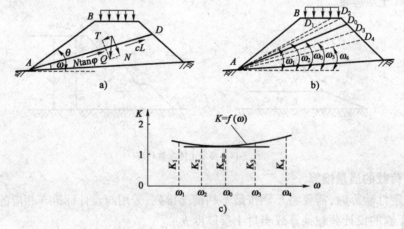

图3-16　直线滑动面

通过坡脚 A 点，假定有 $3\sim4$ 个可能的滑动面，按式（3-6）求出相应的 K_1、K_2、K_3、K_4 等值，并绘出 $K=f(\omega)$ 图。由此可确定稳定系数 $K_{\min}$ 值及相对应最危险滑动面倾斜角 ω 值。

由于土工试验所得的 φ、c 值有一定的局限性，为了保证边坡有足够的安全储备量，稳定安全系数 $K_{\min} \geqslant 1.25$，但 K 值亦不宜过大，以免工程不经济。

对于砂、砾（碎）石土填料，黏聚力 c 很小，可以忽略不计，用式（3-7）表达。

$$K = \frac{Q\cos\alpha\tan\varphi}{Q\sin\alpha} = \frac{\tan\varphi}{\tan\alpha} \tag{3-7}$$

由式（3-7）可知，当 $K=1$ 时，抗滑力等于下滑力，则滑动面的土体处于极限平衡状态。此时，极限坡度等于砂土的内摩擦角，该角相当于自然休止角；当 $K>1$，即 $\tan\varphi > \tan\alpha$ 时，滑动面上的土体是稳定的，而且与坡高无关；当 $K<1$，$\tan\alpha > \tan\varphi$ 时，则滑动面上的土体不论坡高多少，都不能保持稳定。

2. 圆弧滑动面法

圆弧条分法先假定一圆弧滑动面,将圆弧滑动面以上的土体分成若干竖向土条,依次计算每个土条沿滑动面的抗滑力与下滑力,然后叠加求出整个滑动土体的稳定系数,再假定几个可能的圆弧滑动面,用同法求出对应的稳定系数,最后以最小稳定系数的大小,来判定边坡的稳定性。圆弧条分法示意图见图3-17。

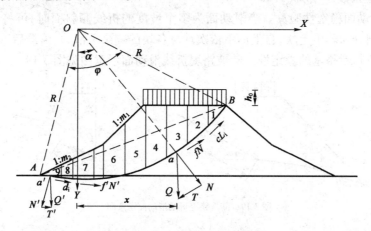

图3-17 圆弧条分法示意图

3. 陡坡路堤的整体稳定性验算

在坡度较大的山坡上填筑路堤或半路堤,因下滑力较大,填土有可能沿山坡下滑。因此,在地面横坡度陡于1:2.5(土质基地)或不稳固山坡上的路堤称为陡坡路堤。

1)陡坡路堤滑动的几种可能性

产生滑动的原因为地面横坡过陡或基底土层软弱或受地下水和地面水的影响。

(1)路堤整体沿基底接触面产生滑动,此类滑动多发生在岩石基底或稳定山坡基底。

(2)路堤连同基底覆盖层沿倾斜基岩滑动,若基底为不稳定的坡积覆盖层,而且下卧基岩层面陡峭,多发生此类滑动破坏。

(3)路堤连同其下的软弱土层沿某一圆弧滑动面滑动,此类滑动多发生在基底较厚的软弱土层。

(4)路堤连同其下的岩层沿某一最弱的面层滑动,基底的岩层倾向与山坡一致,填土后加大了下滑力故而发生。

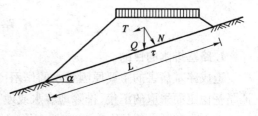

图3-18 陡坡路堤单坡直线滑动面

2)陡坡路堤验算方法

按滑动面形状的不同,对陡坡路堤的验算分为直线滑动面、折线滑动面两种验算方法。

(1)直线滑动面的验算,如图3-18所示。

$$E = T - \frac{1}{K}(N\tan\varphi + cL) \tag{3-8}$$

式中:E——剩余下滑力,kN;$E < 0$ 路堤稳定,$E > 0$ 路堤不稳定;

T——切向力,kN,$T = Q\sin\alpha$;

N——法向力,kN,$N = Q\cos\alpha$;

Q——基底上部路基自重加换算土层重,kN;

c——土的黏聚力，kPa；

φ——基底接触面的内摩擦角，(°)；

L——基底滑动面长度，m；

α——基底与水平面的倾斜角，(°)；

K——安全系数，一般取 $1.25 \sim 1.5$。

(2)折线滑动面稳定性验算。当滑动面为多个坡度的折线倾斜面时，可将滑动面上土体按折线段垂直划分为若干土块，自上而下依次计算各块的剩余下滑力，由最后一条土块的剩余下滑力的正负值判断路基的稳定性。陡坡路堤折线滑动面示意图见图 3-19。

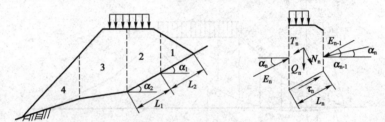

图 3-19　陡坡路堤折线滑动面示意图

$$E_n = \left[T + E_{n-1} \cos(\alpha_{n-1} - \alpha_n) \right] - \frac{1}{K} \left\{ \left[N_n + E_{n-1} \sin(\alpha_{n-1} - \alpha_n) \right] \tan\varphi_n + c_n L_n \right\} \quad (3\text{-}9)$$

当 E_n 为负值或零时，则整个土体稳定，反之应采取稳定或加固措施。

四、保证路基边坡稳定的措施

保证路基边坡稳定的措施如下：

(1)改善基底状况，增加滑动面的摩阻力，或减少下滑力。常使用的方法有：开挖台阶，放缓边坡，以减小下滑力；清除坡积层，夯实基底，使路堤置于密实的稳定基础上；在路堤上侧开挖截水沟或边沟，以阻止地面水流浸湿滑动面；受地下水影响时，则设置渗沟以疏干基底土层。

(2)改善填料性质，改变断面形式。常选择大颗粒填料，嵌入地面，以增加接触面的摩擦系数。在坡脚处设置支挡结构物，如护脚、干砌土墙等。当填土坡脚伸得过长，且过薄时，可设置石砌护脚、干砌或浆砌挡土墙等。

五、路基排水设施

1. 路基排水的目的

造成路基病害的主要原因是水的作用，水可以分为地下水和地面水。路基排水系指为保证路基稳定而采取的汇集、排除地表水或地下水的措施。

地面水包括大气(雨或雪)在地表形成的径流、低洼积水和路基上侧流向路基的地表水。地面水对路基产生冲刷和渗透。冲刷可能导致路基整体稳定性受损害，形成水毁现象。渗入路基土体的水分，使土体过湿而降低路基强度。

地下水是指地表以下岩石或土层的孔隙、裂隙中的水，包括上层滞水、潜水、层间水等。它们对路基的危害程度因埋藏情况、流量大小而异，轻者能使路基湿软，降低强度；重者会引起路基冻胀、翻浆或边坡滑塌，甚至整个路基沿倾斜基底滑动。

路基排水目的在于确保路基始终处于干燥、坚实和稳定状态。其任务就是将路基范围内的土基湿度降低到一定的范围。路基排水工作应贯穿设计、施工及养护的全过程。

2. 地面排水设施

路基地面排水结构物(统称沟渠)常见的类型有边沟、截水沟、排水沟、跌水、急流槽、拦水带、蒸发池、渡槽、倒虹吸等。高速公路、一级公路应有自身的地表排水设施。各种沟渠分别设置在路基的不同部位,各自的主要功能、布置要求或构造形式,均有所差异。

1)边沟

边沟一般是在路堑、矮路堤等路肩外缘或低路堤坡脚外侧设置的纵向人工沟渠,其作用是汇集排除路基范围内和流向路基的少量地面水。常用的边沟断面形式有梯形、矩形、三角形、流线型等,如图 3-20 所示。

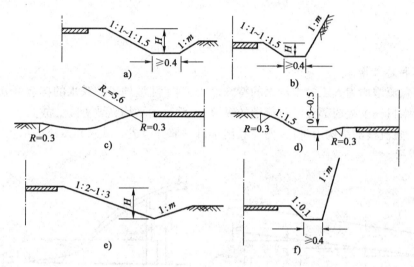

图 3-20　边沟断面形式(尺寸单位:m)
a)、b)梯形;c)、d)流线型;e)三角形;f)矩形

边沟底宽和深度一般为:底宽≥0.4m,深度≥0.4m,流量大时可采用 0.6m。其他等级公路不应小于 0.4m,当流量较大时,应根据流量大小加大边沟断面尺寸。梯形边沟的内侧边坡一般为 1:1 ~ 1:1.5;岩石边沟为 1:0 ~ 1:0.5;三角形边沟内侧边坡一般为 1:2 ~ 1:3。各种沟渠外侧边坡与挖方边坡一致。边沟的纵坡一般应与路线纵坡一致,并不宜小于 0.5%,以防淤积,在特殊情况下容许减至 0.3%。当边沟纵坡过大,且有冲刷可能时,应采取加固、设置跌水或急流槽等措施。路线纵断面设计时,各级公路的长路堑路段,以及其他横向排水不畅的路段,均应采用不小于 0.3% 的纵坡,从而兼顾边沟设置的需要。

2)截水沟(又称天沟)

当路基上侧山坡汇水面积较大时,应在挖方坡顶以外或填方路基上侧适当距离设置截水沟,其作用是拦截山坡流向路基的水流,保护挖方边坡和填方坡脚不受流水冲刷。截水沟的设置应距挖方坡顶的距离不小于 5m。

截水沟横断面形式常用梯形断面(图 3-21),底宽不小于 0.5m,边坡坡度为 1:1 ~ 1:1.5,截水沟纵坡不小于 0.5%。

3)排水沟

排水沟的作用是将边沟、截水沟、取土坑或路基附近的积水通过排水沟排至桥涵处或路基以外的洼地或天然河沟,以防流水停积于路基附近危害路基。

排水沟横断面形式一般为梯形,底宽、深度不小于 0.5m,边坡坡度一般为 1:1 ~ 1:1.5。

排水沟的位置灵活性很大,可根据需要并结合当地形条件而定,离路基尽可能远些,距路基坡脚不宜小于 3~4m。

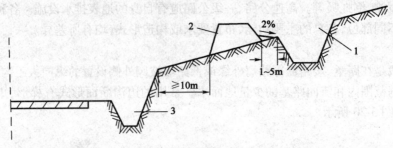

图 3-21　截水沟断面形式
1-截水沟;2-弃土堆;3-边沟

4)跌水和急流槽

跌水和急流槽均为人工排水沟渠的特殊形式,用于陡坡地段。跌水的构造可分为进水口、消力池和出水口三个组成部分。急流槽的纵坡,比跌水的平均纵坡更陡。故要求其结构坚固、稳定、耐用。急流槽的结构由进口、槽身和出水口三部分组成。跌水和急流槽示意图如图 3-22 和图 3-23 所示。

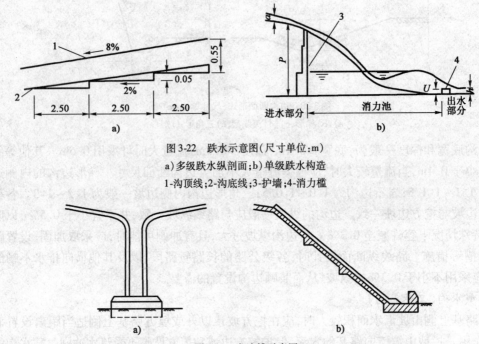

图 3-22　跌水示意图(尺寸单位:m)
a)多级跌水纵剖面;b)单级跌水构造
1-沟顶线;2-沟底线;3-护墙;4-消力槛

图 3-23　急流槽示意图

3.地下排水设施

地下排水设施具有拦截、汇集和排除或降低地下水位,兼排地面水的功能。其作用是使路基免受地下水的作用,保证路基的强度和稳定性。

1)暗沟

暗沟主要作用是把路基范围内的泉水或渗沟汇集的流水排到路基范围以外,使水不致在土中扩散,危害路基。设在地面以下引导水流的沟渠,其本身不起渗水、汇水作用的构造物称为暗沟。可分为洞式暗沟和管式暗沟两大类。暗沟示意图见图 3-24。

洞式暗沟和管式暗沟的沟宽或管径按泉眼范围或流量大小决定,一般为 20 ~ 30cm;净高 h 约为 20cm。若两侧沟壁为石质,盖板可直接放在两侧石壁上。为防止泥土淤塞,盖板周围用碎(砾)石做成反滤层,其颗粒直径自上而下,由外及里,逐渐增大,即上面和外层铺砂,中间铺砾石,上面和内层铺碎石,每层厚度不小于 15cm。反滤层顶部设双层反铺草皮,再用黏土夯实,以免地面水下渗和黏土颗粒落入反滤层。沟底纵坡不小于 1%,出口处沟底应高出边沟最高水位 20cm 以上,不容许出现倒灌现象。冰冻地区暗沟的埋置深度应大于当地的冰冻深度,以保证一年四季排水畅通。

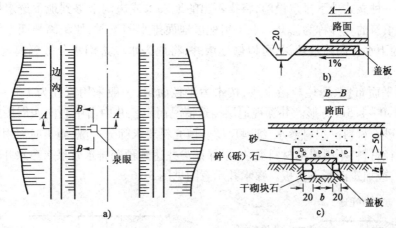

图 3-24 暗沟示意图(尺寸单位:cm)

2)渗沟

渗沟作用是当路基土含水率过多时,可采用它来吸收、降低、汇集和排除地下水。亦可用以拦截流向路基的地下水,并把它排出路基范围以外。尤其适用于地下水蕴藏量大、面积分布广的路段。根据地下水位分布情况,渗沟可设置在边沟、路肩、路基中线以下或路基上侧山坡适当位置。渗沟示意图见图 3-25。

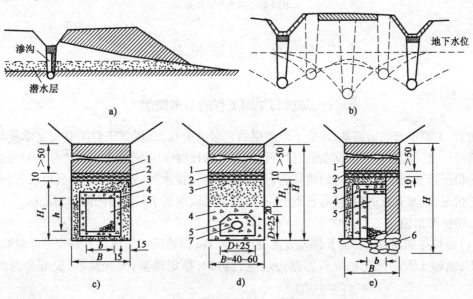

图 3-25 渗沟示意图(尺寸单位:cm)
a)一侧边沟下设盲沟;b)两侧边沟下设盲沟;c)盲沟式渗沟;d)渗水隧洞;e)渗洞
1-黏土夯实;2-双层反铺草皮;3-粗砂;4-石屑;5-碎石;6-浆砌片石沟洞;7-预制混凝土管

渗沟由碎(砾)石或管(洞)排水层、反滤层和封闭层所组成。按排水层的形式,渗沟可分为下列三种:

(1)盲沟。设在路基边沟下面的暗沟称为盲沟。

(2)管式渗沟。是用排水管作为排水层排泄地下水。管式渗沟排水顺畅,适用于地下水分布范围广,藏水量大,渗沟较长的路段。

(3)洞式渗沟。当地下水流量较大且范围较广,而当地石料丰富时,可采用石砌方洞。

3)渗水井

渗水井是一种立式地下排水设施,将排不出的地表水或边沟水渗到地下透水层中而设置的用透水材料填筑的竖井称为渗井。在平坦地区地面排水困难时,如距离地面不深处有渗透性土层,而且地下水背离路基较深,可以修建渗井,将地表水或边沟水分散到离地面1.5m以下的土层中。

渗水井的平面布置、孔径与渗水量,按水力半径而定,一般采用直径为1.0~1.5m圆柱形,或边长为1.0~1.5m方形。井深视地层构造情况而定。井内由中心向四周按层次分别填入由粗而细的砂石材料。粗料渗水,细料反滤。填充料要求筛分冲洗,施工时需用铁皮套筒分隔填入不同粒径材料,不得粗细材料混杂,以保证渗井达到预期排水效果。渗水井顶部周围用黏土筑堤围护,或加筑混凝土盖板。渗水井示意图见图3-26。

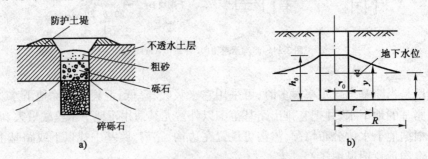

图3-26 渗水井示意图

第四节 路基的防护与挡土墙

一、防护与加固工程的基本概念

由岩、土填挖而成的路基,改变了原地层的天然平衡状态,裸露于空间并直接承受填土及行车荷载作用。在各种错综复杂的自然因素、行车的长期作用下,路基可能产生各种变形和破坏。为保证路基的稳定性和防治路基病害,除做好路基排水外,还必须根据当地水文、地质及材料等情况,采取有效的措施,对各类土、石边坡及松软地基予以必要的防护与加固。

1.防护与加固

(1)防护与加固目的。防止路基发生变形和破坏,保证路基的强度和稳定性。对黏性土、粉性土、细砂土及易风化的岩石路基边坡进行防护,稳定路基,美化路容,提高公路的使用品质。

(2)防护与加固对象。重点是路基边坡,尤其是沿河路堤、不良地质与水文地段的路基及路基附近的河流堤岸、不稳定山坡。

2. 防护与加固工程的要求

路基在水、风、冰冻等自然因素的长期作用下，经常发生变形和破坏。为保证路基的稳定性，除做好路基排水外，还必须采取有效措施，对黏土、粉砂、细砂及容易风化的岩石路基边坡，进行必要的防护与加固。

（1）防护工程。防护与加固工程中，一般把防止风化和冲刷，主要起隔离、封闭作用的措施称为防护工程。防护工程不能承受外力作用，所以要求路基本身必须是稳定的。

（2）加固工程。把防止路基或山体因重力作用而坍塌，地基承载力不足而沉陷，主要起支撑、加固作用的结构物称为加固工程。

3. 防护与加固工程的分类

按其作用不同，防护与加固工程可分为坡面防护、冲刷防护、支挡结构物等。

1）坡面防护

坡面防护用以防护受自然因素影响而破坏的土质与岩石边坡。常见类型有植物防护、砌石防护和坡面处治。植物防护又称为"生命"防护，以土质边坡为主。砌石防护、坡面处治又称为"无机"防护，以石质路堑边坡为主。

2）冲刷防护

冲刷防护用以防护水流对内路基的冲刷与淘刷，可分为直接防护和间接防护两类。直接防护类型有植物防护、砌石防护与加固两种。间接防护主要指设置导治结构物，如丁坝、顺坝、防洪堤、拦水坝等，必要时进行疏浚河床、改变河道，以改变水流方向，避免或减缓流水对路基的直接破坏作用。

3）支挡结构物

支挡结构物用以防止路基变形或支挡路基本体以保证其稳定性。常用类型有路基边坡支撑（挡土墙、土垛、石垛及其他具有承重作用的构造物）和堤岸支挡（沿河驳岸、浸水挡土墙）。

二、坡面防护

坡面防护，主要通过将坡面封闭隔绝或隔离，避免或减缓与大气直接接触，阻止岩土进一步风化，防止或减缓地面水流对边坡的冲刷和淘刷，从而达到防护边坡破损之目的。

1. 植物防护

1）植物防护作用

植物防护主要适用于较缓的土质边坡，依靠成活植物的发达根系，深入土层，使表土固结。植物根、茎、叶可以调节表土的湿度，阻滞地表径流，防止或减缓冲刷，防洪保堤。沙漠或积雪地区路基两侧植树，可成为防沙栅和防雪栅。不同的植被，还可起到交通诱导、安全、防眩、吸尘、隔音作用，同时美化路容，协调环境。因此，被视为"生命"防护的植物防护，在一定程度上优于无机物防护。

2）植物防护方法

植物防护有下列几种方法：

（1）种草。适用于不陡于1:1的草类生长的土质边坡。一般选用根系发达、茎干低矮、枝叶茂盛、生长力强、多年生长的草种，并尽量用几种草籽混种。种草时将草籽加土拌和，均匀撒播在翻松的表土坡面，必要时铺不小于10cm厚的种植土层。草籽入土深度不少于5cm，种完后拍实松土，洒水湿润，并注意管理。

（2）铺草皮。适用于边坡较陡、冲刷严重、径流速度 < 1.2 ~ 1.8m/s、附近草皮来源较易地区的路基。草皮品种与种草相仿。草皮规格以不过于损坏根系，便于成活及运输而定，一般为20cm×40cm，厚约6～10cm。铺草皮前应将坡面整平，必要时加铺6～10cm种植土层。草皮铺砌形式有平铺、水平叠铺、垂直叠铺、斜交叠铺及网格式等。草皮防护示意图见图 3-27。

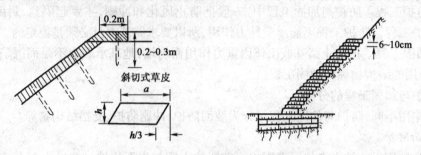

图 3-27　草皮防护示意图

（3）植树。主要作用是加固边坡、防止和减缓水流冲刷。林带可以防汛、防砂和防雪，调节气候、美化路容，增加木材收益。在坡面上植树与铺草皮相结合，可使坡面形成一个良好的覆盖层。适应于具有适宜植物生长的土质边坡。

2. 砌石防护

为防止地面径流或河水冲刷，公路填方边坡、沿河路堤浸水部位坡面、土质路堑边坡下部的局部以及桥涵附近坡面，可采用砌石防护。砌石防护可分为干砌和浆砌两种。砌石防护示意图见图 3-28。

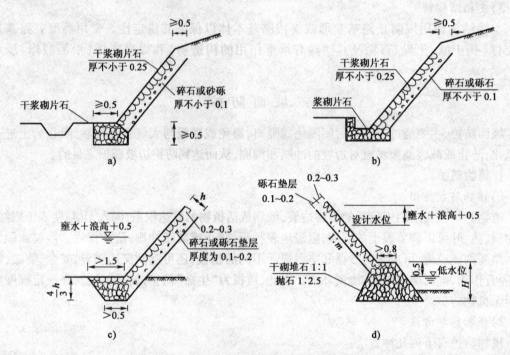

图 3-28　砌石防护示意图（尺寸单位：m）

（1）干砌片石护坡。易遭受雨、雪、水流冲刷，流速不大于 2 ~ 4m/s，易发生泥石流、溜坍或严重剥落的路基边坡，以及受水冲刷较轻的河岸和路基，均可采用干砌片石护坡。干砌片石护坡一般可分为单层铺砌和双层铺砌两种，单层厚度为 0.25 ~ 0.35m。为提高路基整体强度，防止水分浸入,干砌片石宜用砂浆勾缝。

(2)浆砌片石护坡。当水流流速较大,波浪作用强,有漂浮物等冲击时,不宜采用干砌片石护坡的边坡,宜采用浆砌片石护坡,其厚度一般为 0.25 ~ 0.4m。无论是干砌片石或浆砌片石,均应在片石下面设置 0.1 ~ 0.15m 厚的碎(砾)石或砂砾混合物垫层,以起到整平作用,并可防止水流将干砌片石层具有的一定弹性土粒带走,能使结构层具有一定弹性,增加对波浪、流冰及漂浮物的抵抗力。

石砌护坡坡脚应修筑墙石基础。在无河水冲刷时,基础埋置深度一般为护坡厚度的 1.5 倍。沿河受水流冲刷时,基础应埋置在冲刷线以下 0.5 ~ 1.0m 处,或采用石砌深基础。砌石由下而上,错缝嵌紧,表面平整,周界用砂浆密封,以防渗水。对浆砌片石护坡,每隔 10 ~ 15m 设缝宽 2cm 的伸缩缝,缝内填塞沥青麻筋或沥青木板等材料;护坡的中、下部设 10cm × 10cm 的矩形泄水孔或直径为 10cm 的圆形泄水孔。其间距为 2 ~ 3m,孔后 0.5m 范围内设反滤层。

3. 坡面处治

对于易风化的软质岩石或破碎岩石路堑边坡,可采用碎(砾)石、砂、水泥、石灰、工业废渣等无机物或沥青类有机材料,将坡面岩石裂隙、缝穴、风化层及坡面周边予以堵塞或封闭,以防止风化进一步加剧、地表径流流水下渗。因此,坡面处治又称封闭防护。常用方法有抹面、喷浆、勾缝与灌浆嵌补与锚固。

(1)抹面与勾缝防护。适用于易风化、表面比较完整、尚未剥落的岩石边坡,如页岩、泥岩、泥灰岩、千枚岩等软质岩层。勾缝适用于质地坚硬,不易风化但节理裂缝多而细的岩石边坡,以防水分渗入岩层内造成病害。勾缝可用按质量比 1: 2 ~ 1: 3 的水泥砂浆,或按体积比为 1: 0.5: 3 或 1: 2: 9 的水泥石灰砂浆。

(2)灌浆与喷浆防护。灌浆适用于质地坚硬,局部存在较大、较深缝隙或洞穴,并有进一步扩展而影响边坡稳定性的岩石路堑边坡。其目的是借助灰浆的黏结力把裂开的岩石黏在一起,保证边坡稳定。水泥砂浆按质量比为 1: 4 或 1: 5,必要时可用压浆机灌注。裂缝或洞穴较宽则可用混凝土灌注。

喷浆适用于易风化的新鲜平整的岩石坡面。通过喷涂一层厚度 5 ~ 10cm 的砂浆,岩石坡面将被封闭,形成一个保护层,达到阻止面层风化,防止边坡剥落与碎落的目的。砂浆可用水泥浆或水泥砂浆,甚至水泥石灰砂浆。其质量配合比为水泥: 石灰: 河砂: 水 = 1: 1: 6: 3。喷浆前应将坡面整平,去除已经风化的表层,洒水湿润,一次喷成。为了增加喷浆与坡面的黏结,防止脱落或剥落,可采用锚喷混凝土防护。先在清挖出的密实、稳定的新鲜坡面上,钻孔、安装锚杆、灌浆;然后挂上纤维网柱或钢丝网柱;最后用高压泵喷射厚度 4 ~ 6cm 的 C20 混凝土。

4. 护面墙

(1)护面墙作用。护面墙是沿着边坡坡面修建的墙,可防护软质岩层或较破碎岩石的路堑边坡免受大气因素影响。

(2)适用条件。在边坡较陡(通常 1: 0.5 ~ 1: 1)、软质岩层节理发育易于风化的路堑边坡上设置。

护面墙示意图见图 3-29。

由于护面墙承受墙后的侧压力,故所防护的岩层边坡,应无滑动或滑坍情况,路堑边坡陡坡应符合稳定边坡的要求。护面墙的基础应置于坚固可靠的地基上,并埋置在冰冻线以下 0.25m。

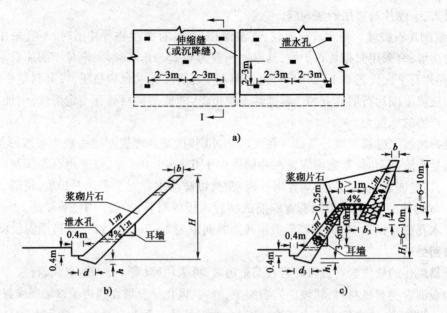

图 3-29 护面墙示意图

三、冲 刷 防 护

为了保证路基坚固、稳定,必须采取措施予以防护。冲刷防护有两种类型:直接防护与间接防护。

直接防护的方法有植物防护、砌石防护、抛石或石笼防护、浸水挡土墙等;间接防护的方法有各种导流与调治结构物,如丁坝、顺坝、拦河坝等。

1. 抛石防护

抛石防护适用于水下部分的边坡和坡脚,免受水流冲刷和淘刷,也可用于防止河床冲刷,最适应于砾石河床。抛石防护示意图见图 3-30。

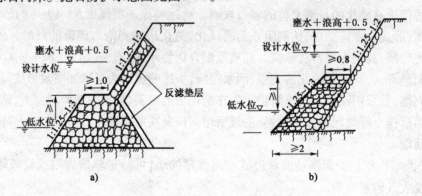

图 3-30 抛石防护示意图(尺寸单位:m)
a)新堤石垛;b)旧堤石垛

2. 石笼防护

石笼防护适用于防护河岸或路基边坡,同时也可加陡边坡,减少路基占地宽度,加固河床、防止淘刷。石笼防护是用铁丝编织成框架,内填石料,设置在坡脚处,笼内填石粒径不小于4cm,一般为 5~20cm,外层石料要求有棱角,内层用较小石块填充。铺砌时,用于防止冲刷淘

68

底的石笼,应与坡脚线垂直,且堤岸一端固定。用于防止堤岸边坡冲刷时,则垒码平铺成梯形。石笼的形式及防护示意图见图3-31。

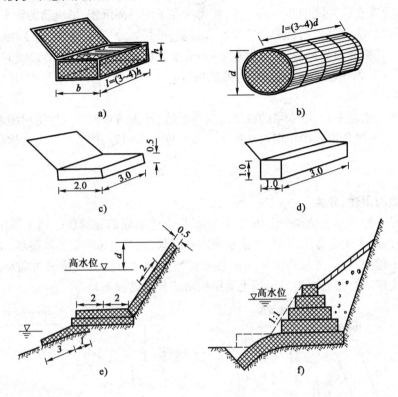

图 3-31　石笼的形式及防护示意图(尺寸单位:m)

3. 丁坝与顺坝

间接防护的方法有各种导流与调治结构物,如丁坝、顺坝、拦河坝等。丁坝与顺坝示意图见图3-32和图3-33。

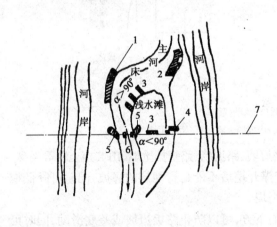

图 3-32　导流结构物综合布置示例
1-顺水坝;2-格坝;3-丁坝;4-拦水坝;5-导流坝;6-桥墩;
7-路中线

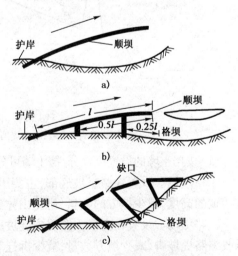

图 3-33　顺坝与格坝的布置示例
a)非封闭顺坝;b)格坝;c)开口式格坝

69

1）丁坝

丁坝是指坝体轴线与导线（河岸）正交或成较大角度的斜交的导流构造，其作用是将水挑离河岸，通常设置在被冲刷的凹岸的一侧，使泥沙在丁坝后部沉积，形成新的流水线，改变水流方向，以达到防护临河路堤的目的。丁坝形式较多，按长短分，有长丁坝、短丁坝。丁坝可由乱石堆砌而成。其横断面为梯形，坝身顶宽2～3m，坝头顶宽约3～4m，上游边坡1:1～1:1.5，下游边坡1:1.5～1:2，丁坝要求设置多个，形成坝群。

2）顺水坝

顺水坝常与水流平行，顺水坝的轴线即为导治线，作为防护河岸或导治河槽水流的调治构造物，起疏导水流的作用。顺坝坝长与被防护段长度基本相等，构造与丁坝大体相同。

四、挡 土 墙

1. 挡土墙的用途、分类

挡土墙是一种能够抵抗侧向土压力、防止墙后土体坍塌的建筑物。挡土墙用途是稳定路堤和路堑边坡，减少土石方工程量，防止水流冲刷路基，同时也常用于治理滑坡、崩坍等路基病害。在公路工程中，它广泛应用于支撑路堤或路堑边坡、隧道洞口、桥梁两端及河流岸壁等。不同位置挡土墙示意图见图3-34。挡土墙结构形式分类见表3-3。

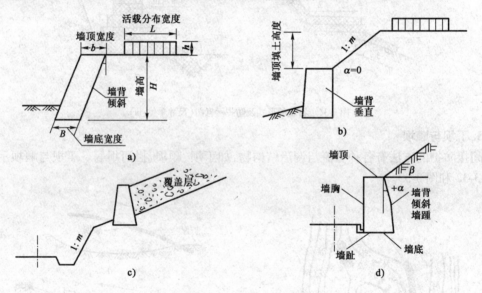

图3-34　不同位置挡土墙示意图

a）路肩挡土墙；b）路堤挡土墙；c）山坡挡土墙；d）路堑挡土墙

（1）按挡土墙的设置位置分，挡土墙可分为路肩墙、路堤墙、路堑挡土墙、山坡挡土墙等类型。

①路堑墙。设置在路堑坡底部，主要用于支撑开挖后不能自行稳定的边坡，同时可降低挖方边坡的高度，减少挖方的数量，避免山体失稳坍塌。

②路堤墙。设置在高填土路堤或陡坡路堤的下方，可以防止路堤边坡或基底滑动，同时可以收缩路堤坡脚，减少填方数量，减少拆迁和占地面积。

③路肩墙。设置在路肩部位，墙顶是路肩的组成部分，其用途与路堤墙相同。它还可以保护临近路线的既有的重要建筑物。沿河路堤，在傍水的一侧设置挡土墙，可以防止水流对路基的冲刷和侵蚀，也是减少拆迁和占地面积、保证路堤稳定的有效措施。

70

类 型	结构示意图	特点及适用范围
钢筋混凝土悬臂式	墙趾 钢筋 墙踵 凸榫	(1)采用钢筋混凝土材料,由立壁、墙趾板、墙踵板三部分组成; (2)墙高时,立壁下部的弯矩大,费钢筋,不经济; (3)适用于石料缺乏地区及挡土墙不高于6m地段,当墙高大于6m时,可在墙前加扶壁(前垛式)
钢筋混凝土扶壁式挡土墙	墙面板 扶壁 墙趾 墙踵	沿墙长,隔相当距离加筑肋板(扶壁),使墙面板与墙踵板连接,此悬臂式受力条件好,在高墙时较悬臂式经济
带卸荷板的柱板式	1:m 拉杆 立柱 卸荷板 底梁 牛腿 挡板 基础	(1)由立柱、底梁、拉杆、挡板和基础座组成,借卸荷板上的土重平衡全墙; (2)基础开挖较悬臂式少; (3)可预制拼装,快速施工; (4)适用于路堑墙,特别是用于支挡土质路堑高边坡或处理边坡坍滑
锚杆式	土 岩层分界面 肋柱 预制挡板 岩石 锚杆	(1)由肋柱、挡板、锚杆组成,靠锚杆锚固在岩体内拉住肋柱; (2)适用于石料缺乏、挡土墙超过12m或开挖基础有困难地区,一般置于路堑墙; (3)锚头为楔缝式,或砂浆锚杆
自立式(尾杆式)	土 岩层分界面 立柱 预制挡板 岩石 拉杆(尾杆) 锚定块	(1)由拉杆、挡板、立柱、锚定块组成,靠填土本身和拉杆锚定块形成整体稳定; (2)结构轻便,工程量节省,可以预制、拼装、快速施工; (3)基础处理简单,有利于地基软弱处进行填土施工,但分层碾压须慎重,土也要有一定选择
加筋土式	1:m 拉筋 墙面 基础	(1)由加筋体墙面、筋带和加筋体填料组成,靠加筋体自身形成整体稳定; (2)结构简便,工程费用省; (3)基础处理简单,有利于地基软弱处进行填土施工,但分层碾压必须与筋带分层相吻合,对筋带强度、耐腐蚀性、连接等均有严格要求,对填料也有选择
衡重式	上墙 衡重台 下墙	(1)上墙利用衡重台上填土的下压作用和全墙重心的后移增加墙身稳定; (2)墙胸坡陡,下墙仰斜,可降低墙高减少基础开挖; (3)适用于山区、地面横坡陡的路肩墙,也可用于路堑墙(兼拦落石)或路堤墙

④山坡挡土墙。设置在路堑或路堤上方,用于防止山坡覆盖层下滑。

(2)按材料分,可分为砌石挡土墙、混凝土挡土墙、钢筋混凝土挡土墙、砌砖挡土墙。

(3)按受力特点分,可分为重力式挡土墙、加筋土挡土墙、锚固式挡土墙。

2. 重力式挡土墙的构造与布置

重力式挡土墙依靠墙身自重支撑土压力来维持其稳定。一般多用片石砌筑,在缺乏石料的地区有时也用混凝土修建。重力式挡土墙形式简单,施工方便,可就地取材,适应性较强,故被广泛应用,但其圬工数量较大,对地基的承载能力要求较高。重力式挡土墙示意图见图 3-35。

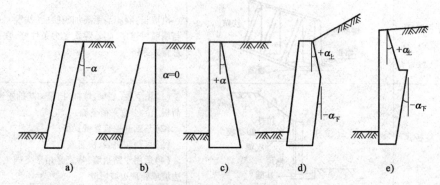

图 3-35 重力式挡土墙示意图

墙背为直线形的挡土墙是普通重力式挡土墙,其断面形式最简单,土压力计算简便。带衡重台的挡土墙,称为衡重式挡土墙,其主要稳定条件仍凭借于墙身自重,但由于衡重台上填土的重量使全墙重心后移,增加了墙身的稳定,且因其墙面胸坡很陡,下墙墙背仰斜,所以可以减少墙的高度,减少开挖工作量,避免过分牵动山体的稳定,有时还可以利用台后净空拦截落石。衡重式挡土墙适用于山区公路建设中。

重力式挡土墙一般由墙身、基础、排水设施和沉降伸缩缝组成。

为适应不同地形、地质条件及经济要求,重力式挡土墙具有多种墙背形式,如直线形挡土墙、带衡重台式挡土墙、折线形墙背挡土墙。

(1)墙身。墙身需设置墙背、墙面、墙顶、护栏。根据墙背的倾角,可分为仰斜、俯斜和垂直三种。仰斜墙背所受的土压力为最小,垂直墙背次之,俯斜墙背较大。因此,仰斜式墙身断面较经济。墙面一般为平面,墙面坡度除应与墙背的坡度相协调外,还应考虑到墙趾处地面的横坡度。当地面横坡度较陡时,墙面可直立或外斜 1:0.05 ~ 1:0.20,以减少墙高;当地面横坡平缓时,一般采用 1:0.20 ~ 1:0.35 较为经济。重力式挡土墙可采用浆砌或干砌圬工。墙顶最小宽度,浆砌时应不小于 50cm,干砌时应不小于 60cm。浆砌挡土墙墙顶应用 M5 砂浆抹平,或用较大石块砌筑,并勾缝。干砌挡土墙顶部 50cm 厚度内,宜用 M5 砂浆砌筑,以求稳定。

(2)基础。大多数挡土墙采用直接砌筑在天然地基上的浅基础。当地基承载能力不足时,为减少基底应力,并增加基础的稳定性,可采用扩大基础。挡土墙基础的埋置深度应视地形、地质条件埋置足够的深度,以保证挡土墙的稳定性。

(3)排水设施。挡土墙的排水处理是否得当,直接影响挡土墙的安全及使用效果。因此,挡土墙应设置排水设施,以疏干墙后填料中的水分,防止地表水下渗造成墙后积水而使墙身承受额外的静水压力,消除黏性土填料因含水率增加产生的膨胀压力;减少季节性冰冻地区填料的冻胀压力。挡土墙的排水设施通常由地面排水和墙身排水两部分组成。

地面排水可设置地面排水沟,引排地面水;夯实回填土顶面和地面松土,防止雨水和地面水下渗,必要时可加设铺砌;对路堑挡土墙墙趾前的边沟应予以铺砌加固,以防止边沟水渗入基础。

墙身排水主要是为了迅速排除墙后积水。浆砌挡土墙应根据渗水量在墙身的适当高度处布置泄水孔。泄水孔为增加排除墙身内的积水,要求在墙身适当位置设置一排或数排泄水孔,其尺寸视泄水量的大小而定,分别采用 5cm × 10cm 或 10cm × 10cm 的矩形孔,或直径为 5 ~ 10cm 的圆孔。最下排、泄水孔的底部应高出地面 0.3m,干砌挡土墙因墙身透水可不设泄水孔。

(4)沉降缝和伸缩缝。为了防止不均匀沉陷设置的伸缩缝,应根据地基的地质条件及墙高、墙身断面的变化情况设置沉降缝;为了防止圬工砌体因砂浆收缩和温度变化而产生裂缝,须设置伸缩缝。通常把沉降缝与伸缩缝合并在一起,统称为沉降伸缩缝或变形缝。沉降伸缩缝的设置按实际情况而定,对于非岩石地基,宜每隔 10 ~ 15m 设置一道沉降伸缩缝;对于岩石地基,其沉降伸缩缝设置可适当增加,沉降伸缩缝的缝宽一般为 2 ~ 3cm。浆砌挡土墙的沉降伸缩缝内可用胶泥填塞,但在渗水量大、冻害严重的地区,宜用沥青麻筋或沥青木板等材料,沿墙内、外、顶三边填塞,填深不宜小于 15cm;当墙背为填石且冻害不严重时,可仅留空隙,不嵌填料。对于干砌挡土墙,沉降伸缩缝两侧应选平整石料砌筑,使其形成垂直通缝。

3. 加筋土挡土墙

加筋土挡土墙是由填料、拉筋条以及墙面板三部分组成。加筋土挡土墙属柔性结构,能够适应地基很大的变形,建筑高度大,减少占地面积,对不利于开挖的地区、城市道路等有着巨大的经济效益。它结构简单,圬工量少,与其他类型的挡土墙相比,可节省投资 30% ~ 70%,经济效益大。

1)加筋土的基本原理

在垂直于墙面的方向,按一定间隔和高度水平地放置拉筋材料,然后填土压实,通过填土与拉筋的摩擦作用,把土的侧压力传给拉筋,从而稳定土体。

2)加筋土的材料与构造

(1)填料。填料是加筋土工程的主体材料,宜优先选用不含有机质的砂、砂砾等材料。亦可采用当地的土。要求填料易压实,能与拉筋产生足够的摩擦力,满足化学和电化学标准,水稳定性好。可参照交通部*部颁标准《公路加筋土工程设计规范》(JTJ 015—91)中的相关表格选用。

(2)筋带。拉筋的主要作用是与填土之间产生摩擦力,并承受结构内部的拉力。因此,拉筋必须具有以下特性:具有较高的强度,受力后变形小;表面粗糙,能与填料产生足够的摩擦力,抗腐蚀性好,加工、接长和与面板的连接简单。

拉筋按材质分为钢带、钢筋混凝土带、聚丙烯土工带三种。要求拉筋具有较大的强度,并且有较好的柔性、韧性;拉筋与填土之间应具有较大的摩擦力,与面板的连接必须牢固;断面形状简单,便于加工制作,使用寿命长,经济上合理。高速公路和一级公路上加筋土工程应采用钢带或钢筋混凝土带。

---

*原"交通部"现改为"交通运输部"。

（3）墙面板。墙面板是为了使面板阻止端部填料土体从拉筋间挤出而设置的，材料可以是金属制品、混凝土或钢筋混凝土三种。面板形状有半椭圆形或半圆形面板、十字形面板、矩形面板、三角形面板。

4. 锚固式挡土墙

锚固式挡土墙通常分为锚杆式和锚定板式。锚杆式挡土墙是一种轻型挡土墙，主要由预制的钢筋混凝土立柱、挡土板构成墙面，与水平或倾斜的钢锚杆联合组成。锚杆的一端与立柱连接，另一端被锚固在山坡深处的稳定岩层或土层中。墙后侧压力由挡土板传给立柱，又通过锚杆与岩体之间的锚固力，即锚杆的抗拔力，使墙获得稳定。它适用于墙高较大，石料缺乏或挖基困难地区，具有锚固条件的路基挡土墙，一般多用于路堑挡土墙。

锚定板式挡土墙的结构形式与锚杆式基本相同，只是锚杆的锚固端改用锚定板，埋入墙后填料内部的稳定层中，依靠锚定板产生的抗拔力抵抗侧压力，保持墙的稳定，适用于缺乏石料的地区，同时它不适用于路堑挡土墙。

锚固式挡土墙的特点在于构件断面小，工程量省，不受地基承载力限制，构件可预制，有利于实现结构轻型化和施工机械化。

第五节　路面工程概述

路面工程是道路工程的一个重要组成部分。它主要研究公路与城市道路路面设计原理和方法、路面结构组成、路面材料性能和规格要求以及路面施工、养护、维修和管理技术等。路面是用各种材料铺筑在路基上供车辆行驶的层状构造物，要求路面具有以下六方面基本性能：

（1）具有足够的强度和刚度；

（2）具有足够的稳定性；

（3）具有足够的表面平整度；

（4）具有足够的抗滑性；

（5）具有足够的耐久性；

（6）具有尽可能低的扬尘性。

目前我国道路路面多为沥青路面和水泥混凝土路面。

一、路面结构及其层次的划分

路面结构一般由面层、基层、垫层等组成，为了路面上的雨水及时排出，还将路面设计成中间高、两边低的路拱，如图3-36所示。

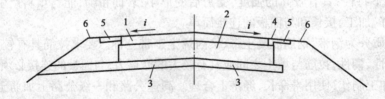

图3-36　路面结构示意图

i-路拱横坡度；1-面层；2-基层；3-垫层；4-路缘石；5-加固路肩；6-土路肩

1. 面层

直接承受车轮荷载反复作用和自然因素影响的结构层称为面层,可由一至三层组成。因此,面层应具备较高的力学强度和稳定性,同时,还应具备耐磨性和不透水性。

常用面层材料主要有沥青混凝土、水泥混凝土、沥青碎石混合料等。

2. 基层

基层是设置在面层之下,并与面层一起将车轮荷载的反复作用传布到底基层、垫层和土基中。基层是路面结构中的承重层。因此,对基层材料的要求是应具有足够的抗压强度、密度、耐久性和扩散应力(即应有较好的板体性)。由于基层不直接与车轮接触,故一般对基层材料的耐磨性不予严格要求。

常用基层材料主要有沥青碎石、水泥、石灰、工业废渣稳定类材料等。

3. 垫层

垫层是底基层和土基之间的层次,它的功能是改善土基的湿度和温度状况,保证路面和基层的强度、刚度和稳定性。垫层往往是为蓄水、排水、隔热、防冻等目的而设置的,所以通常设在路基处于潮湿和过湿以及有冰冻翻浆的路段。在地下水位较高地区铺设的能起隔水作用的垫层称隔离层;在冰冻较深地区铺设的能起防冻作用的垫层称防冻层。

常用垫层材料主要有碎石、砂粒、煤渣等粒料和石灰、水泥煤渣稳定粗粒土等。

4. 连接层

连接层是在面层和基层之间设置的一个层次。它的主要作用是加强面层与基层的共同作用或减少基层的反射裂缝。实践证明,对于交通繁重的道路和高速公路,不论哪一种基层,一般都要设置连接层才能保证面层具有较好的使用效果。

二、路面分级与分类

1. 路面等级划分

通常按路面面层的使用品质、材料组成类型以及结构强度及稳定性,将路面分为高级路面、次高级路面、中级路面、低级路面四个等级,见表3-4。

路面等级划分   表3-4

路 面 等 级	面 层 类 型	所适用的公路等级
高级路面	沥青混凝土,水泥混凝土,厂拌沥青碎石,整齐石块、条石	高速、一级、二级公路
次高级路面	沥青贯入式,沥青碎石,沥青表面处治,路拌沥青碎石,半整齐石块	二级、三级公路
中级路面	泥(水)结碎(砾)石,不整齐石块,其他粒料	三级、四级公路
低级路面	粒料加固土,其他当地材料加固或改善土	四级公路

1)高级路面

高级路面的特点是强度高,刚度大,稳定性好,使用寿命长,能适应较繁重的交通量,路面平整无尘埃,能保证高速行车。高级路面养护费用少,运输成本低,但初期建设费用高,需要用质量高的材料来建筑。

2)次高级路面

次高级路面与高级路面相比,刚度和强度较差,使用寿命较短,所适应的交通量较小,行车速度也较低,次高级路面的初期建设投资虽较高级路面低些,但要求定期护理,养路费用和运输成本也较高。

3）中级路面

中级路面的强度和刚度低,稳定性差,使用周期短,平整度差,易扬尘,仅能适应较小的交通量,行车速度低。中级路面的初期建设投资虽然很低,但是养护工作量大,需要经常维修和补充材料,才能延长使用寿命,运输成本也高。

4）低级路面

低级路面的强度和刚度最低,水稳定性差,路面平整性差,易扬尘,故只能保证低速行车,所适应的交通量最小,在雨季有时不能通车。低级路面的初期建设投资最低,但要求经常养护修理,而且运输成本最高。

2. 路面的分类

路面的类型可从不同角度来分类,如按面层所用的材料来分,有水泥路面、沥青路面、砂石路面等。但在工程设计中,主要从路面结构的力学特性和设计方法的相似性出发,将路面划分为柔性路面、刚性路面两类。

1）柔性路面

用柔性结构层组成的路面称柔性路面,它具有刚度较小、抗弯拉强度较低的特性,主要靠路面材料的抗压、抗剪强度来承受车辆荷载的作用。主要包括各种未经处理的粒料基层和各类沥青面层、碎(砾)石或块石面层组成的路面结构。

2）刚性路面

刚性路面主要指水泥混凝土做面层或基层的路面结构。水泥混凝土的强度高,与其他筑路材料比较,它的抗弯拉强度高,并且有较高的弹性模量,故呈现出较大的刚性。

此外,用水泥、石灰等无机结合料处治的土或碎(砾)石及含有水硬性结合料的工业废渣修筑的基层,在前期强度较低,后期的强度和刚度均有较大幅度的增长。这种基层称为半刚性基层。把含有该基层的路面结构称为半刚性路面。

三、路 面 基 层

基层是指设在面层以下的结构层,按组成材料分为粒料类基层和半刚性基层两类基层。

1. 粒料类基层

粒料类基层包括级配型与嵌锁型两大类。

(1)级配型。包括级配碎石、级配砾石、符合级配的天然砂砾、部分砾石经轧制掺配而成的级配砾、碎石。

(2)嵌锁型。是指其强度和稳定性主要依靠集料颗粒之间相互嵌挤所产生的内摩阻力,黏聚力则起次要的作用。如泥结碎石、泥灰结碎石、填隙碎石等。

1）级配碎(砾)石基层

级配碎(砾)石基层指按密实级配原理选配的碎(砾)石集料和适量黏性土,经拌和、摊铺、碾压而成的结构层。可适用于各级公路的基层和底基层,也可用做较薄沥青表层与半刚性基层之间的中间层。

2）填隙碎石

填隙碎石指用单一粒径的粗碎石和石屑组成的结构层。可用于各等级公路的底基层和二级以下公路的基层。干法施工的填隙碎石特别适宜于干旱缺水地区。

2. 半刚性基层

无机结合料稳定材料是指在粉碎松散的土中(包括各种粗、中、细粒土),掺入适量的无机结合料(指水泥、石灰、粉煤灰或工业废渣)和水,经拌和得到的混合料。由于无机结合料稳定材料的刚度介于刚性路面与柔性路面之间,常称此为半刚性材料。以此半刚性材料修筑的基层(底基层)就称为半刚性基层(底基层)。

半刚性材料的特点为:

(1)强度和刚度介于刚性路面与柔性路面之间。

(2)温度越高,强度形成越快。

(3)龄期越长,强度越高。

(4)由于湿度和温度的影响,形成收缩裂缝。

3. 石灰稳定类基层

1)石灰稳定土

即在粉碎的土和原来松散的土(包括各种粗、中、细粒土)中,掺入适量的石灰和水,按照一定技术要求,拌匀摊铺的混合料在最佳含水率下压实,经养生成型的路面基层结构称为石灰稳定类基层。用石灰稳定细粒土得到的混合料称为石灰土。

2)石灰稳定土强度形成原理

即在土中掺入适当的石灰,并在最佳含水率下压实后,使石灰与土发生一系列的物理、化学作用,从而使土的性质发生变化。一般有下列四方面作用:

(1)离子交换作用;

(2)结晶作用;

(3)火山灰作用;

(4)碳酸化作用。

3)影响强度的因素

土质、石灰质量与剂量、含水率、密实度、石灰土龄期、养生条件等是影响基层强度的因素。

4)适用范围

适用于各级公路的底基层,以及二级和二级以下公路的基层,但石灰土不得用做二级和二级以上公路高级路面的基层。

4. 水泥稳定类基层

1)水泥稳定土

即在粉碎的土和原来松散的土(包括各种粗、中、细粒土)中,掺入适量的水泥和水,按照一定技术要求,拌匀摊铺的混合料在最佳含水率下压实,经养生成型的路面基层结构称为水泥稳定类基层。用水泥稳定细粒土得到的混合料称为水泥土。

2)水泥稳定土强度形成原理

即在土中掺入适当的水泥,水泥与土、水之间发生一系列的物理、化学作用,从而使土的性质发生变化。一般有下列四方面作用:

(1)水泥的水化作用;

(2)离子交换作用;

(3)化学激发作用;

(4)碳酸化作用。

3）影响强度的因素

影响强度的因素有土质、水泥质量与剂量、含水率、施工工艺过程等。

4）适用范围

适用于各级公路的基层和底基层，但水泥土不得用作二级和二级以上公路路面的基层。

5.石灰工业废渣稳定类基层

石灰工业废渣稳定类基层主要由工业废渣和石灰组成。与石灰稳定土物理力学性质基本相似，但其强度和水稳性比石灰稳定土好，而且强度随龄期增长而增长。可适用于各级公路的基层和底基层，但二灰、二灰土不应用作二级和二级以上公路路面的基层。

第六节 沥青路面

沥青路面是用沥青材料做结合料黏结矿料修筑面层与各类基层和垫层所组成的路面结构。

沥青路面是目前我国应用最广的面层结构，具有很多优点。与水泥混凝土路面相比，沥青路面具有表面平整、无接缝、行车舒适、耐磨、振动小、噪声低、施工期短、养护维修简便、适宜于分期修建等优点。

一、沥青路面的分类

沥青路面依据强度形成原理、集料组成及施工工艺等不同，可以有不同的分类形式。

1.按强度构成原理分

按强度构成原理分，可分为密实式和嵌挤式两大类。

密实式沥青路面要求集料的级配按最大密实原则设计，其强度和稳定性主要取决于混合料的黏聚力和内摩擦阻力。嵌挤式路面要求颗粒尺寸较为均一。集料路面强度和稳定性主要取决于集料之间相互嵌挤产生的内摩阻力，而黏结力则起次要作用。按嵌挤原则修筑的路面，其热稳性较好，但因空隙较大，易渗水，因而耐久性较差。

2.按施工工艺分

按施工工艺分，沥青路面可分为层铺法、路拌法和厂拌法三大类。

（1）层铺法是用分层洒布沥青，分层撒铺集料和碾压的方法修筑。其主要优点是工艺和设备简便，工效较高，施工进度快，造价低廉。其缺点是路面成型期较长，质量不宜保证，需要经过炎热季节行车碾压之后路面方能完全成型。

（2）路拌法是在路上用机械或人工将集料和沥青材料就地拌和、摊铺和碾压密实而成的沥青路面。该方法与层铺法相比，沥青材料在集料中分布比较均匀，成型快。

（3）厂拌法是由一定级配的集料和沥青材料在工厂用专用设备加热拌和，然后送到工地摊铺碾压而成的沥青路面。集料中颗粒含量少，不含或含少量矿粉，混合料为开级配的（空隙率在10%以上），称为厂拌沥青碎石；若集料中含有矿粉，混合料是按最佳密级配原理配制的（孔隙率在10%以下），称为沥青混凝土。

3.按材料组成、施工方法、用途分

按材料组成、施工方法、用途分，沥青路面可分为沥青混凝土、沥青碎石、沥青表面处治、沥青贯入式、乳化沥青碎石混合料等，此外，还有沥青玛蹄脂碎石。

（1）沥青混凝土。是由适当比例的粗集料、细集料及填料组成的符合规定级配的矿料与沥青拌和而成的混合料（以 AC 表示密级配沥青混合料），沥青混凝土路面常做高等级公路的面层。沥青混凝土按集料中最大颗粒粒径分为粗粒式、中粒式、细粒式、砂粒式沥青混凝土简称沥青砂。

（2）沥青碎石混合料。是由适当比例的粗集料、细集料、少量填料（或不加填料）与沥青拌和而成（以 AM 表示半开级配沥青碎石）。沥青碎石属于嵌锁型结构，压实后剩余孔隙率大于 10% 以上称为半开级配沥青混合料，15% 以上称为开级配沥青混合料。

对于半刚性基层，其沥青层推荐厚度见表 3-5。

半刚性基层上的沥青层推荐厚度 表 3-5

公 路 等 级	沥青层推荐厚度（m）	公 路 等 级	沥青层推荐厚度（m）
高速公路	12～18	三级公路	2～4
一级公路	10～15	四级公路	1～2.5
二级公路	5～10		

（3）沥青表面处治。指用沥青和集料按拌和法或层铺法施工，厚度不超过 3cm 的薄面层称为沥青表面处治。采用层铺法时可分为单层、双层、三层。沥青表面处治适用于三级、四级公路的面层以及旧沥青面层上加铺罩面或抗滑层、磨耗层等。

沥青表面处治，因厚度较薄，对路面结构的整体强度提高不多，故在结构分析时其厚度扣除 1cm 后并入基层计算。它的主要作用是抵抗车轮磨耗，增强抗滑和防水能力，提高平整度，改善路面的行车条件。表面处治结构层一般按嵌锁原则修筑而成。为了保证石料间有良好的锁结作用，同一层石料的颗粒尺寸要均匀。表面处治大多用于下列场合：

①为碎石路面或基层提供一个能承受行车和大气作用的磨耗层和面层，并提高路面的等级（它属于次高级路面）。

②改善或者恢复原有面层的使用品质。对原路面磨损较严重者，可采用单层表面处治；磨耗或老化严重者，采用双层表面处治。

③作为空隙较多的沥青面层的防水层（封层），上封层位于沥青面层之上。

（4）沥青贯入式。是在初步压实的碎石上分层浇洒沥青、撒布嵌缝料，经压实而成的沥青面层。沥青贯入式路面的厚度一般为 4～8cm，沥青贯入式路面适用于二级及二级以下公路的沥青面层。

（5）乳化沥青碎石混合料。乳化沥青碎石混合料适用于三级、四级公路的沥青面层、二级公路养护罩面以及各级公路的调平层。

（6）沥青玛蹄脂碎石。沥青玛蹄脂碎石混合料（简称 SMA）是以间断级配为骨架，用改性沥青、矿粉及木质纤维素组成的沥青玛蹄脂为结合料，经拌和、摊铺、压实而形成的一种构造深度较大的抗滑面层。它具有抗滑耐磨、孔隙率小、抗疲劳、高温抗车辙、低温抗开裂的优点，是一种全面提高密级配沥青混凝土使用质量的新材料，适用于高速公路、一级公路和其他重要公路的表面层。

二、沥青路面类型的选择

选择沥青路面的类型，一方面要根据任务要求（道路的等级、交通量、使用年限、修建费用等）和工程特点（施工季节、施工期限、基层状况等），另一方面还应考虑材料供应情况、施工机具、劳力和施工技术条件等因素,可参照表3-6选定。

沥青路面的类型

表3-6

公路等级	路面等级	面层类型	设计年限(年)	设计年限内累计标准轴次(万次/一车道)
高速公路、一级公路	高级路面	沥青混凝土,沥青玛蹄脂碎石	15	>400
二级公路	高级路面	沥青混凝土	12	>200
	次高级路面	热拌沥青碎石,沥青贯入式	10	100~200
三级公路	次高级路面	沥青表面处治,乳化沥青碎石混合料	8	10~100
四级公路	中级路面	泥(水)结碎(砾)石,半整齐石块	5	≤10
	低级路面	粒料改善土	5	

从施工季节来讲,沥青类路面一般都要求在温暖干燥的气候条件下施工,以便于路面摊铺和压实成型。

从施工机具上讲,有拌和设备的采用拌和法形成路面,无拌和设备而有洒布车的可采用层铺法成型路面。

对于多雨潮湿地区可采用密级配沥青混凝土;对于少雨干燥地区可采用沥青碎石或沥青贯入式等路面。

从抗滑要求出发,沥青类路面不宜铺筑在纵坡大于6%的路段上。纵坡大于3%的路段,宜采用粗粒式的沥青碎石或粗粒式的沥青表面处治。

三、沥青路面设计基本知识

1. 沥青路面设计理论与方法

1) 沥青路面设计理论

《公路沥青路面设计规范》(JTG D50—2006)规定:沥青路面结构设计采用双圆均布垂直荷载作用下的弹性层状连续体系理论,路面荷载及计算点如图3-37所示。

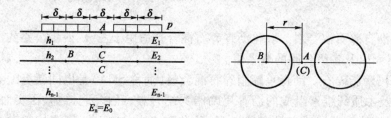

图3-37 路面荷载及计算点图示

弹性层状体系是由若干个弹性层组成,上面各层具有一定的厚度,最下一层(土体)为弹性半空间体。

高速公路、一级公路、二级公路的路面结构,以路表面回弹弯沉值、沥青混凝土层的层底拉应力及半刚性材料层的层底拉应力为设计指标。三、四级公路以路表面设计弯沉值为设计指标。

用多层弹性体系理论进行路面结构计算时,应考虑各层间接触的条件。层间的接触条件可能是连续的(即上下两层之间没有相对位移,不能相互错动),也可能是滑动的(即上下两层之间仅竖向应力和位移连续而无摩阻力,可以自由错动),甚至介于两者之间。我国现行规范采用完全连续体系为层间接触条件。

2)沥青路面设计方法

沥青路面设计方法分为如下两类:

(1)经验法。以经验或试验为依据,这类方法是以美国沥青路面设计理论为代表,在铺筑试验路的基础上,总结成功经验作为路面设计指南。

(2)理论计算法。以力学分析为基础,考虑环境、交通条件以及材料特性为依据的理论方法。

2. 沥青路面的设计程序

新建沥青路面通常按以下步骤进行路面结构设计:

(1)确定路面等级和面层类型,根据设计任务书的要求来确定,计算设计年限内一个车道的累计标准当量轴次和设计弯沉值。

(2)确定各路段土基回弹模量值,按路基土类与干湿类型,将路基划分为若干路段(在一般情况下路段长度不宜小于500m,若为大规模机械化施工,不宜小于1km)。

(3)拟订几种路面结构组合与厚度方案,根据已有经验和规范推荐的路面结构,对选用的材料进行配合比试验及测定各结构层材料的抗压回弹模量、抗拉强度,确定各结构层材料设计参数。

(4)计算路面厚度。根据设计弯沉值计算路面厚度。对高速公路、一级公路、二级公路沥青混凝土面层和半刚性基层材料的基层、底基层,应验算拉应力是否满足容许拉应力的要求。如不满足要求,或调整路面结构层厚度,或变更路面结构组合,或调整材料配合比,提高材料极限抗拉强度,再重新计算。

上述计算可采用多层弹性体系理论编制的专用设计程序进行计算。

3. 沥青路面结构组合设计的原则

路基路面是一个整体结构,各结构层有各自的特性和作用,并相互制约和影响,结构组合不合理,所用材料再好、厚度再大也无济于事。根据实践经验和理论分析,结构组合应遵循下列原则:

(1)根据各结构层功能组合和强度组合进行设计;

(2)按照合理的层间组合进行设计;

(3)按照在各种自然因素作用下稳定性好的原则进行设计;

(4)考虑适当的层数和厚度进行设计。

4. 沥青路面设计指标和设计参数

根据《公路沥青路面设计规范》(JTG D50—2006)的规定,沥青路面设计指标和设计参数如下所述。

1)交通量

(1)交通量即在规定时间内,通过整个路面横断面的车辆数,如日交通量、年交通量。

(2)年平均日交通量,可用式(3-10)表示。

$$N_t = N_1(1 + r)^{t-1} \tag{3-10}$$

式中：N_t——第 t 年的年平均日交通量，辆/日；

N_1——第 1 年的平均日交通量，辆/日；$N_1 = \dfrac{1}{365} \sum\limits_{i=1}^{365} N_i$；

N_i——第 i 年内的日交通量，辆/日；

r——交通量的年平均增长率，%；

t——设计年限。

（3）车辆横向分布系数 η，单车道为 1，双车道为 0.5，四车道为 0.4 ~ 0.5。

2）标准轴载

所谓标准轴载，是为了便于设计与计算，将各种轴载的作用次数换算成某种统一轴载的当量轴次。这种作为轴次换算的统一轴载，称为标准轴载。路面设计以双轮组单轴载 100kN 为标准轴载，用 BZZ—100kN 表示。

3）轴次换算

所谓当量轴次（当量作用次数），是按弯沉等效或拉应力等效的原则，将不同车型、不同轴载作用次数换算为与标准轴载 100kN 相当的轴载作用次数，称为当量轴次。

（1）当以设计弯沉值和沥青层层底拉应力为设计指标时，各级轴载（包括车辆的前、后轮）P_i 的作用次数 n_i，均按式（3-11）换算成标准轴载 P 的当量作用次数 N。

$$N = \sum_{i=1}^{k} C_1 C_2 N_i \left(\frac{P_i}{P} \right)^{4.35} \tag{3-11}$$

式中：P——标准轴载，100kN；

P_i——被换算车型的各级轴载；

N_i——被换算车型的各级轴载作用次数；

C_1——轴数系数，当轴间距大于 3m，按一个轴载计算；当轴间距小于 3m，按公式计算：$C_1 = 1 + 1.2(m - 1)$；

C_2——轮组系数，单轮组为 6.4，双轮组为 1，四轮组为 0.38；

m——轴数。

（2）半刚性基层层底拉应力为设计指标时，各级轴载（包括车辆的前、后轮）P_i 的作用次数 N_i，均按式（3-12）换算成标准轴载 P 的当量作用次数 N'。

$$N' = \sum_{i=1}^{k} C_1' C_2' N_i \left(\frac{P_i}{P} \right)^{8} \tag{3-12}$$

式中：C_1'——轴数系数，当轴间距小于 3m 时，双轴和多轴按公式计算：$C_1' = 1 + 2(m - 1)$；

C_2'——轮组系数，单轮组为 18.5，双轮组为 1，四轮组为 0.09。

其他符号意义同前。

以上轴载换算公式，适用于单轴轴载 ≤130kN 的各种车型的轴载换算。

（3）累计当量轴次计算。在设计年限内，考虑车道系数后，一个车道上的累计当量轴次总和为累计当量轴次。

$$N_e = \frac{\left[(1 + \gamma)^t - 1 \right] \times 365}{\gamma} N_1 \eta$$

式中：N_e——设计年限内一个车道上的累计当量轴次；

t——设计年限；

N_1——路面竣工后第一年双向平均当量轴次；

η——车道系数；

γ——设计年限内交通量的平均年增长率。

4）设计弯沉值

路面设计弯沉值，是指根据设计年限内一个车道上预测通过的累计当量轴次、公路等级、面层和基层类型而确定的路面弯沉设计值。

$$L_d = 600 N_e^{-0.2} A_c A_s A_b \qquad (3\text{-}13)$$

式中：L_d——设计弯沉值，0.01mm；

A_c——公路等级系数，高速公路、一级公路为1，二级公路为1.1，三、四级公路为1.2；

A_s——面层类型系数，沥青混凝土面层为1，热拌和冷拌沥青碎石、沥青贯入式、沥青表面处治为1.1；

A_b——路面结构类型系数，对半刚性基层沥青路面为1，柔性基层沥青路面为1.6。

[例3-1]　已知某二级公路平均日交通量的相关资料如下：累计当量轴次为479.329 5万次，路面面层采用沥青混凝土，基层采用水泥稳定土，求路面设计弯沉值 L_d。

解：由题可知道，对二级公路，$A_c = 1.1$；对沥青混凝土面层，$A_s = 1$；对半刚性基层沥青路面，$A_b = 1$，则

$$L_d = 600 N_e^{-0.2} A_c A_s A_b$$
$$= 600 \times (4\,793\,295)^{-0.2} \times 1.1 \times 1 \times 1 = 30.437(0.01\text{mm})$$

5）结构层材料的容许拉应力

沥青混凝土面层、半刚性材料基层、底基层以弯拉应力为设计指标时，材料的容许拉应力 σ_R 应按公式（3-14）计算。

$$\sigma_R = \frac{\sigma_S}{K_S} \qquad (3\text{-}14)$$

式中：σ_R——路面结构层材料的容许拉应力，MPa；

σ_S——沥青混凝土或半刚性材料的极限抗拉强度，MPa；

K_S——抗拉强度结构系数。

对沥青混凝土的极限抗拉强度，系指15℃时的极限抗拉强度；对水泥稳定类材料，龄期为90d的极限抗拉强度（MPa）；对二灰稳定类、石灰稳定类的材料，龄期为180d的极限抗拉强度（MPa）。

对沥青混凝土面层，其抗拉强度结构系数 $K_S = 0.09 N_e^{0.2}/A_c$；对无机结合料稳定集料类，其抗拉强度结构系数 $K_S = 0.35 N_e^{0.11}/A_c$；对无机结合料稳定细粒土类，其抗拉强度结构系数 $K_S = 0.45 N_e^{0.11}/A_c$。

第七节　水泥混凝土路面

一、水泥混凝土路面的分类及优缺点

以水泥混凝土做面层（配筋或不配筋）的路面，亦称刚性路面。普通混凝土路面是指除接缝区和局部范围外面层内均不配筋的水泥混凝土路面，亦称素混凝土路面。

水泥混凝土路面设计方案，应根据公路的使用任务、性质和要求，结合当地气候、水文、土质、材料、施工技术、实践经验以及环境保护要求等，通过技术经济分析确定。水泥混凝土路面设计应包括结构组合、材料组成、接缝构造和钢筋配制等。水泥混凝土路面结构应按规定的安全等级和目标可靠度，承受预期的荷载作用，并同所处的自然环境相适应，满足预定的使用性能要求。

1. 水泥混凝土路面的分类

水泥混凝土面层可以按组成材料或施工方法的不同，分为以下六种类型：

(1) 普通混凝土（亦称无筋混凝土或素混凝土）路面，指除接缝区和局部范围外均不配筋的水泥混凝土路面。这是目前应用最为广泛的一种面层类型。道路路面的混凝土面层通常采用等厚断面。

(2) 钢筋混凝土路面，指为防止可能产生的裂缝缝隙张开，板内配置纵、横向钢筋或钢筋网的水泥混凝土路面。

(3) 碾压混凝土路面，指水泥和水的用量较普通混凝土显著减少的水泥混凝土混合料经摊铺、采用振动碾压成型的水泥混凝土路面。

(4) 钢纤维混凝土路面，指在混凝土中掺入钢纤维的水泥混凝土路面。在混凝土中掺拌钢纤维，可以提高混凝土的韧度和强度，减少其收缩量。

(5) 连续配筋混凝土路面，指沿纵向配置连续的钢筋，除了在与其他路面交接处或邻近构造物处设置胀缝以及视施工需要设置施工缝外，不设横向缩缝的水泥混凝土路面。

(6) 复合式混凝土路面，指由两层或两层以上不同强度或不同类型的混凝土复合而成的水泥混凝土路面。

2. 水泥混凝土路面优缺点

1）水泥混凝土路面的优点

与其他类型路面相比，水泥混凝土路面具有以下优点：

(1) 强度高。水泥混凝土路面具有很高的抗压强度和较高的抗弯拉强度以及抗磨耗能力。

(2) 稳定性好。水泥混凝土路面的水稳性、热稳性均较好，特别是它的强度能随着时间的延长而逐渐提高，不存在沥青路面的那种"老化"现象。

(3) 耐久性好。由于水泥混凝土路面的强度和稳定性好，所以它经久耐用，一般能使用20～40年，而且它能通行包括履带式车辆等在内的各种运输工具。

(4) 有利于夜间行车。水泥混凝土路面色泽鲜明，能见度好，对夜间行车有利。

2）水泥混凝土路面的缺点

水泥混凝土路面的缺点主要有以下几方面：

(1) 对水泥和水的需要量大。修筑20cm厚、7m宽的水泥混凝土路面，每1 000m要耗费水泥约400～500t和水约250t，尚不包括养生用的水在内，这对水泥供应不足和缺水地区带来较大困难。

(2) 有接缝。普通水泥混凝土路面要建造许多接缝，这些接缝不但增加施工和养护的复杂性，而且容易引起行车跳动，影响行车的舒适性。接缝又是路面的薄弱点，如处理不当，将导致路面板边和板角处被破坏。

(3) 开放交通较迟。水泥混凝土路面完工后，一般要经过28d的潮湿养生才能开放交通，如需提早开放交通，则需采取特殊措施。

(4) 修复困难。水泥混凝土路面损坏后，开挖很困难，修补工作量也大，且影响交通。

二、水泥混凝土路面构造

水泥混凝土路面由混凝土面层、基层、垫层、路肩结构和排水设施等组成,如图 3-38 所示。左半侧为未设路面内部排水设施和采用沥青路肩的路面结构,右半侧为设置路面内部排水设施和采用水泥混凝土路肩的路面结构。

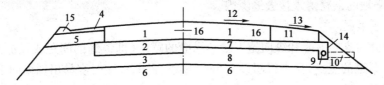

图 3-38　水泥混凝土路面构造

1-混凝土面层;2-基层;3-垫层;4-沥青路肩;5-路肩基层;6-土基;7-排水基层;8-不透水垫层(或设反滤层);9-集水管;10-排水管;11-混凝土路肩;12-路面横坡;13-路肩横坡;14-反滤织物;15-拦水带;16-拉杆

1.路基和基层

(1)路基。水泥混凝土路面的路基必须密实、稳定和均匀,对路面结构提供均匀的支承。

(2)基层。设置基层的目的是防唧泥,防冰冻,防水。基层一般比混凝土面板每侧宽 30~50cm。唧泥、错台和断裂等病害是水泥混凝土路面最常见的损坏形式,其原因是进入路面结构内部的水分不能及时排出,反复冲刷而引起的。因此要求基层具有足够的抗冲刷能力,这较沥青路面对基层的要求更高。

2.混凝土面板

1)面板的要求

水泥混凝土面层直接承受行车荷载的作用和环境因素的影响,应具有较高的抗弯拉强度和耐久性以及良好的表面特性(耐磨、抗滑、平整、低噪声等)。

混凝土路面的平整度以 3m 直尺量测为准。3m 直尺与路面表面的最大间隙:高速公路和一级公路不应大于 3mm;其他各级公路不应大于 5mm。混凝土路面的抗滑标准以构造深度为指标,高速公路和一级公路不应低于 0.8mm;其他各级公路不应低于 0.6mm。

2)面板厚及面板的平面尺寸

水泥混凝土路面一般为单层式,其厚度须根据该路在使用期内的交通性质和交通量设计计算决定。理论分析表明,车轮荷载作用于板中部时,板所产生的最大应力约为轮载作用于板边部时的 2/3。因此,面层板的横断面应采用中间薄两边厚的形式,以适应荷载应力的变化。但是厚边式路面对土基和基层的施工带来不便;而且使用经验也表明,在厚度变化转折处,易引起板的折裂。因此,目前国内外常采用等厚式断面。

面板的平面形状,宜尽可能接近正方形,一般将板宽和板长之比控制在 1:1.3 以内。纵缝间距通常按车道宽度确定。横缝间距一般取 4~6m。

3.接缝的构造

1)接缝设置的原因及分类

水泥混凝土路面面板是由一定厚度的混凝土板组成,它具有热胀冷缩的性质。由于一年四季气温的变化,混凝土板会产生不同程度的膨胀和收缩,这些变化会造成板的断裂或拱胀等破坏。为了避免这些缺陷,水泥混凝土路面不得不在纵横两个方向设置许多接缝,把整个路面分割成为许多板块。

水泥混凝土路面的接缝按布设位置分为纵缝与横缝两大类,与路线中线平行的接缝称为纵缝,与路线垂直的接缝称为横缝。按作用的不同,接缝可分为缩缝、胀缝和施工缝三类。接缝设计应能:

(1)控制收缩应力和翘曲应力所引起的裂缝出现的位置;

(2)通过接缝提供足够的荷载传递;

(3)防止坚硬的杂物落入接缝缝隙内。

2)纵缝及其构造

纵缝一般分为纵向缩缝和纵向施工缝。纵缝的宽度(即纵缝的间距或纵缝与自由边的间距),应为一个车道的宽度,且不得超过4.5m。实践证明,过宽时容易出现纵向裂缝,在短期内面板即发生破坏。

(1)纵向缩缝。当一次铺筑的宽度大于4.5m时,应增设纵向缩缝。纵向缩缝可采用假缝加拉杆型,其构造如图3-39所示。设置拉杆,可以防止板块横向位移使缝隙扩大,拉杆应设置在板厚中央。

(2)纵向施工缝。由于施工条件等原因,当一次铺筑宽度小于路面宽度需分两次以上浇筑时,则应设置纵向施工缝。纵向施工缝按其构造的不同,可分为平缝和企口缝两种形式。一般采用平缝,并应在板厚中央设置拉杆,以防止接缝张开和板的上下错动。其构造如图3-39所示。

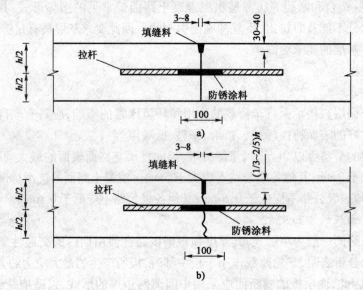

图3-39 纵缝构造(尺寸单位:mm)

a)纵向施工缝;b)纵向缩缝

拉杆的作用是保证纵缝两侧路面板在纵缝位置的紧密联系,以免沿路拱横坡向两侧滑动。拉杆应采用螺纹钢筋,设在板厚中央,并应对拉杆中部100mm范围内进行防锈处理。拉杆的直径、长度和间距,可参照表3-7选用。

拉杆直径、长度和间距(mm) 表3-7

面层厚度 (mm)	到自由边或未设拉杆纵缝的距离(m)					
	3.00	3.50	3.75	4.50	6.00	7.5
200~250	14×700×900	14×700×800	14×700×700	14×700×600	14×700×500	14×700×400
260~300	16×800×900	16×800×800	16×800×700	16×800×600	16×800×500	16×800×400

3)横缝及其构造

横缝是指与路线垂直的接缝。横缝分为横向缩缝、横向胀缝和横向施工缝三种。

（1）横向施工缝。每天施工结束，或当浇筑混凝土过程中因其他原因，如拌和机突然发生故障一时难以修复，或下大雨等原因，浇筑工作无法进行时必须设横向施工缝。横向施工缝构造见图3-40。

（2）横向缩缝（或称假缝）。横向缩缝通常垂直于路中心线方向等间距布置。为了控制由翘曲应力产生的裂缝，横向缩缝间距（即板长）应根据当地气候条件、板厚和经验确定。一般在4~6m范围内选用，基层的刚度越大，选用的间距应越短。横向缩缝构造见图3-41。

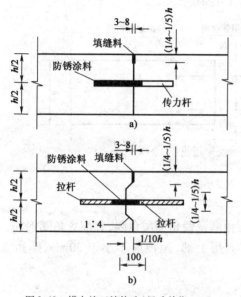

图3-40　横向施工缝构造（尺寸单位：mm）
a）设传力杆平缝型；b）设拉杆企口缝型

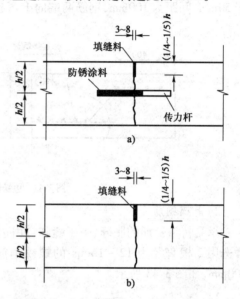

图3-41　横向缩缝构造（尺寸单位：mm）
a）设传力杆假缝型；b）不设传力杆假缝型

（3）横向胀缝（也称真缝）。横向胀缝的方向是与横断面方向一致的。胀缝宜尽量少设或不设。但在邻近桥梁或其他固定构筑物处或与其他道路相交处应设置横向胀缝。胀缝是混凝土路面的薄弱点。胀缝宽为20mm，缝内设置填缝板。由于胀缝无法依赖集料颗粒传递荷载，因此必须设置可滑动的传力杆。传力杆应采用光面钢筋。其尺寸和间距可按表3-8选用。最外侧传力杆距纵向接缝或自由边的距离为150~250mm。

传力杆尺寸和间距（mm）　　　　　　　　　　　　　　表3-8

面层厚度（mm）	传力杆直径	传力杆最小长度	传力杆最大间距
220	28	400	300
240	30	400	300
260	32	450	300
280	35	450	300
300	38	500	300

4)接缝填封材料

（1）胀缝接缝板。胀缝接缝板应选用能适应混凝土板膨胀收缩、施工时不变形、复原率高和耐久性好的材料。高速公路和一级公路宜选用泡沫橡胶板、沥青纤维板；其他等级公路也可选用木材类或纤维类板。

(2)接缝填缝料。接缝填料应选用与混凝土接缝槽壁黏结力强、回弹性好、适应混凝土板收缩、不溶于水、不渗水、高温时不流淌、低温时不脆裂、耐老化的材料。常用的填缝材料有聚氨酯焦油类、氯丁橡胶类、乳化沥青类、聚氯乙烯胶泥、沥青橡胶类、沥青玛蹄脂及橡胶嵌缝条等。

4. 配筋布置

1）边缘钢筋的布置

混凝土面层自由边缘下基础薄弱或接缝为未设传力杆的平缝时,可在面层边缘的下部配置钢筋。通常选用 2 根直径为 12~16mm 的螺纹钢筋,置于面层底面之上 1/4 厚度处并不小于 50mm,间距为 100mm,钢筋两端向上弯起,如图 3-42 所示。

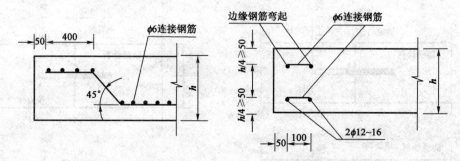

图 3-42　边缘钢筋布置(尺寸单位:mm)

2）角隅钢筋

承受特重交通的胀缝、施工缝和自由边的面层角隅及锐角面层角隅,宜配置角隅钢筋。通常选用 2 根直径为 12~16mm 的螺纹钢筋,置于面层上部,距顶面不小于 50mm,距边缘为 100mm,如图 3-43 所示。

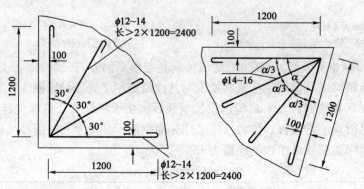

图 3-43　角隅钢筋布置(尺寸单位:mm)

🔍 **思考题与习题**

1. 什么是交通量？交通量的表示方法有哪几种？

2. 我国的公路等级如何划分？

3. 我国公路技术标准有哪几类？

4. 公路的基本组成有哪些？

5. 何谓高速公路？如何定义？

6. 公路的横断面主要由哪些部分组成？

7. 道路平曲线要素有哪些？平曲线半径如何选择？

8. 路肩的主要作用是什么？

9. 缓和曲线是什么线形？作用是什么？

10. 公路平面线形组合有哪几种主要形式？

11. 为什么要设置超高？设置超高的形式有哪几种？

12. 什么是公路里程？怎样表示？

13. 什么是行车视距？行车视距分几种？分别如何定义？

14. 纵断面图上的两条主要线是什么？

15. 公路纵坡如何表示？为什么要进行坡长限制？

16. 路基干湿类型的表示方法有哪几种？

17. 路基横断面的基本形式有哪些？

18. 路基边坡的表示方法是什么？

19. 公路用地包括哪些部分？

20. 边沟和截水沟的作用分别是什么？

21. 路基防护工程设施，按作用不同可分为哪几种形式？

22. 挡土墙有哪些用途？重力式挡土墙由哪几部分组成？

23. 简述路堤的施工方法。什么是压实度？

24. 什么是路面？根据其使用的材料不同，路面可分为哪几种类型？

25. 画图说明路面结构层次是如何划分的。常用的路面材料有哪些？

26. 简述沥青路面的几种主要形式。

27. 水泥混凝土路面为什么要设置纵缝和横缝？

28. 简述沥青混凝土的施工方法。

第四章 桥梁工程

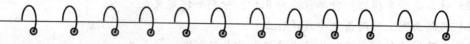

重点内容和学习目标

本章重点讲述了桥梁工程的发展史,桥梁的基本组成和分类,介绍了桥梁的设计及荷载作用、桥梁墩台及上部构造。

通过本章学习,掌握桥梁基本组成及分类,了解桥梁设计知识、桥梁墩台及上部构造。

第一节 桥梁工程概况

桥梁是指在公路建设中,为跨越江河、深谷、海峡或其他构造物而建造的结构物。桥梁不仅是一个国家文化的象征,更是生产发展和科学进步的写照。改革开放以来,我国公路建设进入了以高速公路为标志的快速发展阶段,公路投资力度不断增大,而在公路建设中,桥梁是重要的组成部分,不管是从数量还是造价上,桥梁都占有重要的比例。

我国于 1954 年发掘出的西安半坡村公元前 4 000 年左右的新石器时代氏族村落遗址,是我国已发现的最早出现桥梁的地方。根据史料记载,在距今约 3 000 年的周文王时,我国就已在宽阔的渭河上架设过大型浮桥。公元 35 年东汉光武帝时,在长江上架设了第一座浮桥。古代桥梁所用材料,多为木、石、藤、竹之类的天然材料。锻铁出现以后,开始建造简单的铁链吊桥。由于当时的材料强度较低,人们力学知识不足,故古代桥梁的跨度都很小。木、藤、竹类材料易腐烂,致使能保留至今的古代桥梁,多为石桥。

在秦汉时期,我国已经广泛修建石梁桥。世界上现存最长、工程最艰巨的石梁桥是位于福建泉州的万安桥,建于 1053～1059 年,桥长 800 多米。1240 年建造的福建漳州虎渡桥,是一座梁式石桥,长约 335m,有的石梁长达 23.7m,由三根石梁组成,重达 200 多吨,是人们利用潮水涨落浮运架设而成的。

从出土的文物上证明,在东汉中期我国已经开始建造拱桥,富有民族风格的古代石拱桥技术,无论是结构的巧妙构思以及艺术造型的丰富多彩,都驰名中外。位于河北省的赵州桥(又称安济桥)是我国古代石拱桥的杰出代表。除赵州桥外,其他著名的石拱桥还有北京的卢沟桥、苏州的枫桥等。我国古代桥梁的建筑,无论在其造型艺术、施工技巧、历史积淀、文化蕴涵还是人文景观等方面,都曾为世界桥梁建筑史谱写了光辉的篇章。

新中国成立后,在建国初期修复并加固了大量旧桥,随后在第一、第二个五年计划期间,修建了不少重要桥梁,取得了迅速发展。1957 年,第一座长江大桥——武汉长江大桥建成,结束了万里长江无桥的历史。1969 年,我国又成功地建成了南京长江大桥,这是我国自行设计、制造并使用国产高强钢材的现代大型桥梁,是我国桥梁史上的一个重要标志。

在 20 世纪 80 年代之前,我国还没有一座真正意义上的现代化大跨径悬索桥和斜拉桥。进入 20 世纪 90 年代以后,伴随着世界最大规模公路建设的展开,我国积极吸纳当今世界结构力学、材料学、建筑学的最新成果,公路桥梁建设得到极大发展,在长江、黄河等大江大河和沿海海域,建成了一大批有代表性的世界级桥梁。目前,在 192 万 km 的公路上,有各类桥梁 32 万多座、1 337.6 万延米,其中长度超千米的特大型桥梁有 717 座。在跨径前十位的世界各类桥型中,斜拉桥我国占了 6 座,悬索桥我国内地占了两座,完成了由桥梁大国向桥梁强国的历史跨越,成为展示我国综合国力的窗口之一。

全部由中国人自己设计、施工、监理、管理,所用建筑材料和设备也绝大部分由我国自行制造或生产的润扬大桥,是我国第一座由悬索桥和斜拉桥构成的特大型组合桥梁,其中主桥为单孔双铰钢箱梁悬索桥,主跨径 1 490m,目前位居世界第三,可通行 5 万吨级巴拿马型货轮。润扬大桥建设条件复杂,技术含量非常高,施工难度特别大,被国际桥梁专家称为"中国奇迹"。

已经建成的跨径达 1 088m 的苏通长江公路大桥将创造斜拉桥型的多项世界之最。在世界同类型桥梁中,苏通大桥的主塔最高、群桩基础规模最大、斜拉索最长、跨径最大。浙江舟山西堠门跨海大桥主跨跨径在悬索桥中位居世界第二。目前我国有 8 座斜拉桥、5 座悬索桥、5 座拱桥和 5 座梁桥分别在世界同类型桥梁中,按跨径排序居前 10 位。我国公路桥梁建设技术水平跻身世界先进行列。杭州湾跨海大桥全长 36km,是目前世界上在建的最长公路跨海大桥。此外,还有东海大桥、崇明岛过江通道、深港西部通道、珠港澳大桥等一批世界级桥梁正在建设或进行前期工作。它们的建成将会再次吸引世界的目光,并极大地丰富世界桥梁宝库。

第二节　桥梁的基本组成和分类

一、桥梁的基本组成和尺寸

1. 基本组成

图 4-1 和图 4-2 分别为公路上所用的梁桥及拱桥的结构图式。从图中可见,桥梁一般由上部结构和下部结构组成。

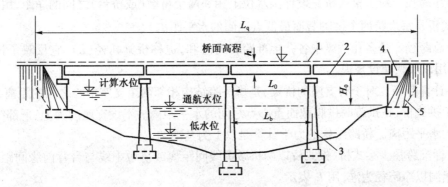

图 4-1　桥梁基本组成部分
1-主梁;2-桥面;3-桥墩;4-桥台;5-锥坡

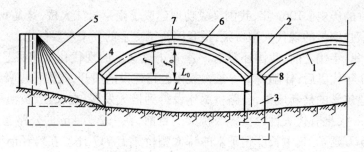

图 4-2　拱桥基本组成部分

1-拱圈;2-拱上结构;3-桥墩;4-桥台;5-锥形护坡;6-拱轴线;7-拱顶;8-拱脚

1)上部结构(或称桥跨结构)

桥梁上部结构包括承重结构和桥面系,是路线遇到障碍(如河流、山谷等)而中断时跨越障碍的建筑物。它的作用是承受车辆荷载,并通过支座传递给墩台。

2)下部结构

桥梁下部结构包括桥墩和桥台,是支承上部结构的建筑物。它的作用是支承上部结构并将结构重力和车辆荷载传给地基。桥台还与路堤相衔接,以抵御路堤土压力,防止路堤填土的滑坡和坍落。桥墩和桥台中使全部荷载传至地基的底部奠基部分,通常称为基础。它是确保桥梁能安全使用的关键。由于基础往往深埋于土层之中,并且需在水下施工,故也是桥梁建筑中比较困难的一个部分。

一座桥梁中在桥跨结构与桥墩或桥台的支承处所设置的传力装置,称为支座,它不仅要传递很大的荷载,并且要保证桥跨结构能产生一定的变位。

3)附属结构

桥梁附属结构包括桥头路堤锥形护坡、护岸、导流结构等。锥形护坡的作用是防止路堤填土向中间坍塌,并抵御水流的冲刷。它一般是用石头砌筑。

河流中的水位是变动的,在枯水季节的最低水位称为低水位;洪峰季节河流中的最高水位称为高水位。桥梁设计中按规定的设计洪水频率计算所得的高水位,称为设计洪水位。

2. 基本尺寸

桥梁的基本尺寸主要是指长度和高度两个方向的尺寸,如图 4-1 和图 4-2 所示。

1)长度尺寸

(1)净跨径。对于梁式桥是设计洪水位上相邻两个桥墩(或桥台)之间的净距,用 L_0 表示;对于拱式桥是每拱跨两个拱脚截面最低点之间的水平距离。

(2)总跨径。是多孔桥梁中各孔标准跨径的总和,也称桥梁孔径(L),它反映了桥下泄洪的能力,用以反映建设规模。

(3)计算跨径。对于有支座的桥梁,是指桥跨结构相邻两个支座中心之间的距离,用 L_j 表示。对于拱式桥,是拱跨两拱脚截面重心点之间的水平距离。不设支座的为上、下部结构相交中心间的水平距离。桥跨结构的力学计算是以 1 为基准的。

(4)标准跨径。梁式桥、板式桥以两桥墩中线间距离或桥墩中线与台背前缘间距为准;拱式桥和涵洞以净跨径为准,用 L_b 表示。

(5)桥梁全长。有桥台的桥梁是两岸桥台侧墙或八字墙尾端间的距离;无桥台的桥梁应为桥面长度,以 L_q 表示。

2）高度尺寸

（1）桥梁高度。简称桥高，是指桥面与低水位之间的高差或为桥面与桥下线路路面之间的距离。桥高在某种程度上反映了桥梁施工的难易性。

（2）桥下净空高度。是设计洪水位或计算通航水位至桥跨结构最下缘之间的距离，以 H_0 表示。它应能保证安全排洪，并不得小于对该河流通航所规定的净空高度。

（3）建筑高度。是桥上行车道顶面至桥跨结构最下缘之间的距离，以 h 表示。它不仅与桥跨结构体系和跨径大小有关，而且还随行车部分在桥上布置的高度位置而异。公路定线中所定的桥面高程，与通航净空顶部高程之差，又称为容许建筑高度。显然，桥梁的建筑高度不得大于其容许建筑高度，否则就不能保证桥下的通航要求。

（4）净矢高。是指拱桥从拱顶截面下缘至相邻两拱脚截面下缘最低点之连线的垂直距离，以 f_0 表示。

（5）计算矢高。是从拱顶截面形心至相邻两拱脚截面形心之连线的垂直距离，以 f 表示。

（6）矢跨比。拱桥中拱圈（或拱肋）的计算矢高 f 与计算跨径 l 之比（f/l），也称拱矢度。它是反映拱桥受力特性的一个重要指标。

此外，我国《公路工程技术标准》（JTG B01—2003）中规定，对标准设计或新建桥涵跨径小于或等于 50m 时，宜采用标准跨径 L_b。根据《公路工程技术标准》（JTG B01—2003）规定，桥涵的标准跨径有 0.75m、1.0m、1.25m、1.5m、2.0m、2.5m、3.0m、4.0m、5.0m、6.0m、8.0m、10.0m、13m、16m、20m、25m、30m、35m、40m、45m、50m。

3）宽度尺寸

桥面净宽是指两侧人行道内缘间的宽度。它包括桥面行车道宽度、中间带宽度和慢行道宽度。

二、桥梁的分类

1. 按桥梁主要承重结构的受力情况分

按桥梁主要承重构件的受力情况可分为如下几种桥型。

1）梁式桥

梁式桥的主要承重构件是梁（板），在受竖向荷载作用下无水平反力，桥跨结构主要承受弯矩的作用，桥墩和基础受竖向力。根据桥梁跨径的大小、地质情况、材料情况等因素，一般可分为简支梁桥、连续梁桥、悬臂梁桥，如图 4-3 所示。

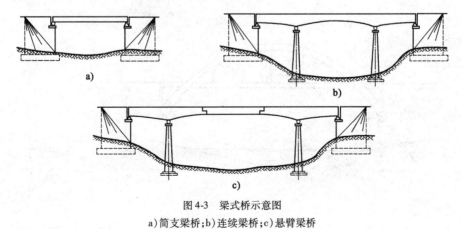

图 4-3　梁式桥示意图

a)简支梁桥；b)连续梁桥；c)悬臂梁桥

（1）简支梁桥。简支梁桥是公路桥梁中最常见的一种梁式桥形式，属静定结构，且相邻桥孔各自单独受力，故最宜设计成各种标准跨径的装配式构件。一般采用一个固定支座和一个活动支座将梁支撑在墩台上，梁身承受正弯矩（使梁身下部受拉，上部受压的弯矩，以下同）。每一片梁与桥墩或桥台组成一个桥跨，相邻桥跨之间没有关系。鉴于多孔简支梁桥各跨的构造和尺寸划一，从而就能简化施工管理工作，并降低施工费用，如图4-3a)所示。

（2）连续梁桥。连续梁桥是由几跨梁连接成一个整体，即几跨连成一联，每联由一个固定支座和几个活动支座将梁支撑在墩台上。梁身中部受正弯矩，每个支座处受负弯矩（使梁身下部受压，上部受拉的弯矩，以下同），由于荷载作用下支点截面产生负弯矩，从而显著减小了跨中的正弯矩。这样不但可减小跨中的建筑高度，而且能节省钢筋混凝土数量。跨径增大时，这种节省就越显著。但由于连续梁属超静定结构，故对地基要求较高，否则，在墩台基础发生不均匀沉陷时，在结构内会产生附加内力，如图4-3b)所示。

（3）悬臂梁桥。悬臂梁桥特点是梁有悬臂的部分，两个悬臂之间的部分称为挂梁。一端悬出的称为单悬臂梁桥，两端悬出的称为双悬臂梁桥。在受力上，悬臂处产生负弯矩，根部产生正弯矩，与连续梁相仿，可节省材料用量。悬臂梁桥属于静定结构，墩台基础发生不均匀沉陷时，桥跨结构内不会产生附加内力，如图4-3c)所示。

2）拱桥

拱桥的桥跨结构是拱，即两端支撑在墩台上的曲梁，如图4-4所示。这种结构在竖向荷载作用下，桥墩或桥台还要承受水平推力，所以下部结构和地基必须能经受住很大的水平推力，如图4-4b)所示。拱桥截面形式有圆弧形、抛物线形、悬链线形等几种。拱桥的跨越能力很大，外形也比较美观，但施工相对较困难。根据承重结构的不同位置，车辆在主要承重结构之上行驶的拱桥，则称为上承式拱桥，如图4-4a)所示；车辆在主要承重结构之下行驶的拱桥，则称为下承式拱桥，如图4-4d)所示；图4-4c)、图4-4e)则为中承式拱桥。

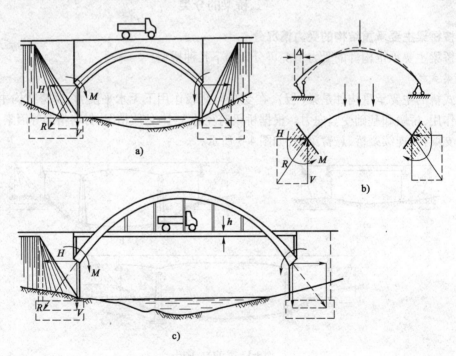

图 4-4

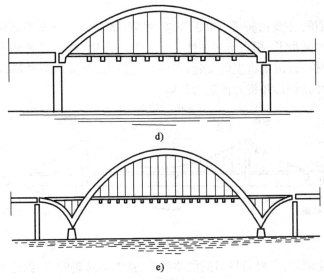

d)

e)

图 4-4　拱桥示意图

3）刚架桥

刚架桥是上部结构与桥墩固结在一起，具有很大刚性的桥梁形式。在立面上呈"T"形。在竖向荷载作用下，梁部主要受正弯矩。上部结构与桥墩固结处为负弯矩。桥墩不但受竖向力作用，还会产生弯矩。其受力状态介于梁桥与拱桥之间，如图 4-5 所示。

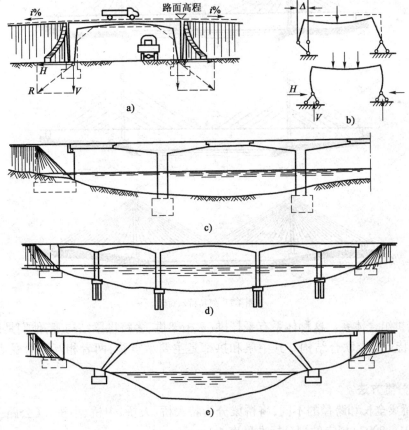

图 4-5　刚架桥示意图

4)吊桥

吊桥(也称悬索桥)主要由桥塔、锚碇、主缆、吊索、加劲梁及鞍座等部分组成,如图4-6所示。加劲梁在吊索的悬吊下,相当于多弹性支承上的连续梁,弯矩显著减小;吊索将主梁的重力传递给主缆,承受拉力;桥塔将主缆支起,主缆承受拉力,并被两侧的锚碇锚固;桥塔承受主缆的传力,主要受轴向压力,并将力传递给基础。

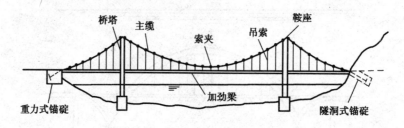

图4-6 吊桥示意图

吊桥结构受力性能好,其轻盈悦目的抛物线形,强大的跨越能力,深受人们的欢迎。

5)组合体系桥梁

(1)斜拉桥。斜拉桥由斜索、塔柱和主梁组成,用高强钢材制成的斜索将主梁多点吊起,并将主梁的荷载传至塔柱,再通过塔柱传至基础及地基。常用的斜拉桥是三跨双塔式、独塔式等结构形式,如图4-7所示。

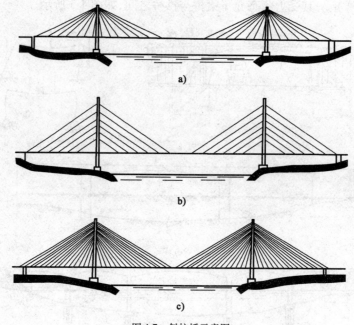

图4-7 斜拉桥示意图

(2)梁、拱组合体系。这种体系有系杆拱、木桁架拱、多跨拱梁结构等,他们是用梁的受弯与拱的承压特点组成联合结构。其中梁和拱都是主要承重物,两者相互配合受力,如图4-8所示。

2.其他分类方法

(1)按桥梁全长和跨径的不同,将桥梁分为特大桥、大桥、中桥、小桥。《公路工程技术标准》(JTG B01—2003)规定的划分标准见表4-1。

表 4-1

桥涵分类	多孔跨径总长 $L(\text{m})$	单孔跨径 $L_{\text{b}}(\text{m})$
特大桥	$L > 1\,000$	$L_{\text{b}} > 150$
大桥	$100 \leqslant L \leqslant 1\,000$	$40 \leqslant L_{\text{b}} \leqslant 150$
中桥	$30 < L < 100$	$20 \leqslant L_{\text{b}} < 40$
小桥	$8 \leqslant L \leqslant 30$	$5 \leqslant L_{\text{b}} < 20$
涵洞	—	$L_{\text{b}} < 5$

注：1. 梁式桥、板式桥涵的多孔跨径总长为多孔标准跨径的总长；拱式桥涵为两岸桥台内起拱线间的距离；其他形式的桥梁为桥面系车道长度；

2. 单孔跨径系指标准跨径；

3. 管涵及箱涵不论管径或跨径大小、孔数多少，均称为涵洞。

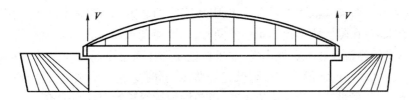

图 4-8　系杆拱桥简图

（2）按承重结构物材料的不同，将桥梁划分为圬工桥（包括砖、石、混凝土）、钢筋混凝土桥、预应力混凝土桥、钢桥和木桥等。目前我们常用的是钢筋混凝土桥、预应力混凝土桥以及石拱桥。

第三节　桥梁总体设计

一、基本要求和设计资料

1. 桥梁设计的基本要求

我国桥梁设计必须遵循"安全、适用、经济、美观和有利环保"的基本原则。

1）使用上的要求

桥梁设计必须满足车辆畅通无阻、安全和舒适的要求；同时要根据桥梁所在地区的国民经济发展情况，既要满足当前交通量的需求，又要照顾到将来交通量增长的要求；既要满足运输的要求，又要满足农田排灌的要求；在通航的河道上，应满足航运的要求；还要考虑养护和维修方面的要求。

2）设计上的要求

桥梁设计应积极采用新结构、新技术、新材料、新工艺，认真学习国外的先进技术，充分利用国际最新科学技术成就，结合我国具体情况不断创新，提高建桥水平。

3）施工上的要求

桥梁的结构应便于制造，在运输和安装过程中应具有足够的强度、刚度、稳定性和耐久性。

4）经济上的要求

桥梁的设计方案必须进行技术经济比较，一般来说，应使桥梁的造价最低，材料消耗最少。

然而,绝不能只按建筑造价作为全面衡量桥梁经济性的指标,还要考虑到桥梁的使用年限、养护和维修费用等因素综合进行评价。

5)美观上的要求

在满足上述要求的前提下,尽可能使桥梁具有优美的建筑外形,并与周围的景物相协调。合理的轮廓是美观的重要因素,不应把美观片面地理解为仅仅是豪华的细部装饰。

6)环保要求

在国家经济实力不断增强的时期,应该提倡公路工程设计的环保要求,保持公路的可持续发展。

2. 设计资料的调查

(1)调查桥梁的使用要求。根据桥上的交通种类、车辆荷载等级、交通量及其增长率和行人情况,据此确定设计荷载标准、车道数目、行车道宽度及人行道宽度。

(2)选择桥位。原则上,大、中桥桥位应服从路线的总方向,路桥综合考虑。一是从整个路线或路网要求看,在降低桥梁建养费用的同时,也要避免或减少因车辆绕行而增加的费用;二是从桥梁本身的经济性和稳定性出发,要求桥位要选在河道顺直、水流稳定、河面较窄、地质良好的地段。冲刷较小的河段上可以降低建养费用,同时避免因冲刷过大造成桥梁倒塌。在条件许可的条件下,尽量使桥梁与河流正交,以免增加桥梁长度而提高造价。

对小桥来说,原则上,桥梁位置要服从路线走向,当遇到不利的地形、地质和水文条件时,应采取适当的技术措施,尽可能不改变路线走向。

大、中桥一般应选择 2~5 个桥位,进行综合比较,选择出最合理的桥位。

(3)测量桥位附近的地形图和河床断面。包括测量桥位处的地形、地物,并绘成平面地形图;测量河床断面上地形变化点处的桩号、高程,绘制河床断面图,供设计和施工使用。

(4)调查地质资料。按《公路工程水文勘测设计规范》(JTG C30—2003)的规定和要求,采用适当的方法获得所需的地质资料,如:可根据桥梁分孔情况确定钻孔数量和位置,并将钻孔资料绘成地质剖面图作为基础设计的依据。

(5)调查和收集水文资料。水文资料用以确定桥面高程、跨径和基础埋深。内容包括:

①河道性质。包括河床及两岸的冲刷和淤积,河道的自然变迁及人工规划,判断是否为季节性河流。

②测量桥位处河床断面、河床比降,调查河槽各部分的形态、高程和粗糙率,计算流速、流量等。通过计算确定设计水位处的平均流速和流量,结合河道性质可以确定桥梁所需要的最小总跨径,选择通航孔的位置和墩台基础形式及埋置深度。

③调查了解洪水位的多年历史资料,通过分析推算设计洪水位。

④向航运管理部门了解和协商确定设计通航水位和净空等,根据通航要求与设计洪水位,确定梁的分孔跨径与桥跨底缘设计高程。

⑤调查桥位附近的气象和地震情况,如风向、风速及有记载的地震资料。

⑥其他资料。包括劳动力资源;建材供应情况;电力供应情况;当地运输条件;施工场地等。

根据调查、勘测所得的资料,可以拟出几个不同的桥梁比较方案,方案包括不同的桥位、不同的结构形式、不同的材料、不同的分孔和跨径等,通过综合比较,从中选出最合理的方案。

二、桥梁设计程序

根据国家基本建设程序的要求,我国大、中桥梁的设计已形成了科学的包括技术、经济及组织工作在内的设计程序。它分为前期工作及设计阶段。前期工作包括编制预可行性研究报告和可行性研究报告。大、中桥一般采用两阶段设计,即初步设计、施工图设计;小桥采用一阶段设计。

1. 前期工作

前期工作主要是预可行性研究报告与可行性研究报告的编制,两者应包括的内容及目的基本是一致的,只是研究的深度不一样。预可行性研究报告着重研究建设上的必要性和经济上的合理性;可行性研究报告则是在预可行性研究报告审批后,在必要性和合理性得到确认的基础上,着重研究工程上和投资上的可行性。前期工作的重点在于论证建桥的必要性、可行性,并确定建桥的地点、规模、投资控制等宏观问题和重大问题。

2. 初步设计

由计划部门下达的设计任务书是进行初步设计的依据,任务书中规定了桥位、建桥标准、建桥规模。初步设计的主要工作内容如下所述。

1)桥位初勘

通过进一步的水文工作提供基础设计和设计所需要的水文资料;进行初勘,建立以桥位中心线为轴线的控制三角网,提供桥址范围内比例尺为1:2 000的地形图。

2)桥型方案比较及桥孔布置

一般应进行多个方案比较,各个方案均要提供桥型方案布置图,图上必须标明桥跨布置,上、下部结构形式及工程数量。对推荐方案还要提供上、下部结构的结构布置图,以及一些主要的及特殊部位的细节构造图,各类结构都需要经过验算并提出可行的施工方案。

3)施工组织设计

对推荐的桥型方案要编制施工方案,包括主要结构的施工方案、施工设备清单、建材供应、施工安排及工期等。

4)概算

根据工程量、施工组织设计及标准定额编制概算,各个桥型方案都要编制相应的概算,以便进行不同方案工程费用的比较。

按照规定,初步设计概算不能大于前期工作已批准估算的10%,否则方案应重新编制。

3. 施工图设计

(1)进行桥位详勘,以满足施工的需要。

(2)根据批准的初步设计,进行结构分析计算,绘制施工图,计算工程数量,进行施工组织设计等。

(3)根据施工设计资料编制工程预算。

三、桥梁立面和横断面设计

1. 桥梁立面设计

桥梁立面设计包括确定桥梁的总跨径、桥梁的分孔、桥梁的高度、基础埋置深度、桥面高程和桥头引道的纵坡等。

桥梁的总跨径和桥梁的高度应能满足桥下洪水的安全宣泄。

桥梁的分孔与许多因素有关,最经济的跨径就是使上部结构和下部结构的总造价最低。

因此,当桥墩较高或地质不良,基础工程较复杂而造价较高时,桥梁跨径就选得大些,反之,当桥墩较矮或地质较好时,跨径就可选小些。在实际设计中,应对不同的跨径布置进行方案比较,选择最经济的跨径和孔数。在通航的河流上,首先应以考虑桥下通航的要求来确定孔径。

桥梁高度的确定,应结合桥型、跨径大小等综合考虑,同时还应考虑以下几个问题:

(1)桥梁的最小高度应保证桥下有足够的流水净空高度;

(2)在通航河流上,必须设置一孔或几孔能保证桥下有足够通航净空的通航孔,通航孔的最小净高应根据不同航道等级所规定的桥下净空尺寸确定;

(3)设计跨越路线(铁路或公路)的立体交叉桥时,应保证桥下通行车辆的净空高度。

2. 桥梁横断面设计

桥梁横断面设计,主要是确定桥面净宽和与此相适应的桥跨结构横断面的布置。

为了保证车辆和行人安全通过,应在桥面以上垂直于行车方向保留一定界限的空间,这个空间称为桥面净空。它包括净宽和净高,其尺寸应符合公路建筑界限的规定,如图4-9所示。

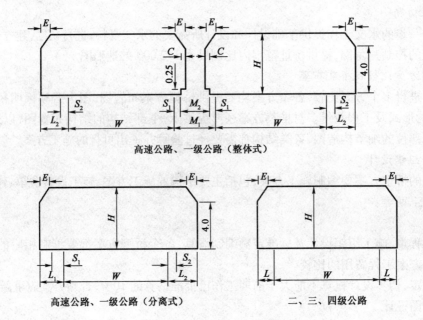

图4-9　建筑界限(尺寸单位:m)

W-行车道宽度;C-当设计速度大于100km/h时为0.5m,小于或等于100km/h时为0.25m;S_1-行车道左侧路缘宽度,见《公路工程技术标准》(JTG B01—2003)中第3.0.4条规定;S_2-行车道右侧路缘宽度,见《公路工程技术标准》(JTG B01—2003)中第3.0.5条规定;M_1、M_2-中间带及中央分割带宽度,见《公路工程技术标准》(JTG B01—2003)中第3.0.4条规定;E-建筑界限顶角宽度,当$L \leqslant 1$m时,$E = L$;$L > 1$m时,$E = 1$m;H-净高,一条公路应采用一个净高,高速公路和一、二级公路为5.0m,三、四级公路为4.5m;L_1-左侧路肩宽度,见《公路工程技术标准》(JTG B01—2003)中第3.0.5条规定;L_2-右侧路肩宽度,见《公路工程技术标准》(JTG B01—2003)中第3.0.5条及第3.0.6规定。

桥面净宽包括行车道宽度和侧向宽度。行车道宽度决定于桥梁所在公路的等级和性质。侧向宽度为应急停车带宽度或人行道宽度和自行车道宽度。桥上人行道和自行车道的设置,应根据需要而定,并与路线前后布置配合。必要时自行车道和行车道宜设置适当的分隔设施,人行道的宽度为 0.5m 或 1.0m，大于 1.0m 时按 0.5m 的倍数增加，不设自行车道和人行道时，可根据具体情况，设置栏杆和安全带，安全带宽度通常每侧设 0.25m。人行道和安全带应高出行车道面 0.25~0.35m，以保证行人和行车本身的安全。与路基同宽的小桥和涵洞可仅设缘石和栏杆。漫水桥不设人行道，但应设栏杆。

为了桥面上排水的需要，桥面应根据不同类型的桥面铺装，设置从桥面中央倾向两侧的 1.5%~3.0% 的横坡；人行道设置向行车道倾斜 1% 的横坡。

四、桥型选择的影响因素

桥型结构的选择，必须满足安全、实用、经济、美观和有利于环保的原则，结合到每一具体的结构形式，它又与地质、水文、地形等因素有关。因此，在选择桥型时，必须综合考虑各方面的影响因素，确定最合理的桥型方案。

影响桥型选择的因素很多，按这些因素的特点、作用和地位，可以将其分为独立因素、主要因素和限制因素。

(1)桥梁的长度、宽度和通航孔大小等是桥型选择的独立因素，在计划部门下达的设计任务书中已作了具体规定，设计部门无权随意改动。

(2)所选桥型是否经济是桥型选择时必须考虑的主要因素，是无论何时何地修建桥梁都必须要考虑的条件。

(3)地质、地形、水文、航运、气候等条件是桥型选择的限制因素。

地质条件影响桥型(基础类型)和工程造价。地形、水文条件将影响桥型、基础埋置深度、水中桥墩数量等，这些也影响工程造价。比如在高山峡谷、水流湍急的河道，建造单孔桥避免修建水中桥墩比较合理；而在水下基础施工困难的地方，适当地将跨径增大，避开困难的水下工程，可取得良好的经济效益。采用标准跨径的桥涵宜采用装配式结构。

第四节　桥　梁　作　用

施加在结构上的一组集中力或分布力，或引起结构外加变形或约束变形的原因为作用。前者称直接作用，亦称荷载，后者称间接作用。公路桥涵设计采用的作用分为永久作用、可变作用和偶然作用三类。

一、永　久　作　用

永久作用是指在结构使用期间，其量值不随时间变化，或其变化值与平均值比较可忽略不计的作用。永久作用包括结构物的重力、作用于结构上的土重及土的侧压力、基础变位产生的影响力、混凝土收缩和徐变的影响力、预加力等。

二、可　变　作　用

可变作用指在结构使用期间，其量值随时间变化，且其变化值与平均值相比较不可忽略的作用。可变作用包括汽车荷载、汽车冲击力、汽车离心力、人群荷载、汽车制动力、风荷载流水压力、冰压力等。本节重点介绍汽车荷载和人群荷载。

1. 汽车荷载

（1）公路汽车荷载分为公路—Ⅰ级和公路—Ⅱ级两个等级。汽车荷载由车道荷载和车辆荷载组成,车道荷载由均布荷载和集中荷载组成。图4-10为不考虑车的尺寸及车的排列方式时车道荷载计算图示,图4-11为考虑车的尺寸及车的排列方式时的车辆荷载。桥梁结构的整体计算采用车道荷载,桥梁结构的局部加载、涵洞、桥台和挡土墙压力等的计算采用车辆荷载,车道荷载与车辆荷载的作用不得叠加。

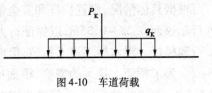

图4-10 车道荷载

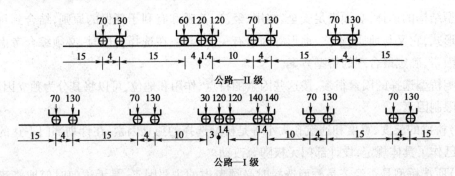

图4-11 车辆荷载(荷载单位:kN;尺寸单位:m)

（2）各级公路桥涵设计的汽车荷载等级应符合表4-2的规定。

汽 车 荷 载 等 级　　　　　　　　　　　　　表4-2

公路等级	高速公路	一级公路	二级公路	三级公路	四级公路
汽车荷载等级	公路—Ⅰ级	公路—Ⅰ级	公路—Ⅱ级	公路—Ⅱ级	公路—Ⅱ级

注:1.二级公路作为干线公路且重型车辆多时,其桥涵设计可采用公路—Ⅰ级汽车荷载。

2.四级公路重型车辆少时,其桥涵设计可采用公路—Ⅱ级车道荷载效应的0.8倍,车辆荷载效应可采用0.7倍。

（3）公路—Ⅰ级车道荷载的计算图示如图4-10所示。

①公路—Ⅰ级车道荷载的均布荷载标准值为$q_K = 10.5$kN/m,集中荷载标准值P_K按以下规定选取:

桥梁计算跨径$L \leq 5$m时,$P_K = 180$kN;桥梁计算跨径$L \geq 50$m时,$P_K = 360$kN;桥梁计算跨径$5m < L < 50$m时,P_K值采用直线内插求得。计算剪力效应时,上述集中荷载标以1.2的系数。

公路—Ⅱ级汽车荷载的车道荷载标准值应取公路—Ⅰ级汽车荷载的车道荷载标准值的0.75倍;公路—Ⅱ级汽车荷载的车辆荷载标准值应与公路—Ⅰ级汽车荷载的车辆荷载标准值相同。公路—Ⅰ级汽车荷载的车辆荷载以一辆标准车表示,其主要技术指标如表4-3所示。

车辆荷载主要技术指标　　　　　　　　　　　表4-3

项　　目	单　位	技术指标	项　　目	单　位	技术指标
车辆重力标准值	kN	550	轮距	m	1.8
前轴重力标准值	kN	30	前轮着地宽度及长度	m	0.3×0.2
中轴重力标准值	kN	2×120	中、后轮着地宽度及长度	m	0.6×0.2
后轴重力标准值	kN	2×140	车辆外形尺寸(长×宽)	m	15×2.5
轴距	m	3+1.4+7+1.4			

②车辆荷载在每条设计车道上布置一辆单车。车辆荷载的布置如图4-12所示。

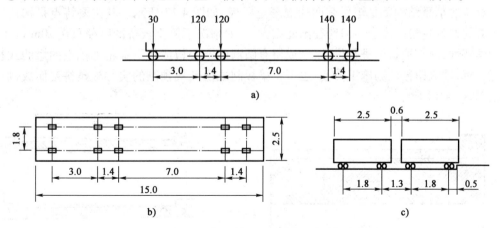

图4-12　车辆荷载立面、平面尺寸(荷载单位:kN;尺寸单位:m)

③多车道桥梁上的汽车荷载应考虑多车道折减,折减后的效应不得小于两设计车道的荷载效应。

2.人群荷载

公路桥梁设有人行道的桥梁,应同时计入人群荷载。

(1)桥梁计算跨径小于或等于50m时,人群荷载标准值为3.0kN/m²;桥梁计算跨径等于或大于150m时,人群荷载标准值为2.5kN/m²;桥梁计算跨径为50~150m时,可由线性内插得到人群荷载标准值。对跨径不等的连续结构,采用最大跨径的人群荷载标准值。

(2)城镇郊区行人密集地区的公路桥梁,人群荷载标准为上述标准值的1.15倍。

(3)专用人行桥梁,人群荷载标准值为3.5kN/m²。

三、偶 然 作 用

在结构使用期间出现的概率很小,一旦出现,其值很大且持续时间很短的作用为偶然作用。偶然作用包括地震作用、汽车撞击作用、船舶或漂流物的撞击作用。

第五节　桥梁上部结构构造

桥梁的组成基本上是一样的,但由于桥梁分为不同类型,它们也有许多不同之处。本节主要对钢筋混凝土梁桥和拱桥分别进行简单的介绍。

一、梁式桥上部结构

由于施工方法的不同,梁式桥分为整体式和装配式两类。整体式梁桥是上部结构在桥位上整体现场浇筑而成。特点是结构整体性好,刚度大,但因需现场浇筑,所以施工速度慢,工业化程度低。装配式梁桥是利用运输和起重设备将预制的独立构件运到桥位现场,进行起吊、安装、拼接而成。

1.梁的横断面形式

梁桥的上部结构根据截面的形式,一般分为板式梁桥、肋板式梁桥和箱形梁桥。

1）板梁桥（简称板桥）

板桥的承重结构就是矩形截面的混凝土梁板，如图4-13所示。其主要特点是构造简单、施工方便并且建筑高度小。但跨径不能太大，一般情况下简支板桥的跨径只在10m以下。根据力学特性，对矩形板桥进行设计，做成留有圆洞的空心板或将下部稍加挖空的矮肋式板，以减轻自重，增大跨径。为施工方便，也可将梁板制成由几块预制的实心板条拼接而成，形成装配式，如图4-14所示。

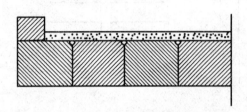

图4-13　矩形板横断面　　　　　　　　　　　图4-14　改进的板桥横断面

2）肋板式梁桥

在横断面内形成明显肋形结构的梁桥称为肋板式梁桥。在此种桥上，梁肋与顶部的钢筋混凝土桥面板结合在一起作为承重结构，如图4-15a）、图4-15b）所示。这种形式显著减轻了结构自重，跨越能力较板桥有了很大提高，一般中等跨径（13～15m）的梁桥采用此种形式。为施工方便，一般情况下，将梁预制成"T"形断面的单个梁（简称T梁），然后进行安装拼接（简称装配式T形梁桥），如图4-15c）所示。在每一片T梁上通常设置待安装就位后相互连接用的横隔梁，以保证全桥的整体性。

3）箱形梁桥

横断面呈一个或几个封闭箱形的梁桥称为箱形梁桥。与肋板式梁桥不同的是，箱形梁桥不但跨越能力较大，而且抗扭刚度也特别大，一般用于较大跨径的悬臂梁桥和连续梁桥，如图4-16所示。箱梁可分为单室或多室的整体式以及多室装配式箱梁。

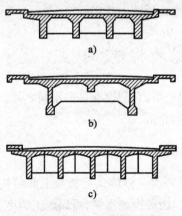

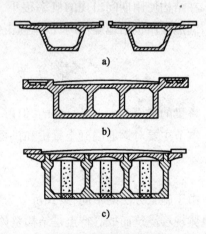

图4-15　肋板式梁桥横断面　　　　　　　　　图4-16　箱形梁桥横断面

2. 梁桥上部构造

图4-17是一孔混凝土简支梁桥的上部构造。从图4-17中可以看出，简支梁上部结构由主梁、横隔梁、桥面板、桥面系以及支座等部分组成。

104

1）主梁

主梁是上部结构的主要承重构件。装配式简支梁桥的每片主梁都是预制的独立构件,梁两端分别用固定支座和活动支座支承于桥梁墩台上。其横断面形式见上述。以标准跨径 20m 装配式 T 梁为例,其主梁的纵、横断面图如图 4-18 所示。

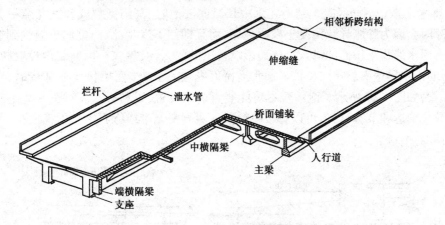

图 4-17 装配式简支梁桥概貌

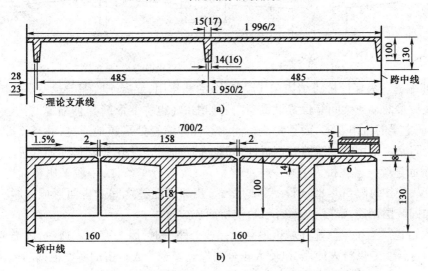

图 4-18 装配式 T 梁纵横断面图(尺寸单位:cm)

2）桥面系

桥面系通常包括桥面铺装、防水和排水设施、伸缩缝、人行道、缘石、栏杆和灯柱等构造,如图 4-19 所示。它是桥梁直接提供使用的部分。

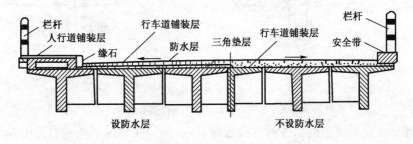

图 4-19 装配式 T 梁桥桥面系横断面图

（1）桥面铺装。桥面位于翼板之上，功能是保护属于主梁整体部分的行车道板不受车辆轮胎（或履带）的直接磨耗，防止主梁遭受雨水侵蚀，分散车辆的集中荷载。桥面铺装的类型很多，常用的有普通混凝土或沥青混凝土铺装、防水混凝土铺装、具有贴式防水层的水泥混凝土或沥青混凝土铺装。

（2）排水设施。钢筋混凝土结构在水中长时间浸泡时，其细微裂纹和大孔隙中会渗入水分，在结冰时会因为膨胀导致混凝土发生破坏，而且即使不发生冰冻，钢筋也会受到锈蚀。所以，为防止雨水滞积于桥面并渗入梁体而影响桥梁的耐久性，除在桥面铺装内设置防水层外，应使桥上的雨水迅速引导排出桥外。通常当桥面纵坡大于2%而桥长大于50m时，宜在桥上设置泄水管，如图4-20所示。泄水管尽可能竖直向下设置，以利排水。对于一些小跨径的桥梁，为了简化构造和节省材料，可以直接在行车道两侧安全带或缘石上预留横向孔，并用管将水排出桥外。

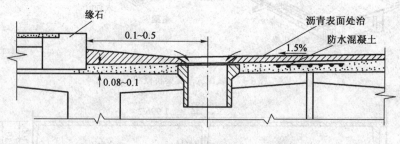

图4-20 泄水管布置图（尺寸单位：m）

（3）伸缩缝。为保证桥跨结构在气温变化、活载作用、混凝土收缩与徐变等影响下自由变形，需要在桥梁两端或梁间等位置设置横向的伸缩缝（也称变形缝），伸缩缝的构造有简有繁，不但要保证主梁的自由变形，而且要使车辆能够在伸缩缝处平顺地通过，并且不能使雨水、垃圾等渗入、阻塞。常用的伸缩缝有钢板伸缩缝、橡胶伸缩缝、TST弹塑体伸缩缝等。

（4）桥面连续。多孔桥为了减少伸缩缝数量，改善行车条件，一般采用桥面连续，根据气温变化情况，往往每隔50～80m设一道伸缩缝，相邻伸缩缝之间的桥面形成一联。在桥面连续处，增加铺装层钢筋，混凝土连续浇筑，使桥面连成整体。

（5）人行道。当桥梁修建在城市道路或一般公路上时，因为有行人通过，就需要在桥梁的两侧设置人行道，专供行人使用，以使人车分离保证安全。人行道的宽度根据当地调查情况决定，形式一般有非悬臂式和悬臂式两种，如图4-21所示。其中，悬臂式是依靠锚栓获得稳定。

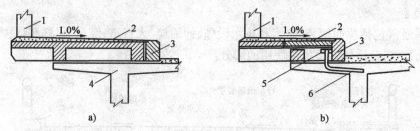

图4-21 人行道

a）非悬臂式；b）悬臂式

1-栏杆；2-人行道铺装层；3-缘石；4-T形梁；5-锚接钢板；6-锚接钢筋

（6）支座。支座是将上部构造的荷载传递到墩台上，同时保证结构自由变形。钢筋混凝土和预应力混凝土梁桥在桥跨结构和墩台之间均须设置支座，其作用是：

①传递上部结构的支承反力,包括永久荷载和可变荷载引起的竖向力和水平力;

②保证结构在可变荷载、温度变化、混凝土收缩和徐变等因素作用下的自由变形,以使上下部结构的实际受力情况符合结构的静力图式。

梁桥的支座一般分为固定支座和活动支座两种,固定支座既要固定主梁在墩台上的位置并传递竖向压力和水平力,又要保证主梁发生挠曲时在支承处能自由转动。活动支座只传递竖向压力,但它要保证主梁在支承处既能自由转动又能水平移动。

梁桥的支座,通常可以用油毛毡、钢板、橡胶或钢筋混凝土等材料来制作。梁桥支座结构类型甚多,应根据桥梁跨径的长短、支点反力的大小、梁体变形的程度以及对支座结构高度的要求等,视具体情况加以选用。

二、拱桥上部结构

1. 拱桥的特点

拱桥在我国具有悠久历史,是使用广泛的一种桥梁类型。拱桥与梁桥的区别,不仅在于外形上的不同,更重要的是两者在受力性能上存在着本质差别。梁桥在竖向荷载作用下,支承处仅仅产生竖向支承反力,而拱式结构在竖向荷载作用下,支承处不仅产生竖向反力,而且还产生水平推力。正是这个水平推力的存在,拱圈中的弯矩将比相同跨径梁的弯矩小很多,而使整个拱圈主要承受压力。这样,拱桥不仅可以利用钢、钢筋混凝土等材料来修建,而且还可以根据拱桥的这个受力特点,充分利用抗压性能较好而抗拉性能较差的圬工材料(石料、混凝土等)来修建。这种由圬工材料修建的拱桥又称为圬工拱桥。

1)拱桥的主要优点

(1)跨越能力大。在全世界范围内,目前已建成的钢筋混凝土拱桥的最大跨径为420m,石拱桥为155m,钢拱桥达518m。

(2)能充分做到就地取材,降低造价,并且与钢桥和钢筋混凝土梁式桥相比,可以节省大量的钢材和水泥。

(3)耐久性好,养护及维修费用少,承载潜力大。

(4)外形美观。拱桥在建筑艺术上,是通过选择合理的拱式体系及突出结构上的线来表达美的效果。

(5)构造较简单,尤其是圬工拱桥,有利于普及和广泛采用。

2)拱桥的主要缺点

(1)自重大,水平推力也较大,增加了下部结构的工程量,对地基条件要求高。

(2)对于多孔连续拱桥,为了防止其中一孔破坏而影响全桥,还要采取特殊的措施,如设置单向推力墩以承受不平衡的推力。

(3)在平原地区修建拱桥,由于建筑高度较大,使桥两岸接线的工程量增大,亦使桥面纵坡加大,对行车不利。

(4)圬工拱桥施工需要劳动力较多,建桥工期较长等。

拱桥虽然存在以上缺点,但由于它的优点突出,只要在条件许可的情况下,修建拱桥往往仍是经济合理的,因此在我国公路桥梁建设中,拱桥得到了广泛的应用。

2. 拱桥的主要类型及其适用范围

拱桥的形式多种多样,构造各有差异,可以按照不同的方式将拱桥分为各种类型。

1）按主拱圈所使用的材料分

按主拱圈（肋、箱）所使用的建筑材料可分为圬工拱桥、钢筋混凝土拱桥和钢拱桥。

2）按拱上建筑的形式分

按拱上建筑的形式，可将拱桥分为实腹式拱上建筑和空腹式拱上建筑。

（1）实腹式拱上建筑。实腹式拱上建筑由拱腹填料、侧墙、护拱、变形缝、防水层、泄水管以及桥面组成，如图 4-22 所示。实腹式拱上建筑构造简单，施工方便，填料数量较多，恒载较重，所以一般适用于小跨径的板拱桥。拱腹填料用来支承桥面，并有传递荷载和吸收冲击力的作用，如图 4-23 所示。

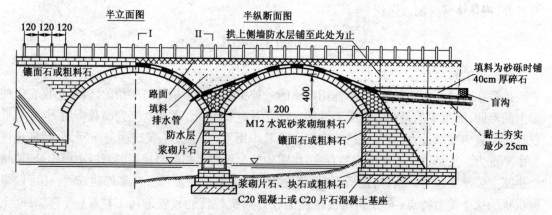

图 4-22　实腹式拱上建筑（尺寸单位：cm）

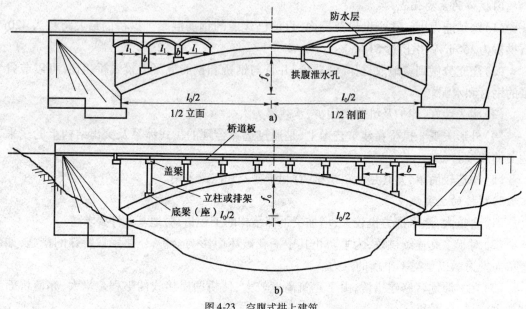

图 4-23　空腹式拱上建筑

a）拱式腹拱；b）梁式腹拱

侧墙设置在拱圈两侧，作用是围护拱腹材料，通常采用浆砌片石或块石，如有特殊美观要求时，可采用料石镶面。

拱圈一般都设护拱，它是在拱脚的拱背上用低强度等级砂浆片石砌筑而成。由于护拱加厚了拱脚截面，因而增强了拱圈的受力。

(2)空腹式拱上建筑。空腹式拱上建筑由多孔腹孔结构和桥面组成。腹孔按形式可分为拱式和梁式两种,如图4-23所示。

①拱式拱上建筑构造简单,外形美观,一般多用于圬工拱桥。腹孔对称布置在主拱圈上建筑高度所容许的一定范围内,一般每半跨的腹孔总长不宜超过主拱跨径的1/4~1/3。腹孔跨数或跨径随桥跨大小而不同,如图4-23a)所示。

②梁式拱上建筑可使桥梁构造轻巧美观,减少拱上建筑的重量和地基的承压力。一般情况下大跨径的混凝土拱桥采用这种形式。梁式拱上建筑腹孔结构又分为简支、连续和框架三种形式,如图4-23b)所示。

3)按主拱圈采用的拱轴线形式分

按主拱圈采用的拱轴线形式可分为圆弧拱桥、抛物线拱桥和悬链线拱桥。

从施工方面来看,圆弧拱桥比抛物线拱桥和悬链线拱桥简单;从力学性能方面分析,悬链线拱桥比圆弧拱桥受力好,而对大跨径拱桥,为了改善拱圈受力,可以采用高次抛物线拱桥。

4)按结构受力体系分

按结构受力体系可将拱桥分为三铰拱、两铰拱和无铰拱。

(1)三铰拱。属外部静定结构。由于温度变化、支座沉陷等原因引起的变形不会在拱内产生附加应力,当地基条件不良,又需要采用拱式桥梁时,可以采用三铰拱。但由于铰的存在,使其构造复杂,施工较困难,维护费用增加,而且降低了结构的整体刚度和抗震能力,因此主拱圈一般不采用三铰拱。三铰拱常用于公路空腹式拱桥拱上建筑的边腹拱。

(2)两铰拱。属外部一次超静定结构。由于取消了拱顶铰,使结构整体刚度较三铰拱大。在墩台基础可能发生位移的情况下采用。

(3)无铰拱。属外部三次超静定结构。在自重及外荷载作用下,拱内的弯矩分布比两铰拱均匀,材料用量省。由于无铰,结构的刚度大、构造简单、施工方便、维护费用低,因此在实际中使用最广泛。但由于无铰拱的超静定次数高,受温度变化、材料收缩、结构变形的作用,特别是墩台位移会在拱内产生较大的附加内力,所以无铰拱一般希望修建在地基良好的条件下。

5)按拱圈的横断面形式分

拱圈的横断面形式多种多样,通常有以下几种:

(1)板拱。如图4-24a)所示。拱圈采用矩形实体断面。这种形式构造简单,施工方便。但结构自重较大,只有小跨径的圬工拱桥采用这种形式。

(2)肋拱。如图4-24b)所示,在板拱的基础上,将板拱划分成两条(或多条),形成分离的、高度较大的拱肋,肋与肋间由横系梁相连。这样节省了材料,减轻了自重,多用于大跨径拱桥。

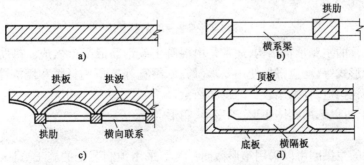

图4-24 拱圈横断面形式
a)板拱桥;b)肋拱桥;c)双曲拱桥;d)箱形拱

109

（3）双曲拱。如图4-24c)所示，主拱圈在纵向和横向均呈曲线形，故称为双曲拱，可以节省材料。但它存在着缺点，目前双曲拱仅在低等级公路桥梁中采用。

（4）箱形拱。如图4-24d)所示，拱圈外形与板拱相似，由于截面挖空，使其材料节省，减轻了自重，有利于大跨径，由于其为闭口箱形断面，抗扭刚度大，横向整体性和结构稳定性都较好，适用于无支架施工。但箱形拱施工制作比较复杂，一般情况下，跨径在50m以上的拱桥采用箱形拱断面才合适。

3. 主拱圈的构造

1）板拱

板拱的主拱圈通常都做成实体的矩形截面。常用的板拱有等截面圆弧拱和等截面悬链线拱。按照砌筑拱圈的石料规格可以分为料石拱、块石板拱及片石拱。用于拱圈砌筑的石料要求石质均匀，不易风化，无裂纹，石料强度等级不得低于MU30。砌筑用的砂浆强度等级，对于大、中跨径拱桥，不得小于M7.5；对于小跨径拱桥，不得小于M5。在有条件的地方，可以用小石子混凝土代替砂浆砌筑拱圈，小石子粒径一般不得大于20mm，以便于灌缝。采用小石子混凝土砌筑的石拱圈砌体强度要比用砂浆砌筑的高，而且可节约水泥1/4~1/3。

石板拱桥具有悠久的历史，由于其构造简单，施工方便，造价低，是盛产石料地区中小桥梁的主要桥型。根据设计的要求，石拱圈可以采用等截面圆弧拱、等截面或变截面的悬链线拱以及其他拱轴形式的拱。

2）肋拱

肋拱桥是由两条或多条分离的平行拱肋，以及在拱肋上设置的立柱和横隔梁支承的行车道部分组成，如图4-25所示。适用于大、中跨径拱桥。由于肋拱较多地减轻了拱体重量，拱肋的恒载内力较小，活载内力较大，故宜用钢筋混凝土结构。

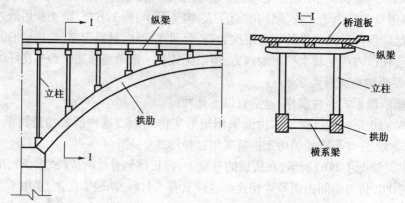

图4-25　肋拱桥组成图

拱肋是肋拱桥的主要承重结构，通常是由混凝土或钢筋混凝土做成。拱肋的数目和间距以及拱肋的截面形式等，均应根据使用要求（跨径、桥宽等）、所用材料和经济性等条件综合比较选定。为了简化构造，宜采用较少的拱肋数量。

拱肋的截面，可以选用实体矩形、工字形、箱形、管形等。

3）箱形拱

大跨径拱桥的主拱圈可以采用箱形截面。为了采用预制装配的施工方法，在横向将拱圈截面划分成多条箱肋，在纵向将箱肋分段，预制各箱肋段，待箱肋拼装成拱后，再现浇混凝土把各箱肋连成整体，形成箱形拱截面。箱形拱的主要特点如下：

（1）截面挖空率大。挖空率可达全截面的 50% ~ 60%，因此与板拱相比，可节省大量圬工体积，减小重量。

（2）箱形截面的中性轴大致居中，对于抵抗正负弯矩具有几乎相等的能力，能较好地满足主拱圈各截面承受正负弯矩的需要。

（3）由于是闭合空心截面，抗弯和抗扭刚度大，拱圈的整体性好，应力分布较均匀。

（4）单条拱肋刚度较大，稳定性较好，能单箱肋成拱，便于无支架吊装。

（5）预制构件的精度要求较高，吊装设备较多，适用于大跨径拱桥的修建。因此，箱形截面是大跨径拱桥一种比较经济合理的截面形式。

箱形拱桥的主拱圈截面是由多个空心薄壁箱组成，其形式有槽形截面箱、工字形截面箱和闭合箱，如图 4-26 所示。

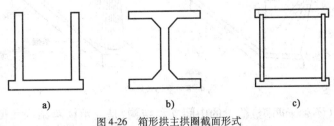

图 4-26　箱形拱主拱圈截面形式
a）槽形截面梁；b）工字形截面梁；c）闭合箱

4）桁架拱桥

桁架拱由钢筋混凝土或预应力混凝土桁架拱片、横向联系和桥面系组成。桁架拱片是桁架拱桥的主要承重构件，横桥向桁架拱片的片数，由桥梁的宽度、跨径、设计荷载、施工条件、桥面板跨越能力等因素综合考虑确定。

5）刚架拱桥

刚架拱桥是在桁架拱、斜腿刚架等基础上发展起来的另一种新桥型，属于推力高次超静定结构。它具有构件少、自重轻、整体性好、刚度大、施工简便、经济指标较先进、选型美观等优点，在我国得到了广泛应用。

刚架桥的上部由刚架拱片、横向联系和桥面系等部分组成。

6）钢管混凝土拱桥

我国近年来发展起来的钢管混凝土拱桥，一方面提高了材料的强度，减轻了拱圈的自重；另一方面使拱圈本身成为自架设体系，劲性骨架便于无支架施工。因此，钢管混凝土拱桥成为拱桥的发展方向。应用钢管混凝土拱桥做劲性骨架修建的广西邕宁邕江 312m 的肋拱（图4-27）和四川万县长江大桥 420m 的箱拱，已经进入世界级水平。钢管混凝土拱桥在我国的兴建方兴未艾，跨径在不断突破，形式在不断创新，技术在不断提高。

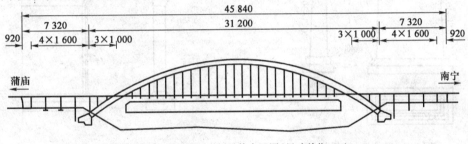

图 4-27　邕宁邕江大桥总体布置图（尺寸单位：cm）

第六节 桥梁墩台构造

墩台是桥梁的重要组成部分,它决定着桥跨结构在平面上和高程上的位置。它主要由墩台帽、墩台身和基础三部分组成,如图4-28所示。

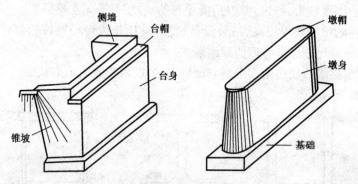

图4-28 重力式墩台

桥墩是指多跨(不少于两跨)桥梁的中间支承结构,是支承桥跨结构和传递桥梁荷载的结构物。桥台是设置在桥的两端、支承桥跨结构并与两岸接线路堤衔接的构造物,既要承受桥梁边跨结构和桥台本身结构自重以及作用于其上的车辆荷载的作用,并将荷载传到地基上,又要挡土护岸,而且还要承受台背填土及填土上车辆荷载所产生的附加土侧压力。因此,桥梁墩台不仅自身应具有足够的强度、刚度和稳定性,而且对地基的承载能力、沉降量、地基与基础之间的摩擦力等提出一定的要求。

一、桥墩一般类型

桥墩按其构造可分为实体墩、空心墩、柱式墩、排架墩、框架墩五种类型;按其受力特点可分为刚性墩和柔性墩;按其截面形状可分为矩形墩、圆形墩、圆端形墩、尖端形墩及各种截面组合成的空心墩;按施工工艺可分为就地砌筑或浇筑和预制安装桥墩。

1. 实体桥墩

实体桥墩是指由一个实体结构组成的桥墩。按其截面尺寸或刚度及重力的不同又可分为重力式桥墩和实体轻型桥墩,如图4-29、图4-30所示。

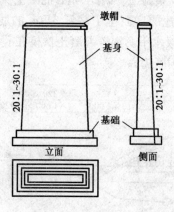

图4-29 实体重力式桥墩

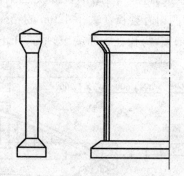

图4-30 实体薄壁桥墩

112

重力式桥墩主要依靠自身重力来平衡外力,从而保证桥墩的稳定。它往往是用圬工材料修筑而成,具有刚度大、防撞能力强等优点。适用于荷载较大的大、中桥梁或流冰、漂浮物多的河流中。其截面形式有圆形、矩形、尖端形等。

实体轻型桥墩可用混凝土、浆砌块石或钢筋混凝土材料做成。其中实体式钢筋混凝土薄壁桥墩最为典型。其圬工体积小,自重小,一般用于中小跨径的桥梁上。

2. 空心桥墩

空心桥墩有两种形式,一种为中心镂空式桥墩;另一种是薄壁空心桥墩。

中心镂空式桥墩,是在重力式桥墩基础上镂空中心一定数量的圬工体积,使结构更经济,减轻桥墩自重,降低对地基承载力的要求。

薄壁空心桥墩系用强度高、墩身壁较薄的钢筋混凝土构筑而成的空格形桥墩。其最大特点是大幅度削减了墩身圬工体积和墩身自重,减小了地基负荷,因而适用于软弱地基。

3. 柱式桥墩

柱式桥墩是目前公路桥梁中广泛采用的桥墩形式,特别是对于桥宽较大的城市桥或立交桥,这种桥墩不但能减轻自重,节约圬工材料,而且轻巧、美观。

柱式桥墩一般由基础之上的承台、柱式墩身和盖梁组成,常用的有单柱式、双柱式和哑铃式以及混合双柱式四种形式,如图 4-31 所示。

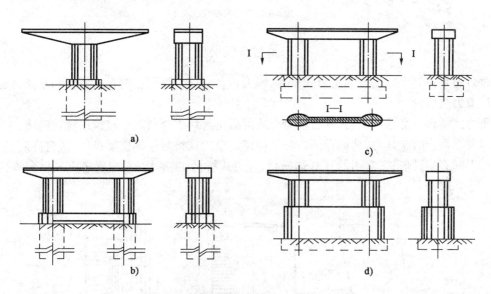

图 4-31 柱式桥墩
a)单柱式;b)双柱式;c)哑铃式;d)混合双柱式

4. 柔性排架墩

柔性排架墩由单排或双排的钢筋混凝土柱与钢筋混凝土盖梁连接而成。其主要特点是:上部结构传来的水平力按各墩台的刚度分配到各墩台,作用在每个柔性墩的水平力较小,而作用在刚性桥墩上的水平力很大,因此,柔性墩截面尺寸得以减小。

5. 框架式桥墩

框架式桥墩采用钢筋混凝土或预应力混凝土等压挠或挠曲构件组成平面框架式代替墩身,支承上部结构,必要时可做成双层或多层框架。这是空心墩更进一步的轻型结构。如 V 形墩,如图 4-32 所示;Y 形墩,如图 4-33 所示,都属于框架墩的一种。

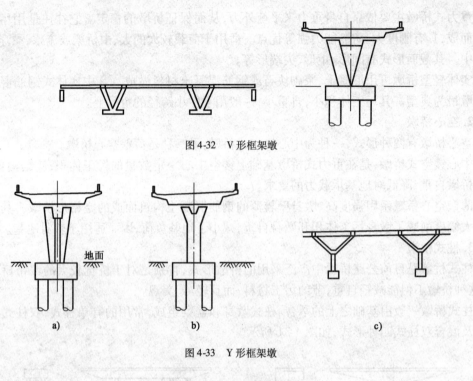

图 4-32　V 形框架墩

图 4-33　Y 形框架墩

二、桥台一般类型

桥台通常按其形式划分为重力式桥台、轻型桥台、框架式桥台、组合式桥台和承拉桥台。

1. 重力式桥台

重力式桥台一般采用砌石、片石混凝土或混凝土等圬工材料就地砌筑或浇筑而成,主要依靠自身来平衡台后土压力,从而保证自身的稳定。重力式桥台依据桥梁跨径、桥台高度及地形条件的不同有多种形式,常用的有 U 形桥台、埋置式桥台、拱形桥台、埋置衡重式桥台等,如图 4-34 ~ 图 4-37 所示。

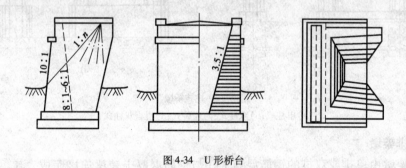

图 4-34　U 形桥台

U 形桥台由台身(前墙)、台帽、基础与两侧翼墙组成,在平面上呈 U 字形。台身支承桥跨结构,并承受台后土压力;翼墙与台身连成整体承受土压力,并起到与路堤衔接的作用。U 形桥台适用于 8m 以上跨径的桥梁。

埋置式桥台,台身为圬工实体,台帽及耳墙采用钢筋混凝土。台身埋置于台前溜坡内,利用台前溜坡填土抵消部分台后填土压力,不需另设翼墙,仅由台帽两端的耳墙与路堤衔接。适用于填土高度在 10m 以下的中等跨径的多跨桥。

114

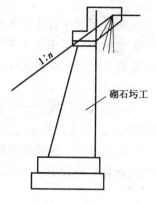

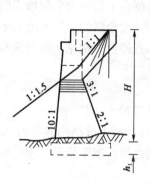

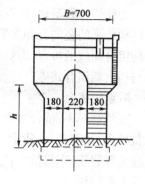

图4-35 埋置式桥台

图4-36 拱形桥台(尺寸单位:cm)

拱形桥台是由埋置式桥台改进而来,台身用块石或混凝土砌筑,中间挖空成拱形,以节省坞工。它适用于基岩埋藏浅或地质良好而有浅滩河流的多孔桥。

埋置衡重式高桥台,利用衡重台及其上的填土重力平衡部分土压力,在高桥中坞工较省。它适用于跨径大于20m,高度大于10m的跨深沟及山区特殊地形的桥梁。

2. 轻型桥台

轻型桥台通常用坞工材料或钢筋混凝土砌筑。坞工轻型桥台只限于桥台高度较小的情况,而钢筋混凝土轻型桥台应用范围更广泛。从结构形式上分,轻型桥台有薄壁型轻型桥台和支撑梁型轻型桥台。

薄壁型轻型桥台常用的形式有悬臂式、扶臂式、撑墙式和箱式,分别如图4-38所示,其主要特点是利用钢筋混凝土结构的抗弯能力来减少坞工体积从而使桥台轻型化。

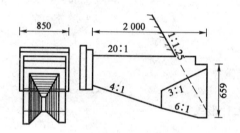

图4-37 埋置衡重式高桥台(尺寸单位:cm)

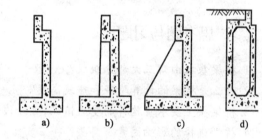

图4-38 薄壁轻型桥台
a)悬臂式;b)扶臂式;c)撑墙式;d)箱式

支撑梁型轻型桥台一般设置在单跨或少跨的小跨径桥,就是在墩台基础间设置3~5根支承梁,成为支撑型桥台。

3. 框架式桥台

框架式桥台由台帽、桩柱及基础或承台组成,是一种在横桥向呈框架式结构的桩基础轻型桥台,如图4-39所示。桩基埋入土中,所受土压力较小,适用于地基承载力较低,台身高度大于4m,跨径大于10m的梁桥。其构造形式有双柱式、多柱式、肋墙式、半重力式等多种形式。

桩式桥台指台帽置于立柱上,台帽两端设耳墙以便与路堤衔接,是一种结构简单、坞工数量小的桥台形式,适用于填土高度小于5m的情况。当填土高度大于5m时,用少筋薄壁墙代替立柱支承台帽,即成为墙式桥台。

半重力式桥台与墙式桥台相似,只是墙更厚,不设钢筋。

4. 组合式桥台

为使桥台轻型化，可以将桥台上的外力分配给不同对象来承担，如让桥台本身主要承受桥跨结构传来的竖向力和水平力，而台后的土压力由其他结构来承担，这就形成了由分工不同的结构组合而成的桥台，即组合式桥台。常见的组合式桥台有锚碇板式、过梁式、框架式以及桥台与挡土墙组合式等。

5. 承拉桥台

某些情况下，桥台可以承受拉力，因而要求在进行设计时考虑满足桥台受力要求，这就是承拉桥台，如图4-40所示。该种桥上部结构通常为单箱单室截面，箱梁的两个腹延伸至桥台形成悬臂腹板，它与桥台顶梁之间设氯丁橡胶支座受拉，悬臂腹板与台帽之间设氯丁橡胶支座支承上部结构。

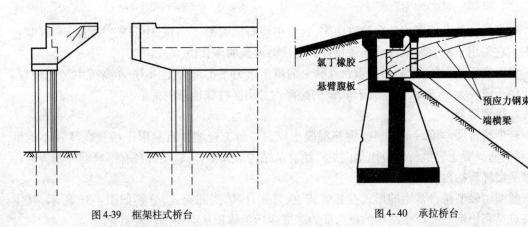

图 4-39 框架柱式桥台   图 4-40 承拉桥台

 思考题与习题

1. 桥梁基本由哪三大部分组成？

2. 什么是桥梁的计算跨径和建筑高度？

3. 桥梁按主要承重构件的受力情况，可分为哪几种形式？

4. 桥型选择的影响因素有哪些？

5. 梁式桥是由哪几部分组成的？

6. 简述梁式桥的特点及适用范围。

7. 梁桥的上部结构根据截面的形式一般分为哪几种？

8. 桥面系通常包括哪些主要组成部分？

9. 简述拱桥的主要类型。

10. 重力式桥墩的主要特点是什么？

11. 简述预应力混凝土桥梁施工中，后张法的基本程序。

12. 何谓桥梁的净跨径、总跨径、计算跨径、桥梁全长？

13. 何谓桥下净空？为什么要设置桥下净空？

14. 简述拱式桥的特点及适用范围。

15. 简述斜拉桥的特点及适用范围。

第五章　市政管道工程

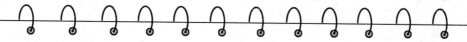

重点内容和学习目标

　　本章重点讲述了市政管道工程系统的任务及组成，市政管网的形式，市政管网的布置与敷设，市政管道工程材料，市政管道工程附件及设置，市政管道施工图组成及示例，城市工程管线综合布置的原则、布置方式、管理。

　　通过本章学习，应掌握市政管道工程系统的布置及敷设要求；熟悉常用的管道工程材料的性能、接头形式、管道附件及相应的附属构筑物；了解管道工程系统的组成及主要设备；了解市政管道工程施工图的组成及内容。

　　城市是人类物质文明和精神文明的产物，是现代社会经济活动的中心，在国民经济中占据主导地位。城市生产、生活等各项经济活动的正常进行取决于城市基础设施的保障，交通、供电、燃气、供热、通信、给水、排水、防火、环境卫生设施等各项城市工程系统构成了城市基础设施体系。市政管道是城市基础设施的重要组成部分，被喻为城市的"血管"和"神经"，不断地输送人们生活和工业生产所需求的各种能量及信息，是城市赖以生存和可持续发展的物质基础。根据其功能，市政管道工程可分为给水管道工程、排水管道工程、燃气管道工程、热力管道工程、电力电缆、电信电缆等。给水管道主要为城市输送分配生活、生产、消防及市政用水；排水管道是及时收集、输送用户使用后的废水至污水处理厂适当处理后排放；热力管道是将热源中产生的热水或者蒸汽输送分配到各用户，提供给用户热量；燃气管道主要是将燃气分配站中的燃气输送分配到各用户，以供其使用；电力电缆主要是为城市输送电能，用于照明或动力等；电信电缆主要为城市传送各种信息，市话电缆、长话电缆、光纤电缆、广播电缆、电视电缆、军队及铁路专用通信电缆等。本章主要介绍市政给水管道工程、排水管道工程、热力管道工程、燃气管道工程、电力电信、城市工程管线综合等内容。

第一节　市政给水管道工程

一、市政给水管道工程概述

1. 市政给水系统的任务及组成

　　市政给水系统的任务就是为了经济合理和安全可靠地供应人们生活和生产活动中所需要的水以及用以保障人民生命财产安全的消防用水，并满足各用户对水质、水量和水压的需求。

该系统主要由以下六部分组成:取水构筑物,水处理构筑物,输水管渠,配水管网,泵站和调节构筑物。按照水源的不同,主要有地表水源(江河、湖泊、蓄水库、海洋等)给水系统和地下水源(浅层地下水、深层地下水、泉水等)给水系统,如图5-1和图5-2所示。

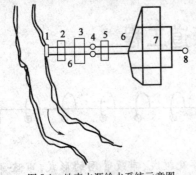

图 5-1 地表水源给水系统示意图
1-取水构筑物;2-一级泵站;3-水处理构筑物;4-清水池;
5-二级泵站;6-输水管;7-管网;8-水塔

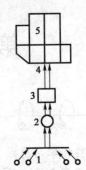

图 5-2 地下水源给水系统示意图
1-地下水取水构筑物;2-集水池;3-泵站;4-输水管;5-管网

(1)取水构筑物。是指从水源(地表水和地下水)取水的设施,包括地下水取水构筑物(如管井、大口井、渗渠等)和地表水取水构筑物(如浮船、缆车、低坝、取水头部、岸边式取水构筑物等)。

(2)水处理构筑物。是将取水构筑物的来水进行处理,以满足用户对水质的要求。包括絮凝池、沉淀池、滤池等。

(3)输水管渠。是指在较长距离内输送水量的管道或渠道,输水管(渠)一般不沿线向两侧供水。如:从水源到净水厂的管渠,从水厂将清水输送至供水区域的管渠,从供水管网向某大用户供水的专线管道,区域给水系统中连接各区域管网的管道等。

给水系统中对输水管的安全可靠性要求很严格。由于输水管发生事故将对供水产生较大影响,所以较长距离输水管一般敷设成两条平行管线,并在中间的一些适当地点分段连通和安装切换阀门,以便其中一条管道局部发生故障时由另一条并行管道替代,保证安全供水,其保证率为70%。多水源给水或具备应急水源、安全水池等条件时,可采用单管输水。

(4)配水管网。指分布在整个供水区域内的配水管道网络。其功能是将来自于较集中点(如输水管渠的末端或储水设施等)的水量分配输送到整个供水区域,使用户就近接管用水。配水管网由主干管、干管、支管、连接管、分配管等构成。配水管网中还需要安装消火栓、阀门(闸阀、排气阀、泄水阀等)和检测仪表(压力、流量、水质检测等)等附属设施,以保证消防供水和满足生产调度、故障处理、维护保养等管理需要。

(5)泵站。是输配水系统中的加压设施,其作用主要是提水和输水,给水提供机械能量。当水不能靠重力流动时,必须使用水泵对水流增加压力,以使水流有足够的能量克服管道内壁的摩擦阻力及水流层之间的内摩擦阻力,满足各用户或用水点对水压及水量的要求,城市配水管网的供水水压宜满足用户接管点处服务水头28m的要求。

市政给水泵站按照其设置情况,可分为一级泵站、二级泵站和中途泵站。一级泵站的作用是将取水构筑物取用的水源水送至净水厂,可通过经济技术比较,靠近取水构筑物设置,或靠近净水厂设置;二级泵站的作用是将净水厂处理后的成品水送至管网中,一般设置于净水厂内;中途泵站设置于市政给水管网中,其作用是对二级泵站的来水进行后续加压并送至后续管网。

泵站内部以水泵机组(水泵与电机的组合)为主体,可以并联或串联运行,由内部管道将其并联或串联起来。管道上设置阀门,以控制多台泵灵活地组合运行,便于水泵机组的拆装与检修。泵站内还应设有水流止回阀(逆止阀),必要时安装水锤消除器、多功能阀(具有截止阀、止回阀和水锤消除作用)等,以保证水泵机组安全运行。

(6)调节构筑物。包括各种类型的储水构筑物,如清水池、水塔或高地水池等。设在水厂内的清水池(清水库)是水处理系统与给水管道系统的衔接点,其主要作用是调节净水厂制水量与供水泵站供水量的流量差额并保证滤后水一定的消毒时间。

高地水池(水塔)根据实际情况可设置于市政给水管网前,管网中或管网末端主要是用于调节供水量与用水量的流量差额,同时起到保证供水压力的作用。

这些水量调节设施也可用于储备安全用水量,以保证消防、检修、停电和事故等情况下的用水,提高系统供水的安全可靠性。

2. 市政给水管道系统的组成

市政给水管道系统在城市给水系统中占有很重要的地位,占整个给水工程投资的70%~80%。市政给水管网系统是由输水系统和配水系统两子系统组成的,它是保证输水到给水区内并且配水到所有用户的全部设施。它包括输水管渠、配水管网、泵站、调节构筑物(清水池、水塔、高地水池)等。市政给水管道系统中当水压过高时,可设置减压设施,如减压阀和节流孔板等降低和稳定输配水系统局部的水压,避免水压过高造成管道或其他设施的漏水、爆裂、水锤破坏,或避免用水的不舒适感。

3. 给水管网系统的类型

1)统一给水管网系统

整个给水区域的生活、生产、消防、市政等多项用水,均以同一水压和水质,用统一的管网系统供给各个用户。该系统适用于地形起伏不大、用户较为集中,且各用户对水质、水压要求相差不大的城镇和工业企业的给水工程。如果个别用户对水质或水压有特殊要求,可自统一给水管网取水再进行局部处理或加压后再供给使用。

根据向管网供水的水源数目,统一给水管网系统可分为单水源给水管网系统和多水源给水管网系统两种形式。

(1)单水源给水管网系统。即只有一个水源地,处理过的清水经过泵站加压后进入输水管和配水管网,所有用户的用水来源于一个水厂清水池(清水库)。较小的给水管网系统,如企事业单位或小城镇给水管网系统,多为单水源给水管网系统,该系统简单,管理方便,如图5-3所示。

(2)多水源给水管网系统。有多个水厂作为水源的给水管网系统,清水从不同地点的输水管进入管网,用户的用水可以来源于不同的水厂。较大的给水管网系统,如大中城市,甚至跨城镇的给水管网系统,一般是多水源给水管网系统,如图5-4所示。

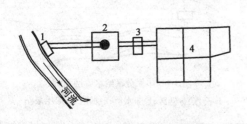

图5-3 单水源统一给水管网系统示意图

1-取水设施;2-给水处理厂;3-加压泵站;4-给水管网

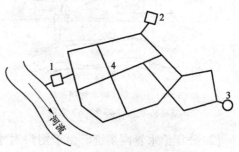

图5-4 多水源给水管网系统示意图

1-地表水水源;2-地下水水源;3-水塔;4-给水管网

多水源给水管网系统的特点是：调度灵活、供水安全可靠，就近给水，动力消耗较小；管网内水压较均匀，便于分期发展，但随着水源的增多，设备和管理工作也相应增加。

2）分系统给水管网系统

因给水区域内各用户对水质、水压的要求差别较大，或地形高差较大，或功能分区比较明显，且用水量较大时，可根据需要采用几个相互独立工作的给水管网系统分别供水。

分系统给水管网系统和统一给水管网系统一样，也可采用单水源或多水源供水。根据具体情况，分系统给水管网系统又可分为分区给水管网系统、分压给水管网系统和分质给水管网系统。

（1）分区给水管网系统将给水管网系统划分为多个区域，各区域管网具有独立的供水泵站，供水具有不同的水压。分区给水管网系统可以降低平均供水压力，避免局部水压过高的现象，减少爆管的几率和泵站能量的浪费。

分区给水管网系统有两种情况：一种是城镇地形较平坦，功能分区较明显或自然分隔而分区，如图5-5所示。城镇被河流分隔，两岸工业和居民用水分别供给，自成给水系统。随着城镇发展，再考虑将管网相互沟通，成为多水源给水系统。另一种是因地形高差较大或输水距离较长而分区，又有串联分区和并联分区两种：采用串联分区，设泵站加压（或减压措施），从某一区取水，向另一区供水；采用并联分区，满足不同压力要求。

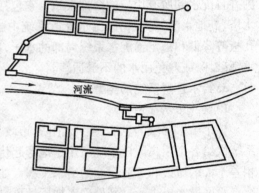

图5-5 分区给水管网系统的区域有不同泵站（或泵站中不同型号的水泵）供水。大型管网系统可能既有串联分区又有并联分区，以便更加节约能量。图5-6所示为并联分区给水管网系统，图5-7所示为串联分区给水管网系统。

图5-5　分区给水管网系统

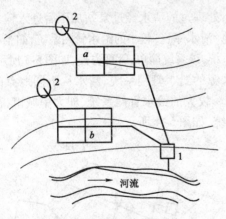

图5-6　并联分区给水管网系统
a-高区；b-低区；1-净水厂；2-水塔

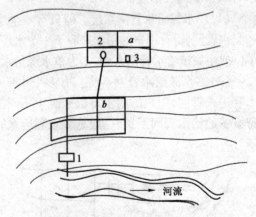

图5-7　串联分区给水管网系统
a-高区；b-低区；1-净水厂；2-水塔；3-加压泵站

（2）分压给水管网系统。由于用户对水压的要求不同而分成两个或两个以上的系统给水，如图5-8所示。符合用户水质要求的水，由同一泵站内的提供不同扬程的水泵分别通过高压、低压输水管网送往不同用户。如果给水区域中，用户对水压要求差别较大，采用一个管网

120

系统,对于水压要求较低的用户就会存在较大的富余水压,不但造成动力浪费,同时对使用和维护管理都很不利,且管网系统漏损水量也会增加,危害很多。采用分压给水或局部加压的给水系统,可避免上述缺点,减少高压管道和设备用量,但需要增加低压管道和设备,管理较为复杂。

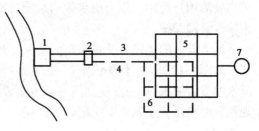

图5-8 分压给水管网系统

1-净水厂;2-二级泵站;3-低压输水管;4-高压输水管;5-低压管网;6-高压管网;7-水塔

(3)分质给水管网系统。因用户对水质的要求不同而分成两个或两个以上系统,分别供给各类用户,称为分质给水管网系统,如图5-9a)、图5-9b)所示。

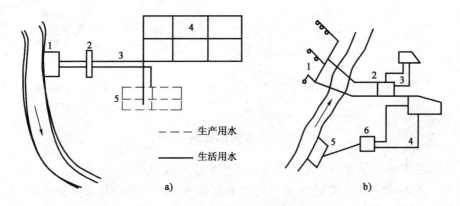

图5-9 分质给水管网系统

a):1-分质净水厂;2-二级泵站;3-输水管;4-居住区;5-工厂区;b):1-井群;2-地下水水厂;3-生活用水管网;4-生产用水管网;5-取水构筑物;6-生产用水厂

图5-9a)是从同一水源取水,在同一水厂中经过不同的工艺和流程处理后,由彼此独立的水泵、输水管和管网,将不同水质的水供给各用户。该系统的主要特点是城市水厂的规模可缩小,特别是可以节约大量的药剂费用和动力费用,但管道设备多,管理较复杂。

图5-9b)是从不同水源取水,再由自成独立的给水系统分别供给各自用户,这种布置方式除具有图5-9a)的特点外,可利用不同水源的水质特点,分别供应不同水质要求的用户。例如,可利用地下水源夏季水温低于江河水的特点,将地下水作为空调降温使用等;可利用海水或某些废水经过适当处理后作为冲洗厕所和某些工业用水等,以达到综合利用水资源,节省运行费用的目的。

3)不同输水方式的管网系统

根据水源和供水区域地势的实际情况,可采用不同的输水方式向用户供水。

(1)重力输水管网系统。当水源地高于给水区,并且高差可保证以经济的造价输送所需的水量时,清水池(清水库)中的水可依靠自身的重力,经重力输水管进入管网并供用户使用。重力输水管网系统无动力消耗,而且管理方便,是运行较为经济的输水管网系统。当地形高差很大时,为降低水管中的压力,可在中途设置减压水池,将水管分成几段,形成多级重力输水系统,如图5-10所示。

(2)水泵加压输水管网系统。指水源地没有可充分利用的地形优势,清水池(清水库)中的水须由泵站加压送出,经输水管进入管网供用户使用,甚至要通过多级加压将水送至更远或更高处的用户使用。压力给水管网系统需要消耗大量的动力。如图 5-4～图 5-7 所示均为压力输水管网系统。

地形复杂的地区且又是长距离输配水时,往往需要采用重力和水泵加压相结合的输水方式。如图 5-11 所示,上坡部分 1～2 段、3～4 段,分别用泵站 1、3 加压输水,在下坡部分利用高低水池重力输水,从而形成加压—重力交替的多级输水方式。水源可以高于或低于给水区,在现代大型输水管道系统中应用较为广泛。

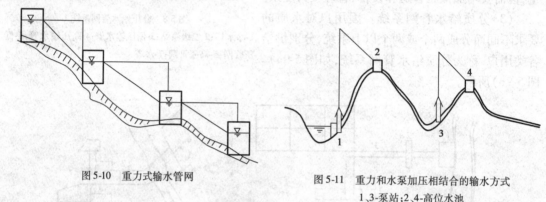

图 5-10　重力式输水管网

图 5-11　重力和水泵加压相结合的输水方式
1、3-泵站;2、4-高位水池

二、给水管网系统布置

如前所述,给水管网系统中输水管渠是指从水源到城镇水厂或从城镇水厂到供水区域的管线或渠道,它中途一般不接用户,即只输水不配水;配水管网就是将输水管渠送来的水,输送到各用水区并分配到各用户的管道系统。对输水和配水系统的总的要求是:供给用户所需的水量并保证配水管网足够的水压及供水的安全性。

1. 给水管网布置原则

给水管网的规划布置应符合下列基本原则:

(1)应符合城市总体规划的要求,布置管网时应考虑给水系统分期建设的可能性,并留有充分的发展余地。

(2)管网应布置在整个供水区域内,在技术上要使用户有足够的水量和水压,并保证输送的水质不受污染。

(3)必须保证供水安全可靠,当局部管网发生故障时,断水范围应减到最小。

(4)力求以最短距离敷设管线,并尽量减少穿越障碍物等,以节约工程投资与运行管理费用。

(5)尽量减少拆迁,少占农田或不占农田。

(6)管渠的施工、运行和维护方便。

给水管网的规划布置主要受给水区域下列因素影响:地形起伏情况;天然或人为障碍物及其位置;街道情况及其用户的分布情况,尤其是大用户的位置;水源、水塔、水池的位置等。

2. 给水管网布置的基本形式

遵循给水管网布置的原则及要求,给水管网有两种基本的布置形式:树状管网和环状管网,如图 5-12、图 5-13 所示。

树状管网中从水厂二级泵站或水塔到用户的管线布置似树枝状。随着从水厂泵站或水塔到用户管线的延伸,即顺着水流方向,其管径越来越小。当管网中的任一段管线损坏时,在该管线以后的所有管线就会断水。因此,树状网的供水可靠性较差,而且,在树状网的末端,因用水量已经很小,管中的水流缓慢,甚至停滞不流动,因此水质容易变坏。但这种管网的总长度较短,构造简单,投资较省。因此最适用于小城镇和小型工矿企业采用,或者在建设初期采用树状管网,待以后条件具备时,再逐步发展成环状管网。

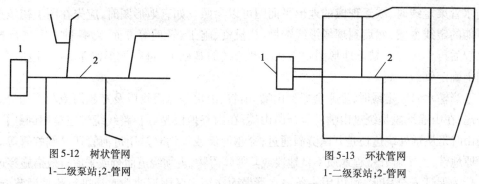

图5-12　树状管网　　　　　　　　　　　　图5-13　环状管网
1-二级泵站;2-管网　　　　　　　　　　　1-二级泵站;2-管网

环状管网中管线连接成环状。当任一段管线损坏时,可以关闭附近的阀门,与其余的管线隔开,然后进行检修,水还可从另外管线供应用户,断水的地区可以缩小,从而增加供水可靠性。环状网还可以大大减轻因水锤作用产生的危害,而在树状管网中,则往往因此而使管线损坏。但是,环状管网管线总长度较大,建设投资明显高于树状管网。对于供水连续性、安全性要求较高的供水区域一般采用环状管网。

一般在城镇建设初期可采用树状网,以后随着城市的发展逐步连成环状。实际上,现有城市的给水管网,多数是将树状网和环状网结合起来。在城市中心地区,往往布置成环状网,在郊区则以树状网形式向四周延伸。供水可靠性要求较高的工矿企业须采用环状网,并用树状网或双管输水至个别较远的车间。

给水管网的布置既要考虑供水的安全性,同时也要经济合理。从安全性上看,环状管网优于树状管网;从经济性上看,树状管网的投资省。在管线的布置时,应既要考虑到供水的安全性,同时也要考虑到节约投资的可能性,即尽量以最短的线路敷管并考虑分期建设的可能性,先按近期规划敷管,到远期随着用水量的增大再逐步增设管线。管网的布置对管网的施工难易程度及系统的运行和经营管理等有较大的影响。因此,在进行给水管网具体规划布置时,应深入调查研究,充分占有资料,对多个可行的布置方案进行技术经济比较后再加以确定。

3. 给水管网定线

给水管网定线是指在地形平面图上确定管线的位置和走向。定线时一般只限于管网的干管以及干管的连接管,其中包括输水管渠及配水干管,不包括从干管到用户的分配管和接到用户的进水管的定线。

城镇给水管网,一般敷设在街道下,就近供给两侧用户,因此给水管网的平面形状也就随城市的总平面图而定。定线取决于城镇平面布置,供水区的地形,水源和调节构筑物位置,街区和用户(尤其是大用户)的分布,河流、铁路、桥梁的位置等。

1)输水管定线

输水管渠线路的选择,涉及城乡工农业诸方面的问题,线路选择的合理与否,对工程投资、建设周期、运行和管理等均产生直接影响,尤其对跨流域、远距离输水工程的影响将会更大,因此,必须全面考虑,慎重选定。

输水管渠定线时,必须与城市建设规划相结合,尽量缩短线路长度,减少拆迁,少占田或不占农田,以利于管渠施工和运行维护,保证供水安全;应选择最佳的地形和地质条件,尽量沿现有道路定线,以便施工和检修;减少与铁路、公路和河流的交叉;管线避免穿越滑坡、岩层、沼泽、高地下水位和河水淹没与冲刷地区,以降低造价和便于管理。

输水管的一般特点是距离长,因此与河流、高地、交通路线等的交叉较多。多数情况下,输水管渠定线时,缺乏现成的地形平面图可以参照。如有地形图时,应先在图上初步选定几种可能的定线方案,然后到现场沿线踏勘,从投资、施工、管理等方面,对各种方案进行技术经济比较后再作决定。缺乏地形图则需在踏勘选线的基础上,进行地形测量,绘出地形图,然后在图上确定管线位置。

当输水管渠定线时,经常会遇到山嘴、山谷、山岳等障碍物以及穿越河流和干沟等。这时应考虑:在山嘴地段是绕过山嘴还是开凿山嘴;在山谷地段是延长路线绕过还是用倒虹管穿过;遇独山时是从远处绕过还是开凿隧洞通过;穿越河流或干沟时是用过河管还是倒虹管等。即使在平原地带,为了避开工程地质不良地段或其他障碍物,也须绕道而行或采取有效措施穿过。

为保证安全用水,可以用一条输水管渠而在用水区附近建造水池进行流量调节,或者采用两条输水管渠。输水管渠条数主要根据输水量、事故时需保证的用水量、输水管渠长度、当地有无其他水源和用水量增长情况而定。供水不许间断时,输水管渠一般不宜少于两条。当输水量小、输水管长或有其他水源可以利用时,可考虑单管渠输水另加调节水池的方案。

为避免输水管渠局部损坏时,输水量降低过多,可在平行的 2 条或 3 条输水管渠之间设置连接管和阀门,以缩小事故检修时的断水范围。

为便于排气、管道冲洗消毒及检修时排除管道积水,输水管敷设时应有一定的坡度,即使在平坦地区,管线也应设置成一定的坡度,以便在管坡顶点设排气阀,管坡低处设泄水阀。排气阀一般以每千米左右设一个为宜,在管线起伏处应适当增设。管线埋深应考虑地面荷载情况并考虑当地实际条件决定,在严寒地区敷设的管线应注意防止冰冻。

输水管渠的定线如图 5-14 所示。

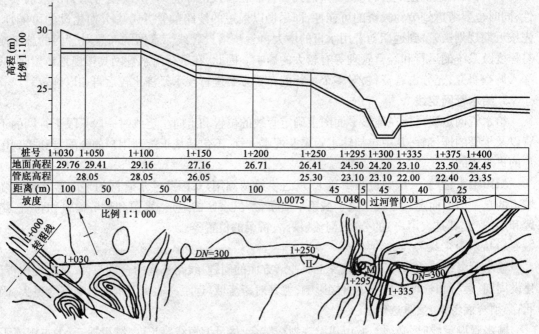

桩号	1+030	1+050	1+100	1+150	1+200	1+250	1+295	1+300	1+335	1+375	1+400
地面高程	29.76	29.41	29.16	27.16	26.71	26.41	24.50	24.20	23.10	23.50	24.45
管底高程	28.05		28.05	26.05		25.30	23.10	23.10	22.00	22.40	23.35
距离(m)	100		50	50	100		45	5	45	40	25
坡度	0		0	0.04		0.0075		0.048	0 过河管	0.01	0.038

比例 1:1 000

图 5-14　输水管渠的平面和纵断面图

124

2) 配水干管定线

遵循市政给水管网布置的原则,配水干管定线要考虑水源、水塔等位置,应符合城市路网规划要求,沿原有道路和规划道路敷设,将管线合理分布于全供水区,尤其注意高、远、偏等缺水地区,并尽可能地布置在较高的位置,保证对附近用户配水管中有足够压力,增加管道的供水安全性。干管的间距根据街区情况,隔一定距离设横跨管,充分考虑配水管的设置,留有接口。干管的布置也要考虑未来的发展,分期建设。为便于调节水量及检修,在管线上要设附属设备,如阀门、消火栓。

如图 5-15 所示,配水干管定线时可按以下要点进行:干管的延伸方向应与水源(二级泵站)输水管渠、水池、水塔、大用户的方向基本一致;随水流方向(如图中的箭头所示),以最短的距离布置一条或数条干管,干管位置应从用水量较大的街区通过;干管的间距,一般为 500~800m。从经济上看,给水管网的布置采用一条干管接出许多支管形成树状网,费用最省,但从供水可靠性看,以布置几条接近平行的干管并形成环状网为宜。因此,应在干管与干管之间的适当位置设置连接管以形成环状管网。连接管的作用在于局部管线损坏时,可以通过它重新分配流量,从而缩小断水范围,提高供水管网系统的可靠性。连接管之间的间距一般为800~1 000m。干管与干管、连接管与连接管之间距的大小,主要取决于供水区域的大小和要求,一般是在保证供水要求的前提下,干管和连接管的数量尽量减少,以节省投资。

干管一般按城镇规划道路定线,尽量避免在高级路面或重要道路下通过,以减少今后检修时的困难。管线在道路下的平面位置和高程,应符合城镇或厂区地下管线综合设计的要求。

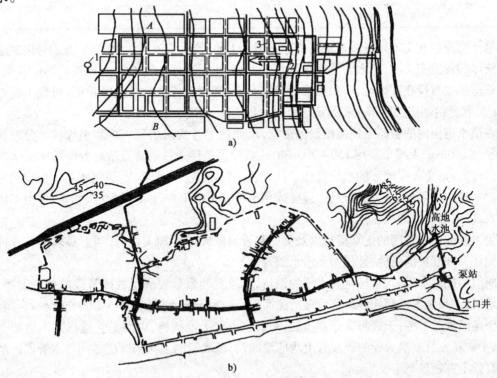

图 5-15 城镇配水干管及管网布置

a) 干管和分配管布置;b) 某城镇干管管网布置

1-水塔;2-干管;3-分配管;4-水厂;A、B-工业区

为保证给水管道在施工和维修时不对其他管线和建(构)筑物产生影响,给水管道在平面布置时,应与其他管线和建(构)筑物有一定水平距离,其最小水平净距见表5-1。

给水管道与其他管线和建(构)筑物的水平净距(单位:m)　　　　表5-1

名　　称		与给水管道的最小水平净距	
		管径 $d \leqslant 200mm$	管径 $d > 200mm$
建筑物		1.0	3.0
污水、雨水管道		1.0	1.5
燃气管道	中低压	$P \leqslant 0.4MPa$	0.5
	高压	$0.4MPa < P \leqslant 0.8MPa$	1.0
		$0.8MPa < P \leqslant 1.6MPa$	1.5
热力管道		1.5	
电力电缆		0.5	
电信电缆		1.0	
乔木(中心)		1.5	
灌木		1.5	
地上柱杆	通信照明 $<10kV$	0.5	
	高压铁塔基础边	3.0	
道路侧石边缘		1.5	
铁路钢轨(或坡脚)		5.0	

给水管道相互交叉敷设时最小垂直净距为0.15m;给水管道与污水管道、雨水管道或输送有毒液体的管道交叉时,给水管道应敷设在上面,最小垂直净距为0.4m,且接口不能重叠;当给水管道必须敷设在下面时,应采用钢管或钢套管,钢套管伸出交叉管的长度,每端不得小于3.0m,且套管两端应用防水材料封闭,并应保证0.4m的最小垂直净距。

在供水范围内的道路下还需敷设分配管,以便把干管的水送到用户和消火栓。分配管最小直径为100mm,大城市采用150~200mm,主要原因是使通过消防流量时分配管中的水头损失不致过大,以免火灾地区的水压过低。接户管一般连接于分配管上,以将水接入用户的配水管网。一般每一用户设一条接户管,重要或用水量较大的用户可采用两条或数条,并由不同方向接入,以增加供水的可靠性。

为了保证给水管网的正常运行以及消防和管网的维修管理工作,管网上必须安装各种必要的附件,如阀门、消防栓、排气阀和泄水阀等。

阀门是控制水流、调节流量和水压的设备,其位置和数量要满足故障管段的切断需要,应根据管线长短、供水重要性和维修管理情况而定。一般干管上每隔500~1000m设一个阀门,并设于连接管的下游;干管与支管相接处,一般在支管上设阀门,以便支管检修时不影响干管供水;干管和支管上消火栓的连接管上均应设阀门;配水管网上两个阀门之间独立管段内消火栓的数量不宜超过5个。

消火栓应布置在使用方便、显而易见的地方,距建筑物外墙应不小于5.0m,距车行道边不大于2.0m,以便于消防车取水而又不影响交通。一般常设在人行道边,两个消火栓的间距不应超过120m。

排气阀用于排除管道内积存的空气,以减小水流阻力,一般常设在管道的高处。

泄水阀用于排空管道内的积水或平时用来排除管内的沉积物,以便于检修时排空管道,一般常设在管道的低处。

泄水管及泄水阀布置应考虑排水的出路。

在干管的高处应装设排气阀,用以排除管中积存的空气,减少水流阻力;当管线损坏出现真空时,空气可经该阀门进入水管。在管线低处和两阀门之间的低处,应装设泄水管,管上须安装阀门,用来在检修时放空管内积水。

三、给 水 管 材

1. 市政给水管道材料应满足的要求

(1)市政给水管道中的水流为压力流(相对压强 1.6MPa 以下,一般情况下 1.0MPa 以下),因此对管材强度有一定的要求。

(2)市政给水应满足用户对水质的要求,因而管材不能污染水质。

(3)控制管网发生漏损及能量损失,因而要求管材的接口严密,管道内壁整齐光滑。

(4)对管材的使用寿命有一定要求,以免更换管材引起麻烦以及不必要的损耗。

(5)对于埋地管,要求有较强的耐腐能力。

(6)材料来源广,价格低廉。

满足以上要求,常用的市政给水管材有铸铁管、焊接钢管、钢筋混凝土管、塑料管如聚乙烯塑料管。目前市政中使用频率较高的是球墨铸铁管,管径300mm 以下的使用较多的是聚乙烯管道。在大型的输水工程中常用预应力钢筒混凝土管(PCCP)。

2. 常见的市政给水管材

1)钢管(SP)

含碳量2.11%(质量)以下的铁碳合金称为钢。以钢为材料的管道按照其制作工艺及强度又可以分为无缝钢管和有缝钢管。无缝钢管是以普通碳素钢、普通低合金钢、优质碳素结构钢、优质合金结构钢和不锈钢制成。无缝钢管是用一定尺寸的钢坯经过穿孔机、热轧或冷拔等工序制成的中空而横截面封闭的无焊接缝的钢管,所以无缝钢管较焊接钢管有更好的强度,一般能承受3.2~7.0MPa 的压力。无缝钢管的牌号及化学成分和力学性能应分别符合 GB/T 699—88、GB/T 1591—94 标准的规定。

无缝钢管按制作工艺的不同又可分为热轧和冷拔无缝钢管两类,热轧的长度为 3~12.5m;冷拔的无缝钢管,管径较小,市政给水管网中不考虑。用途不同,无缝钢管承受的压力不同,要求的壁厚的差别也很大,因此,无缝钢管的规格以外径×壁厚来表示,单位为毫米(mm)。如 $\phi 108 \times 5$ 表示该管道的外径为 108mm,厚度为5mm。无缝钢管的规格详见 GB/T 8163—1999。

一般无缝钢管主要适用于中、高压流体输送,一般在0.6MPa 的气压以上管路都应采用无缝钢管。在市政给水中主要用于泵站内,低压给水管网中较少用。

有缝钢管也称为焊接钢管,是用钢板或钢带经过卷曲成型后焊接制成的钢管。焊接钢管生产工艺简单,生产效率高,品种规格多,设备投资少,但一般强度低于无缝钢管。20 世纪30 年代以来,随着优质带钢连轧生产的迅速发展以及焊接和检验技术的进步,焊缝质量不断提高,焊接钢管的品种规格日益增多,并在越来越多的领域代替了无缝钢管。

焊接钢管按照是否镀锌处理分为非镀锌管(俗称黑管)和镀锌电焊钢管(俗称白管);钢管

按壁厚分为普通钢管和加厚钢管;接管端形式分为不带螺纹钢管(光管)和带螺纹钢管;焊接钢管按焊缝的形式分为直缝焊管和螺旋焊管,直缝焊管生产工艺简单,生产效率高,成本低,发展较快。螺旋焊管的强度一般比直缝焊管高,能用较窄的坯料生产管径较大的焊管,还可以用同样宽度的坯料生产管径不同的焊管。但是与相同长度的直缝管相比,焊缝长度增加30% ~ 100% ,而且生产速度较低。因此,较小口径的焊管大都采用直缝焊,大口径焊管则大多采用螺旋焊。螺旋缝钢管按照其焊缝形成工艺不同有螺旋缝埋弧焊接钢管(简称SAW)和高频直缝电阻焊接钢管(简称ERW)。ERW钢管较SAW钢管焊缝对接质量高,因而技术性能更优,ERW钢管目前正得到越来越广泛的使用。

焊接钢管中直缝钢管的长度一般为6 ~ 10m,螺旋缝钢管长度为8 ~ 18m。焊接钢管的规格用公称直径 DN(mm)表示,公称直径是内径的近似值。工程上习惯以英寸、英分表示,如1/2英寸(即4英分,约为 DN15 的管)等。在市政给水管道工程中所用焊接钢管标准见GB/T 3092—1993(低压流体输送用的黑铁管)、GB/T 3091—1993(低压流体输送用的白铁管)、SY 5037—83(低压流体输送用螺旋缝埋弧焊钢管)、SY 5039—83(低压流体输送用螺旋缝高频焊钢管)。

无论是无缝钢管还是焊接钢管,其最大的缺点是耐腐蚀性差,一般使用年限为20年,采用了绝缘防腐后,使用年限可以适当延长。所以在工程上使用时,要采取防腐蚀措施,如外表面绝缘防腐,外表面刷油防腐等。

市政给水钢管多采用焊接连接,需要拆卸或维修的地方,如与阀门、水泵等采用法兰连接,镀锌钢管(DN≤100mm)一般采用螺纹连接,也称丝扣连接。

2)铸铁管

铸铁是含碳量在2.11%以上的铁碳合金。铸铁管是市政给水管网中使用最多的一种管材。铸铁因其组织中含有石墨,故耐腐蚀性强,性质较脆。根据铸铁中石墨的形状特征可分为灰口铸铁(石墨成片状)、球墨铸铁管(石墨成球状)及可锻铸铁(石墨成絮状)。

(1)灰口铸铁管。灰口铸铁管是目前最常见、最主要的管材,使用的历史较长。灰口铸铁以其折断后断口层呈灰色而得名。灰口铸铁易切削加工,属脆性材料,石墨状态为片状,没有伸长性,当受外力作用应力集中时,管体易发生折断。铸铁管的铸造方法有砂型离心浇铸[图5-16a)]和连续浇铸[图5-16b)],根据材料和铸造工艺分为高压管(P < 1MPa)和普压管(P < 0.7MPa)及低压管(P < 0.45MPa)。灰铁管的规格以公称直径表示,其规格为 DN75 ~ DN 1 500,长度有4m、5m、6m。

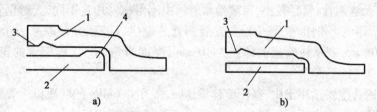

图5-16　铸铁管
1-承口;2-插口;3-水线;4-小台

灰口铸铁管使用的标准有:《灰口铸铁管件》(GB 3420—1982)、《连续铸铁管》(GB 3422—1982)。灰口铸铁管的接口一般分为柔性接口和刚性接口两种,如图5-17)所示。常用的填料有麻—石棉水泥、麻—膨胀水泥、麻—铅水泥、胶圈—石棉水泥、胶圈—膨胀水泥等。

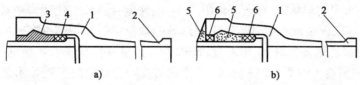

图 5-17　承插式铸铁管接口连接
a)柔性接口;b)刚性接口
1-承口;2-插口;3-铅;4-胶圈;5-水泥;6-浸油麻丝

（2）球墨铸铁管。球墨铸铁管因铸铁熔炼时在铁水中加入少量球化剂,使铸铁中的石墨球化而得名。铸铁经球化处理后所得的球墨铸铁,不但具有灰口铸铁耐腐蚀的优点,其他的机械性能也有很大的提高,如有很高的抗拉、抗压强度,其冲击性能为灰口铸铁管的 10 倍以上。球墨铸铁管具有铸铁的本质,钢的性能,既具有良好的抗腐蚀性,又具有与钢管相似的抗外力性能。球墨铸铁管壁较灰铁管薄,因此,减轻了管道单位长度的质量,有利于降低成本和施工强度。近年来世界先进国家均以采用球墨铸铁管代替灰口铁管。球墨铸铁管采用离心浇铸,其规格为 $DN80 \sim DN2\,600$,长度为 $4 \sim 9m$。离心球墨铸铁管使用标准有:《球墨铸铁管件》(GB 13294—1991)、《离心铸造球墨铸铁管》(GB 13295—1991)。球墨铸铁管性能符合 ISO 2531/GB 13295 相关标准的要求,外镀锌符合 ISO 8197 标准要求,内衬水泥砂浆符合 ISO 4179 标准要求;管件符合 ISO 2531 标准要求。具有较强的韧性和抗高压、抗氧化、抗腐蚀等优良性能。球墨铸铁管采用推入式(简称 T 形)承插式柔性接口,橡胶圈填实,在国内外输配水工程中广泛采用。

（3）可锻铸铁。可锻铸铁是用白口铸铁经过热处理后制成的有韧性的铸铁。别名:马铁、玛钢、蠕墨铸铁。其生产过程:首先浇注成白口铸铁件,然后经可锻化退火(可锻化退火使渗碳体分解为团絮状石墨)而获得可锻铸铁件。

可锻铸铁有较高的强度和可塑性,可以切削加工。焊接钢管的螺纹连接管件一般均由可锻铸铁制造。由于可锻铸铁中的石墨呈团絮状,因此它的力学性能比灰铸铁高,塑性和韧性好,但可锻铸铁并不能进行锻压加工。

在与管道附件如阀门等的接口以及与设备如水泵等的接口一般采用可拆卸的法兰接口形式。

3）塑料管

塑料管道均由合成树脂,并附加一些辅助性的稳定性原料经过一定的工艺过程如注塑、挤压、焊接等制成,与传统的金属管、混凝土管相比,具有耐腐蚀不结垢、管壁光滑、水流阻力小(输水能耗降低 5%以上)、质量小(仅为金属管的 1/10 ~ 1/6)、综合节能性好(制造能耗降低75%)、运输安装方便、使用寿命长(30 ~ 50 年)、综合造价低等优点,因此被广泛应用在城市给排水、建筑给排水、供热采暖、城市燃气、农用排灌、化工用管以及电线电缆套管等诸多领域。

随着我国城镇化加快和基础设施建设的快速发展以及国家产业政策的调整,特别是《国家化学建材产业"十五"计划和 2010 年发展规划纲要》中提出,到 2010 年,在全国新建、改建、扩建工程中,城市排水管道塑料管使用量达到 30%,城市供水管 70%采用塑料管,城市燃气塑料管的应用量达到 40%,电线护套管道 90%采用塑料管。这些都为我国塑料管材的快速发展奠定了良好的政策基础,而且经过近几年的发展,近几年国内大口径塑料管材生产技术在不断地发展,市政工程中新型塑料管材得以迅速应用。塑料管的推广应用以 PVC—U 管和 PE 塑料管为主,并大力发展其他塑料管。

用于城市供水中的塑料管,输送流体阻力小,能耗低,耐腐蚀,使用寿命长(50年)。品种包括聚乙烯(PE)管、硬聚氯乙烯(PVC—U)管(非铅盐稳定剂)、玻璃钢夹砂(GRP)管、钢骨架(含钢丝网骨架)聚乙烯复合管、钢塑复合(PSP)管。产品性能应符合相应的国家或行业标准要求,卫生性能应符合GB/T 17219要求,设计施工应符合相应的工程技术规程要求,且复合管端头金属外露处必须作好防腐处理。

塑料管材主要缺点表现在:热线胀系数大,比金属管大好几倍;综合机械性能低,但某些塑料管材低温抗冲击性优异;耐温性差,受连续和瞬时使用温度及热源距离等的限制;刚度低,弯曲易变形等。受塑料管径的限制,大口径(DN300以上)的给水管较少用到塑料管。

4)钢筋混凝土管

钢筋混凝土管分为自应力和预应力钢筋混凝土管两种。市政给水用的钢筋混凝土管的管径一般比较大,其规格一般以公称内径表示。现行的国家钢筋混凝土管标准有GB 5695—85(预应力钢筋混凝土输水管)、GB 5696—85(自应力钢筋混凝土输水管)、GB 4083—83(承插式自应力钢筋混凝土输水管)、JC 625—1996(预应力钢筒混凝土管)。

(1)自应力钢筋混凝土管(SSCP)是自应力混凝土并配置一定数量的钢筋用离心法制成的。国内生产的自应力管规格主要为100~800mm,管长为3~4m,工作压力为0.4~1.0MPa。此种管材工艺简单、制管成本低,但耐压强度低,且容易出现二次膨胀及横向断裂,目前主要用于小城镇及农村供水系统。

(2)预应力钢筋混凝土管(PCP)。预应力钢筋混凝土管分普通和加钢套筒两种。

①普通预应力钢筋混凝土管。其制管过程:配有纵向预应力钢筋的混凝土管芯成型、缠绕环向预应力钢筋、制作保护层,管径一般为400~1 400mm,管长为5m,工作压力可达到0.4~1.2MPa。与自应力钢筋混凝土管相比,耐压高、抗震性能好;与金属管相比,内壁光滑、水力条件好、耐腐蚀、价格低等,因此使用较为广泛,但是抗压强度不如金属管,抗渗性能差,因而修补率高。

②预应力钢筒混凝土管道(PCCP)。预应力钢筒混凝土管是钢筒与混凝土制作的复合管,按其结构分为内衬式和埋置式,其中内衬式是指在钢筒内壁成型混凝土层后在钢筒外表面上缠绕环向预应力钢丝并制作水泥砂浆保护层而制成的管道;埋置式是指在钢筒内、外侧成型混凝土层厚,在管芯混凝土外表面缠绕环向预应力钢丝并制作水泥砂浆保护层而制成的管道。

预应力钢筒混凝土管的管径一般为400~4 000mm,工作压力为0.4~2.0MPa(分九级)。PCCP管材的行业标准已经颁发,其应用前景非常广阔。产品标记以管道代号、公称内径、压力等级、标准号组成。如PCCPL1000IIIJC625,表示公称内径为1 000mm、压力级别为III级、内衬式预应力钢筒混凝土管。

预应力钢筒混凝土管的优点:与预应力及自应力混凝土管相比,由于钢筒(厚1.5mm)的作用,抗渗能力非常好,管道的接口采用钢制承插口,尺寸较准确,并设置橡胶止水圈(单胶圈或双胶圈),因而止水效果好,该管材属于复合管材,其内部有钢筒,所以埋于土中易于巡管定位。

PCCP管材的接口为承插式,承口环和插口环均用扁钢压制成型,与钢筒焊成一体,管件配套齐全、简便、可靠,目前已经有一系列相应的专用管件。引接分支管时一律使用套管三通,从而使预应力管可用于配水管线上,而不依赖大量金属配套管材转换,既方便可靠又节省造价。

四、管件及附件

1. 给水管件

在管线转弯、分支、直径变化处,连接其他附件或设备处,常需要各种配件。这些管配件称为管件。如:在水流分支处可用三通、四通(或称丁字管和十字管);在变换管径时,用渐缩或偏心减缩管件(亦称为大小头);改变接口形式用短管;管道转弯时用各种角度的弯管等。铸铁管的管件较多,按照 GB 3420—82 制造,如表 5-2 所示。

铸铁管件(GB 3420—82) 表 5-2

序 号	名 称	图 例	公称直径(mm)
1	承盘短管	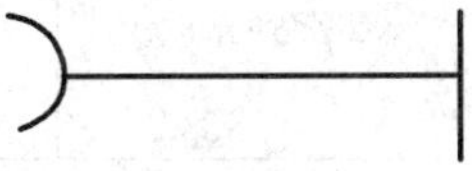	75 ~ 1 500
2	插盘短管	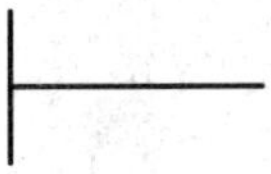	75 ~ 1 500
3	套管		75 ~ 1 500
4	90 双盘弯管	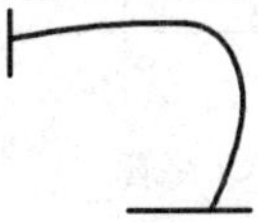	75 ~ 1 000
5	45 双承短管	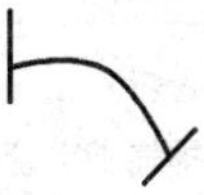	75 ~ 1 000
6	90 双承弯管		75 ~ 1 500
7	45 双承弯管		75 ~ 1 500
8	$22\frac{1}{4}$ 双承弯管		75 ~ 1 500
9	$11\frac{1}{2}$ 双承弯管	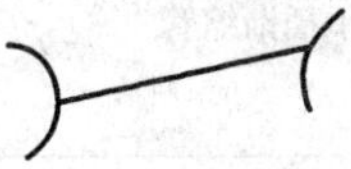	75 ~ 1 500
10	90 承插弯管	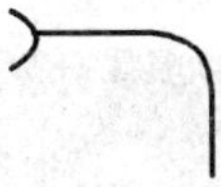	75 ~ 700
11	45 承插弯管	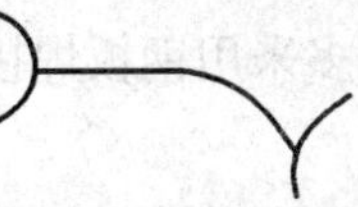	75 ~ 700

131

序　号	名　称	图　例	公称直径（mm）
12	$22\frac{1}{4}$承插弯管		75～700
13	$11\frac{1}{2}$承插弯管		75～700
14	乙字弯		75～500
15	全承丁字管		75～1 500
16	三盘丁字管		75～1 000
17	双承丁字管		75～1 500
18	承插单盘排气丁字管		150～1 500
19	承插泄水丁字管		700～1 500
20	全承十字管		200～1 500
21	承插渐缩管		75～1 500
22	插承渐缩管		75～1 500

　　钢管安装所需的管配件多采用钢板焊接而成,其尺寸可按照给排水设计手册或者标准图集确定。

非金属管如石棉水泥或预应力混凝土管采用特制的铸铁配件或钢制配件。塑料管件则用现有的塑料产品或现场焊制。

2.给水附件

市政管道附件包括控制附件和配水附件,控制附件指的是各类阀门,配水附件在市政管网中主要是指消火栓。

1)阀门

阀门主要是用来调节水量及水压的重要设施。一般设置在管线的分支处、较长的直线管段上,或穿越障碍物前。因大口径阀门价高,并会引起管路的水力损失,因而在保证能调节灵活的前提下应尽量少设置阀门。

配水干管上装设阀门的距离一般为 400~1 000m,且不应超过三条配水支管,主要管线和次要管线交接处的阀门常设在次要管线上。阀门一般设在配水支管的下游,一般关闭阀门时不影响支管的供水。在支管上也应设阀门。配水支管上的阀门间距不应隔断 5 个以上消火栓。

阀门一般与管径同,若阀门价格很高时,可以安装 0.8 倍给水管的管径的阀门。市政给水中所用的阀门有闸阀和蝶阀,这两类阀门均用于双向流管道上,即无安装方向,用以调节流量和水压。

图 5-18 法兰式暗杆楔式闸阀是由闸壳内的闸板上下移动来控制或截断水流。根据闸阀使用时阀杆是否上下移动,分为明杆和暗杆。明杆式闸阀随闸板的启闭而升降,一般用于明装的管道。暗杆式闸阀的阀杆不外露,有利于保护阀杆,通常适用于安装和操作受到限制的地方。

大口径的闸阀,操作起来劳动强度比较大,也费时,若便利的情况下,可以考虑采用电动,对于有齿轮传动装置的闸阀可考虑在其两端设置旁通管及旁通阀,以减轻阀门两端的水压力差,从而便于开启。

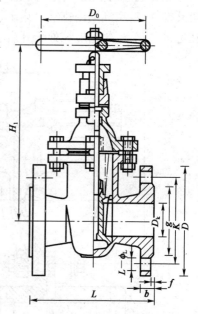

图 5-18　法兰式暗杆楔式闸阀

蝶阀是由阀体内的阀板在阀杆的作用下旋转来控制或截断水流。如图 5-19 所示,按照连接形式,分为对夹式和法兰式两种。蝶阀宽度较闸阀小,结构简单,质量轻,开启方便,旋转 90°即可全开或者全关。价格与闸阀接近,目前应用也较广泛。但蝶阀只用于中低压给水管道上。

当用于限制水流方向时采用止回阀,如水泵的出水管道上,防止水泵停泵时水倒流而损伤水泵时须装闸阀和止回阀。止回阀的形式很多,主要分为旋启式和升降式两大类,阀门的阀板均可绕轴旋转,若水流反方向流来,闸板因重力和水压作用自动关闭。在大口径的管路上,常用多瓣阀门的单向阀,由于几个阀瓣不同时闭合,故能有效地减轻水锤所产生的危害。

2)排气阀和泄水阀

排气阀安装在管线的隆起部分,使管线投产或检修后通水时,管内空气经此阀排出平时用来排出从水中释出的气体,以免空气积存管中减小管道过水断面,增加管道的水头空。检修时,可自动进入空气保持排水通畅。产生水锤时可使空气自动进入,避免产生负压。

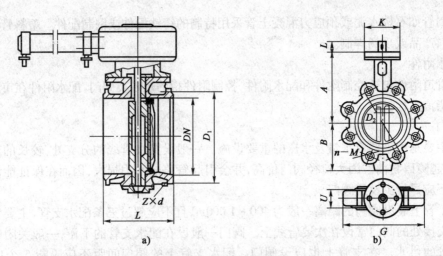

图 5-19　蝶阀

a) D641X—10 气动、D671X—10 液动蝶阀；b) 对夹式蝶阀

排气阀是根据浮体在液体中随液面高低产生位移而工作的。图 5-20a) 所示为常用的单口排气阀。阀壳内设有铜网，铜网里装一空心玻璃球。当水管内无气体时，浮球上浮封住排气口。随着气量的增加，空气升入排气阀上部聚积，使阀内水位下降，浮球靠自重随之下降。而离开排气口，空气则由排气口排出，如果拧紧自动排气阀顶部的阀帽则自动排气阀停止排气。在通常情况下，阀帽应该处于开启状态，排气阀自动排气。

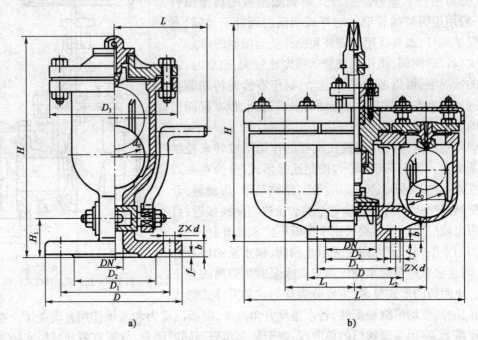

图 5-20　排气阀

a) 单口排气阀；b) 双口排气阀

排气阀分单口和双口两种，如图 5-20 所示。单口排气阀用在直径 400mm 以下的水管上，排气阀直径 16～25mm；双口排气阀则装在 400mm 以上的管道上，直径为 50～200mm，排气阀口径与管径之比一般采用 1∶8～1∶12。

排气阀应垂直安装在水平管道上,排气口应竖直向上,不要倾斜安装或水平安装自动排气阀。可单独或与其他管件一起设置于阀门井内。排气阀需要定期检修经常维护,使排气灵活,在冰冻地区应有适当的保温措施。

泄水阀用于排除管道积水。由于市政给水管网投产前须冲洗及消毒,检修时需排除管道积水或沉积物,如图 5-21 所示。进入冬季时为防止管内积水冻坏管道,需要放空管道时,都应在泄水管线最低的部位安装泄水阀,同时应考虑排水的出路,泄水阀及排水管径则由放空时间及放空方式决定。泄水阀和其他阀门一样应设置于阀门井中以便于维护和检修。

3)消火栓

消火栓是用于市政消防的取水设施。由阀、出水口和壳体等组成。与市政给水管网的分配支管相连接。栓前设置阀门,以便检修。

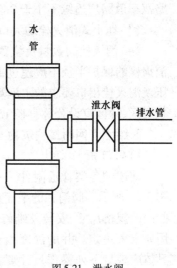

图 5-21　泄水阀

消火栓按其水压可分为低压式和高压式两种;按其设置条件分为室内式和室外式以及地上式和地下式两种(图 5-22)。

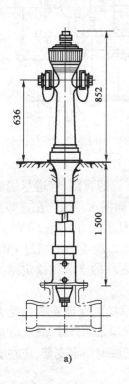

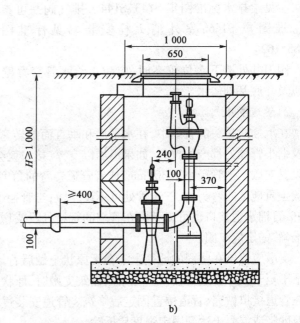

图 5-22　消火栓(尺寸单位:mm)

a)地上式消火栓;b)地下式消火栓

消火栓的设置应符合下列要求:

(1)室外消防栓宜采用地上式,应沿道路敷设;距一般路面边缘不大于 5m,距建筑物外墙不小于 5m。

(2)为了防止消火栓被车辆撞坏,地上式消火栓距城市道路路面边缘不小于 0.5m;距公路双车道路肩边缘不小于 0.5m;距自行车道中心线不小于 3m。

（3）地上式消火栓的大口径出水口应面向道路;地下式消火栓应有明显标志。

（4）消火栓的数量及位置应按其保护半径及被保护对象的消防用水量等综合计算确定;消火栓的保护半径不应超过 120m;高压消防给水管道上的消火栓的出水量应根据管道内的水压及消火栓出口要求的水压算定,低压给水管道上公称直径为 100mm、150mm 的消火栓(工艺装置区、罐区宜设公称直径 150mm 的消火栓)的出水量可分别取 15L/s、30L/s。

3. 给水管网附属构筑物

1）阀门井

前述的各类管道附件一般应安装在阀门井内,如图 5-23 所示。阀门井的平面尺寸由给水管的直径以及阀门的规格尺寸、安装及维修的操作尺寸要求、建造费用要求来决定。井的深度由给水管的埋设深度决定。具体应满足下列操作尺寸要求:井底到给水管承口或法兰盘底的距离至少应为 0.1m,法兰盘到井壁的距离至少应为 0.15m,承口外缘到井壁的距离至少应为 0.3m。

阀门井多为砖砌,也可用钢筋混凝土建造,但是造价相对升高。阀门井的断面尺寸可为圆形或矩形,具体可参见给排水标准图集 S143、S144。排气阀井可参见标准图集 S146,室外消火栓安装参见标准图集 88S162。

阀门井处地下水位较高时,应防止给水管穿井壁处以及井底基础渗水。

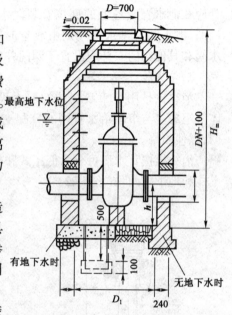

图 5-23 阀门井(尺寸单位:mm)

2）管道支墩

在承插式接头的管线中,在水平面和垂直面的转弯处、三通支管的背部、管道尽端的管堵以及缩小管径处都产生拉力,如果不加以支撑,接口就会松动脱节而漏水。因此在这些部位必须设置支墩。当管径小于 300mm,或者管道转弯的角度小于 10°,且水压力不超过 1MPa 时,在一般土质地区的弯头处、三通管处可不设支墩;当管径小于 400mm,试验压力不超过 1MPa 时,油麻、石棉水泥接口也可以不必在管端的管堵处设支墩。管道或附件的支墩和锚定结构应位置准确,锚定应牢固。

支墩应修筑在坚固的地基上。在无原状土做后背墙时,应采取措施保证支墩在受力的情况下不至于破坏管道的接口。当采用砌筑支墩时,原状土与支墩间应采用砂浆填筑,管道支墩应在管道接口做完、管道位置固定后修筑。管道安装过程中设置的临时固定支架,应在支墩的砌筑砂浆或混凝土达到固定强度后拆除。

给水支墩的设置参见给排水标准图集 03S504、03S505。给水管道支墩示意图见图 5-24。

3）给水管道穿越障碍物

给水管道通过铁路、公路、河道及深谷等障碍物时必须采取一定的措施。管线穿越铁路、公路时,应按照有关铁道部门穿越铁路的技术规范并根据铁路的重要性,采取如下措施:

（1）穿越临时铁路或一般公路,或非主要路线且给水管埋设较深时,可不设套管,但应尽量将铸铁管接口放在铁路两股道之间,并用青铅接头,钢管则应有防腐措施。

136

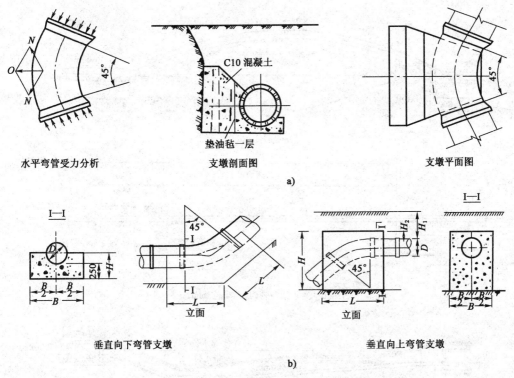

水平弯管受力分析　　　支墩剖面图　　　支墩平面图

a)

垂直向下弯管支墩　　　　　　　　　　垂直向上弯管支墩

b)

图 5-24　给水管道支墩

a)水平弯管支墩;b)垂直弯管支墩

(2)穿越较重要的铁路或交通繁忙的公路时,水管须放在钢筋混凝土套管内,套管直径根据施工方法而定,大开挖施工时应比给水管直径大 300mm,顶管方法施工时应较给水管的直径大 600mm。穿越铁路或公路时,水管管顶应在铁路路轨底或公路路面以下 1.2m 左右。

管道穿越铁路时,两端应设检查井,井内设阀门或排水管等,见图5-25。

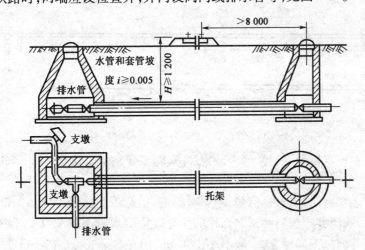

图 5-25　设套管穿越铁路的给水管(尺寸单位:mm)

(3)管线穿越河川山谷时,可利用现有桥梁架设水管(图5-26),或敷设倒虹管(图5-27),或建造水管桥,应根据河道特性、通航情况、河岸地质地形条件、过河管材料和直径、施工条件选用。

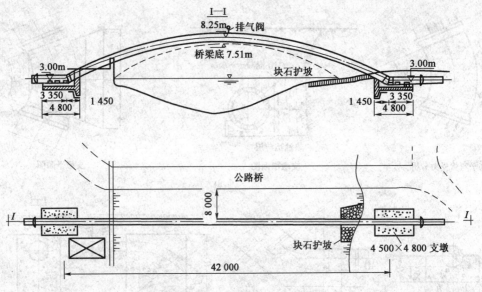

图 5-26　给水架空管(尺寸单位:mm)

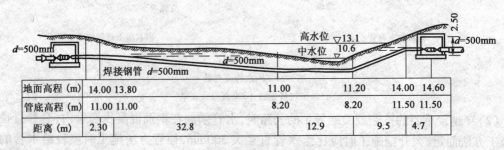

纵剖面

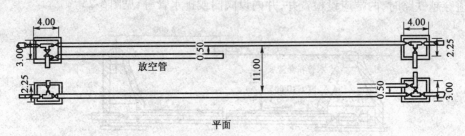

平面

图 5-27　给水倒虹管(尺寸单位:m)

　　给水管架设在现有桥梁下穿越河流最为经济,施工和检修比较方便,通常水管架在桥梁的人行道下。

　　倒虹管从河底穿越,其优点是隐蔽,不影响航运,但施工和检修不便。倒虹管设置一条或两条,在两岸应设阀门井。阀门井顶部高程应保证发生洪水时不致淹没。井内有阀门和排水管等。倒虹管顶在河床下的深度,一般不小于 0.5m,但在航道线范围内不应小于 1m。

　　倒虹管一般用钢管,并须加强防腐措施。当管径小、距离短时可用铸铁管,但应采用柔性接口。倒虹管直径按流速大于不淤积流速计算,通常小于上下游的管线直径,以降低造价和增加流速,减少管内淤积。

　　大口径水管由于质量大,架设在桥下有困难时,或当地无现成桥梁可利用时,可建造水管桥架空跨越河道。水管桥应有适当高度以免影响航行。架空管一般用钢管或铸铁管,以便于检修。可以用青铅接口,也有采用承插式预应力钢筋混凝土管。在过桥水管或水管桥的最高点,应安装排气阀,并且在桥管两端设置伸缩接头。在冰冻地区应有适当的防冻措施。

钢管过河时,本身也可以作为承重结构,成为拱管,施工简便,且可节省假设水管桥所需的支承材料。一般拱管的矢高和跨度比约为 1/8~1/6,常用的是 1/8。拱管一般由每节长度为 1~1.5m 的短管焊接而成,焊接的质量要求高,以免吊装时拱管下垂或开裂。拱管在两岸有支座,以承受各种作用在拱管上的作用力。

五、给水管道工程施工图

给水管道施工图是给水管道施工的最重要的依据,同时也是施工合同管理及工程计量计价的重要依据。给水管道的施工图一般由带状平面图、纵剖面图、大样图组成。

1.带状平面图

管道带状平面图在管网规划的基础上设计。如图 5-28a)所示。它体现管道及附属构筑物的平面位置,通常采用 1:500~1:100 的比例,带状图的宽度通常根据表明管道相对位置而定,一般在 30~100m 范围内。由于带状平面图是截取地形图的一部分,因此地形图上的地物、地貌的标记应与相同比例的地形图一致,并按照管道的有关要求在图上标注以下内容:

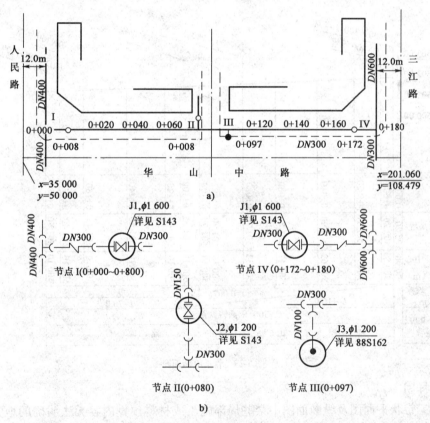

图 5-28　管道带状平面图及节点大样图
a)管道带状平面图;b)管道节点大样图

(1)图纸比例、说明和图例;

(2)现状道路或规划道路中心线及折点坐标;

139

(3)管道代号、管道与道路中心线或永久性地物间的相对距离、间距;节点号、管道距离、管道转弯处坐标、管道中心的方位角、穿越的障碍物坐标等。

(4)与本管道相交、相近或平行的其他管道的位置及相互关系。

(5)附属构筑物的平面位置。

(6)主要材料明细表及图纸说明。

2.纵断面图

纵断面图主要体现管道的埋设情况,如图 5-29 所示。纵断面图常以水平距离为横轴、高程为纵轴,横轴的比例常与带状平面图一致,纵轴的比例常为横轴的 5 ~ 20 倍,常采用 1∶50 ~ 1∶100 的比例。纵断面图上应反映以下内容:

(1)图纸横向比例、纵向比例、说明和图例;

(2)管道沿线的原地面高程和设计地面高程;

(3)管道的管中心高程和埋设深度;

(4)管道的敷设坡度、水平距离和桩号;

(5)管径、管材和基础;

(6)附属构筑物的位置、其他管线的位置及交叉处的管底高程;

(7)施工地段名称。

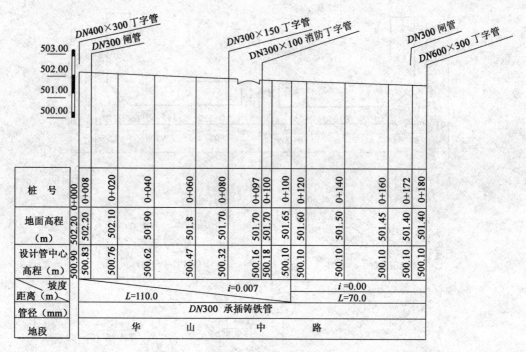

图 5-29　管道纵断面图

3.大样图

当施工带状平面图及纵断面图中某些局部施工或材料预算内容无法明确的地方,可以用施工大样图来表达。给水管道工程中的大样图可以分为管件组合的节点大样、附属设施(各种井类、支墩等)的施工大样图、特殊管段(穿越河谷、铁路、公路等)的布置大样图。

给水管网的管线相交点称为节点。节点位置上常有管件(三通、四通、弯头、渐缩管等)和附件(消火栓、各类阀门等)。节点上的这些管件或附件应以标准符号标出,可以不按比例画

140

出,但是其管线的方向和相对位置应与给水总平面图一致。特种配件也应绘出或标明。为便于识读,节点大样图一般直接标注在带状平面图上,如图5-28b)所示。其中节点大样图例见图5-30所示。也可将带状平面图上的相应节点放大,标注配件和附件的组合情况。

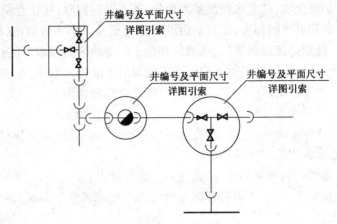

图5-30　管网节点大样图图例

对于施工大样图主要是指阀门井、消火栓井、排气阀井、泄水井、支墩等的施工详图,一般由平面图和剖面图组成,如图5-23所示的阀门井。一般可以通过给水排水标准图集获得。识读时应主要弄清楚以下内容:

(1)井的平面尺寸、竖向尺寸、井壁厚度;

(2)井的组砌材料、强度等级、基础做法、井盖材料及大小;

(3)管件的名称、规格、数量及其连接方式;

(4)管道穿越井壁的位置及穿越处的构造;

(5)支墩的大小、形状及组砌材料。

第二节　市政排水管道工程

一、市政排水管道工程概述

1. 市政排水系统的任务及组成

1)污水的分类

在城镇,从住宅、工厂及各种公共建筑中不断地排出污水,同时还可能伴随着城市雨水及冰雪融化水等,按照来源的不同,污水分为生活污水、工业废水和降水。

生活污水主要是指居民在日常生活中排出的废水,主要来自住宅、学校、医院、公共建筑和工业企业的生活间等部分,这类污水中含有大量有机和无机污染物,如蛋白质、碳水化合物、脂肪、氨氮、洗涤剂和尿素等,还有常在粪便中出现的病原微生物(寄生虫卵、传染性病菌和病毒等)。这类污水受污染程度比较严重,是废水处理的重点对象。

工业废水是指工业企业在生产过程中所排出的废水,主要来自各车间或矿场。由于工业企业的生产类别、工艺过程、使用的原材料以及用水的成分不同,工业废水的水质和水量变化较大。一类工业废水被用做冷却水和洗涤水后排出,受到较轻微的水质污染或温度变化,这类废水往往经过简单处理后就可重复使用或排入水体;另一类工业废水在生产过程中受到严重

141

污染,例如许多化工生产废水,含有很高浓度的污染物质,甚至含有大量有毒有害物质,必须给予严格的处理。工业废水和生活污水合称为城市污水,简称为污水。

降水即大气降水,包括液态降水(如雨、露)和固态降水(雪、冰雹、霜等)。前者通常主要是降雨,后者主要是融化水,这类水径流量大而急,若不及时扫除,往往会积水成灾,阻塞交通、淹没房屋,造成生命和财产的损失,尤其是山洪水危害更甚。雨水较清洁,但初降的雨水却挟带大量污染物质。特别是流经制革厂、炼油厂和化工厂等地区的雨水,可能会含有这些部门的污染物质。因此,流经这些地区的雨水应经适当处理后才能排入水体,有些国家已经对初降雨水进行了处理。在水资源缺乏的地区,降水尽可能被收集和利用。

2)市政排水系统的任务

上述污水如不及时地收集、处理、排放,必将对环境造成污染,对人体健康构成威胁,甚至形成灾害。市政排水系统的基本任务是:

(1)及时地收集城市污水和雨水,并输送至指定的地点;

(2)合理地处理城市污水,排放并逐渐加以综合利用或者重复利用,以实现水资源的可持续利用。

3)市政排水系统的组成

城市排水系统是指收集、输送、处理和排放(或综合利用)污水和雨水的设施系统。通常由排水管道系统、污水处理系统及污水排放系统组成,如图5-31所示。

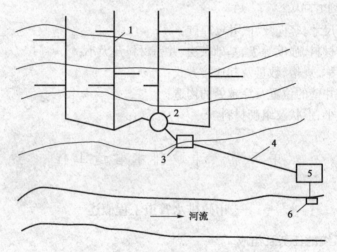

图5-31 排水系统图

1-排水管道;2-水量调节池;3-提升泵站;4-输水管道;5-污水处理厂;6-出水口

排水管道系统的作用是收集、输送污水,由管(渠)及其附属构筑物(检查井、跌水井、倒虹管、溢流井等)、泵站等设施组成。

污水处理系统的作用是将管(渠)系统中收集的污水处理达标后排放至水体或加以综合利用,由各种处理构筑物组成。污水处理系统主要设置在污水厂(站)内。包括各种采用物理、化学、生物等方法的水质净化设备和构筑物。由于污水的水质差异大,采用的污水处理工艺各不相同,常用的物理处理工艺有格栅、沉淀、过滤等;常用化学处理工艺有中和、氧化还原、化学沉淀等;常用生物化学处理工艺有活性污泥法、生物滤池、氧化沟、稳定塘等,具体处理工艺详见《水处理工程技术》一书。

污水排放系统包括废水受纳体(如自然水体、土壤等)和最终处置设施,如出水口、稀释扩

142

散设施、隔离设施等。

2.排水体制

如前所述,市政污水有生活污水、工业废水和雨水。这些污水是采用一套管渠系统还是采用两个或两个以上独立的管渠系统排除? 排水体制主要解决此类问题。排水体制是指污水收集、排除、处理及排放的方式。简言之,排水体制指排水方式。它分为两种基本的形式:合流制和分流制。

1)合流制

合流制是指用一套管渠系统收集和输送城市污水和雨水的排水方式。即降雨时,排水管道系统中存在着雨水和城市污水合流的混合污水。根据污水汇集后处置方式的不同,可把合流制分为以下三种情况。

(1)直泄式合流制。如图 5-32 所示,管道系统的布置就近排向水体,管道中混合的污水未经处理就直接排入水体,我国许多老城市的旧城区大多采用这种排水体制。这是因为以前工业不发达,城市人口不多,生活污水和工业废水量不大,直接排入水体后对环境造成的污染还不明显。但随着城市和工业的发展,人们的生活水平不断提高,污水量不断增加且污染物质日趋复杂,造成的污染将日益严重。因此这种方式在新建城区或工业区已经不允许采用。

(2)截流式合流制。如图 5-33 所示,在沿排水区域的低边敷设一条截流干管,同时在截流干管和合流干管交汇处的适当位置上设置溢流井,并在下游设置污水处理厂,污水经处理后排放水体。它是直泄式发展的结果。非降水时,管道中只输送生活污水或工业废水,并将其在污水处理厂中进行处理后再排放。降水初期时,生活污水或工业废水和初降雨水被输送到污水处理厂经处理后排放,随着降雨量的不断增大,生活污水、工业废水和雨水的混合液也在不断增加,当该混合液的流量超过截流干管的截流能力后,多余的混合液就经溢流井溢流排放。该溢流排放的混合污水同样会对受纳水体造成污染,有时甚至到了不能容忍的地步。为了减轻对水体的污染,可以在溢流井附近建造储存池,将雨天时溢流的污水储存,待非雨时再将储存的污水送至污水厂进行处理,或者在排水系统的中下游设置调节池、沉淀池等设施,对雨污混合污水和雨水进行储存调节,待非雨时提升或凭借重力流至污水管渠,经管渠流至污水处理厂进行处理再排放。当然条件允许的情况下,可以将截流式合流制改建成分流制,以减轻溢流混合污水对水体造成的污染。

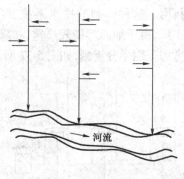

图 5-32 直泄式合流制

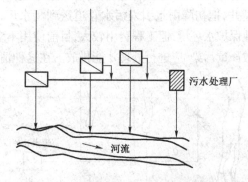

图 5-33 截流式合流制

(3)完全合流制。完全合流制是将城市污水和雨水全部合流于一套管渠系统内,且全部送往污水处理厂进行处理后再排放(图 5-34)。此时,污水处理厂的设计负荷大,要容纳降雨的全部径流量,这就给污水厂的运行管理带来很大的困难,其水量和水质在旱时与降雨时变化很大,不利于污水的生物处理;同时,处理构筑物过大,平时也很难全部发挥作用,造成很大程度的浪费。此种体制可以在干旱少雨的地方采用。

2)分流制

分流制指用不同管渠系统分别收集和输送各种城市污水和雨水的排水方式。排除生活污水和工业废水的管渠系统称为污水排水系统;排除雨水的管渠系统称为雨水排水系统。根据排除雨水方式的不同,分流制分为以下三种情况。

(1)完全分流制。完全分流制是将城市的生活污水和工业废水用一套管道系统排除,而雨水用另一套管道系统来排除。如图5-35所示为完全分流制排水方式,完全分流制中有一套完整的污水管道系统和一套完整的雨水管道系统,这样可将城市的生活污水和工业废水送至污水厂进行处理,克服了完全合流制的缺点,同时减小了污水管道的管径。但完全分流制的管道总长度大,施工难度较大且雨水管道只有在降水地面发生径流时才发挥作用,因此完全分流制初期投资大,造价高。

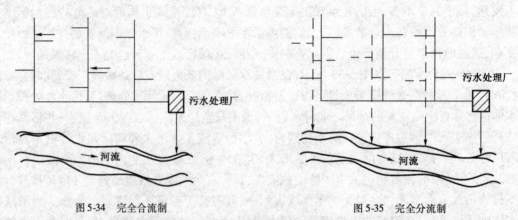

图5-34 完全合流制   图5-35 完全分流制

(2)不完全分流制。受经济条件的限制,在城市中只建设一套完整的污水排水系统,不建雨水排水系统,雨水沿道路边沟排除,或为了补充原有渠道系统输水能力的不足只建一部分雨水管道,待城市发展后再将其改造成完全分流制,如图5-36所示。

(3)半分流制排水系统。半分流制排水系统既有污水排水系统,又有雨水排水系统。由于初降雨水污染较严重,必须进行处理才能排放,因此,在雨水截流干管上设置溢流井或雨水跳越井,把初降雨水引入污水管道送到污水厂,并处理和利用。这种体制的排水系统,可以更好地保护水环境,但工程费用较大,目前使用不多。在一些工厂,由于地面污染较严重,初降雨水也被严重污染,应进行处理才能排放。在这种情况下,可以考虑采用半分流制,如图5-37所示。

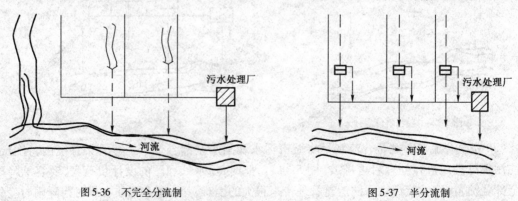

图5-36 不完全分流制   图5-37 半分流制

排水体制的选择,应根据城市和工业企业规划、当地降雨情况、排放标准、原有排水设施、污水处理和利用情况、地形和水体、施工条件、管道维护等条件,在满足环境保护要求的前提下,通过技术经济比较,综合考虑而定。从工程造价来看,据国外有的经验认为,合流制排水管道的造价比完全分流制的造价低 20% ~ 40%,但是合流制比分流制泵站及污水处理厂的造价高。从运行管理来看,非雨时合流制管道中污水的流速小,污水中的杂物易于沉积,且污水处理厂在降雨时和非雨时的运行负荷相差较大,均给运行维护带来麻烦。相对而言,对分流制排水系统,污水管道中流量及污水处理厂的运行负荷不因雨水而变化,因而管理比合流制简单。从环境保护方面来看,如果合流制排水系统中将管道系统所截流的城市污水和雨水全部送至污水厂处理后排放,对环境很有利,但是不经济。截流制合流制中,非雨时将城市污水全部送至污水处理厂处理后排放,降雨时将城市污水及初期雨水截流至污水处理厂处理后排放,但是降雨到一定程度后,从溢流井中溢出的混合污水对水体污染很严重。在国外的排水体制中,合流制所占的比例相当高。我国《室外排水设计规范》(GB 50014—2006)规定,在新建的城区,排水系统一般采用分流制,但在附近有充沛水量的河流或近海,发展又受到限制的小城镇地区,在街道较窄,地下设施较多,修建污水和雨水两条管线有困难的地区,或在雨水稀少,污水全部处理的地区,采用合流制是有利且合理的。

3. 区域排水系统

将两个或两个以上城镇地区的污水统一排出和处理的系统,称为区域(或流域)排水系统。区域是按照地理位置、自然资源和社会经济发展情况划定的,这种规划可以在一个更大范围内统筹安排经济、社会和环境发展的关系。区域规划有利于对污水的所有污染源进行全面规划和综合整治及水污染防治,有利于建立区域或流域性排水系统。

区域排水系统以一个大型区域污水厂代替许多分散的小型污水厂,这样降低污水的基建和运行管理费用,而且能可靠地防止工业和人口稠密地区的地面水污染,改善和保护环境。实践证明,生活污水和工业废水的混合治理效果以及控制的可靠性,大型区域的污水处理厂比分散的小型污水厂要高。区域排水系统由局部单项治理发展至区域综合治理,是控制水污染、改善和保护环境的新的发展方向。要解决好区域综合治理,应运用系统工程学的理论和方法以及现代计算机技术和控制理论,对复杂的各种因素进行系统分析,建立各种模拟试验和数学模式,寻找污染控制的设计和管理的最优方案。

区域排水系统的组成如图 5-38 所示,包括区域干管、主干管、泵站、污水厂等。全区有 6 座已建和新建的城镇,在已建的城镇中分别建造了污水厂,按照区域排水系统的规划,废除了原建的各城镇(A 城、B 城、D 城)的污水厂,用一个区域污水厂处理全区排出的污水,并根据需要设置了泵站。

在欧美、日本等一些国家,区域排水系统正在被推广使用。其优点有:

(1)污水厂数量少,处理设施大型化,单位水量的基建和运行管理费用低,因此经济合理;

(2)污水资源利用与污水排放的体系合理化,可形成统一的水资源管理体系。

其不足的方面有:

(1)当排入大量的工业废水时,可能会使污水处理发生困难;

(2)工程设施规模大,造成运行管理困难,一旦区域污水处理厂运行管理不当,对整个河流影响大;

(3)因工程设施规模大,基建投入大,收回投资的期限较长。

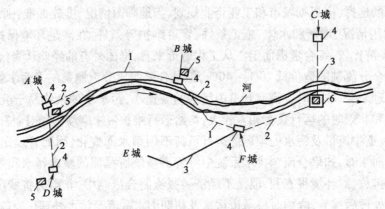

图 5-38　区域排水系统平面示意图

1-区域干管;2-区域压力管道;3-新建城市污水干管;4-泵站;5-废除的城市污水厂;6-区域污水厂

二、城市排水管道系统的组成

城市排水管道系统的组成是城市排水系统很重要的组成部分,工程造价占整个城市排水系统的 70%～80%。下面按照排水体制的不同对分流制以及合流制分别讲述。对于分流制排水系统,城市排水管道系统由污水管道系统和雨水管道系统组成。

1.污水管道系统

城市污水管道系统包括小区污水管道系统和市政污水管道系统两部分。小区污水管道系统主要是收集小区内各建筑物排出的污水(生活污水或工业废水),并将其输送到市政污水管道系统中。一般由接户管、小区支管、小区干管、小区主干管等管线及检查井、泵站等附属设施组成。

如图 5-39 所示。接户管(或出户管)承接某一建筑物排出的污水,并将其输送到小区支管;小区支管承接若干接户管的污水,并将其输送到小区干管;小区干管承接若干个小区支管的污水,并将其输送到小区主干管;小区主干管承接若干个小区干管的污水,并将其输送到市政污水管道系统中或小区的污水处理系统后排放或复用。

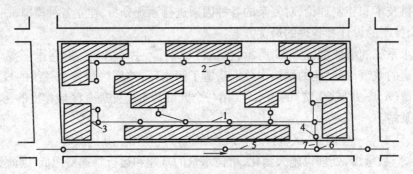

图 5-39　小区污水管道平面示意图

1-小区污水管道;2-小区污水检查井;3-出户管;4-小区污水控制检查井;5-市政污水管道;6-市政污水检查井;7-连接管

市政污水管道系统主要承接城市内各小区的污水,并将其输送到污水处理系统,经处理后再排放或复用。市政污水管道系统一般由支管、干管、主干管等管线及检查井、泵站、出水口、事故出水口等附属设施组成。支管承接若干小区主干管的污水,并将其输送到干管中;主干管承接若干干管的污水,并输送至污水处理厂,如图 5-40 所示。

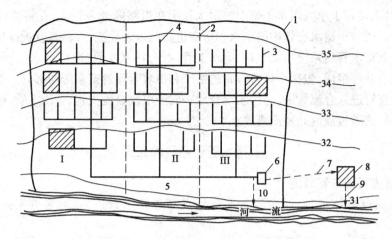

图 5-40　某城市污水管道排水系统总平面示意图

I、II、III-排水流域;1-城市边界;2-排水流域分界线;3-支管;4-干管;5-主干管;6-总泵站;7-压力管道;8-城市污水厂;9-出水口;10-事故排出口

2. 雨水管道系统

降落在屋面上的雨水由檐沟或天沟、雨水斗收集,通过落水管输送到地面,与降落在地面上的雨水一起形成地表径流,然后通过雨水口收集流入小区的雨水管道系统,经过小区的雨水管道系统流入市政雨水管道系统,然后通过出水口排放。因此雨水管道系统包括小区雨水管道系统和市政雨水管道系统两部分,如图5-41所示。

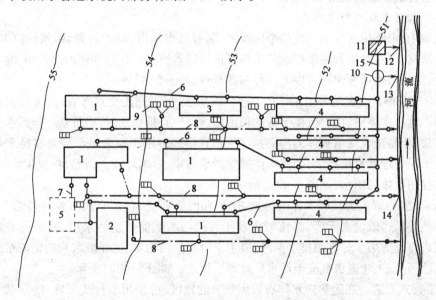

图 5-41　小区雨水及污水管道系统平面示意图

1-生产车间;2-办公室;3-值班宿舍;4-职工宿舍;5-废水利用车间;6-生产与生活污水管;7-特殊污染生产污水管道;8-生产废水与雨水管道;9-雨水口;10-污水泵站;11-废水泵站;12-出水口;13-事故排出口;14-雨水出水口;15-压力管道

小区雨水管道系统是收集、输送小区地表径流的管道及其附属构筑物,包括雨水口、小区雨水支管、小区雨水干管、雨水检查井等。

市政雨水管道系统是收集小区和城市道路路面上的地表径流的管道及其附属构筑物。包括雨水支管、雨水干管以及雨水口、检查井、雨水泵站、出水口等附属设施。

147

雨水支管承接若干小区雨水干管中的雨水和所在道路的地表径流,并将其输送到雨水干管;雨水干管承接若干雨水支管中的雨水和所在道路的地表径流,并将其就近排放。对于合流制排水系统,其排水管道系统由雨水口、雨水支管、混合污水支管、混合污水干管、混合污水主干管、污水检查井等组成,包括小区合流管道系统和市政合流管道系统两部分。雨水经雨水口收集,由雨水支管进入合流管道,与污水混合后一同经市政合流支管、合流干管、截流主干管进入污水处理厂,或通过溢流井溢流排放。

三、排水管道系统的布置

1. 排水管道系统布置原则

(1)按照城市总体规划,结合当地实际情况布置排水管道,并对多方案进行技术经济比较。

(2)首先确定排水区界、排水流域和排水体制,然后布置排水管道,应按从主干管、干管、支管的顺序进行布置。

(3)充分利用地形,尽量采用重力流排除最大区域的污水和雨水,并力求使管线最短和埋深最浅。

(4)协调好与其他地下管线和道路等工程的关系,考虑好与小区或企业内部管网的衔接。

(5)规划时要考虑使管渠的施工、运行和维护方便。

(6)规划布置时应远近期相结合,考虑分期建设的可能性,并留有充分的发展余地。

2. 排水管道系统布置形式

1) 排水管道系统的布置形式

在城市中,市政排水管道系统的平面布置,随着城市地形、城市规划、污水厂位置、河流位置及水流情况、污水种类和污染程度及工程造价等因素而定。在这些影响因素中,地形是最关键的因素,按城市地形考虑可有以下六种布置形式,如图5-42所示。

(1)正交式布置。在地势向水体适当倾斜的地区,可采用正交式布置,这种形式是使各排水流域的干管与水体垂直相交,使干管的长度短、管径小、排水及时、造价低。但污水未经处理就直接排放,容易造成受纳水体的污染。这种布置形式多用于原老城市合流制排水系统。但由于污水未经处理就直接排放,会使水体遭受严重污染,影响环境。因此,在现代城镇中,这种布置形式仅用于排除雨水,如图5-42a)所示。

(2)截流式布置。为减轻水体的污染,保护和改善环境,在正交式布置的基础上,若沿排水流域的地势低边敷设主干管,将流域内各干管的污水截流送至污水厂,就形成了截流式布置。截流式布置适用于分流制排水系统,以主干管将生活污水、工业废水和初期雨水或各排水区域的生活污水、工业废水截流至污水厂处理后排放,如图5-42b)所示。

(3)平行式布置。在地势向水体有较大倾斜的地区,可采用平行式布置,使排水流域的干管与水体或等高线基本平行,主干管与水体或等高线成一定斜角敷设。这样可避免干管坡度和管内水流速度过大而使干管受到严重冲刷,如图5-42c)所示。

(4)分区式布置。在地势高差很大的地区,可采用分区式布置。即在高地区和低地区分别敷设独立的管道系统,高地区的污水靠重力直接流入污水厂,而低地区的污水则靠泵站提升至高地区的污水厂。也可将污水厂建在低处,低地区的污水靠重力直接流入污水厂,而高地区的污水则跌水至低地区的污水厂。其优点是充分利用地形,节省电力,如图5-42d)所示。

(5)分散式布置。当城市中央地势高,地势向周围倾斜,或城市周围有河流时,可采用分散式布置。即各排水流域具有独立的排水系统,其干管呈辐射状分布。其优点是干管长度短、管径小、埋深浅,但需建造多个污水厂,如图5-42e)所示。因此,适宜排除雨水。

(6)环绕式布置。在分散式布置的基础上,敷设截流主干管,将各排水流域的污水截流至污水厂进行处理,便形成了环绕式布置,它是分散式发展的结果,适用于建造大型污水厂的城市,如图5-42f)所示。

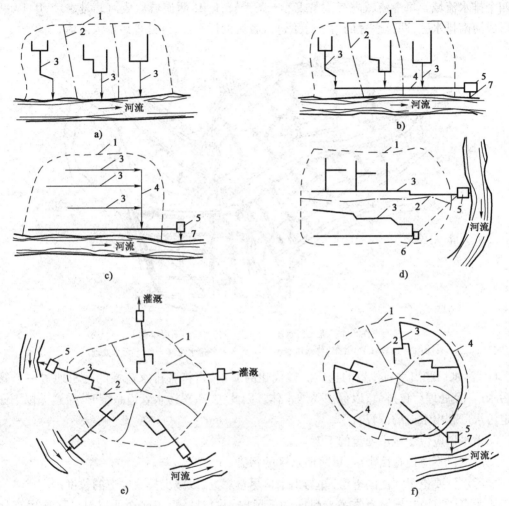

图5-42 市政排水管道系统布置形式

a)正交式;b)截流式;c)平行式;d)分区式;e)分散式;f)环绕式

1-城镇边界;2-排水流域分界线;3-干管;4-主干管;5-污水厂;6-污水泵站;7-出水口

2)污水管道系统布置的主要内容

污水管道系统布置的主要内容有:确定排水区界,划分排水流域;选择污水厂出水口的位置;拟定污水主干管及干管的路线;确定需要提升的排水区域和设置泵站的位置等。平面布置的合理与否,会影响整个排水系统的投资。

(1)确定排水区界、划分排水流域。污水排水系统设置的界限为排水区界。它是根据城市规划的设计规模确定的。一般情况下,凡是卫生设备设置完善的建筑区都应布置污水管道。

在排水区界内,一般根据地形划分为若干个排水流域。在丘陵和地形起伏的地区,流域的分界线与地形的分水线基本一致,由分水线所围成的地区即为一个排水流域。在地形平坦无

149

显著分水线的地区,应使主干管在最小埋深的情况下,让绝大部分污水自流排出。如有河流或铁路等障碍物贯穿,应根据地形情况,周围水体情况及倒虹管的设置情况等,经过方案比较,决定是否分为几个排水流域。每一个排水流域应有一根或一根以上的干管,根据流域高程情况,就能确定干管水流方向和需要污水提升的地区。

图5-43所示为某市排水流域的划分。该市被河流划分为四个区域,根据自然地形,划分为四个排水流域。每个流域内有一条或若干条干管,I、III两流域形成河北排水区,II、IV两流域形成河南排水区,两排水区的污水分别进入各区的污水厂,经处理后排入河流。

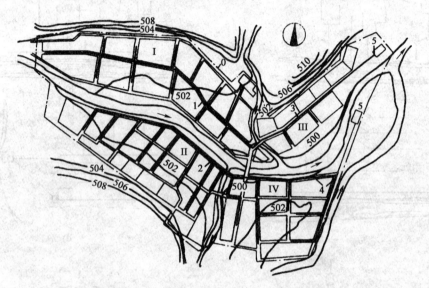

图5-43 某市排水流域的划分及污水管道平面布置

0-排水区界;I、II、III、IV-排水流域编号;1、2、3、4-各排水流域干管;5-污水处理厂

(2)污水厂和出水口位置的选定。现代化的城镇,需将各排水流域的污水通过主干管送到污水厂,经处理后再排放,以保护受纳水体。因此,在布置污水管道系统时,应遵循以下原则选定污水厂和出水口的位置:

①出水口应位于城市河流的下游。

②出水口不应设在回水区,以防回水区的污染。

③污水厂要位于河流的下游,并与出水口尽量靠近,以减少排放渠道的长度。

④污水厂应设在城镇夏季主导风向的下风向,并与城镇、工矿企业以及郊区居民点保持300m以上的卫生防护距离。

⑤污水厂应设在地质条件较好,不受雨洪水威胁的地方,并有扩建的余地。

综合考虑以上原则,在取得当地卫生和环保部门同意的条件下,确定污水厂和出水口的位置。

(3)污水管道的布置与定线。污水管道平面布置,一般按主干管、干管、支管的顺序进行。在总体规划中,只决定污水主干管、干管的走向与平面位置。在详细规划中,还要决定污水支管的走向及位置。

在进行定线时,要在充分掌握资料的前提下综合考虑各种因素,使拟定的路线能因地制宜地利用有利条件避免不利条件。通常影响污水管道平面布置的主要因素有:地形和水文地质条件;城市总体规划、竖向规划和分期建设情况;排水体制、路线数目;污水处理利用情况、污水

150

处理厂和排放口位置;排水量大的工业企业和公共建筑情况;道路和交通情况;地下管线和构筑物的分布情况。

地形是影响管道定线的主要因素。定线时应充分利用地形,在整个排水区域较低的地方,如集水线或河岸低处敷设主干管及干管,便于支管的污水自流接入。地形较复杂时,宜布置成几个独立的排水系统,如由于地表中间隆起而布置成两个排水系统。若地势起伏较大,宜布置成高低区排水系统,高区不宜随便跌水,利用重力排入污水厂并减少管道埋深;个别低洼地区应局部提升。

污水主干管的走向与数目取决于污水厂和出水口的位置与数目。如大城市或地形平坦的城市,可能要建几个污水厂,分别处理与利用污水,这就需设几个主干管。若几个城镇合建污水厂,则需建造相应的区域污水管道系统。

污水干管一般沿城镇道路敷设,不宜设在交通繁忙的快车道下和狭窄的道路下,也不宜设在无道路的空地上,而通常设在污水量较大或地下管线较少一侧的人行道、绿化带或慢车道下。道路宽度超过40m时,可考虑在道路两侧各设一条污水管,以减少连接支管的数目以及与其他管道的交叉,并便于施工、检修和维护管理。污水干管最好以排放大量工业废水的工厂(或污水最大的公共建筑)为起端,除了能较快发挥效用外,还能保证良好的水力条件。

污水支管的平面布置取决于地形及街区建筑特征,并应便于用户接管排水。当街区面积较小而街区污水管道可采用集中出水方式时,街道支管敷设在服务街区较低侧的街道下,如图5-44a)所示,称低边式布置;当街区面积较大且地形平坦时,宜在街区四周的街道敷设污水支管,如图5-44b)所示,建筑物的污水排出管可与街道支管连接,称周边式;当街区已按规定确定,街区内的污水管道已按各建筑物的需要设计,组成一个系统时,可将该系统穿过其他街区并与所穿过的街区的污水管道相连接,如图5-44c)所示,称为穿坊式布置。

(4)确定污水管道系统的控制点和泵站的设置地点。控制点是指在污水排水区域内,对管道系统的埋深起控制作用的点。各条干管的起点一般都是这条管道的控制点。这些控制点中离出水口最远的点,通常是整个管道系统的控制点。具有相当深度的工厂排出口或者某些低洼地区的管道起点也可能成为整个管道系统的控制点,它的埋深影响整个管道系统的埋深。从而影响整个市政排水管道工程的造价。确定控制点的管道埋深,一方面应根据城市的竖向规划,保证排水区域内各点的污水都能自流排出,并考虑留有适当的余地;另一方面,不能因照顾个别点而增加整个管道系统的埋深。对于这些点,应采取加强管材强度,填土提高地面高程以保证管道所需的最小覆土厚度,设置泵站提高管位等措施,以减小控制点的埋深,从而减小整个管道系统的埋深,降低工程造价。

在排水管道系统中,当管道的埋深超过最大允许埋深时,应设置泵站以提高下游管道的管位,以减少管道开挖的土方量,降低工程造价,这种泵站称为中途泵站;当地形起伏较大时,往往需要将地势较低处的污水抽升至地势较高地区的污水管道中,这种抽升局部地区污水的泵站称为局部泵站;污水管道系统终点的埋深一般都很大,而污水厂的第一个处理构筑物埋深较浅,或设在地面以上,这时需要将管道系统输送来的污水抽升到第一个处理构筑物中,这种泵站称为终点泵站或总泵站。泵站设置的具体位置,应综合考虑环境卫生、地址、电源和施工条件等因素,并征得规划、环保、城建等部门的许可。

(5)确定污水管道在街道下的具体位置。随着城镇现代化进程的加快,街道下各种管线以及地下工程设施越来越多,这就需要在各单项管道工程规划的基础上,综合规划,统筹考虑,合理安排各种管线的空间位置,以利于施工和维护管理。

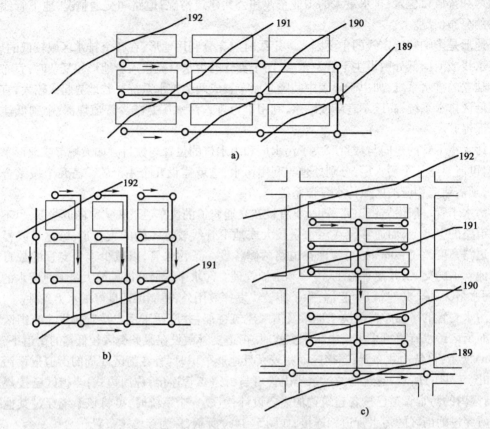

图 5-44 污水支管的平面布置
a)低边式;b)周边式;c)穿坊式

由于污水管道在使用过程中难免会出现渗漏和损坏现象,有可能对附近建筑物和构筑物的基础造成危害,甚至污染生活饮用水。因此,污水管道与建筑物应有一定间距,与生活给水管道交叉时,应敷设在生活给水管的下面。污水管道与其他地下管线或构筑物的最小净距参照表 5-3。

污水管道与其他地下管线或构筑物的最小净距(m)　　　　　　　　表 5-3

名　称			水平净距	垂直净距
建筑物			见注3	
给水管	$d \leqslant 200\text{mm}$		1.0	0.4
	$d > 200\text{mm}$		1.5	
排水管			—	0.15
再生水管			0.5	0.4
燃气管	低压	$P \leqslant 0.05\text{MPa}$	1.0	0.15
	中压	$0.05\text{MPa} < P \leqslant 0.4\text{MPa}$	1.2	0.15
	高压	$0.4\text{MPa} < P \leqslant 0.8\text{MPa}$	1.5	0.15
		$0.8\text{MPa} < P \leqslant 1.6\text{MPa}$	2.0	0.15
热力管线			1.5	0.15
电力管线			0.5	0.5

名　　称		水平净距	垂直净距
电信管线		1.0	直埋 0.5
			管块 0.15
乔木		1.5	—
地上柱杆	通信照明,＜10kV	0.5	
	高压铁塔基础边	1.5	
道路侧石边缘		1.5	—
铁路钢轨(或坡脚)		5.0	轨底 1.2
电车(轨底)		2.0	1.0
架空管架基础		2.0	
油管		1.5	0.25
压缩空气管		1.5	0.15
氧气管		1.5	0.25
乙炔管		1.5	0.25
电车电缆		—	0.5
明渠渠底		—	0.5
涵洞基础底		—	0.15

注:1. 表列数字除注明者外,水平净距均指外壁净距,垂直净距指下面管道的外顶与上面管道基础底间的净距。

　　2. 采取充分措施(如结构措施)后,表列数字可以减小。

　　3. 与建筑物水平净距:管道埋深浅于建筑物基础时,一般不小于 2.5m;管道埋深深于建筑物基础时,按计算确定,但不小于 3.0m。

3. 雨水管渠系统布置

城市雨水管渠系统的布置与污水管道系统的布置相近,但也有它自己的特点。雨水管渠规划布置的主要内容有:确定排水流域与排水方式,进行雨水管渠的定线;确定雨水泵房、雨水调节池、雨水排放口的位置等。

雨水管渠系统的布置,要求使雨水能及时、顺畅地从城镇和厂区内排出去。一般可从以下几个方面进行考虑:

(1)充分利用地形,就近排入水体。规划雨水管线时,首先按地形划分排水区域,进行管线布置。根据分散和直接的原则,尽量利用自然地形坡度,多采用正交式布置,重力流以最短的距离排入附近的池塘、河流、湖泊等水体中。只有当水体位置较远且地形较平坦或地形不利的情况下,才需要设置雨水泵站。一般情况下,当地形坡度较大时,雨水干管宜布置在地形低处或溪谷线上。当地形平坦时,雨水干管宜布置在排水流域的中间,以便尽可能扩大重力流排出雨水的范围。

(2)根据街区及道路规划布置,雨水管道通常应根据建筑物的分布、道路的布置以及街坊或小区内部的地形、出水口的位置等布置雨水管道,使街坊和小区内大部分雨水以最短距离排入雨水管道。道路边沟最好低于相邻街区地面高程,尽量利用道路两侧边沟排除地面径流。雨水管渠应平行与道路敷设,宜布置在人行道或草地下,不宜设在交通量大的道路下。当路宽大于 40m 时,应考虑在道路两侧分别设置雨水管道。雨水干管的平面和竖向布置应考虑与其他地下管线和构筑物在相交处相互协调,以满足其最小净距的要求。

（3）合理布置雨水口，保证路面雨水顺畅排除。雨水口的布置应根据地形和汇水面积确定，以使雨水不至漫过路口。一般在道路交叉口的汇水点、低洼地段，均应设置雨水口。此外，在道路上每隔 25~50m 也应设置雨水口。道路交叉口雨水口的布置如图 5-45 所示。

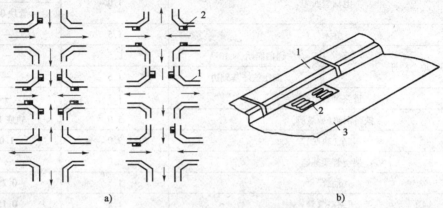

图 5-45 道路交叉口雨水口的布置
a)雨水口在道路上的布置;b)道路边雨水口布置
1-路边石;2-雨水口;3-道路路面

（4）采用明渠和暗渠相结合的形式。在城市市区，建筑密度较大、交通频繁地区，应采用暗管排出雨水，尽管造价高，但卫生情况好，养护方便，不影响交通;在城市郊区或建筑密度低、交通量小的地方，可采用明渠，以节省工程费用，降低造价。在地形平坦、深埋和出水口深度受限制的地区，可采用暗渠(盖板明渠)排出雨水。

（5）出水口的设置。当出口的水体离流域很近，水体的水位变化不大，洪水位低于流域地面高程，出水口的建筑费用不大时，宜采用分散出口，以便雨水就近排放，使管线较短，减小管径。反之，则可采用集中出口。

（6）调蓄水体的布置。充分利用地形，选择适当的河湖水面作为调蓄池，以调节洪峰流量，降低沟道设计流量，减少泵站的设置数量。必要时，可以开挖池塘或人工河，以达到调节径流的目的。调蓄水体的布置应与城市总体规划相协调，把调蓄水体与景观规划结合起来，亦可以把储存的水量用于市政绿化和农田灌溉。

（7）排洪沟的设置。城市中靠近山麓建设的中心区、居住区、工业区，除了应设雨水管道外，还应考虑在规划地区周围设置排洪沟，以拦截从分水岭以内排泄下来的洪水，并将其引入附近水体，避免洪水的损害。

四、排水管渠材料

1. 对排水管渠的要求

（1）排水管渠必须具有足够的强度，以承受外部的荷载和内部的水压，并保证在运输和施工过程中不致破裂。

（2）应具有抵抗污水中杂质的冲刷磨损和抗腐蚀的能力。

（3）必须密闭不透水，以防止污水渗出和地下水渗入。

（4）内壁应平整光滑，以尽量减小水流阻力。

（5）应就地取材，以降低管渠造价，提高进度，减少工程总投资。

2. 常见的排水管渠

排水管材的选择应根据污水性质，管道承受的内、外压力，埋设地区的地质条件等因素确定。在市政中常见的排水管道有混凝土管、钢筋混凝土管、石棉水泥管、陶土管、铸铁管、塑料管等。

1）混凝土管和钢筋混凝土管

混凝土管和钢筋混凝土管适用于重力流排出雨水、污水、引水及农田排灌等。混凝土及钢筋混凝土技术标准见 GB/T 11836—1999。其产品按名称、尺寸（直径×长度）、荷载、标准编号顺序进行标记。示例：公称内径为 300mm 的 I 级混凝土管，其标记为：C 300 × 1000-I-GB11836；公称内径为 500mm 的 II 级钢筋混凝土管，其标记为：RC 500 × 2000-II-GB11836。

混凝土管和钢筋混凝土管按其规格、尺寸和外压荷载系列分为 I 级和 II 级，列入表5-4、表5-5。

混凝土管规格尺寸及外压荷载系列表　　　　表5-4

公称内径 D_0 （mm）	最小长度 L （mm）	I 级 管		II 级 管	
		最小厚度 h （mm）	破坏荷载 P_p （kN/m）	最小厚度 h （mm）	破坏荷载 P_p （kN/m）
100		19	11.5	25	18.9
150		19	8.1	25	13.5
200		22	8.3	27	12.2
250		25	8.6	33	14.6
300	1 000	30	10.3	40	17.8
350		35	12.0	45	19.4
400		40	13.7	47	18.7
450		45	15.5	50	18.9
500		50	17.2	55	20.6
600		60	20.6	65	24.0

钢筋混凝土管规格尺寸及外压荷载系列表　　　　表5-5

公称内径 D_0 （mm）	最小长度 L （mm）	I 级 管			II 级 管		
		最小厚度 h （mm）	荷载（kN/m）		最小厚度 h （mm）	荷载（kN/m）	
			裂缝 P_C	破坏荷载 P_p		裂缝 P_C	破坏荷载 P_p
300		30	15	23	30	19	29
400		35	17	26	40	27	41
500		42	21	32	50	32	48
600		50	25	37.5	60	40	60
700		55	28	42	70	47	71
800	2 000	65	33	50	80	54	81
900		70	37	56	90	61	92
1 000		75	40	60	100	69	100
1 100		85	44	66	110	74	110
1 200		90	48	72	120	81	120
1 350		105	55	83	135	90	140

公称内径 D_0 （mm）	最小长度 L （mm）	I 级 管			II 级 管		
		最小厚度 h （mm）	荷载（kN/m）		最小厚度 h （mm）	荷载（kN/m）	
			裂缝 P_C	破坏荷载 P_p		裂缝 P_C	破坏荷载 P_p
1 500		115	60	90	150	99	150
1 650		125	66	99	165	110	170
1 800	2 000	140	72	110	180	120	180
2 000		155	80	120	200	134	200
2 200		175	84	130	220	145	220
2 400		185	90	140	240	152	230

混凝土和钢筋混凝土管管口的形式主要有承插口、平口、圆弧口、企口等形式，如图 5-46 所示。对应的管子接口形式有套环式、企口式、承插式三种。按管子接口采用的密封材料分为刚性接口和柔性接口两种。柔性接口胶圈或用于顶管施工的管子接口尺寸，由供需双方商定。

图 5-46　混凝土和钢筋混凝土排水管道的管口形式
a）承插口；b）圆弧口；c）平口；d）企口

混凝土管和钢筋混凝土管均以内径标注，混凝土管一般小于 600mm，长度多为 1m。用捣实法制造的管长仅为 0.6m。一般在工厂预制，也可现场浇制。

制作混凝土的材料原料充足，可就地取材，价格低廉，其设备及制造工艺简单，因此被广泛采用。其主要缺点是，抗腐蚀性能差，耐酸碱及抗渗性能差，同时抗沉降、抗震性能差，每节管短，接头多，自重大，搬运麻烦。

当排水管道的管径大于 500mm 时，为了增强管道强度，加钢筋而制成钢筋混凝土管。当管径在 700mm 以上时，管道采用两层钢筋，钢筋的混凝土保护层为 25mm。当管道埋深较大或敷设在土质条件不良地段，以及穿越铁路、河流、谷地时都可以采用钢筋混凝土管。其管内径为 300～2 400mm，管长为 2～3m。若钢筋加以预应力处理，便制成预应力钢筋混凝土管，但这种管材用于排水工程不多，只在承受内压力较高时，或对管材抗弯、抗渗要求较高的特殊工程中应用。

2）陶土管

陶土管又称为缸瓦管，是用塑性耐火黏土制坯，经高温焙烧制成的。为了防止在焙烧的过程中产生裂缝，应加入耐火黏土（或掺入若干矿砂），经过研细、调和、制坯、烘干等过程制成。在焙烧过程中向窑中撒食盐，其目的在于食盐和黏土发生化学作用而在管子的内外表面形成一种酸性的釉，使管子光滑、耐磨、耐腐蚀、不透水，能满足污水管道在技术方面的要求。特别适用于排出酸性、碱性废水的管子，在世界各国被广泛采用。但陶土管质脆易碎、强度低，不能

156

承受内压,管节短,接口多。管径一般不超过 600mm,因为管径太大烧制时易产生变形,难以结合,废品率较高;管长为 0.8 ~ 1.0m。为保证接头填料和管壁牢固接合,在平口端的齿纹和钟口端的齿纹部分都不上釉。表 5-6 为部分陶土管规格表。

陶土管管材规格表　　　　　　　　　表 5-6

序　　号	管径 D(mm)	管长 L(mm)	管壁厚 Δ(mm)	管重(kg/根)	备　　注
1	150	0.9	19	25	
2	200	0.9	20	28.4	
3	250	0.9	22	45	$D = 150 \sim 350$mm,安全内压为 29.4kPa;
4	300	0.9	26	67	
5	350	0.9	28	76.5	$D = 400 \sim 600$mm,安全内压为 19.6kPa,吸水率为 11% ~ 15%,酸碱度为 95% 以上
6	400	0.9	30	84	
7	450	0.7	34	110	
8	500	0.7	36	130	
9	600	0.7	40	180	

3)塑料排水管

塑料排水管具有表面光滑、水力性能好、水力损失小、耐磨蚀、不易结垢、质量小、搬运方便、接口牢靠、漏水率低及价格低等优点,因此,在排水管道工程中已得到应用和普及。其中聚乙烯(PE)管、高密度聚乙烯(HDPE)管和硬聚氯乙烯(UPVC)管的应用较广。但塑料管的强度较低且易老化,管径受技术条件的限制,现在生产的塑料管道,其管径为 15 ~ 400mm。因此作为市政排水管道使用受到一定的限制。

4)金属管

金属管质地坚固,强度高,抗渗性能好,管壁较光滑,水流阻力较小,管节长,接口少,且运输和养护方便。但价格较贵,抗腐蚀性能较差。大量使用会增加工程投资,因此,在排水管道工程中一般采用较少。只有在外荷载很大或对渗漏要求特别高的场合下才采用金属管。如一般排水管穿过铁路、高速公路以及邻近给水管道或房屋基础时,一般都用金属管。通常采用的金属管是排水铸铁管。排水铸铁管经久耐用,有较强的耐腐蚀性,缺点是质地较脆,不耐振动和弯折,质量较大。连接方式有承插式和法兰式两种。

在耐压、耐震动要求高的场合如倒虹管和水泵出水管可以采用钢管。钢管有焊接钢管或者无缝钢管,前面市政给水管材已述。钢管的特点是能耐高压、耐振动、质量较铸铁管轻、单管的长度大和接口方便,但耐腐蚀性差,采用钢管时必须加强防腐并注意绝缘,以防锈蚀。钢管用焊接或法兰接口。

合理选择排水管道,将直接影响工程造价和使用年限,因此排水管道的选择是排水系统设计中的重要问题。主要可从以下三个方面来考虑:一是看市场供应情况;二是从经济上考虑;三是满足技术方面的要求。

在选择排水管道时,应尽可能就地取材,采用易于制造、当地供应充足的材料。在考虑造价时,不但要考虑管道本身的价格,而且还要考虑施工费用和使用年限。例如,在施工条件较差(地下水位高、严重流沙)的地段,如果采用较长的管道可以减少管道接头,降低施工费用;如在地基承载力较差的地段,若采用强度较高的长管,对基础要求低,可以减少敷设

157

费用。

此外,有时管道在选择时也受到技术上的限制。例如,在有内压力的管段上,必须采用金属管或钢筋混凝土管;当输送侵蚀性的污水或管外有侵蚀性地下水时,则最好采用陶土管。

5)大型排水沟渠

一般大型排水沟渠断面有圆形、半椭圆形、马蹄形、拱顶矩形、蛋形、矩形、弧形、流槽的矩形、梯形等。多采用矩形、拱形、马蹄形等,如图 5-47 所示。其形式有单孔、双孔、多孔。一般大型排水沟渠可由基础渠底、渠身、渠顶等部分组成。建造大型排水沟渠常用的材料有砖、石、混凝土块和现浇钢筋混凝土等。在采用建筑材料时,尽可能就地取材。其施工方法有现场砌筑、现场浇筑、预制装配等。在施工过程中通常是现场浇筑管渠的基础部分,然后再砌筑或装配渠身部分,渠顶部分一般是预制安装的,如图 5-48 和图 5-49 所示。此外,建造大型排水沟渠也有全部现浇或全部预制拼装的。

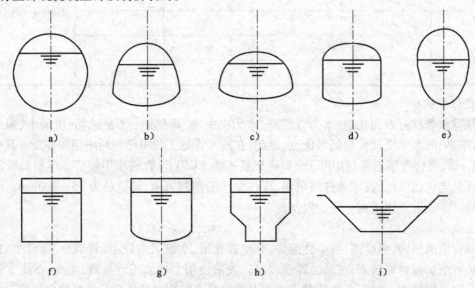

图 5-47　排水沟渠的断面形状

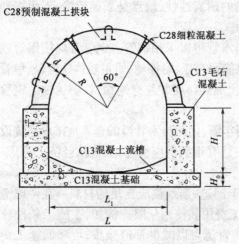

图 5-48　预制混凝土块拱形渠道

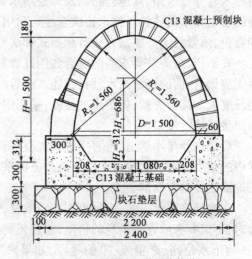

图 5-49　预制混凝土块污水管道

排水沟渠应根据以下几个要求来选择断面形式及相应的施工方法:沟渠结构必须有较好的稳定性;要求沟渠能够抵抗内外压力和地面荷载;同时有最优的过水能力,即在断面面积一定时,过水能力最大,或者过水能力一定时断面面积最小;养护管理方便,管渠流速不至于淤积,并且易于冲洗;建设工期较短;工程造价较低,建筑材料应能就地取材等。经过技术经济比较,大型的排水沟渠一般选择宽而浅的断面形式。当沟渠窄而深时,开挖难度加大,土方单价增加,因而土方工程造价提高。

五、排水管道的附属构筑物

为保证排水管渠系统的正常工作,及时地收集和排出其中的污水,在市政排水管渠中还需要设置一些必要的排水构筑物。常用的排水构筑物有检查井、跌水井、溢流井、冲洗井、倒虹管、雨水井和出水口等。排水构筑物对整个排水系统的正常运行起着非常重要的作用,所占数量较多,占整个排水系统的总造价较高的比例。因此,如何经济合理地设置这些排水构筑物,并能使排水系统发挥最大的作用,是排水设计和施工中的重要课题之一。设置数量应慎重考虑。

1. 检查井

为便于对管渠系统进行定期的检修、清通,需在管道适当的位置上设置检查井。检查井的另一重要作用是连接上下游管道;在管渠堵塞或损坏时,作为检修人员下井操作以及出入之用。在管渠的交汇、转弯、管渠尺寸或坡度改变、管道流速变化等处,以及一定距离的直线管渠段上,均应设置检查井。检查井在直线管渠上的最大间距可根据具体情况而定,便于清通和维护,同时经济合理即可。一般宜按照表5-7采用。

直线管渠上检查井间距

表5-7

管 类 别	管径或暗渠净高(mm)	最大间距(m)	常用间距(m)
污水管道	≤400	40	20~35
	500~900	50	35~50
	1 000~1 400	75	50~65
	≥1 500 且 ≤2 000	100	65~80
雨水管道 合流管道	≤600	50	25~40
	700~1 100	65	40~55
	1 200~1 500	90	55~70
	≥1 500 且 ≤2 000	120	70~85
	>2 000	可适当加大	

检查井的平面形状一般为圆形(图5-50),大型管渠的检查井也有扇形或矩形(图5-51、图5-52)。

检查井由基础、井底、井身、井盖和井盖座等部分组成,如图5-53所示。图5-54是不需要下人的浅井构造。井身比较简单,井径一般在500~700mm之间。可随管道口径和深度而定,对需要经常检修的检查井,其井口以大于800mm为宜。图5-55是可下人的深井构造。井身比较复杂,下部是操作室。

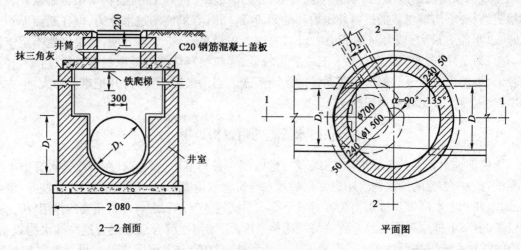

图 5-50　圆形污水井(尺寸单位:mm)

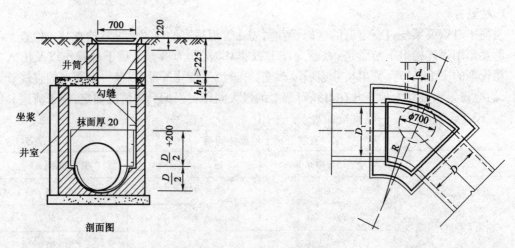

图 5-51　扇形雨水检查井(尺寸单位:mm)

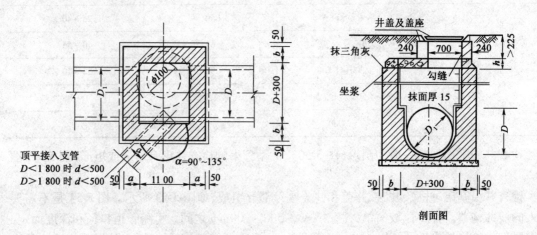

图 5-52　矩形检查井(尺寸单位:mm)

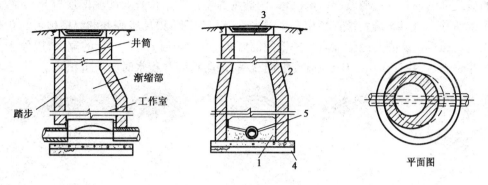

图 5-53　检查井的构造图
1-井底;2-井身;3-井盖及盖座;4-井基;5-沟肩

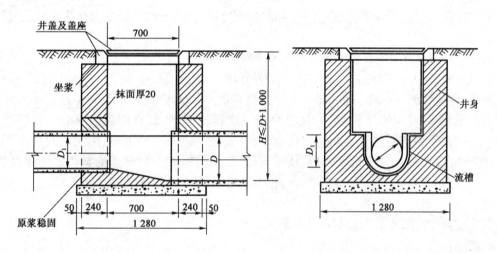

图 5-54　不需下人的检查井(尺寸单位:mm)

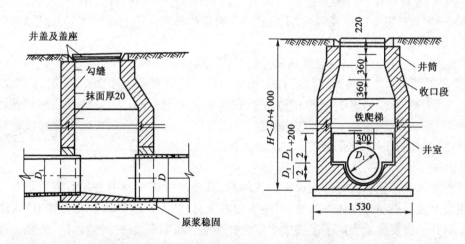

图 5-55　可下人的检查井(尺寸单位:mm)

检查井的井底材料一般采用低强度等级的混凝土,基础采用碎石、卵石、碎砖或低强度等级混凝土。为使水流流过检查井的阻力较小,在检查井底部应设置连接上下游管道的流槽。

流槽的形式见图5-56。流槽底部呈半圆形,两侧为直壁。污水检查井的流槽顶与上、下游管道的管顶相平,或与0.85倍大管管径相平。雨水管渠和合流管渠的检查井的流槽顶可与0.5倍大管管径处相平。流槽两侧至检查井井壁间的底板(称为沟肩)应有一定的宽度,以便于养护人员下井时立足,并有0.02~0.05坡度坡向流槽,以防检查井积水时淤泥沉积。

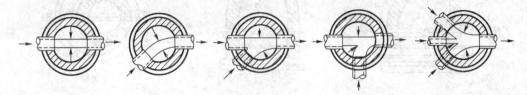

图5-56 流槽的形式

检查井井身的材料采用砖、石、混凝土或钢筋混凝土。国外多采用钢筋混凝土预制。我国一般采用砖砌,以20mm水泥砂浆抹面。污水检查井需要内外抹面,雨水检查井一般只内抹面即可。

检查井井口和井盖的直径采用0.65~0.70m,在车行道上和经常启闭的检查井常采用铸铁井盖和井座,在人行道或绿化带内也可用钢筋混凝土制造。根据承受负荷的不同,井盖分为普通型、轻型和重型。一般在车行道上采用重型井盖。目前市场上出现了高分子模压井盖,这种井盖采用BMC树脂等材料,经高温高压一次模压成型,具有密度高、硬度高、压强高、质量小、抗腐蚀、抗老化等优点。可以任意着色,安装、维护,鉴别方便,因无回收价值,彻底解决了防盗的问题,最适合市政工程、快车道使用,是铸铁井盖最理想的替代品。我国将在今后3~5年内逐步换用复合材料井盖,市场潜力巨大。井盖可以根据实际情况采用圆形或方形。

与检查井相连的管道一般不超过三条。

2. 跌水井

跌水井的设置与检查井中上下游管渠底的落差有关。当检查井中上下游管渠底的落差超过2m时,需设置跌水井。当落差在1~2m时宜设置跌水井。当检查井中上下游管底落差在1m以内时一般只是将井底做成斜坡,不做跌水。管道的转弯处不宜设跌水井。跌水井中应有减速、防冲和消能的措施。

目前的跌水井有两种形式:竖管式和溢流堰式。竖管式适合于管径小于等于400mm的管道,如图5-57所示,一次跌落高度随管径大小而不同。当管径不大于200mm时,一次跌落高度不得大于6m;当管径为300~400m时,一次跌落不宜大于4mm。溢流堰式适用于管径大于400mm的管道,如图5-58所示。井底应坚固,以防冲刷。也可以阶梯式跌水井来代替溢流堰式跌水井使用,如图5-59所示。

3. 水封井

当工业废水能产生引起爆炸或火灾的气体时,其废水管道系统中必须设置水封井。水封井的作用是阻隔易燃易爆气体的流通、阻隔水面游火,以防万一气体爆炸或浮油着火,防止其蔓延。水封井的设置位置为产生上述废水的生产装置、储罐区、原材料储运厂、成品仓库及容器洗涤车间等的废水排出口及其干管每隔适当距离处。水封井及该管道系统中的其他检查井,均不应设在车行道和行人众多的地段。并应适当远离产生明火的地方。水封深度采用0.25m,井上宜设通风设施(通风管管径不小于100mm)。井底应设置泥槽。水封井的构造如图5-60所示。

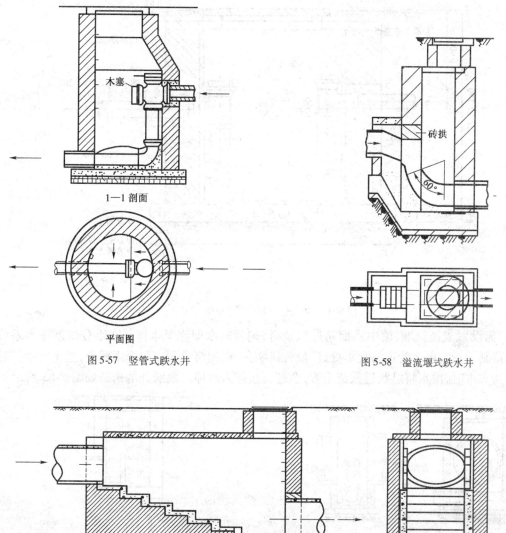

木塞

1—1 剖面

平面图

图 5-57 竖管式跌水井

砖拱

60°

图 5-58 溢流堰式跌水井

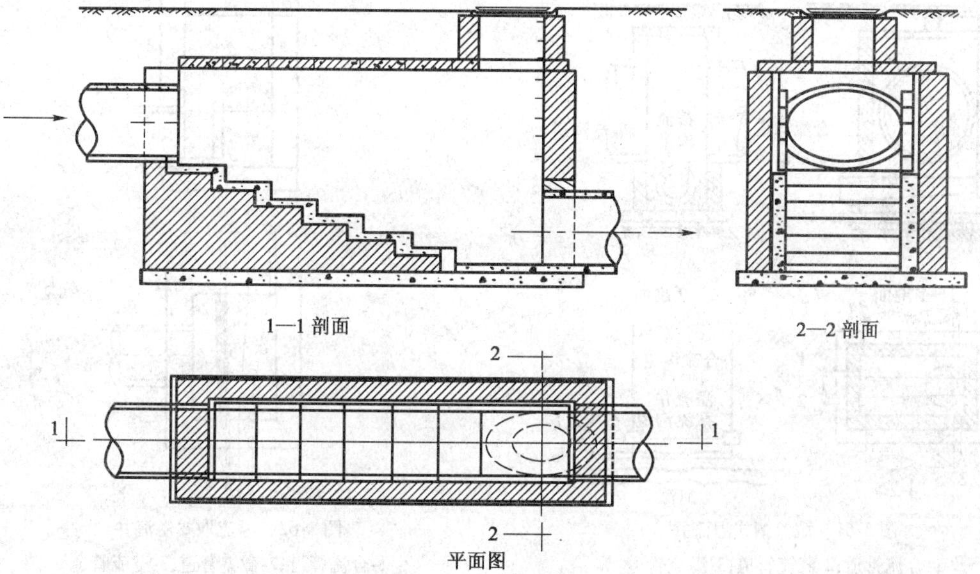

1—1 剖面

2—2 剖面

平面图

图 5-59 阶梯式跌水井

4. 溢流井

在截流式的合流制排水管道系统中,在污水干管与送至污水厂的主干管交汇处设置溢流井,以将雨天时超过截流至污水厂的污水量的那部分混合污水直接排入水体。最简单的溢流井是在井中设置截流槽,槽顶与截流干管管顶相平,当上游来水多时,槽中水面超过槽顶时,超量的水即溢流至水体中,如图 5-61 所示。也有设置成溢流堰式溢流井,如图 5-62 所示。在流

163

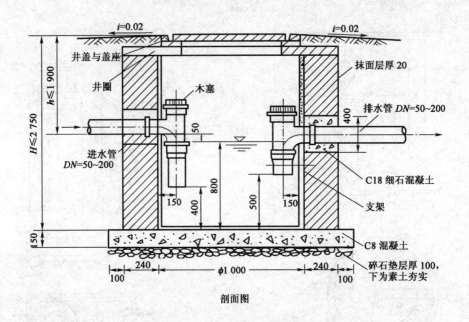

图5-60　竖管式水封井(尺寸单位:mm)

槽的一侧设置成溢流堰,槽中水面超过堰顶时,超量的水即流至水体。在半分流制排水系统中,截留制干管与雨水管道的交汇处,应设置跳跃井,以便将小雨或初降雨截流,送至污水厂处理,而当大雨时,雨水将跳跃过截流干管,全部直接排入水体。跳跃井的构造如图5-63所示。

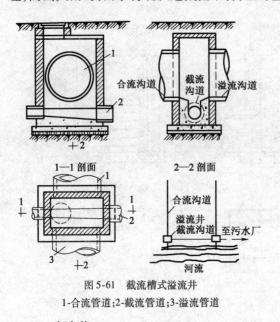

图5-61　截流槽式溢流井

1-合流管道;2-截流管道;3-溢流管道

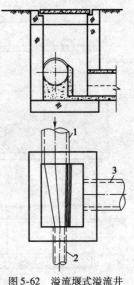

图5-62　溢流堰式溢流井

1-合流管道;2-截流管道;3-溢流管道

5. 冲洗井

当污水在管道中的流速小于自清流速时,为防止管道淤积可设置冲洗井。冲洗井有两种冲洗方式:人工冲洗和自动冲洗。自动冲洗一般采用虹吸冲洗,其构造复杂,造价很高,目前较少采用。

人工冲洗井的构造比较简单,是一个具有一定容积的检查井,冲洗井的出水管上设闸门,内设有溢流管,以防止井中水满溢出。冲洗水可利用污水、自来水和中水。用自来水时,供水

164

管的进口处底部必须高出溢流管管顶,以免污染自来水。

冲洗井一般适合管径不大于400mm的管道上。冲洗管道的长度一般为250m左右。图5-64为冲洗井的构造示意图。

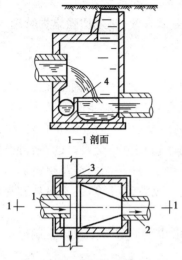

1—1 剖面

图 5-63 跳跃堰式溢流井

1-雨水入流干管;2-雨水出流干管;3-初
期雨水截流干管;4-隔墙

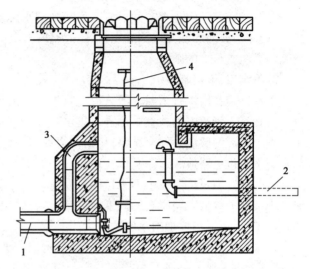

图 5-64 冲洗井

1-出流管;2-供水管;3-溢流管;4-拉阀的绳索

6. 换气井

换气井是一种设有通风管的检查井。图5-65所示为换气井的形式之一。

由于污水中的有机物常在管道中沉积而厌氧发酵,发酵分解产生甲烷、硫化氢、二氧化碳等气体,如与一定体积的空气混合,在点火条件下将会产生爆炸,甚至引起火灾。为了防止气体在管道中的积聚引发火灾,同时为了防止工人检修时的安全,有时在街道排水管的检查井上设置通风管,使有害气体在住宅管的抽风作用下,随同空气沿庭院管道、出户管及竖管排入大气中。

7. 潮门井

临海、临河城市的排水管道,往往受到潮汐或水体水位的影响。为防止涨潮时潮水或洪水倒灌进入管道,在排水管渠出水口上游适当位置上应设置装有防潮门(或平板闸门)的检查井,如图5-66所示。

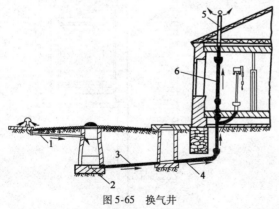

图 5-65 换气井

1-通风;2-街道排水管;3-庭院管;4-用户管;5-透气管;6-竖管

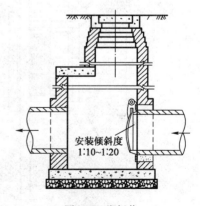

安装倾斜度
1:10~1:20

图 5-66 潮门井

165

防潮门一般铁制,其座口部略带倾斜,倾斜度一般为1：10～1：20。当排水管渠中无水时,防潮门靠自重密闭。当上游排水管来水时,水流顶开防潮门排入水体。涨潮时,防潮门靠下游潮水压力密闭,使潮水不会倒灌入排水管渠。

设置了防潮门的检查井井口应高出最高潮水位或最高河水位,或者井口用螺栓和盖板密封,以免潮水或河水从井口倒灌至市区。为使防潮门工作可靠有效,必须加强维护管理,经常清除防潮门座口上的杂物。

8. 雨水口、连接暗井

雨水口是在雨水管道或合流管道上收集地面雨水的构筑物。地面上的雨水经过雨水口通过连接管流入管道上的检查井而进入排水管道。雨水口的设置位置,应能保证迅速有效地收集地面雨水。一般应设在交叉路口、路侧边沟的一定距离处以及设有道路边石的低洼地方,以防止雨水漫过道路造成道路及低洼地积水而妨碍交通。雨水口在道路交叉口的布置前已述。雨水口的设置数量按照一个雨水口的排泄量为 15～20L/s 确定,在路侧边沟及路边低洼处还应考虑道路的纵坡和路缘石的高度。道路上雨水口的间距一般为 25～50m。在低洼和易积水的地段,应考虑适当增加雨水口的数量。

雨水口由进水箅、连接管和井身三部分构成。进水箅可用钢筋混凝土或铸铁制成。后者坚固耐用,进水能力更强。

街道雨水口的形式有边沟雨水口(图5-67)和侧石雨水口(图5-68)以及两者相结合的

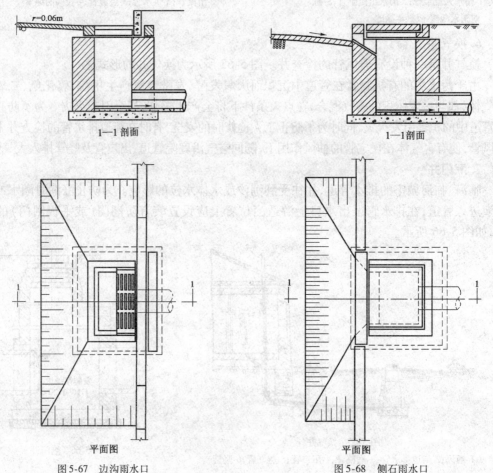

图 5-67　边沟雨水口　　　　　　　　　　图 5-68　侧石雨水口

联合式雨水口(图5-69)。边沟雨水口进水箅是水平进水,一般比路面略低;侧石雨水口的进水箅做在路缘石的侧面上,垂直进水;联合式雨水口的进水箅安放在边沟底和路缘石的侧面。为了提高雨水口的进水能力,目前我国许多城市已经采用双箅联合式或三箅联合式雨水口,由于扩大了进水面积,进水效果良好。

雨水口的井身一般有砖砌或钢筋混凝土预制,多采用砖砌。雨水口的井身一般不大于1m,在寒冷地区为防止冰冻,井身可适当加大。雨水口的底部可根据需要做成沉泥井(图5-70)或无沉泥井。

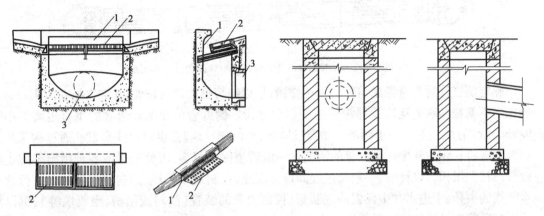

图5-69　联合式雨水口示意图
1-边石进水箅;2-边沟进水箅;3-连接管

图5-70　有沉泥井的雨水口

通常在路面较差或地面上积秽很多时的街道或菜市场等地方,地面脏物容易随水流入雨水口,为避免管道堵塞,可考虑设置有沉泥井的雨水口。有沉泥井的雨水口应及时清除井底的截流物,以防产生异味及蚊蝇孳生,污染环境。

雨水口以连接管与管渠的检查井相连,当管道直径大于800mm时,也可以在连接管与管渠的连接处不另设检查井,而设置连接暗井,如图5-71所示。连接管的最小管径为200mm,坡度一般为0.01,长度不宜超过25m。接在同一连接管上的雨水口不宜超过3个。

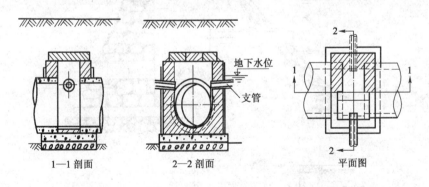

图5-71　连接暗井

9.倒虹管

排水管渠遇到合流、山涧、洼地或地下构筑物等障碍物时,不能按照原来的坡度埋设,而是按照下凹的折线方式从障碍物下通过,这种管道成为倒虹管。

倒虹管由三部分组成,即进水井、下行管、平行管、上行管及出水井,如图5-72所示。

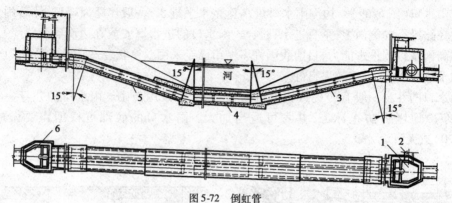

图 5-72　倒虹管
1-进水井；2-事故排出口；3-下行管；4-平行管；5-上行管；6-出水井

确定倒虹管时尽量考虑与障碍物正交通过,以缩短倒虹管的长度,并应选择在河床和河岸较稳定不易被冲刷的地段及埋深较小的部位敷设。倒虹管的顶部和河底的垂直距离不小于0.5m,工作管线一般不少于两条。如穿过旱沟、小河和谷地时,也可单线敷设。通过构筑物的倒虹管应符合相关规定。倒虹管的清通比一般管道困难得多,因此应采取各种措施来防止倒虹管内污泥淤积。设计时,一般通过提高设计流速,控制最小管径,控制倒虹管的上下行管与水平线的夹角,于进水井中设置冲洗装置、控制流量的装置(闸门或闸槽、溢流堰等)、沉泥槽或在虹吸管内设置防沉装置等措施防淤。

10. 出水口

出水口是设置在市政排水系统终端的构筑物,是污水排向水体的出口。出水口的位置形式和出水口流速,应根据出水水质、水体的流量、水位变化幅度、水流方向、下游用水情况、稀释和自净能力、波浪状况、岸边变迁(冲淤)情况和夏季主导方向等因素确定,并要取得当地卫生主管部门和航运管理部门的同意。

污水一般采用淹没式出口,如图5-73所示,即出水管的管底高程低于水体的常水位,以便

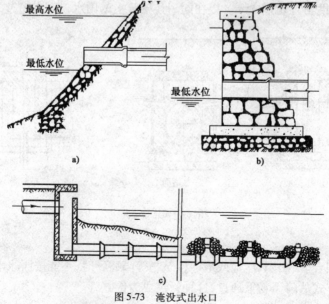

图 5-73　淹没式出水口
a)护坡式岸边出水口；b)挡土墙式岸边出水口；c)江心分散式出水口

使污水与河水较好混合,同时为避免污水沿滩流泻造成环境污染。淹没式分为岸边式和河床分散式两种。出水口设在岸边的称为岸边式出水口。出水口与河道连接处一般设置护坡[图5-73a)]或挡土墙[图5-73b)],以保护河岸,固定管道出口管的位置,底板要采取防冲加固措施。河床分散式出水口是将污水管道顺河底用钢管或铸铁管引至河心,用分散排出口将污水排入水体。为防止污泥在管道中淤积,在河底出水口总管内流速应不小于0.7m/s。考虑到三通管有堵塞的可能,应设置事故出水口,如图5-73c)所示为江心分散式出水口。

雨水管渠出水口可以采用非淹没式,其底部高程最好在水体最高水位以上,一般在常水位以上,以免水体倒灌。当出口高程比水体水面高出太多时,应考虑设置单级或多级跌水。其翼墙可分为一字式和八字式两种,见图5-74a)和图5-74b)。

出水口与水体岸边连接处应采取防冲、加固等措施,一般用浆砌块石做护墙和铺底,在受冻地区,出水口应考虑用耐冻胀材料砌筑,其基础必须设置在冰冻线以下。

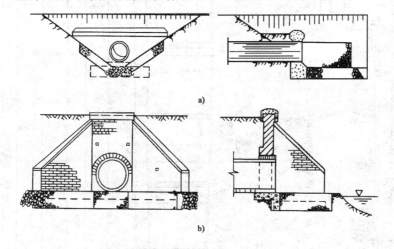

图5-74 非淹没式出水口
a)一字式出水口;b)八字式出水口

六、市政排水管道施工图

与市政给水管道工程一样,排水管道的施工图也是由平面图、总断面图及大样图组成。

1. 平面图的识读

管道平面图主要体现的是管道在平面上的相对位置以及管道敷设地带一定范围内的地形、地物和地貌情况,如图5-75所示。具体有以下内容:

(1)图纸说明、图例和比例;

(2)管道施工地带道路的宽度、长度、中心线坐标、折点坐标及路面上的障碍物情况;

(3)管道的管径、长度、坡度、桩号、转弯处坐标、管道中心线的方位角、管道与道路中心线或永久性地物间的相对距离以及管道穿越障碍物的坐标等;

(4)与本管道相交、相近或平行的其他管道的位置及相互关系;

(5)附属构筑物的平面位置;

(6)主要材料明细表。

2. 纵断面图的识读

纵剖面图主要体现管道的埋设情况,如图5-76所示。具体包括以下内容:

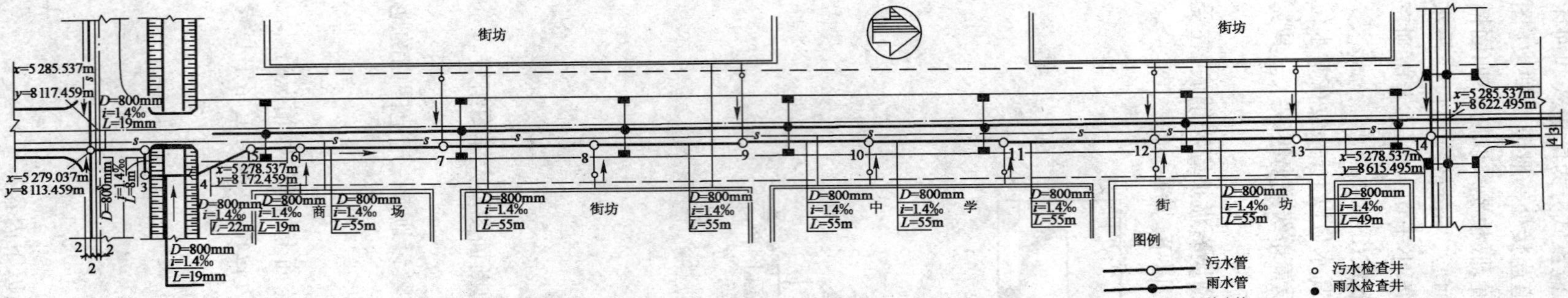

图 5-75 污水管道平面图

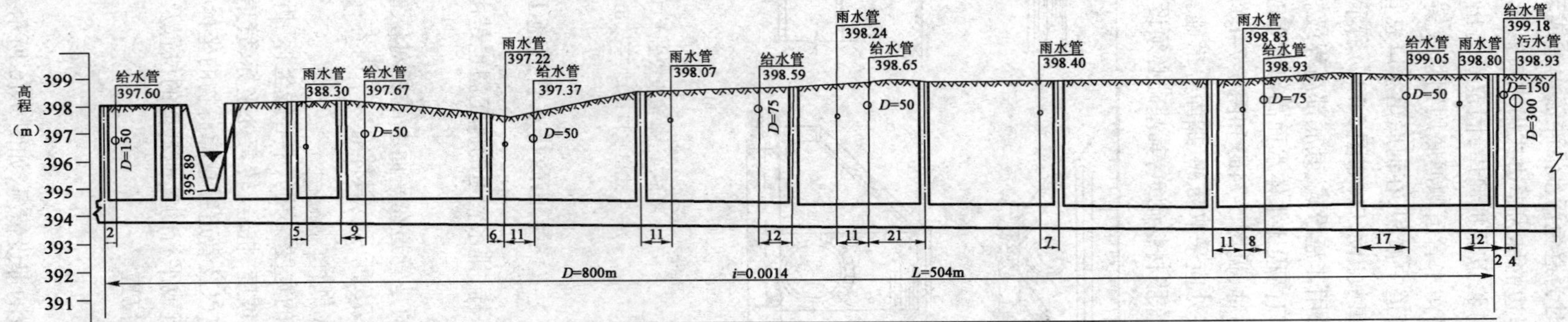

检查井编号	1	2	3	4	5	6	7	8	9	10	11	12	13	14
埋设深度（m）	4.06			4.27	4.20	4.20	3.68	4.65	4.90	5.09	5.27	5.45	5.58	5.77
管内底高程（m）	393.895	393.868	393.857	393.831	393.800	393.772	393.695	393.618	393.541	393.464	393.387	393.324	393.247	393.181
地面高程（m）	397.95			398.10	398.00	397.97	397.37	398.27	398.44	398.55	398.66	398.77	398.83	398.95
管道结构	钢筋混凝土管 水泥砂浆抹带接口 90°管座混凝土带形基础													
管道长度 (m)	19	8	19	22	19	55	55	55	50	50	55	55	49	

图 5-76 污水管道的纵断面图

（1）图纸说明、图例、横向比例、纵向比例；

（2）管道沿线的原地面高程和设计地面高程；

（3）管道的管内底高程和埋设深度；

（4）管道的敷设坡度、水平距离和桩号；

（5）管径、管材和基础；

（6）附属构筑物的位置、其他管线的位置及交叉处的管内底高程；

（7）施工地段名称。

3. 大样图

大样图主要是指检查井、雨水口、倒虹管等的施工详图，一般由平面图和剖面图组成，详见给排水标准图集。具体包括以下内容：

（1）图纸比例、说明和图例；

（2）井的平面尺寸、竖向尺寸、井壁厚度；

（3）井的组砌材料、强度等级、基础做法、井盖材料及大小；

（4）管道穿越井壁的位置及穿越处的构造；

（5）流槽的形状、尺寸及组砌材料；

（6）基础的尺寸和材料等。

第三节　热力管道工程

一、供热系统概述

1. 城市供热系统的组成

人们在日常生活和社会生产中需要大量的热能，而热能的供应是通过供热系统获得的。供热系统按照热源和供热规模的大小，可分为分散供热和集中供热两种形式。由于分散供热的供热对象为热源和热网规模较小的单体，城市供热采用供热效率更高、供热范围较广的集中供热方式。城市集中供热系统一般由热源、供热管网和热用户等三个部分组成。

热源是指生产和制备一定参数（温度、压力）热媒的供热来源，目前最广泛采用的是锅炉房或热电厂。该热源是使用煤、油、天然气等作为燃料，燃烧产生热能，将热能传递给水产生热水或蒸汽。

热用户是指直接使用或消耗热能的用户，如室内采暖、通风、空调、热水供应生活用户以及生产工艺用热等生产用户。

供热管网是将热媒从热源输送和分配到各热用户的管道所组成的系统，它包括输送热媒的管道、附件及相应的附属构筑物如阀门井、检查室等，在大型热力管网中还包括热力站等。

图 5-77 所示为区域蒸汽锅炉集中供热系统示意图。

由蒸汽锅炉 1 产生的蒸汽，通过蒸汽干管 2 输送到各热用户，如室内采暖、通风、热水供应和生产等用户。用户用后的凝结水，经过疏水器 3 和凝结干管 4 返回锅炉房凝结水箱 5，再由锅炉给水泵 6 将水送至锅炉重新加热。

2. 市政热力网的形式及选择

按照热媒种类、热媒是否被利用以及是否设置回水管或蒸汽凝水管等，市政热力网有不同

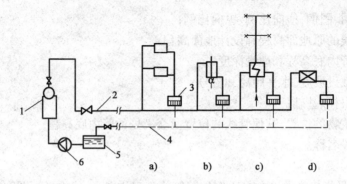

图 5-77　区域蒸汽锅炉房集中供热示意图

a)、b)、c) 和 d)——分别为室内采暖、通风、热水供应和生产工艺用热

1-蒸汽锅炉;2-蒸汽干管;3-疏水器;4-凝水干管;5-凝结水箱;6-锅炉给水泵

的类型。按照热媒的不同有蒸汽热力网和热水热力网;按热媒本身是否被利用又可分为开式热力网和闭式热力网,蒸汽常直接参与生产工艺,常采用开式系统;按照是否设置回水管或蒸汽凝水管又分为单管制与双管或多管制系统等。市政热力网的形式取决于热媒、热源种类、热力用户类型、性质及热负荷的大小等,并按下列情况选择。

(1)热水热力网宜采用闭式双管制。

(2)以热电厂为热源的热水热力网,同时有生产工艺、采暖、通风、空调、生活热水多种热负荷,在生产工艺热负荷与采暖热负荷所需供热介质参数相差较大,或季节性热负荷占总热负荷比例较大,且技术经济合理时,可采用闭式多管制。

(3)当热水热力网满足下列条件,且技术经济合理时,可采用开式热力网:

①具有水处理费用较低的补给水源;

②具有与生活热水热负荷相适应的廉价低位能热源。

(4)开式热水热力网在热水热负荷足够大,且技术比例较大、技术经济合理时,可采用双管或多管制。

(5)蒸汽热力网的蒸汽管道,宜采用单管制。当符合下列情况可采用双管或多管制:

①当各用户间所需蒸汽参数相差较大、或季节性热负荷占总负荷比例较大,技术经济合理时,可采用双管或多管制;

②当用户按规划分期建设时,可采用双管或多管,随热负荷的发展分期建设。

二、热力管网的布置与敷设

1. 市政热力网的布置

城市热力网的布置应在城市规划的指导下,考虑热负荷分布,热源位置,与各种地上、地下管道及构筑物、园林绿地的关系,水文、地质条件等多种因素,遵循技术上可靠、经济上合理以及与环境协调等原则,经技术经济比较确定。具体来说,热力网管道的位置应符合下列规定:

(1)城市道路上的热力网管道应平行于道路中心线,并宜敷设在车行道以外的地方,同一条管道应只沿街道的一侧敷设。

(2)穿过厂区的城市热力网管道应敷设在易于检修和维护的位置。

(3)通过非建筑区的热力网管道应沿公路敷设。

(4)热力网管道选线时宜避开土质松软地区、地震断裂带、滑坡危险地带以及高地下水位区等不利地段。

(5)管径小于或等于300mm 的热力网管道,可穿过建筑物的地下室或用开槽施工法自建筑物下专门敷设的通行管沟内穿过。用暗挖法施工穿过建筑物时不受管径限制。

（6）热力网管道可与自来水管道、电压 10kV 以下的电力电缆、通信线路、压缩空气管道、压力排水管道和重油管道一起敷设在综合管沟内。但热力管道应高于自来水管道和重油管道，并且自来水管道应做绝热层和防水层。

（7）地上敷设的城市热力网管道可与其他管道敷设在同一管架上，但应便于检修，且不得架设在腐蚀性介质管道的下方。

2.市政热力网的布置形式

市政热力网的布置形式类似市政给水管网，其主要形式有枝状、环状、放射状和网络状布置。

枝状布置方式见图 5-78，因这种管网形式简单、投资省、运行管理方便而使用普遍。但这种系统不具有后备供热的能力。当管网某处发生故障时，其故障点后的热用户都将不能得热。但由于热水的热惰性较蒸汽大，且建筑物本身具有一定的蓄热能力，可采用迅速消除热网故障的办法，以使建筑物室温不致大幅度降低。

环状布置方式即将供热主干线连接成环状，见图 5-79。特别在城市中多热源供热时，各热源连接在环状主管网上。这种方式投资高，但是相对枝状管网运行更加安全可靠。

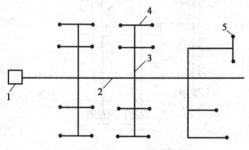

图 5-78　枝状管网

1-热源；2-主干线；3-支干线；4-热用户支线；5-热用户的用户引入口

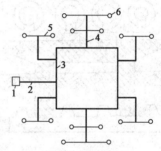

图 5-79　环状管网

1-热源；2-主干线；3-环状干线；4-支干线；5-热用户支线；6-热用户的用户引入口

放射状布置方式类似枝状布置，见图 5-80。当主热源在供热区域中心地带时，可采用这种方式。从主热源向各个方向辐射状地敷设几条主干线，以向用户供热。这种方式减小了主管线的管径，但是增加了主管线的长度。总体而言，投资增加不多，但对运行管理带来较大方便。

网络状布置方式由很多小型环状管网组成，并将各小环状网之间相互连接在一起，见图 5-81。这种方式投资大，但运行管理方便、灵活、安全、可靠。

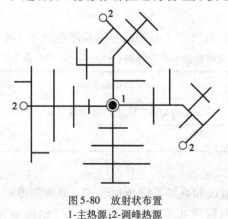

图 5-80　放射状布置
1-主热源；2-调峰热源

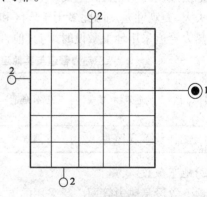

图 5-81　网络状布置
1-主热源；2-调峰热源
注：双管热网以单线表示，各种附件未标出。

173

目前,国内以区域锅炉房为热源的热水供热系统,其供热面积大,一般可以达到数万至数十万平方米,以热电厂为热源或具有几个热源的大型供热系统,其供热面积可以达到数百万平方米。此种情况下,可以将热电厂与区域锅炉房联合供热或几个热电厂联合供热,将输配干线布置成环状,而干管和用户支管仍为枝状网。其主要特点是供热可靠性大,但其投资大,运行管理复杂,要求有较高的自动控制措施。因此,枝状管网是热力管网普遍采用的方式。

3.市政热力网的敷设

热力管道的敷设分地上敷设和地下敷设两种类型。

1)地上敷设

地上敷设是指管道敷设在地面以上的独立支架或建筑物的墙壁上。根据支架高度的不同,一般有低支架敷设、中支架敷设、高支架敷设三种形式,如图5-82、图5-83所示。

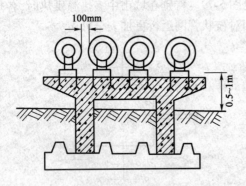

图5-82　低支架敷设

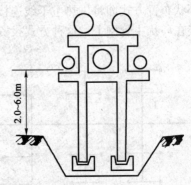

图5-83　中、高支架敷设

低支架敷设时,管道保温结构底距地面净高为0.5～1.0m,它是最经济的敷设方式,如图5-82所示;中、高支架的敷设如图5-83所示。中支架敷设时,管道保温结构底距地面净高为2.0～4.0m,它适用于人行道和非机动车辆通行地段;高支架敷设时,管道保温结构底距地面净高为4.0m以上,它适用于供热管道跨越道路、铁路或其他障碍物的情况,该方式投资大,应尽量少用。

地上敷设的优点是构造简单、维修方便、不受地下水和其他管线的影响。但占地面积多、热损失大、美观性差。因此多用于厂区和市郊。

热力管道采用地上敷设时,与其他管线和建(构)筑物交叉时的最小垂直净距见表5-8。

架空热力管道与其他建(构)筑物交叉时的最小垂直净距(m)　　　　　表5-8

| 名　　称 | 建筑物(顶端) | 道路(地面) | 铁路(轨顶) | 电信线路 | | 热力管道 |
				有防雷装置	无防雷装置	
热力管道	0.6	4.5	6.0	1.0	1.0	0.25

2)地下敷设

地下敷设是热力管网广泛采用的方式,分地沟敷设和直埋敷设两种形式。地沟敷设时,地沟是敷设管道的围护构筑物,用以承受土压力和地面荷载并防止地下水的侵入。地沟分为通行地沟、半通行地沟和不通行地沟,如图5-84～图5-86所示。

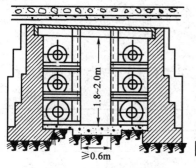

图 5-84 通行地沟

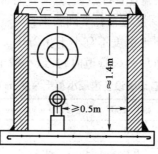

图 5-85 半通行地沟

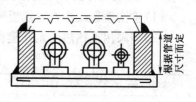

图 5-86 不通行地沟

地沟敷设有关尺寸应符合表 5-9 的规定。

地沟敷设有关尺寸（m） 表 5-9

地沟类型	地沟净高	人行通道宽	管道保温表面与沟墙净距	管道保温表面与沟顶净距	管道保温表面与沟底净距	管道保温表面与净距
通行地沟	≥1.8	≥0.6	≥0.2	≥0.2	≥0.2	≥0.2
半通行地沟	≥1.2	≥0.5	≥0.2	≥0.2	≥0.2	≥0.2
不通行地沟			≥0.1	≥0.05	≥0.15	≥0.2

注：考虑在沟内更换钢管时，人行通道宽度还应不小于管子外径加 0.1m。

不通行管沟敷设，在施工质量良好和运行管理正常的条件下，可以保证运行安全可靠，同时投资也较小，是地下管沟敷设的推荐形式。

通行管沟可在沟内进行管道的检修，内有照明及良好的通风装置，是穿越不允许开挖地段的必要的敷设形式。因条件所限采用通行管沟有困难时，可代之以半通行管沟，但沟中只能进行小型的维修工作，例如更换钢管等大型检修工作，只能打开沟盖进行。

半通行管沟可以准确判定故障地点、故障性质、可起到缩小开挖范围的作用。

直埋敷设管道应采用由专业工厂预制的整体式直埋保温管（也称为"管内管"），如图 5-87 所示。整体式预制保温管将钢管、保温层和保护层紧密地黏结成一体，具有足够的机械强度和良好的防腐防水性能，可以利用土壤与保温管间的摩擦力约束管道的热伸长，从而实现无补偿敷设。直埋式热力管对管道的机械强度及可靠性要求较高，其保温层一般为聚氨酯硬质泡沫塑料，保护层一般采用高密度聚乙烯硬质塑料或玻璃钢，也有采用钢套管做保护层的。直埋预制管内管应采用无缝钢管，直埋保温管的性能应符合《城市热力网设计规范》（CJJ 34—2002）的要求。

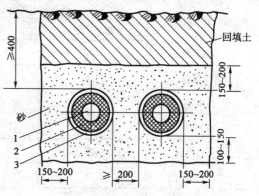

图 5-87 预制保温管直埋敷设（尺寸单位：mm）
1-钢管；2-聚氨酯硬质泡沫塑料保温层；3-高密度聚乙烯塑料或玻璃钢保护层

热水热力网管道地下敷设时，应优先采用直埋敷设；热水或蒸汽管道采用管沟敷设时，应首选不通行管沟敷设；穿越不允许开挖检修的地段时，应采用通行管沟敷设；当采用通行管沟困难时，可采用半通行管沟敷设。蒸汽管道采用管沟敷设困难时，可采用保温性能良好、防水性能可靠、保护管耐腐蚀的预制保温管直埋敷设,其设计寿命不应低于25年。

地下敷设热力网管道的覆土深度应符合下列要求:

(1)管沟盖板或检查室盖板覆土深度不宜小于0.2m。

(2)当采用不预热的无补偿直埋敷设管道时,其最小覆土深度不应小于表5-10的规定。

直埋敷设管道最小覆土深度(m)　　　　　　　　　　表5-10

管径(mm)	50～125	150～200	250～300	350～400	>450
车行道下	0.8	1.0	1.2	1.2	1.2
非车行道	0.6	0.6	0.8	0.8	0.9

考虑安装、维修及运行管理的便利,地下敷设的管道与建筑物、构筑物的最小净距见表5-11。

埋地热力管道或管沟外壁与建(构)筑物的最小水平净距　　　　表5-11

名　称	水平净距(m)	名　称	水平净距(m)
建筑物基础边缘	1.5	乔木或灌木丛中心	1.5
铁路钢轨外侧边缘	3.0	围墙篱笆基础边缘	1.0
电车钢轨外侧边缘	2.0	桥梁、旱桥、隧道、高架桥	2.0
铁路、道路的边沟边缘或单独的雨水明沟边	1.0	架空管路支架基础边缘	1.5
高压(35～60kV)电杆支座	2.0	照明通信电杆的中心	1.0
高压(110～220kV)电杆支座	3.0	道路路面边缘	1.0

注:1.当热力网管道的埋设深度大于建(构)筑物基础深度时,最小水平净距应按土壤内摩擦角计算确定。

　　2.管线与铁路、道路间的水平净距除应符合表列规定外,当管线埋设深度大于1.5m时,管线外壁至路基坡脚的净距不应小于管线的埋设深度。

为了便于热力管网的安装及运行维护,埋地热力管道及管沟外壁与其他管线间应保持一定的距离,其最小水平净距及最小垂直净距见表5-12。

埋地热力管道和管沟外壁与其他管线之间的最小净距(m)　　　　表5-12

管道名称	热网地沟敷设		直埋敷设	
	水平净距	垂直净距	水平净距	垂直净距
给水干管	2.00	0.10	2.50	0.10
给水支管	1.50	0.10	1.50	0.10
污水管	2.00	0.15	1.50	0.15
雨水管	1.50	0.10	1.50	0.10
低压燃气管	1.50	0.15	—	—
中压燃气管	1.50	0.15	—	—
高压燃气管	2.00	0.15	—	—
电力或电信电缆	2.00	0.50	2.00	0.50
排水沟渠	1.50	0.50	1.50	0.50

注:1.热力管道与电缆间不能保持2.0m的净距时,应采取隔热措施以防电缆过热。

　　2.地上敷设的热力网管道同架空输电线或电气化铁路交叉时,管网的金属部分(包括交叉点两侧5m范围内钢筋混凝土结构的钢筋)应接地。接地电阻不应大于10Ω。

按照城市市容美观要求,居住区和城市街道上热力网管道宜采用地下敷设。热力网管道地下敷设时,宜采用不通行管沟敷设或直埋敷设;穿越不允许开挖检修的地段时,应采用通行管沟,当采用通行管沟有困难时,可采用半通行管沟。鉴于我国城市的实际状况,有时难于找到地下敷设的位置,或者地下敷设条件十分恶劣,此时可以采用地上敷设。但应在设计时采取措施,使管道较为美观。对于工厂区,热力网管道地上敷设优点很多,投资低,便于维修,不影响美观,且可使工厂区的景观增色。工厂区的热力网管道,宜采用地上敷设。

三、热力管材、管件、附件及附属构筑物

1. 热力管道

市政热力管道通常采用无缝钢管和焊接钢管,见本章第一节给水管道管材相关内容。热力钢管钢材和钢号的规定,见表 5-13。

热力钢管钢材及钢号规定 表 5-13

钢　号	适 用 范 围	钢板厚度(mm)
A3F、AY3F	$P_g \leqslant 1.0\text{MPa},t \leqslant 150℃$	≤8
A3、AY3	$P_g \leqslant 1.6\text{MPa},t \leqslant 300℃$	≤16
A3g、A3R、20、20g 及低合金钢	可用于《城市热力网设计规范》(CJJ 34—2002)适用范围的全部参数	不限

2. 附件

市政热力管道上的附件主要指各类阀门及热补偿装置等。

1) 阀门

前面已介绍了市政给水管道阀门,同属于压力管道的市政热力管道,为便于管道系统的运行及调节管理的方便,也应设置阀门。其主要有三种类型,一是起开启或关闭作用的阀门,如截止阀、闸阀;二是起流量调节作用的阀门,如蝶阀;三是起特殊作用的阀门,如单向阀(止回阀)、安全阀、减压阀等。截止阀的严密性较好,但阀体长,介质流动阻力大,通常用于全开、全闭的热力管道,一般不做流量和压力调节用;闸阀只用于全开、全闭的热力管道,不允许做节流用;蝶阀阀体长度小,流动阻力小,调节性能优于截止阀和闸阀,在热力管网上广泛应用,但造价高。

阀门的设置应在满足使用和维修的条件下,尽量减少。热力网管道干、支线的起点应安装关断阀门。市政热力管网,应根据分支环路的大小,适当考虑设置分段阀门,热水热力网输送干线每隔 1 000 ~ 3 000m、输配干线每隔 1 000 ~ 1 500m 装设一个分段阀门。蒸汽热力网可不安装分段阀门。对于没有分支的主干管,宜每隔 800 ~ 1 000m 设置一个。蒸汽热力管网可不安装分段阀门。

供热管道不管是地上敷设还是地下敷设,一般应按地形走势有不小于 0.002 的管道坡度。为便于热力管网顺利运行,热水、凝结水管道高点(包括分段阀门划分的每个管段的高点)应安装放气装置,以排除热水管和凝水管内的空气;为便于检修,应在系统的最低点设泄水阀以排除管内存水, 如图 5-88 所示。蒸汽管道的低点和垂直升高的管段前应设起动疏水和经常疏水装置。同一坡向的管段,顺坡情况下每隔 400 ~ 500mm,逆坡时每隔 200 ~ 300mm 应设起动疏水和经常疏水装置,如图 5-89 所示。

2）热补偿装置

由于温度的变化,管道会伸长或缩短。温度的变化主要来自两个方面:一方面来自大气温度,即环境温度的变化;另一方面来自管道内介质温度的变化。如果管道的伸缩受到约束,就会在管壁产生由温度变化而引起的应力。这种应力有时大到足以使管道自身和支架受到破坏的程度。为了补偿管道的伸缩,减小热应力,以使系统安全稳定地工作,就必须设置伸缩补偿器。热力管道内的介质温度较高,热力网本身长度又较长,故热网产生的温度变形量就大,其热膨胀约束的应力也会很大。为了释放温度变形,消除温度应力,以确保管网运行安全,各种适应管道温度变形的补偿器也就应运而生。

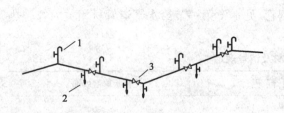

图5-88 热水和凝水管道排气和放水装置示意图
1-排气阀;2-放水阀;3-阀门

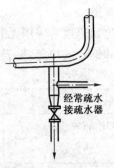

图5-89 疏水装置图

热力管道补偿器有两种,自然补偿器和制作的补偿器。自然补偿器有 L 形和 Z 形补偿器,制作的补偿器有方形补偿器、波形补偿器、套筒形补偿器、球形补偿器等。

（1）自然补偿器。利用管道的自然转弯与扭转的金属弹性,补偿管道热伸长量,常用的有"L"形和"Z"形两种。设计时应优先采用自然补偿器,这样可以不另制补偿器。螺纹连接的管道采用弯头来做自然补偿。自然补偿器的补偿量有限,当超过一定量时,应按照设计要求,选择其他补偿器。

（2）方形补偿器。方形补偿器是由四个90°弯头构成的"∏"形弯管补偿器。这种补偿器是依靠弯管的变形来补偿管道的热伸长量。它有四种类型,如图5-90所示,可由一根管子弯

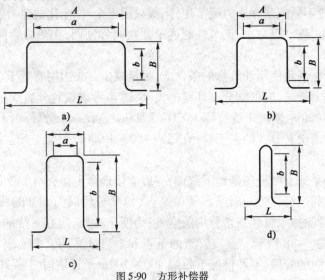

图5-90 方形补偿器
a)Ⅰ型,$a=2b$;b)Ⅱ型,$a=b$;c)Ⅲ型,$a=0.5b$;d)Ⅳ型,$a=0$

178

制。当尺寸较大,一根管子不够时,也可用两根或三根煨弯后再经焊接而成。

这种补偿器构造简单,安装方便,不需要经常维修,补偿能力大,作用在两端固推力较小,可在各种压力和温度下使用。其缺点是外形尺寸大,占地面积大。方形补偿器广泛用于碳钢、有色金属、合金钢、塑料等材质的各种温度和压力介质的管道。方形补偿器可水平或垂直安装。当垂直安装时,其介质若为热水,应在其最高点安装放气阀,在其最低点安装放水装置;若管道的介质是蒸汽,应在补偿器的最低点安装疏水装置或放水装置。无论哪种安装方式均应在两侧管道与固定支架连接牢固后进行,且安装于固定支架的中点,以使两侧管道伸缩平衡。

(3)波纹管补偿器。波纹管补偿器是用金属片制成的像波浪形的装置(图 5-91),利用波纹变形实现管道补偿,也称为波形膨胀节或伸缩节。波纹管补偿器按照波纹的形状主要分为"U"形和"Ω"形,可对轴向、横向和角向位移进行吸收,用于管道、设备及系统的加热位移、机械位移吸收振动、降低噪声等。

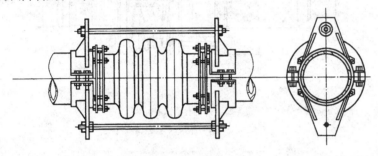

图 5-91 波纹管补偿器

(4)套管式补偿器。套管式补偿器是通过滑动套筒对外套筒的滑移运动,达到热膨胀的补偿。它有两种形式,单向型和双向型套筒,如图 5-92 所示。双向型特点是不论介质从补偿器何端流入,其补偿器两端的滑动套筒总是自由滑动,达到双向补偿作用,增大补偿量。套筒式补偿器的使用寿命大,疲劳寿命与管道相当。滑动表面经特殊处理,在盐水、盐溶液等环境下耐腐蚀性能好,比奥氏体不锈钢高 50 倍以上。同时,多年后因磨损导致密封效果减弱时,可再次紧固法兰,增强密封性能,也可将螺栓松开,取下压圈,再装进一层或两层密封环,压紧压圈,继续使用。

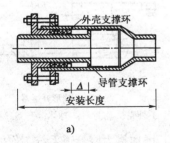
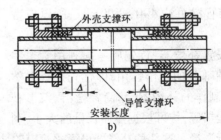

图 5-92 套管补偿器
a)单向套管;b)双向套管

套管式补偿器的材质为铸铁和钢制。铸铁制的工作压力不超过 1.3MPa;钢制的工作压力不超过 1.6MPa。最高工作温度可达 300℃,公称直径不超过 300mm。套管式补偿器具有补偿能力大、结构简单、占地面积小、流动阻力小、安装方便等优点;但易漏水、漏气、需要经常检修、经常更换填料。一般与管道进行焊接连接。这种补偿器装在易于发现介质渗漏及便于更换填料的架空管道上，不宜装在地沟里或其他隐蔽处。为了克服这些缺点，可采用弹性套管式补偿器。因工作压力的不同，弹性套管式补偿器有 0.6MPa、1.0MPa、1.6MPa、2.5MPa 型，温度不超过 300℃，适用于热媒为蒸汽、热水的热力管道，填料采用膨石墨、石棉绳或耐热聚四氟乙烯等，如图 5-93 所示。弹性套管补偿器在弹簧的作用力下，密封材料始终处于被压紧的状态，从而使管中的介质无法渗漏；且由于填料长度比原套筒式补偿器短，又采用不锈钢套管，加之填料经过特殊处理，使套管光滑经久不变，所以轴向力小。

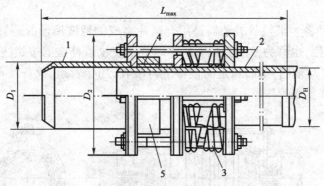

图 5-93　弹性套管式补偿器
1-外壳；2-芯管；3-弹簧；4-填料；5-套管

（5）球形补偿器。球形补偿器是利用成对安装的球形管接头球体相对壳体的折曲角的改变进行热补偿的补偿器，具有补偿能力大、占地面积小、流动阻力小、安装方便、投资少、基本无需维修等优点，特别适用于三维位移的压力在 0.5MPa 以下及温度在 230℃ 以内蒸汽管道和热水管道，所以也称为万向补偿器（图 5-94）。球形补偿器使用时必须两个一组，在管道直线段水平、垂直安装，为了减少摩擦力宜采用滚动支座，由于球形补偿器的补偿管段长（在直线管段可达 400～500m），所以应考虑设导向支架。

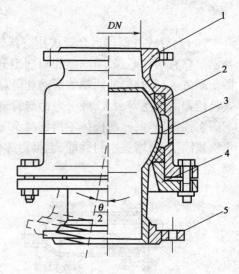

图 5-94　球形补偿器
1-外壳；2-密封环；3-球体；4-压盖；5-法兰

管道系统设置补偿器，首先应考虑利用管道本身结构上的弯曲部分的补偿作用，即优先选择自然补偿器，其次是制作的补偿器、套筒补偿器、波形补偿器及球形补偿器等，均可根据热伸长量的大小，利用产品样本进行选择。这几种补偿器可简化管道的结构，增加热力网管道系统工作的可靠性，降低工程使用维护成本。

3. 管件

市政热力管网常用的管件有弯管、三通等。弯管的材质不应低于管道的材质，壁厚不得小于管道壁厚；钢管的焊制三通、支管开孔应进行补强，对于承受管子轴向荷载较大的直埋管道，应考虑三通干管的轴向补强;变径管应采用压制或钢板卷制,其材质不应低于管道钢材质量,壁厚不得小于管壁厚度。热力管道管件的技术规格参见有关资料。

4.热力管道的检查室及检查平台

地下敷设的热力管道安装套管补偿器、波纹管补偿器、阀门、放水装置等管道附件时,均应设置检查室。检查室的结构尺寸应便于管道及附件的安装、调试及维修。具体应符合下列规定:

(1)净空高度不应小于1.8m。

(2)人行通道宽度不应小于0.6m。

(3)干管保温结构表面与检查室地面距离不应小于0.6m。

(4)检查室的人孔直径不应小于0.7m,人孔数量不应少于两个,并应对角布置,人应避开检查室内的设备。当检查室净空面积小于4m² 时,可只设一个人孔。

(5)检查室内至少应设一个积水坑,并应置于人孔下方。

(6)检查室地面低于管沟内底应不小于0.3m。

(7)检查室内爬梯高度大于4m时应设护栏或在爬梯中间设平台。

当检查室内需更换的设备、附件不能从人孔进出时,应在检查室顶板上设安装孔。安装孔的尺寸和位置应保证需更换设备的出入和便于安装。

当检查室内装有电动阀门时,应采取措施,保证安装地点的空气温度、湿度满足电气装置的技术要求。

当地下敷设管道只需安装放气阀门且埋深很小时,可不设检查室,只在地面设检查井口,放气阀门的安装位置应便于工作人员在地面进行操作;当埋深较大时,在保证安全的条件下,也可只设检查人孔。

检查室内如设有放水阀,其地面应设有1%的坡度,并设坡向积水坑。积水坑至少设1个,尺寸不小于0.4m×0.4m×0.5m(长×宽×深)。管沟盖板和检查室盖板上的覆土深度不应小于0.2m。

检查室的布置举例如图5-95所示。

中、高支架敷设的管道,安装阀门、放水放气装置等的地方应设置操作平台。在跨越河流、峡谷等地段,必要时应沿架空管道设置检修便桥。

检查室及检查平台的数量以安全运行及方便检修为前提,应尽量减少数量,以节省投资。

5.管道支座(支架)

在市政热力管道系统中,为支撑管道和限制管道位移,设置支座(支架)以承受管道重力及管道内介质对其作用力。根据支座(支架)对管道位移限制的情况分为固定支座和活动支座。

1)固定支座

固定支座不允许管道和支承结构有相对位移,主要用于将管道划分为若干补偿管道分别进行热补偿,设置于补偿器两侧,从而保证补偿器能稳定工作。其形式主要有金属结构固定支座及挡板式固定支座。如图5-96及图5-97所示。在直埋敷设或不通行地沟中,固定支座可以采用钢筋混凝土固定墩。

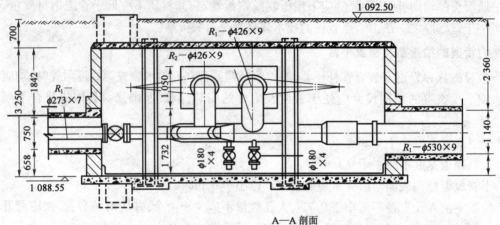

A—A 剖面

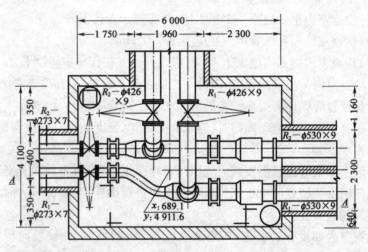

图 5-95　检查室布置举例(尺寸单位:mm)

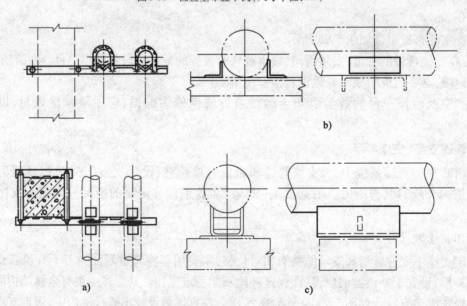

图 5-96　金属结构固定支座
a)卡环式固定支座;b)焊接角钢式固定支座;c)曲面槽式固定支座

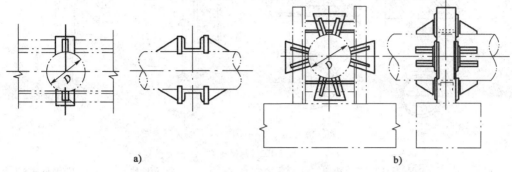

图 5-97　挡板式固定支座

a)双面挡板式固定支座;b)四面挡板式固定支座

2)活动支座

活动支座是允许管道和支承结构有相对位移的管道支座。按照其结构和功能分为滑动、滚动、弹簧、悬吊和导向支座。滑动支座是由安装(采用卡固或焊接方式)在管子上的钢制托管与下面的支承结构构成。它支承管道的垂直荷载,允许管道在水平方向产生滑动位移,如图 5-98、图 5-99 所示。

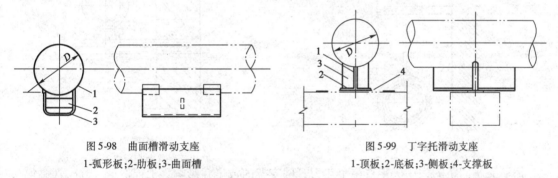

图 5-98　曲面槽滑动支座

1-弧形板;2-肋板;3-曲面槽

图 5-99　丁字托滑动支座

1-顶板;2-底板;3-侧板;4-支撑板

滚动支座是由安装(卡固或焊接)在管子的钢制管托与设置在支承结构上的辊轴、滚柱或滚珠等构件构成。它支承管道的垂直荷载,允许管道在其滚动的方向产生位移,如图 5-100、图 5-101 所示。一般只用于架空敷设的管道上。

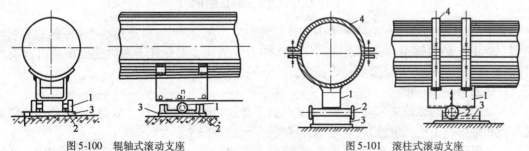

图 5-100　辊轴式滚动支座

1-辊轴;2-导向板;3-支承板

图 5-101　滚柱式滚动支座

1-槽板;2-滚柱;3-钢槽支承座;4-管箍

悬吊支架是将管道悬吊在支架下,允许管道有水平方向位移的活动支架,常见的悬吊支架如图 5-102 所示。

弹簧支吊架装有弹簧悬吊支架。它除允许管道有水平方向的轴向位移和侧向位移外,还能补偿管道适量的垂直位移,如图 5-103 所示。常用于管道有较大的垂直位移处。

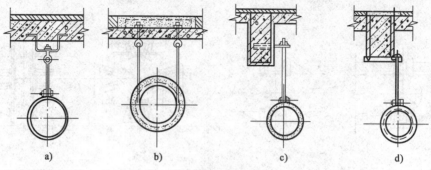

图 5-102　悬吊支架

a)可在纵向及横向位移;b)只能在纵向位移;c)焊接在钢筋混凝土里埋置的预埋件上;d)箍在钢筋混凝土梁上

　　导向支架是只允许管道轴向位移的支架,如图 5-104 所示。其构造常是在滑动支座或滚动支座沿管道轴向的管托两侧设置导向挡板。导向支座的主要作用是防止管道纵向失稳,保证补偿器的正常工作。

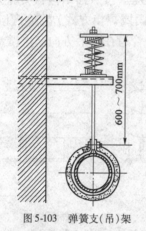

图 5-103　弹簧支(吊)架

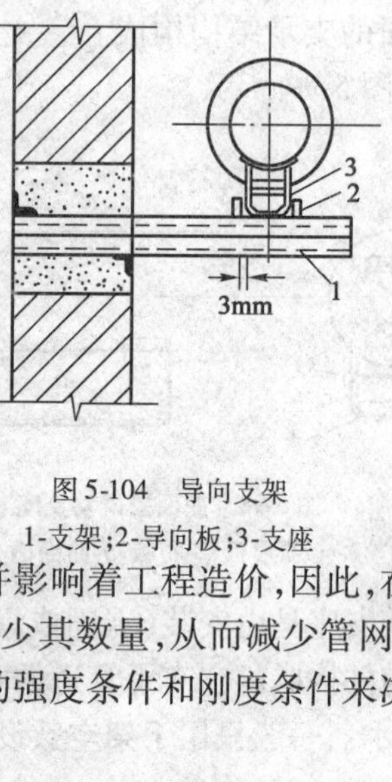

图 5-104　导向支架
1-支架;2-导向板;3-支座

　　活动支座间距的大小决定着整个热力管网支架的数量并影响着工程造价,因此,在确保整个管网安全运行的前提下,应尽可能地增大支架的间距以减少其数量,从而减少管网的投资。其最大间距由管道的允许跨距来决定。管道的跨距由管道的强度条件和刚度条件来决定。

四、热力管道的保温结构

　　如前所述,热力管道与给水管道中的介质流态均为压力流,管材选用也类似,施工工艺均类似。但由于热力管道中介质温度高,因此,热力管道除了要保证不致因地面荷载引起损坏外,还要保证其不会产生过多的热量损失。

　　1. 保温材料

　　为减少热媒的热损失,节约能源,提高热力系统运行的经济性,防止管道外表面的腐蚀,避免运行和维修时工作人员烫伤,须对热力管道进行保温处理。

　　选用保温材料的要求有:导热系数小,密度在 $400kg/m^3$ 以下;具有一定的机械强度,可承受 0.3MPa 以上的压力;吸水率小;不易燃烧且耐高温;施工方便,价格低廉。常用的保温材料有岩棉、玻璃棉、矿渣棉、珍珠岩、硅藻土、石棉、聚苯乙烯泡沫塑料、聚氨酯泡沫塑料等。

　　2. 保温结构

　　热力管道的保温结构一般由防腐层、保温层、防潮层、保护层、防腐蚀及识别标志等组成。如图 5-105、图 5-106 所示。将防锈涂料直接涂刷于管道的表面即构成防腐层。

184

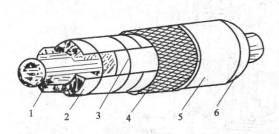
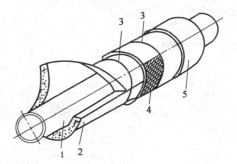

图 5-105　弧形预制保温瓦保温结构
1-管道;2-保温层;3-镀锌铁丝;4-镀锌铁丝网;5-保护层;
6-油漆

图 5-106　缠绕法保温结构
1-管道;2-保温毡或布;3-镀锌铁丝;4-镀锌铁丝
网;5-保护层

保温层的施工是在管道试压合格及防腐合格后进行。其施工方法要依保温材料的性质而定。对石棉粉、硅藻土等宜用湿抹法施工,将上述散状材料加水调成胶泥涂抹于热力管道及设备的表面上;对于玻璃棉、矿渣棉等材料,是在设备或管道外面做成罩子,其内部填充保温材料,即采用填充法施工;对于石棉制品、膨胀珍珠岩制品、膨胀蛭石制品和硅酸钙制品等,采用绑扎式施工;对于矿渣棉毡、玻璃棉毡及石棉绳、稻草绳等材料,采用包裹及缠绕式施工;对预制装配材料宜用装配式施工。对于聚氨酯泡沫塑料等采用浇灌式施工。

防潮层主要用于敷设于室外的保温管道以及保冷结构。做防潮层的材料主要有两种:一种是以沥青为主的防潮材料;另一种是以聚乙烯薄膜做防潮材料(保冷结构中多用),施工时将防潮材料用胶黏剂粘贴在保温层面上。

保护层设在保温层外面,主要目的是保护保温层或防潮层不受机械损伤,防止雨水及潮湿空气的侵蚀,也可使保温层表面平整、美观,便于涂刷各种色漆,以识别管道。用做保护层的材料很多,根据材料不同、施工方法的不同分为两类:一类为涂抹式保护层,属于这类保护层的有沥青胶泥和石棉水泥砂浆等,其中石棉水泥砂浆是最常见的一种;一类为金属保护层。属于这类保护层的有黑铁皮(非镀锌薄钢板)、白铁皮(镀锌薄钢板)、铅皮、聚氯乙烯复合钢板和不锈钢板等;一类为毡、布类保护层。属于这类保护层的有油毡、玻璃布、塑料布、白布和帆布等。

热力管道常用保温结构的保温层厚度按照《设备和管道保温导则》(GB 8175)设计计算确定。为了使保护层不受腐蚀,可在保护层外设防腐层,一般涂刷油漆做防腐层。所用油漆的颜色不同,还可起到识别标志的作用。对一般介质的管道,其涂色分类见表5-14。

管道涂色分类表　　　　　　　　　　　　　　　　　　表 5-14

管 道 名 称	颜色		备注	管 道 名 称	颜色		备　注
	底色	色环			底色	色环	
过热蒸汽管	红	黄	自流及加压	净化压缩空气管	浅蓝	黄	
饱和蒸汽管	红	绿		乙炔管	白	—	
废气管	红	—		氧气管	洋蓝	—	
凝结水管	绿	红		氢气管	白	红	
余压凝结水管	绿	白		氮气管	棕	—	
热力网送出水管	绿	黄		油管	橙黄	—	
热力网返回水管	绿	褐		排水管	绿	蓝	
疏水管	绿	黑		排气管	红	黑	

色环宽度以便于识别为原则,视具体情况而定。色环涂刷宽度最小为50mm,环间的间距保持在5m左右为宜。

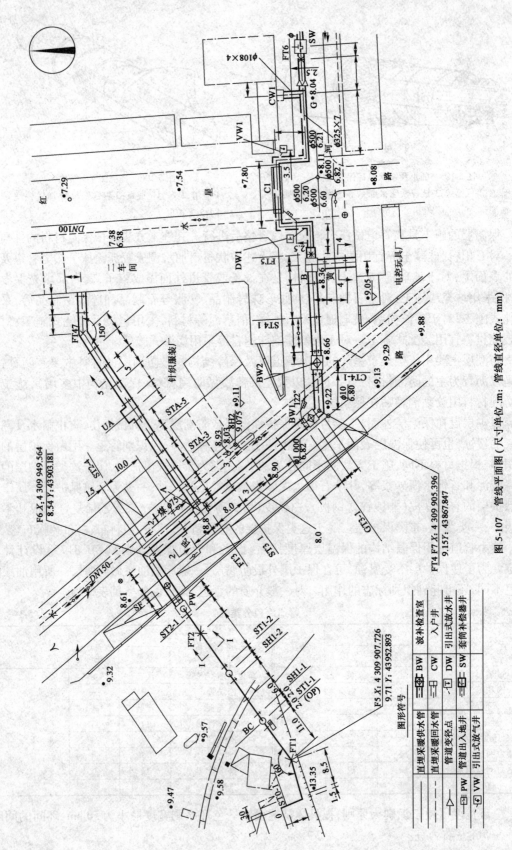

图 5-107 管线平面图（尺寸单位：m；管线直径单位：mm）

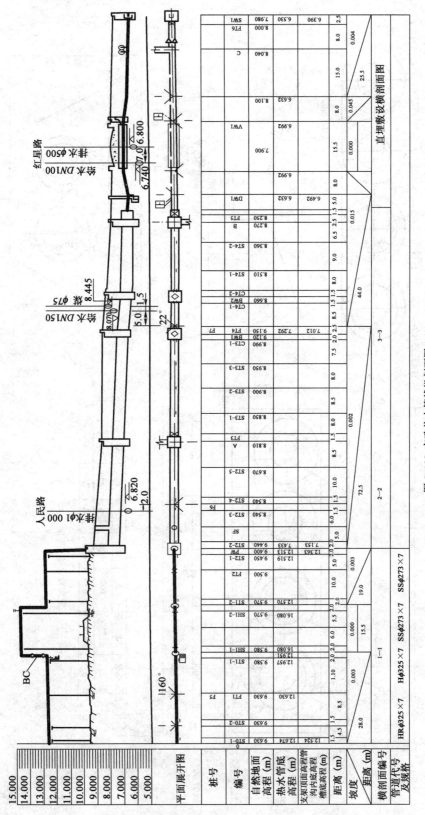

图 5-108 市政热力管线纵剖面图

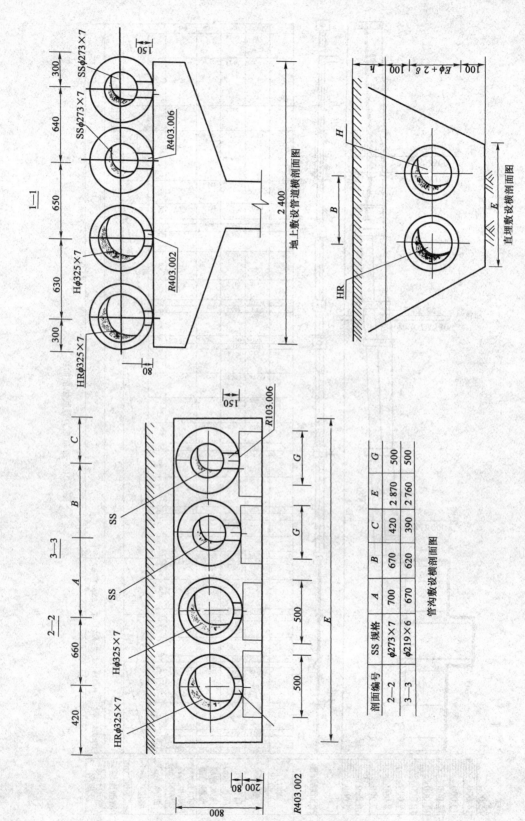

图 5-109 热力管道横剖面图 (尺寸单位: mm)

剖面编号	SS规格	A	B	C	E	G
2—2	φ273×7	700	670	420	2 870	500
3—3	φ219×6	670	620	390	2 760	500

管沟敷设横剖面图

188

五、市政热力管道施工图

市政热力管道施工图包括图纸目录、设计施工说明、管线平面图、管线纵断面图、管线横断面图、管线节点大样图及材料设备明细表等。

1. 管线平面图

管线平面图的内容主要包括：热力管道、补偿器、阀门井、检查室等的定位尺寸；管道的根数及长度等，如图5-107所示。

2. 纵剖面图

纵剖面图的内容主要有桩号、管段编号、各桩处自然地面高程、热水管道底高程、支架顶面高程、沟渠内底高程、槽底高程、管段坡度及坡向、管段长度、管段代号及规格等，如图5-108所示。

3. 横剖面图

横剖面图的主要内容有各管段的相对位置、安装尺寸等，如图5-109所示。

4. 管线节点大样图

管线节点大样图反映各管件及附件的细部安装尺寸及安装位置等。如图5-95所示为检查室的大样图，包括平面图和剖面图。

第四节　燃气管道工程

一、城市管道燃气概述

1. 燃气的种类

与给排水管道及热力管道一样，燃气管道是现代城乡经济社会发展的重要基础设施之一，其发展与社会经济发展密切相关。燃气种类很多，但主要有天然气、人工燃气、液化石油气和沼气等。具体见《城市燃气分类》（GB/T 13611—92）。其中天然气主要组分以甲烷为主，与其他燃气比，具有热量高、污染少、效率高等优点，被誉为世界上最清洁的能源，因而是理想的气源。同时，由于开采、储运和使用天然气既经济又方便，所以近年来，许多国家大力发展天然气工业。中国662个城市中已经有近200个城市建有天然气管网，天然气供应量已达到807亿立方米，到2010年将达到270个，供应量将达到1 500亿 m^3。我国著名的"西气东输"工程输送的就是天然气。

2. 城市燃气的质量要求

城市燃气是有窒息性或有毒性的易燃易爆气体。它是在压力状态储存、并以管道输送和使用的，如果由于管材和施工方法存在问题，或燃具使用不当，或管网年代久远，或当地发生意外情况，而造成燃气泄漏，往往会引起爆炸、火灾，甚至危及生命。因此，首先要确保其安全使用；其次，为了高效、经济地使用燃气，必须对燃气本身的性能有必要的要求，倒如燃气的热值、压力、适应燃具的能力、杂质含量等都应具备某些必要的条件。如《城镇燃气设计规范》（GB 50028—2006）对天然气技术要求做了规定，其中将天然气按性质和组分含量分为一类、二类和三类三个等级，之外等级的天然气，供需双方按照合同或者协议确定，其具体要求见表5-15。

项　目	一　类	二　类	三　类	试 验 办 法
高位发热量（MJ/m³）	\multicolumn{3}{c}{>31.4}			GB/T 11062
总硫（以硫计，mg/m³）	≤100	≤200	≤460	GB/T 11061
硫化氢（mg/m³）	≤6	≤20	≤460	GB/T 11060.1
二氧化碳（%，体积分数）	≤3.0			GB/T 13610
水露点（℃）	在天然气交接点的压力和温度条件下，天然气的水露点应比最低环境温度低5℃			GB/T 17283

注：1. 标准中气体体积的标准参比条件是 101.325kPa·20℃。

2. 本标准实施之前建立的天然气输送管道，在天然气交接点的压力和温度下，天然气中应无游离水。无游离水是指天然气经机械分离设备分不出游离水天然气的技术指标。

3. 天然气的取样按 GB/T 13609 执行，取样点应在规定的天然气交接点。其他类燃气的使用如人工煤气、液化石油气等的技术要求均有相应规定。

城市燃气应具有可以觉察的臭味，燃气中加臭剂量也应符合要求，加臭剂和燃气混合在一起后应具有特殊的气味；同时不对人体、管道和其他接触材料有害；加臭剂的燃烧产物不应对人体呼吸有害并不应腐蚀或伤害与此燃烧产物经常接触的材料；并应在空气中应能觉察加臭剂含量指标；加臭剂溶解于水中的程度不应大于 2.5%（质量分数）；便于制造价格低廉的产品。目前常用的加臭剂有四氯噻吩（THT）和硫醇（TBH）。

3. 城市燃气系统的组成

燃气经长距离输气系统输送到燃气分配站（亦称为城市燃气检收门站），在站内进行净化、计量并将燃气压力降至城市燃气供应系统所需的压力后，送入城市输配管网或直接送入大用户，由城市燃气管网系统输送分配到各用户使用。配气站站址选择的原则为：在安全防火的允许范围内，应尽可能靠近城市居民点，并位于下风向；站地上应尽量避开不良地质及地形低洼处，应有足够的面积，并为扩建留有必要的余地；所选站址交通应方便，水电来源充足，有利于排污。城市燃气管网系统是指自气源厂或城市门站到用户引入管的室外燃气管道。城镇燃气输配系统一般由门站、燃气管网、储气设施、调压设施、管理设施、监控系统等组成。现代化的城市燃气输配系统一般由燃气管网、燃气分配站、调压站、储配站、监控与调度中心、维护管理中心组成，如图 5-110 所示。输配系统应保证不间断地、可靠地给用户供气，在运行管理方面应是安全的，在维修检测方面应是简便的，还应考虑在检修和发生故障时，可关断某些部分管段而不致影响全系统的工作。

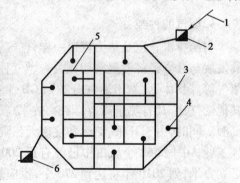

图 5-110　一级管网系统

1-长输管线；2-城市燃气门站或高压罐站；3-中压管网；4-中低压调压站；5-低压管网；6-低压储气罐站

在一个输配系统中，宜采用标准化和系列化的站室、构筑物和设备。采用的系统方案应在符合城市总体规划，在可行性研究的基础上，做到远、近期结合，以近期为主，并经技术经济比较，并能分阶段地建造和投入运行。

二、城市燃气管道的分类及选择

城市燃气输配系统的主要部分是燃气管网，燃气管道的气密性与输气压力有密切的关系，燃气的压力越高，管道接头脱节或管道本身出现裂缝的可能性和危险性也就越大。同时当管道内燃气的压力不同,对管道材质、安装质量、检验标准和运行管理的要求也不同。

我国城镇燃气的设计压力(P)分为7级,具体要求见表5-16。

城镇管道燃气设计压力(表压)分级   表5-16

名　　称		压力(MPa)
高压燃气管道	A	$2.5 < P \leqslant 4.0$
	B	$1.6 < P \leqslant 2.5$
次高压燃气管道	A	$0.8 < P \leqslant 1.6$
	B	$0.4 < P \leqslant 0.8$
中压燃气管道	A	$0.2 < P \leqslant 0.4$
	B	$0.01 < P \leqslant 0.2$
低压燃气管道		$P < 0.01$

根据上述压力级制的不同,可将燃气输配管网分为一级系统、两级系统、三级系统及多级系统四种。一级系统仅用低压管网来输送和分配燃气,一般适用于小城镇的燃气供应系统。两级系统由低压和中压 B 或低压和中压 A 两级管网组成,如图5-111、图5-112所示。三级系统由低压、中压和高压三级管网组成,如图5-113所示。多级系统由低压、中压 B、中压 A 和高压 B,甚至高压 A 的管网组成,如图5-114所示。

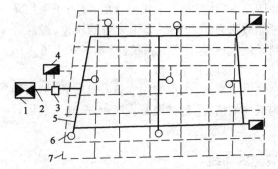

图5-111　低压—中压 B 两级管网系统

1-气源厂;2-低压管道;3-压气站;4-低压储气站;5-中压 B 管网;6-区域调压站;7-低压管网

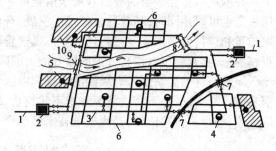

图5-112　低压—中压 A 两级管网系统

1-长输管线;2-城市燃气输配站;3-中压 A 管网;4-区域调压站;5-专用调压站;6-低压管网;7-穿越铁路的套管敷设;8-过河倒虹管;9-沿桥敷设的架空管道;10-工厂

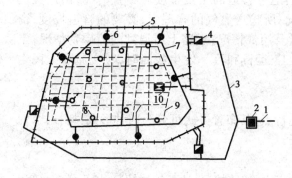

图5-113　多级管网系统

1-长输管线;2-城市燃气分配站;3-调压计量站;4-储气站;5-调压站;6-高压 A 管网;7-高压 B 管网;8-中压 A 管网;9-中压 B 管网;10-地下储气库

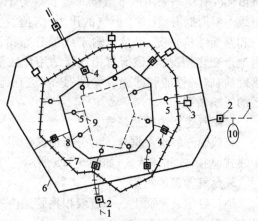

图5-114　多级管网系统

1-长输管线;2-城市燃气分配站;3-调压计量站;4-储气站;5-调压站;6-高压 A 管网;7-高压 B 管网;8-中压 A 管网;9-中压 B 管网;10-地下储气库

居民用户和小型公共建筑用户一般直接由低压管道供气。低压管道输送人工燃气时,压力不大于2kPa,输送天然气时不大于3.5kPa;输送液化石油气时,压力不大于5kPa。

中压B和中压A管道必须经过区域调压站或用户专用调压站才能给城市分配管网低压和中压管道供气,或给工厂企业、大型公共建筑用户以及锅炉房供气。

一般由城市高压B燃气管道构成大城市输配管网的系统的外环网,是大城市供气的主动脉,必须通过调压站才能进入中压管道、高压储气罐以及工艺需要高压燃气的大企业。

高压A输气管道通常是贯穿省、地区或连接城市的长输管线,有时也构成大城市输配管网的外环网。

城市管网系统中各级压力的干管,特别是中压以上压力较高的管道,应连成环网,初建时可以建成枝状管网或半环状网,随着城市的发展逐步建成环网。

燃气输配系统各种压力级别的燃气管道之间应通过调压装置相连。当有可能超过最大允许工作压力时,应设置防止管道超压的安全保护设备。

城市、工厂区和居民点可由长距离输气管线供气,个别距离城市较远的大型用户,经论证、经济合理和安全可靠时,可自设调压站与长输管线连接。除了一些允许设专用调压器的、与长输管线相连接的管道检查站用气外,单个的居民用户不得与长输管线相连接。

在确定有充分必要的理由和安全措施可靠的情况下,并经有关上级批准后,城市里采用高压管道也可以。同时,随着科学技术的发展,有可能改进管道和燃气专用设备的质量,提高施工质量和运行管理水平。在新建的城市燃气管网系统和改建旧有的系统时,燃气管道可采用更高的压力,这样可以提高管道的输气能力或降低燃气管道工程造价。

城镇燃气输配系统压力级制的选择应根据燃气供应来源,用户的用气量及其分布,城市地形和障碍物情况,地下管线情况和地下建筑物、构筑物的情况,管材设备供应条件,施工和运行等因素,经过多方案比较,择优选取技术经济合理、安全可靠的方案。

三、城市燃气管道的布线

1. 城市燃气管道的布线依据

城市燃气管道的布线是指城市燃气管道系统在原则上选定之后,决定各管段的具体位置。城市燃气管道均采用地下敷设。地下燃气管道宜沿城市道路、人行便道或者绿化带敷设。其布线主要依据有:管道中燃气的压力;街道及其地下管道的密集程度与布置情况;街道交通量和路面结构情况,以及运输干线的分布情况;所输送燃气的含湿量,必要的管道坡度,街道地形变化情况;与该街道相连接的用户数量及用气情况;线路上所遇到的障碍物情况;土壤性质、腐蚀性能和冰冻线深度;该管道在施工、运行和万一发生故障时,对交通和人民生活的影响情况。

2. 燃气管道的布置形式

市政燃气管道根据建筑的分布情况和用气特点,其布置方式可分为四种形式:树枝式,双干线式,辐射式和环状式;如图5-115所示。

3. 燃气管道的布置

燃气管道在平面上的布置要根据管道内的压力、道路情况、地下管线情况、地形情况、管道的重要程度等因素确定。

1)高、中压管道的平面布置

高、中压管网的主要功能是输气,并通过调压站向低压管网各环网配气。一般按以下情况进行平面布置:

192

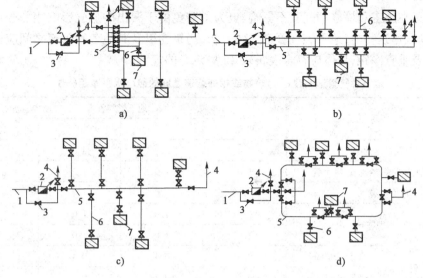

图 5-115　市政燃气管网的布置形式

a)树枝式;b)双干线式;c)辐射式;d)环状式

1-燃气源;2-气表;3-旁通管;4-放散管;5-主干管;6-支管;7-用气点

高压管道宜布置在城市边缘或市内有足够埋管安全的地带,并应成环以增加供气的安全性。中压管道应布置在城市用气区便于与低压环网连接的规划道路上,但应尽量避免沿车辆来往频繁或闹市区的交通线敷设,否则对管道施工和管理维修造成困难。中压管道应布置成环网,以提高供气和配气的安全可靠性。

高、中压管道的布置,应考虑调压站的布置位置和对大型用户直接供气的可能性,应使管道通过这些地区时尽量靠近各调压站和这类用户,以缩短连接支管的长度。从气源厂连接高压或中压管道的连接管段应采用双线敷设。

由高、中压管道直接供气的大型用户,其用户支管末端必须考虑设置专用调压站的位置。高、中压管道应尽量避免穿越铁路等大型障碍物,以减少工程量和投资。

高、中压管道是城市输配系统的输气和配气主干线,必须综合考虑近期建设与长期规划的关系,以延长已经敷设管道的有效使用年限,尽量减少建成后改线、增大管径或增设双线的工程量。当高、中压管网初期建设的实际条件只允许布置半环形、甚至为枝状管网时,应根据发展规划使之与规划环网有机联系,防止以后出现不合理的管网布局。

2)低压管网的平面布置

低压管网的主要功能是直接向各类用户配气。据此,低压管网的布置应考虑下列情况:

低压管道的输气压力低,沿程允许的压力降也较低,故低压管网的每环边长一般控制在300～600m。

低压管道直接与用户相连,而用户数量随着城市建设发展而逐步增加,故低压管道除了以环状管网布置外,也允许以枝状管道布置。有条件时低压管道宜尽可能布置在街区内兼做庭院管道以节省投资。

低压管道可以沿街道的一侧敷设,也可以双侧敷设。在有轨电车通行的街道上,当街道宽度大于20m、横穿街道的支管过多时,低压管道可采用双侧敷设。

低压管道应按照规划道路布线,并应与道路轴线或建筑物的前沿相平行,尽可能避免在高级路面下敷设。

为了保证在施工和检修期间互不影响,也为了避免由于漏出的燃气影响相邻管道的正常运行,甚至逸入建筑物内,地下燃气管道与建筑物、构筑物以及其他各种管道之间应保持必要的水平净距及垂直净距,具体应符合表 5-17 和表 5-18 的规定。

地下燃气管道与建(构)筑物或相邻管道之间的最小水平净距(m)   表 5-17

名　　称		地下燃气管道			
		低压	中压	高压 B	高压 A
建筑物基础		2.0	3.0	4.0	6.0
热力管的管沟外壁、给水管、排水管		1.0	1.0	1.5	2.0
电力电缆		1.0	1.0	1.0	1.0
通信电缆,直埋在导管内		1.0	1.0	1.0	1.0
		1.0	1.0	1.0	2.0
其他燃气管道	管径≤300mm	0.4	0.4	0.4	0.4
	管径>300mm	0.5	0.5	0.5	0.5
铁路钢轨		5.0	5.0	5.0	5.0
有轨电车道的钢轨		2.0	2.0	2.0	2.0
电杆(塔)的基础	≤35kV	1.0	1.0	1.0	1.0
	>35kV	5.0	5.0	5.0	5.0
通信照明电杆中心		1.0	1.0	1.0	1.0
街树中心		1.2	1.2	1.2	1.2

地下燃气管道与建(构)筑物或相邻管道之间的最小水平净距(m)   表 5-18

项　　目		地下燃气管道(当有套管时,以套管计)
给水管、排水管或其他燃气管道		0.15
热力管、热力管的管沟底(或顶)		0.15
电缆	直埋	0.5
	在导管内	0.15
铁路	(轨底)	1.2
有轨电车(轨底)		1

低压管网的平面布置应注意以下几点:

(1)当次高压燃气管道压力与表中数不相同时,可采用直线方程内插法确定水平净距。

(2)如受地形限制不能满足表 5-17 和表 5-18 的要求时,经与有关部门协商,采取有效的安全防护措施后,表 5-17 和表 5-18 规定的净距均可适当缩小。但低压管道不应影响建(构)筑物和相邻管道基础的稳固性,中压管道距建筑物基础不应小于 0.5m 且距建筑物外墙面不应小于 1m,次高压燃气管道距建筑物外墙面不应小于 3.0m。其中,当对次高压 A 燃气管道采取有效的安全防护措施或当管道壁厚不小于 9.5mm 时,管道距建筑物外墙面不应小于 6.5m;当管壁厚度不小于 11.9mm 时,管道距建筑物外墙面不应小于 3.0m。

(3)表 5-17 和表 5-18 的规定除地下燃气管道与热力管的净距不适于聚乙烯燃气管道和钢骨架聚乙烯塑料复合管外,其他规定均适用于聚乙烯燃气管道和钢骨架聚乙烯塑料复合管道。聚乙烯燃气管道与热力管道的净距应按国家现行标准《聚乙烯燃气管道工程技术规程》（CJJ 63）执行。

（4）地下燃气管道与电杆（塔）基础之间的水平净距，还应满足表5-19的规定。

地下燃气管道与交流电力线接地体的净距（m）   表5-19

电压等级（kV）	10	35	110	220
铁塔或电杆接地体	1	3	5	10
电站或变电所接地体	5	10	15	30

3）燃气管道的纵断面布置

在决定纵断面布置时应考虑下列情况。

（1）地下燃气管道埋设深度，宜在土壤冰冻线以下。管顶覆土厚度还应满足以下要求：

①埋设在车行道下时，不得小于0.9m；

②埋设在非车行道（含人行道）下时，不得小于0.6m；

③埋设在庭院（指绿化地及载货汽车不能进入之地）内时，不得小于0.3m；

④埋设在水田下时，不得小于0.8m。

随着天然气的广泛使用以及管道材质的改进，埋设在人行道、次要街道、草地和公园的燃气管道可采用浅层敷设。

（2）输送湿燃气的管道，不论是干管还是支管，其坡度一般不小于0.003。布线时最好使管道坡度与地形接近，以使开挖土方量少。在管道的最低点应设排水器。

（3）地下燃气管道不得从建筑物和大型构筑物（不包括架空的建筑物和大型构筑物）的下面穿越。

（4）在一般情况下，燃气管道不得穿过其他管道本身，如有特殊情况需要穿过其他大断面管道（污水管、雨水管或热力管沟等）时，需征得有关方面的同意，同时燃气管道必须安装在钢套管内。

（5）燃气管道与其他各种构筑物以及管道相交时，应按照规范规定保持一定的最小垂直净距离，如表5-19所示。

（6）套管的设置。当燃气管道受地形的限制，按照有关规范要求以及埋设深度的规定有困难时，需要与有关部门协商，采取措施保证输送的湿燃气中的冷凝物不致冻结，管道不致遭受机械损伤。通常采取的防护措施是设置套管，如图5-116所示，套管比燃气管道稍大，直径一般大于100mm，其伸出长度，从套管端至与之交叉的构筑物或管道的外壁不小于1m。套管两端有密封填料，在重要套管的端部可装设检漏管。检漏管上端伸入防护罩内，由管口取气样检查套管中的燃气含量，以判明有无漏气及漏气的程度。穿越铁路、电车轨道、公路、峡谷、沼泽以及河流的燃气管道，应用钢管。可以采用地上

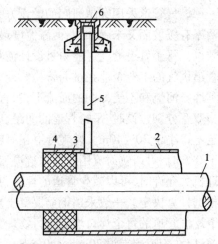

图5-116　敷设在套管内的燃气管道

1-燃气管道；2-套管；3-油麻填料；4-沥青麻封层；5-检漏管；6-防护罩

跨越（即架空敷设），也可采用地下穿越，需视当地条件及经济合理性而定。在城市，只有在得到

有关单位同意的情况下,才能采用地上跨越。而在矿区和工厂区,一般应采用地上跨越。

燃气管道在铁路、电车轨道和城市主要交通干线下穿过时,应敷设在套管或地沟内,如图5-117 所示,管道敷设在钢套管内,套管两端超出路基底边且至铁路边轨的距离不小于 2.5m,至电车道边轨的距离不小于 2.0m。置于套管内的燃气管段焊口应该最少,并需经物理方法检查,还应采用特加强绝缘层防腐。对埋深的要求是:从轨底到燃气管道保护套管管顶应不小于1.2m。在穿越工厂企业的铁路专用支线时,燃气管道的埋深有时可略小。

燃气管道在穿越电车轨道和城市主要交通干线时,允许敷设在钢制的、铸铁的、钢筋混凝土或石棉水泥的套管中。对于穿过城市非主要干道,并位于地下水位以上的燃气管道,可敷设在过街地沟里,如图5-118 所示。

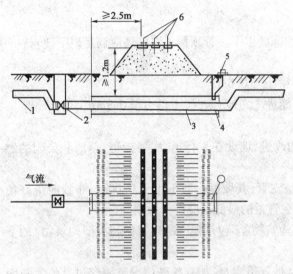

图 5-117　燃气管道穿越铁路
1-燃气管道;2-阀门;3-套管;4-密封层;5-检漏管;6-铁道

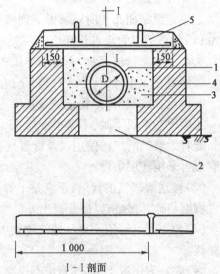

图 5-118　燃气管道的单管过街沟(尺寸单位:mm)
1-燃气管道;2-原土夯实;3-填砂;4-砖墙沟壁;5-盖板

燃气管道采用穿越河底的敷设方式时,应尽可能从直线河段,并与水流轴向垂直,从河床两岸有缓坡而又未受冲刷、河滩宽度最小的地方穿越。燃气管道从水下穿越时,一般宜用双管敷设。每条管道的通过能力是设计流量的 75%,但对环形管网可由另侧保证供气,或以枝状管道供气的工业企业在过河管检修期间,可用其他燃料代替的情况,允许采用单管敷设。在不通航河流和不受冲刷的河流下,双管允许敷设在同一沟槽,两管的水平净距不应小于0.5m。当双管分别敷设时,平行管道的间距,应根据水文地质条件和水下挖沟的施工条件确定,按规定不得小于 30~40m。燃气管道在河床下的埋设深度,应根据水流冲刷的情况确定,一般不小于 0.5m。对通航河流还应考虑疏浚和抛锚的深度。在穿越不通航或无浮运的水域,当有关管理机关允许时,可以减少管道的埋深,甚至直接敷设在河底上。水下燃气管道的稳管重块,应根据计算决定。一般采用钢筋混凝土重块,或中间浇筑混凝土的套管,也允许用铸铁重块。水下燃气管道的每个焊口均应进行物理方法检查,规定采用特加强绝缘层。在加上稳管重块之前,应在管道周围设 20mm × 60 mm 的木条,以保护绝缘层不受损坏。

敷设在河流底的输送湿燃气的管道,应有不于 0.003 的坡度,坡向河岸一侧,并在最低点处设排水器。

通过水流速度大于 2m/s,但河床和河岸稳定的水域,以及通过较深的峡谷和洼地、铁路车站等障碍物时,建议采用水上(或地上)跨越。跨越可采用桁架式、拱式及悬索式以及栈桥式,最好是单跨结构。在得到有关部门许可后也可利用已建的道路桥梁。架空敷设时,管道支架应采用难燃或不燃的材料制成,并能承受任何可能的荷载,而不会破坏管道。燃气管道穿越河流的布置形式见图5-119,燃气管道悬索式跨越铁路的布置形式见图5-120。

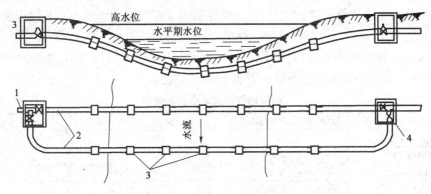

图5-119　燃气管道穿越河流
1-燃气管道;2-过河管;3-稳管重块;4-阀门井

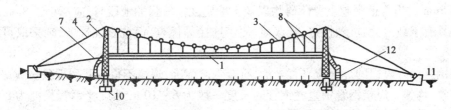

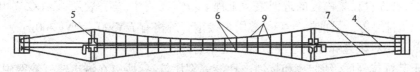

图5-120　燃气管道悬索式跨越铁道
1-燃气管道;2-桥柱;3-钢索;4-牵索;5-平面桁架;6-抗风索;7-抗风牵索;8-吊杆;9-抗风连杆;10-桥支座;11-地锚基础;12-工作梯

四、燃气管材及附属设备

1. 管材

用于输送燃气的管材种类很多,应根据燃气的性质、系统压力和施工要求来选用,并要满足机械强度、抗腐蚀、抗震及气密性等要求。一般而言,常用的燃气管材主要有钢管、铸铁管和塑料管等。燃气高压、中压管道通常采用钢管,中压和低压采用钢管或铸铁管。塑料管多用于工作压力≤0.4MPa 的室外地下管道。

1)钢管

燃气管道要承受压力并输送大量的有毒的易燃、易爆的气体,任何程度的泄漏和管道断裂将会导致爆炸、火灾、人身伤亡和环境污染,造成重大的经济损失。因此,要求燃气钢管不仅要有足够的机械强度,而且要求具有良好的焊接性及不透气性。施工中可通过无损探伤如 X 射线等进行检查,以确保焊缝质量。

常用的钢管主要有焊接钢管和普通无缝钢管。普通无缝钢管见第五章第一节。有缝钢管即焊接钢管中输送燃气用的管道,有直焊缝钢管和螺旋缝钢管。直焊缝钢管常用管径为 $DN6 \sim DN150mm$。其规格,给水管材已述,对于大口径管道,可采用直缝卷焊管($DN200 \sim DN1\ 800mm$)和螺旋焊接管($DN200 \sim DN700mm$),其管长为 $3.8 \sim 18m$。用于输送天然气及石油的大口径钢管主要采用螺旋缝焊接钢管,其规格详见 SY 5036—83 和 SY 5038—83。螺旋缝焊接钢管的规格与无缝钢管一样,也用外径×壁厚表示。在安装中两者也多采用焊接工艺,相应的管件接头也少。

对于次高压钢质燃气管道直管段,计算壁厚应按《城镇燃气设计规范》(GB 50028—2006)计算确定。最小公称壁厚不应小于表 5-20 的规定。

表 5-20

钢质燃气管道最小公称壁厚

钢管公称直径 DN(mm)	公称壁厚(mm)	钢管公称直径 DN(mm)	公称壁厚(mm)
$DN100 \sim 150$	4	$DN600 \sim 700$	7.1
$DN200 \sim 300$	4.8	$DN750 \sim 900$	7.9
$DN350 \sim 450$	5.2	$DN950 \sim 1\ 000$	8.7
$DN500 \sim 550$	6.4	$DN1\ 050$	9.5

钢管壁厚应根据埋设地点、土壤和路面荷载情况而定,一般不小于 3.5mm,在道路红线内不小于 4.5mm。当管道穿越重要障碍物以及土壤腐蚀性较强的地段时,应不小于 8mm。

钢管具有承载力大、可塑性好、管壁薄、便于连接等优点,但抗腐蚀性差,须采取可靠的防腐措施。

焊接钢管内外表面的焊缝应平直光滑,符合强度标准,焊缝不得有开裂现象。镀锌管道的锌层应完整、均匀。焊接钢管中直缝钢管的长度一般为 $6 \sim 10m$,螺旋缝钢管长度为 $8 \sim 18m$。水、煤气一般采用有缝钢管,故常将有缝钢管做成水管、燃气管。焊接钢管的规格用公称直径 $DN(mm)$ 表示,公称直径是内径的近似值。工程上习惯以英寸、英分表示,如 1/2 英寸(即 4 英分,约为 $DN15$ 的管)等。目前燃气工程常用焊接钢管规格有 $DN300 \sim DN1\ 200mm$。一般大口径燃气管通常采用对接直焊缝钢管和螺旋焊缝钢管。

钢管由于其抗拉强度、延伸率和抗冲击性能等都比较高,所以在城市输气管网中一般用在较高的压力管道上,如高压 A、B 等级,也常用于交通干道、十字路口、交通繁忙的场所、穿越河流、架管桥等施工复杂的场所。

2)铸铁管

用于燃气输配管道的铸铁管,一般为铸模浇铸或离心浇筑铸铁管,铸铁管的抗拉强度、抗弯曲和抗冲击能力不如钢管,但其抗腐蚀性比钢管好,在中、低压燃气管道中被广泛采用。国内燃气管道常用普压连续铸铁直管、离心承插直管及管件,直径为 $DN75 \sim DN1\ 500mm$,壁厚为 $9 \sim 30mm$,长度为 $3 \sim 6m$。

近年来,世界先进国家均以球墨铸铁管代替灰口铁管。我国开发生产的离心球墨铸铁管及配件可取代钢管应用于城市燃气中压(A)管网,输送燃气压力由 0.2MPa 提高到 0.4MPa,管径可达 $DN100 \sim DN600mm$,采用 N_1 和 S 形两种机械接口形式,具有结构简单、安装方便、密封性好、橡胶圈寿命长的特点,并设计了防滑脱装置。当输送燃气压力 $\leqslant 0.4MPa$、管径 $\geqslant 250mm$ 的情况下采用球墨铸铁管是有优势的。

燃气用铸铁管一般采用机械接口,机械接口比承插连接接口具有接口严密、柔性好、抵抗外界振动及挠动的能力强、施工方便等特点。接口类型有 N_1 型与 S 型两种。

(1)N_1 型接口。管子一端为带有法兰盘的承口,另一端为插口,在承插口的环形间隙中填入塑料支撑圈与一密封胶圈,用螺栓将压兰与承口法兰连接紧固,压紧胶圈而使接口严密,如图 5-121 所示。

(2)S 型接口。S 型接口与 N_1 型接口的不同处是 S 型接口插口端有一凹槽,槽内放一钢制支撑圈,使连接的管道保持同心度及均匀的接口间隙,并可防止管道拔出。接口环形间隙中多一道隔离胶圈,可阻挡燃气侵蚀密封胶圈,故有良好可靠的严密性,而且在维修时可不停气而更换密封胶圈,如图 5-122 所示。对填料及螺栓的要求如下:胶圈应采用符合燃气输送管使用要求的橡胶制成,螺栓应能耐腐蚀。

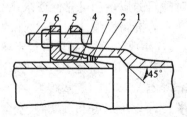
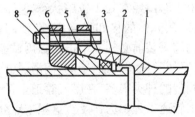

图 5-121　N_1 型机械接口铸铁管接口连接
1-承口;2-插口;3-塑料支撑圈;4-密封胶圈;5-压兰;6-螺母;7-螺栓

图 5-122　S 型机械接口铸铁管接口连接
1-承口;2-插口;3-钢制支撑圈;4-隔离胶圈;5-密封胶圈;6-压兰;7-螺母;8-螺栓

铸铁管及铸铁管件的性能和检验应符合现行国家标准的规定,应具有出厂合格证。铸铁管及铸铁管件在出厂前应做气密性试验。机械接口球墨铸铁管道应符合现行的国家标准《水及燃气管道用球墨铸铁管、管件和附件》(GB/T 13295)的规定。离心球墨铸铁管使用标准有:《球墨铸铁管件》(GB 13294—1991)、《离心铸造球墨铸铁管》(GB 13295—1991)。球墨铸铁管性能符合 ISO2531/GB 13295 相关标准的要求;外镀锌符合 ISO 8197 标准要求;内衬水泥砂浆符合 ISO 4179 标准要求;管件符合 ISO 2531 标准要求;并采用消失模和树脂砂等工艺生产。铸铁管及铸铁件具有较强的韧性和抗高压、抗氧化、抗腐蚀等优良性能。

3)聚乙烯塑料管(PE 管)

适用于燃气管道的塑料管主要是聚乙烯管(PE 管),其性能稳定,脆化温度低(−80°C),质轻,耐腐蚀,抗拉性能良好,材质伸长率大,可弯曲使用,内壁光滑,流动阻力小,管子长、接口少,管接口简便可靠,抗震性能强等。目前国内聚乙烯燃气管分为 SDRll 和 SDR17.6 两个系列。SDRll 系列宜用于输送人工煤气、天然气、液化石油气(气态);SDR17.6 系列宜用于输送天然气。聚乙烯燃气管道连接应采用电熔连接(电熔承插连接、电熔鞍形连接)或热熔连接(热熔承插连接、热熔对接连接、热熔鞍形连接),不得采用螺纹连接和黏结。聚乙烯管与金属管道连接,采用钢塑过渡接头连接。但塑料管的刚性差,施工时必须夯实槽底土,才能保证管道的敷设坡度。

燃气用 PE 管适用于中压和低压燃气管道,品种包括高密度聚乙烯(HDPE)管、中密度聚乙烯(MDPE)管、钢骨架(含钢丝网骨架)聚乙烯复合管。燃气用 PE 管应符合现行的国家标准《燃气用埋地聚乙烯管材》(GB 15558.1)和《燃气用埋地聚乙烯管件》(GB 15558.2)的规定。骨架聚乙烯塑料复合管道应符合国家现行标准《燃气用钢骨架聚乙烯塑料复合管》(CJ/T 125)和《燃气用钢骨架聚乙烯塑料复合管件》(CJ/T 126)的规定。PE 管原料应选用经过定级的国产或进口聚乙烯燃气管道专用料(混配料),产品性能应符合相应国家或行业标准要求,设计施工应符合相应的工程技术规程要求。验收管材、管件必须验收产品使用说明书、产品合格证、质量保证书和各项性能检验报告等,并在同一批产品中抽样,按上述国家标准进行规格尺寸和外观性能检查,必要时宜进行全面测试。此外,铜管和铝管也用于燃气输配管道上,但由于其价格昂贵,使其使用受到了一定程度的限制。

2. 燃气管网附件

为保证燃气管网运行管理,并考虑到检修和接线的需要,在管网的适当地点要设置必要的附件,包括阀门、补偿器、排水器、放散管等。

1)阀门

阀门是燃气管道中重要的控制设备,用以切断和接通管线,调节燃气的压力和流量。燃气管道的阀门常用于管道的维修,减少放空时间,限制管道事故危害的程度,因而其设置关系重大。由于阀门经常处于备用状态,又不便于检修,因此对阀门的质量和可靠性要求高,即要求严密性好、阀体的接卸强度高、转动部件灵活,对输送介质的抗腐性强,同时零部件的通用性好。阀门安装前必须逐个进行强度试验和严密性试验。运行中燃气阀门必须进行定期检查和维修,以便掌握其腐蚀、堵塞、润滑、气密性等情况及部件的损坏程度,避免不应有的事故发生。

阀门的种类很多,在燃气管道上常用的有闸阀、截止阀、球阀、蝶阀、旋塞阀等,在本章第一节给水管道工程中已述及。这里重点介绍燃气输气线路上干线切断阀门、旋塞阀、安全阀等。

燃气输气线路上每隔一定距离,需设置切断阀门,在某些特别重要的管段两端(铁路干线、大型河流的跨越段)也应设置切断阀门,施工期间干线切断阀门可用于线路的分段试压。干线切断阀门的间距通常以管线所处的重要性和发生事故时可能产生的危害及其后果的严重程度而定,这种间距通常为20~30km。这种阀门通常处于备而不用的状态,即通常情况处于全开状态,需要动作时往往面临发生事故的紧急状况,因此对其质量和工作的可靠性有着严格的要求。

干线切断阀门通常采用球阀和平板阀(通孔板式闸阀)两种类型。

球阀的球形阀芯上有一个与管道内径相同的通道,将阀芯相对阀体转动90°,就可使球阀关闭或开启,如图5-123所示。球阀按阀芯的安装方式分为浮动式和固定式,浮动结构的密封座固定在阀体上,球心可自由向左右两侧移动。这种结构启动力矩大,一般适用于小口径球阀。固定结构与浮动结构相反,它把阀芯通过上下阀杆和径向轴承固定在阀体上,而令阀座和密封圈在管道合阀体腔的压差作用下,紧压在球体密封面上。这种结构启动力矩小,适用于高压大口径球阀。

平板阀是一种通孔闸阀,闸门的两面平行。闸门的下方有一个与管径相同的阀孔,阀门开启时升起,与阀体和管道形成一个直径相连续的通道。闸板和阀座保持密封。密封材料采用非金属材料,镶嵌在阀座上。大口径平板阀的阀体采用钢板焊接结构。如图5-124所示为Z47F自动补偿平衡式双平板闸阀,是一种结构新颖的闸阀产品,它具有启闭力矩小、速度快、振动小、使用寿命长、操作安全可靠等特点,主要用于气、液体输送管道的切断或泄放。

图5-123 长输管线球阀

图5-124 Z47F自动补偿平衡式双平板闸

200

干线切断阀的驱动方式可以采用电动、气动、电液联动和气液联动等方式。干线切断阀门的驱动方式应能在短时间内最短时限小于1min完成阀门的关闭和开启动作。

干线切断阀应安装在地势较高、交通方便、符合排放条件的地点。大口径阀一般与管道置于同一水平面。明设时需要修建阀室,阀室地坪低于管底,便于检查。目前许多大口径干线切断阀只把操作部分留在地面上,阀体则随管道埋入地下,场地上只修建围墙和大门。

旋塞阀广泛用于小管径的燃气管道,动作灵活,阀杆旋转90°即可达到完全启闭的要求,可用于关断管道,也可用于调节燃气量。常用的旋塞有两种,如图5-125、图5-126所示。一种是利用阀芯尾部螺母的作用,使阀芯与阀体紧密接触,不致漏气,这种旋塞只允许用于低压管道上,称为无填料旋塞。另一种称为填料旋塞,利用填料来堵塞阀体与阀芯之间的间隙以避免漏气,这种旋塞体积较大,但较安全可靠。

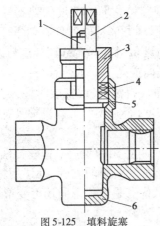

图5-125　填料旋塞

1-螺栓螺母;2-阀芯;3-填料压盖;4-填料;5-电权;6-阀体

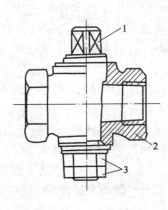

图5-126　无填料旋塞

1-阀芯;2-阀体;3-拉紧螺母

安全阀是管道避免超压、保证人身安全的关键设备,必须符合要求,按规范进行生产,并经检验测试合格后方能使用。有弹簧式安全阀(图5-127)和先导式安全泄压阀(图5-128),后者无论是管理还是技术上都优于前者。其关键技术在于弹簧直接感测压力为压力传感器(先导阀)感测压力,提高了阀的灵敏度与精度,主阀采用笼式套筒阀芯和软密封结构,确保阀芯起跳后正确复位和关闭严密,且可不需拆卸,直接在工艺装置或管道上进行定压调校,减轻维护及检测的劳动量。因无泄漏及过量排放,从而减轻了天然气排放损失。

图5-127　A48H/Y 弹簧全启式安全阀

图5-128　先导式安全泄压阀

截止阀和球阀主要用于液化石油气和天然气管道上,闸阀和有驱动装置的截止阀、球阀只允许装在水平管道上。

燃气系统中尽量少设置阀门,一是为了减少造价,二是减少系统的漏气点。系统中阀门的数量足以维持系统运行即可。

2)补偿器

燃气管道由于燃气及周围环境温度变化引起管道长度的变化,会产生巨大的应力,往往导致管道损坏,故需设补偿器,以消除管道因胀缩所产生的应力,常用于架空管道和需要进行蒸汽吹扫的管道上。此外,补偿器安装在阀门的下游,利用其伸缩性能,方便阀门的拆卸与检修。当考虑基础沉陷与地裂带错动等原因引起的管道位移时,也需要设置补偿器。补偿器的形式前面已述。

补偿器常设置于架空管道、过桥管、高层建筑燃气立管等处。埋地敷设的聚乙烯管道,在长管段上通常设置在埋地燃气钢管上,多用钢制波形补偿器。波形补偿器具有工作可靠、结构紧凑、质量小、位移补偿量大、变形应力小等优点,在设备与设备、管道与管道、管道与设备的串联中,它不仅可以提供充分的轴向位移补偿,还可以提供横向或角方向的位移补偿。其补偿量约为10mm。为防止补偿器中存水锈蚀,由套管的注入孔灌入石油沥青,安装时注入孔应在下方。补偿器的安装长度应是螺杆不受力时补偿器的实际长度,否则不但不能发挥其补偿作用,反而使管道或管件受到不应有的应力。

在通过山区、坑道和地震多发区的中、低压燃气管道上,可使用橡胶—卡普隆补偿器,如图5-129所示。它是带法兰的螺旋皱纹软管,软管是用卡普隆布做夹层的胶管,外层用粗卡普隆绳加强。其补偿能力在拉伸时为150mm,压缩时为100mm,优点是纵横方向均可变形。

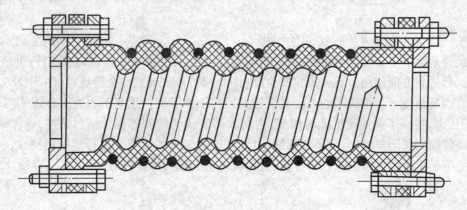

图5-129　橡胶—卡普隆补偿器

3)排水器

排水器是燃气管道必要的附属设施,排水器又称凝水缸及聚水井。为便于排除燃气管道中的冷凝水和石油伴生气管道中的轻质油,在管道敷设时应有一定的坡度(不宜小于0.003),排水器设置在管道坡向改变的转折最低处。排水器的设置间距,视冷凝液量的多少而定,一般为每200～300m设置一个,在出厂、出站管线上还需增加密度。河底管道的排水器的井杆应伸至岸边,以便定期排水。排水器还可观测燃气管道的运行状况,并可作为消除管道堵塞的设备。

根据燃气管道中压力的不同及凝水量的不同,排水器有不能自喷和自喷两种。在低压燃气管道上,安装不能自喷的低压排水器,一般由铸铁制造,如图5-130所示。水或油要依靠抽水设备来排除。排水管上设有电极,用于测定管道和大地之间的电位差。当设计无要求时,可不安装。

在高、中压燃气管道上,安装能自喷的高、中压排水器,一般为钢制,如图5-131所示。由于管道内压力较高,水或油在排水管旋塞打开后自行排除。为防止剩余在排水管内的水在冬季结冰,应另设循环管,使排水管内水柱上、下压力平衡,水依靠重力回到下部的集水器中。为避免被燃气中的焦油和茶等杂质堵塞,排水管和循环管的管径应适当加大。排水管设在套管中,排水管上部有一直径为 2mm 的小孔,使得燃气管道和排水管之间的压力得以平衡。因此凝结水不能沿排水管上升,避免剩余在管内而冻结。

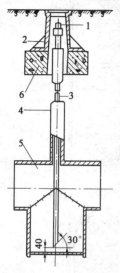

图 5-130 低压排水器(尺寸单位:mm)
1-丝堵;2-防护罩;3-抽水器;4-套管;5-集水器;6-底座

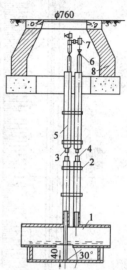

图 5-131 高压排水器(尺寸单位:mm)
1-集水器;2-管卡;3-排水管;4-循环管;5-套管;6-悬塞;7-丝堵;8-井圈

排水器应保证夏季、冬季都能可靠排水、安全运行、维修方便,并便于清除其中固体沉淀物。在气候温和地区,可露天安装,做适当保温或加热。在寒冷地区,排水器应设在采暖小室内。

4）煤气放散管

煤气系统中专门为特殊情况下排放煤气或管道内部的空气的管子为煤气放散管。在管道投入运行时,利用放散管排除管道内的空气;在检修管道或设备时,利用放散管排除管道内的燃气,防止在管道内形成爆炸性的混合气体。常见的有过剩放散管、事故放散管和吹刷放散管等。放散管的直径应能保证在一定时间内排除一定量的煤气。放散管排出的煤气遇火源会燃烧,因此放散管的布置要考虑防火问题。放散管装在最高点,放散管上安装球阀,燃气管道正常运行时必须关闭。放散管应安装在阀门井中,在环状网中阀门的前后都应安装,在单向供气的管道上则安装在阀门前。

5）阀门井

为保证管网的运行安全与操作方便,地下燃气管道上的阀门一般都设置在阀门井中。阀门井一般用砖、石砌筑,要坚固耐久并有良好的防水性能,其大小要方便工人检修,井筒不宜过深,其构造前面已述。

五、市政燃气管道施工图

市政燃气管道施工图与前述的热力管道施工图的组成相同。均由图纸目录、设计说明、材料设备明细表、平面布置图、纵断面图、横断面图、大样图等组成。

由于篇幅原因,以下给出了 S 市某道段的部分燃气管道施工图,包括:平面图(图 5-132),纵断面图(图 5-133),管道标准横断面图(图 5-134),管沟大样图(图 5-135)。

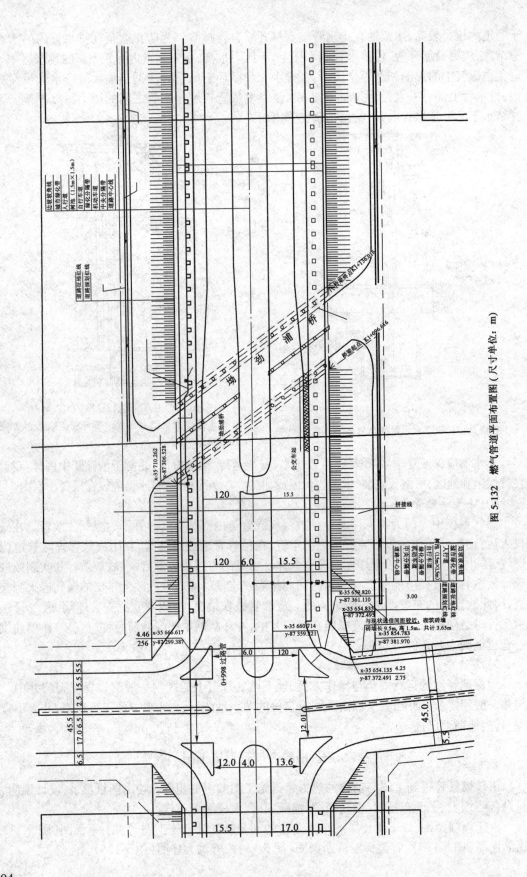

图 5-132　燃气管道平面布置图（尺寸单位：m）

边坡坡角线
城市绿化带
人行道
树池（1.5m×1.5m）
自行车道
绿化分隔带
机动车道
中央分隔带
道路中心线

道路征地红线
道路规划红线

公交车站

拼接线

120　　15.5

120　6.0　15.5

x-35 659.820
y-87 361.110
x-35 654.835
y-87 372.495
与现状通信间距较近，砌筑砖墙
砖墙长 9.5m，高 1.5m，共计 3.65m
x-35 854.783
y-87 381.970

3.00

4.46　x-35 666.617
256　y-87 299.387

x-35 660.714
y-87 359.121

6.0　120

x-35 654.135　4.25
y-87 372.491　2.75

0+998 过路管

x-35 710.262
y-87 306.528

45.5　2.5　15.5　5.5
6.5　17.0 6.5

12.01

12.0　4.0　13.6

45.0

5.5

15.5　17.0

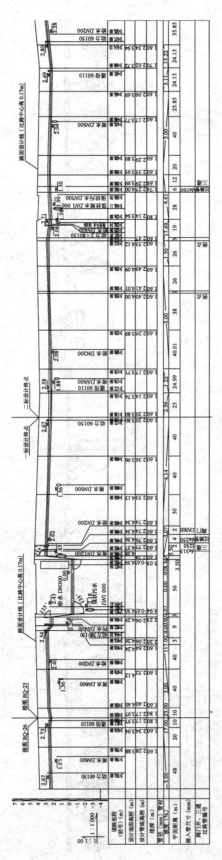

图 5-133 燃气管道纵断面图

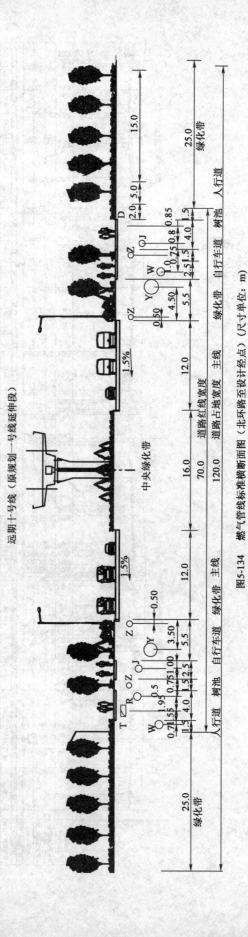

图5-134 燃气管线标准横断面图（北环路至设计终点）（尺寸单位：m）

图例

DL-设计动力电缆　　　J-设计给水管道
TX-设计通信管道　　　Y-设计雨水管道
Z-设计照明管道　　　　W-设计污水管道
R-设计燃气管道

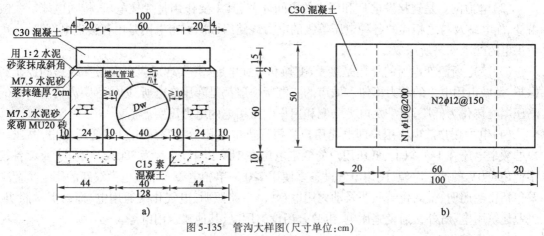

图 5-135　管沟大样图(尺寸单位:cm)

a)管沟横断面图;b)盖板配筋图

第五节　电力管线和电信管线概述

一、电力系统概述

1. 电力系统的组成

电力工业是国民经济的重要部门之一。电能是一种先进且使用方便的优质能源,它是由其他形式的能量(太阳能、风能、水位能、原子能、化学能等)转化而成的二次能源,具有清洁、经济、容易输送和转换等优点。因此,电能已经在现代社会中成为必不可少的能源动力,用电用户除了自备发电机补充供电外,几乎都是由电力系统供电的。电力系统一般由发电厂、(升)降压变电所、电力网和电力用户等组成,如图5-136 所示。

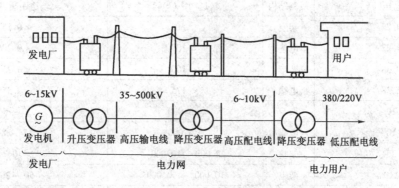

图 5-136　电力系统示意图

在城市电力网中,发电厂将各种类型的能量转变为电能,然后经过变电—送电—变电—配电等过程,将电能分配到各个用电场所。由于目前电能尚不能大量储存,其生产、输送、分配和使用都在同一时间完成,所以必须把发电厂、电力网、变电所、电力用户等有机地连接成一个整体,即电力系统 。各部分的具体作用如下:

(1)发电厂。是将自然界中水力、火力、风力、太阳能、地热、核能和沼气等一次能源转换为用户可以直接使用的二次能源,即电能。目前广泛使用的是火力发电厂和水力发电厂。

207

（2）电力网。是连接发电厂和用户的中间环节，其主要作用是变换电压、传送电能。一般由变、配电站及与之相连的各种电压等级的电力线路组成。城市电网是由各级送电网络、为负荷供电的配电网络所组成。

（3）变电所。变电所的作用是接受、变换和分配电能，并实现对供电设备和线路的控制和保护，是城市用电户的动力枢纽。城市的变电所一般都是降压变电所，即将远距离传送而来的高压电能转化为低压，以满足电力分配和用户电压用电的电力需要。

（4）电力用户。电力用户即电能用户。根据供电电压分为高压用户和低压用户，高压用户的额定电压在1kV以上，低压用户的额定电压在1kV以下，通常为380/220V。工业设备较多使用380V的低压电源，民用电气设备多使用220 V单相电源。市政电力线路的用电负荷主要包括住宅照明、公共建筑照明及动力用电、城市道路照明、电气化交通用电、标语美术照明、工业建筑用电、对外交通设施用电、市政公用设施用电、其他建筑用电等。

2. 电压等级

电力输送时，城网的标称电压应符合国家电压标准。我国城市电力线路电压等级可分为500kV、330kV、220kV、110kV、66kV、35kV、10kV和380/220V 8类。通常城市的送、配电电压如下：

（1）一次送电电压为500kV、330kV、220kV；

（2）二次送电电压为110kV、66kV、35kV；

（3）高压配电电压为10kV；

（4）低压配电电压为380/220V。

电压标准的选择应根据当地电力系统的电压等级、负荷容量的大小、用电用户距电源的距离等因素进行综合的经济技术分析比较后确定。根据不同的电压等级、输送容量和输送距离之间的关系，线路额定电压与电力输送距离的关系参见表5-21。

线路额定电压与电力输送距离的关系   表5-21

额定电压（kV）	线路结构	输送功率（kW）	输送距离（km）
0.22	架空	<50	<0.15
0.22	电缆	<100	<0.20
0.38	架空	<100	<0.25
0.38	电缆	<175	<0.35
10	架空	<3 000	10～5
10	电缆	<5 000	15～8
35	架空	2 000～10 000	10
110	架空	10 000～50 000	50～20
220	架空	100 000～300 000	300～100

各地城网电压中最高一级电压，应根据城市电网远期的规划负荷量与城市电网与地区电力系统的连接方式确定。我国一般大、中城市城网最高一级电压为220kV，次一级为110（66或35）kV。特大城市（如北京、上海、天津等）城网最高一级电压为500kV，次一级为110kV。

输变电工程正朝着高电压、大机组、大电网、大容量的方向发展，从20世纪60年代开始，发达国家已进入大电网、超高压的发展时期，输电电压已达到500kV、750kV、800kV的水平，并向1 000～1 200kV进军。

3. 城市电网的组成

将电能输送给用户,需要建设输电线路。为了减少输电线上的电能损耗,减少导线截面积,节约有色金属,需要采用高压送电。输送的功率越大、距离越长,输电电压就越高。但电能用户需要的是低压电源,显然,不可能给每一个电能用户建立一个变电装置。因此,城市供电分别采用以下三种不同的电压网络完成:

(1)高压网络。指 35kV 及以上的高压电网,包括 220kV 及其以上的送电网和 35kV、66kV、110kV 的高压配电网。

一般输送功率大、输送距离长,其线路投资比例大,应采用较高级别电压,否则选用较低级别电压。当两种级别电压的网络在经济上悬殊不大时,考虑远期发展的需要宜采用较高一级的电压级别。

(2)中压网络。标准中压为 10kV,现存城网中也有 6kV 网络(已逐步淘汰)。中压网络由总变电所供电,并向 10/0.4kV 配电所提供电源。

(3)低压网络。标准城市低压网为 380/220V,低压网络的电压与电力用户用电设备的电压相同。各级电网互为电源和负荷。城市供电网络的编制也是依据高、中、低压网络的顺序编制。

4. 负荷分级及供电要求

电力网上的用电设备所消耗的功率成为用户的用电负荷或电力负荷,用户供电的可靠性程度是由用电负荷的性质来决定的。电力负荷等级根据对供电可靠性的要求及中断供电在政治、经济上所造成损失或影响的程度进行分级,并应符合下列规定。

(1)符合下列情况之一时,应为一级负荷:

①中断供电将造成人身伤亡者。

②中断供电造成重大政治、经济上损失者。例如重大设备损坏、重大产品报废、用重要原料生产的产品大量报废、国民经济中重点企业的连续生产过程被打乱需要长时间才能恢复等。

③中断供电将造成公共场所秩序严重混乱者。例如重要交通枢纽、重要通信枢纽、重要宾馆、大型体育场馆、经常用于国际活动的大量人员集中的公共场所等用电单位中的重要电力负荷。

在一级负荷中,当中断供电将发生中毒、爆炸和火灾等情况的负荷,以及特别重要场所的不允许中断供电的负荷时,应视为特别重要的负荷。一级负荷的供电电源应符合下列规定:一级负荷应由两个电源供电;当一个电源发生故障时,另一个电源不应同时受到损坏;一级负荷中特别重要的负荷,除由两个电源供电外,尚应增设应急电源,并严禁将其他负荷接入应急供电系统。可作为应急电源的有:独立于正常电源的发电机组;供电网络中独立于正常电源的专用的馈电线路;蓄电池;干电池。应急电源的工作时间,应按生产技术上要求的停车时间考虑。当与自动启动的发电机组配合使用时,不宜少于 10min。

(2)符合下列情况之一时,应为二级负荷:

①中断供电将造成较大的政治、经济上损失者。例如主要设备损坏、大量产品报废、连续生产过程被打乱需较长时间才能恢复、重点企业大量减产等。

②中断供电将造成公共场所秩序混乱者。例如交通枢纽、通信枢纽等用电单位中的重要电力负荷,以及中断供电将造成大型影剧院、大型商场等较多人员集中的重要的公共场所秩序混乱。

二级负荷的供电系统,宜由两回线路供电。在负荷较小或地区供电条件困难时,二级负荷可由一回 6kV 及以上专用的架空线路或电缆供电。当采用架空线时,可为一回架空线供电;当采用电缆线路时,应采用两根电缆组成的线路供电,其每根电缆应能承受 100% 的二级负荷。

(3)不属于一级和二级负荷者应为三级负荷。三级负荷对供电无特殊要求。用电负荷容量大时,由一路 10kV 电源供电;用电负荷小时,可由 0.4kV 电源供电。

二、城市电网

1. 城市电网的连线方式

电源与电力用户之间的连接方式有放射式、树干式、环式和格网式, 如图 5-137 所示。

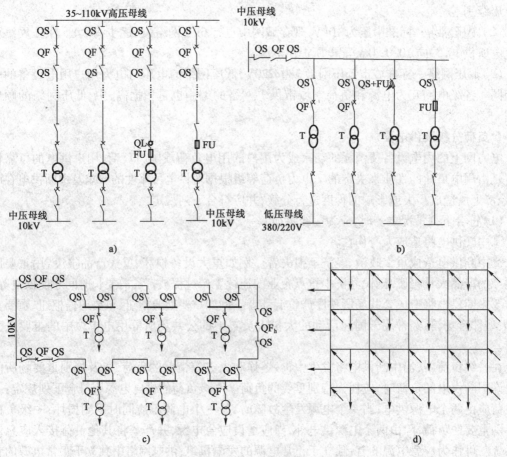

图 5-137　城市电网接线方式
a)放射式;b)树干式;c)环式;d)格网式

(1)放射式。放射式是供电电源的母线分别用独立的回路向各小区供电,其中某个回路的切除、投入、故障不影响其他回路的正常工作,供电可靠性高,一般用于可靠性要求较高的场合。

(2)树干式。树干式是由供电电源的母线引出一个回路的供电干线,在此干线的不同区段上引出支线向用户供电。这种供电方式较放射式接线所需供配电设备少,具有减少配电所建筑面积、节省投资等特点。但是当供电线路发生故障,尤其是靠近电源的端干线发生故障时,停电面积大。因此,此接线方式的供电可靠性不高,一般用于向三级负荷供电。

为了提高树干式配电系统的供电可靠性,可采用单侧电源双干线式供电系统、双侧电源双

210

干线供配电系统或单回路穿越干线式供配电系统。

（3）环式。供配电系统的特点是由以变电所引出两条干线,由环路断路器构成1个环网,正常化运行时,环路断路器断开,系统开环运行。一旦环中某台变压器或线路发生故障,则切除故障部分,环路断路器闭合,继续对系统中非故障部分供电。环式供电系统可靠性高,适用于一个地区的几个负荷中心。城市的送电网一般宜采用环式。

（4）格网式。供配电系统的特点是由供电干线结成网格式,在交叉处固定连接。格网式供电系统可靠性最高,适用于负荷密度很大且均匀分布的低压配电地区。但目前我国电气设备的分断能力不够高,应用网格式供电系统受到一定限制。

2. 城市供电网络的布置

城市电网的规划应贯彻分层分区的原则,各层各区间有明确的供电范围,避免重叠、交错。电网分层指电网电压等级分层。电网分区指在分层下,按电源和负荷的地理分布特点来划分供电区。一个电压层可以划分一个供电区也可以划分几个供电区。城市供电网络的布置是在确定城市供电电压后,根据电源情况、电力用户的位置和负荷确定。

供电网络平面布置的原则如下:

（1）保证用户的用电量需求。

（2）保证供电的可靠性。即根据保证不间断供电的原则,按负荷的级别需求,采用相应的配接线方式,满足用户对用电可靠性的要求。例如,对于一级用电负荷,应由两个相互独立的电源供电,两个电源之间应有自动切换装置。

（3）保证供电的电压质量。

（4）供电电网接线简单,运行管理方便。

（5）总投资小,年运行费用低。

（6）有发展余地。

（7）与城市建设同步、协调。

三、城市供电设施

城市供电设施是城市的基础设施,包括城市变电所、开关站（开闭所）、公用配电所和电力线路四个部分。城市供电设施的建设标准、结构选型应与城市建设的整体水平相适应。其布置位置应充分考虑我国城市人口集中、建筑物密集、用地紧张的空间环境条件和城市用电量大的特点和要求,符合合理用地、节约用地的原则。

1. 城市变电所

变电所是城网中起变换电压、集中和分配电力作用的供电设施。按一次电压等级可分为六类变电所,即500kV、330kV、220kV、110kV、66kV、35kV。

1）城市变电所的设置要求

（1）符合城市总体规划用地的布局要求。

（2）靠近负荷中心,以减少电能损耗和有色金属损耗。

（3）便于各级电压进出线的出入;进出线走廊的宽度应与变电所的位置同时确定。

（4）交通运输方便。

（5）应考虑变电所对周围环境和临近工程设施的影响和协调。如军事设施、通信电台、电信台、飞机场等。必要时需取得有关协议和书面文件。变电所对电视差转台、转播台、无线电干扰的防护间距应符合表5-22的规定。

电压等级(kV)	110	500	220 ~ 330
VHF(m)	1 000	1 800	1 300

（6）变电所选址宜避开易燃、易爆区和大气严重污染和严重盐雾区。

（7）应满足防洪标准的要求。

（8）应满足抗震要求。

（9）应有良好的地质条件，应避开断层、滑坡、塌陷区、溶洞地带等不良地质构造。

（10）变电所建筑物、变压器及室外配电装置与附近冷却塔或喷水池之间的距离不应小于表 5-23 的规定。

变电所建筑物、变压器及室外配电装置与冷却塔、喷水池的最小间距（单位:m）　　表 5-23

建筑物、构筑物名称	冷 却 塔	喷 水 池
变电所建筑物	23	30
主变压器及室外配电装置装设在上风侧时	40	80
主变压器及室外配电装置装设在下风侧时	60	120

2）城市变电所的形式

为了降低远距离电力输送的输电线路损耗和减少输电线的截面，需采用高压输电。因此，应对发电厂输出的电压（一般为 6 ~ 10kV）进行升压，同时为了满足电能用户的需要，需对远距离传送而来的高压进行降压。通常城市变电所都是降压变电所。

城市变电所按结构形式可分为户外式（全户外式、半户外式）、户内式（常规户内式和小型户内式）、地下式（全地下和半地下）、移动式（箱体式、成套式）四种。35kV 以上者，由于变配电设备的体积较大，为了安全及节省投资，多建成室外变配电站。室外变配电站占地面积大、建筑面积小、土建费用低、受环境的影响比较严重。10kV 及 10kV 以下者，由于变配电设备的体积和安全间距较小，为了便于管理，多建成室内变配电站。但是由于科学技术的不断发展，人民生活水平的不断提高，城市用电量大幅度增长，在城市内的负荷中心，居民密集的地区和周围空气受到污染的地区，应用六氟化硫组合电器可以建 110kV 甚至 220kV 高压室内变电站。

3）架空出线走廊

发电厂和变电所的高压进出线，通常要占一定宽度的出线走廊，集中在一起出线，35 ~ 220kV 变电所出线走廊的宽度如表 5-24 所示。

35 ~ 220kV 变电所出线走廊宽度（m）　　　　表 5-24

出线电压等级(kV)		35	110	220
常用杆塔形式		π 形杆	π 形杆	铁塔
杆塔标准高度(m)		15.4	15.4	23
导线水平排列时，两边线距离(m)		6.5	8.5	11.2
杆塔中心至走廊边缘建筑物的距离(m)		17.4	18.4	26
两回路杆塔中心线之间的距离(m)	单回水平排列	12	15	20
	单回垂直排列	8 ~ 10	10	15
	双回垂直排列	10	13	18

2. 开关站

开关站又称为关闭所,是在城市电网中起接受作用并分配电力作用的配电设施。66～220kV 变电所的二次侧 35kV 或 10kV 出线走廊受到限制,35kV 或 10kV 配电装置间隔不足,且无扩建余地时,宜设置开关站。开关站应根据负荷分布,均匀布置。在占地面积较大的建筑小区内,常设置 10kV 开关站。通常将 10kV 开关站与 10/0.4kV 配电所连体建设,这样可以减少占地,节约投资,提高供电的可靠性。为了便于开关站进出线,10kV 开关站的转供容量不宜超过 15 000kV·A。

3. 公用配电所

公用配电所也称为配电所,建筑电气设计中也习惯称之为配变电所。其一次侧电压为 35kV 或 10kV,二次侧电压为 0.4/0.23kV,为末端低压用电设备提供电源。由于配电所的供电电压低,供电半径小(一般不大于 250m),所以,规划新建配电所的位置应接近负荷中心。

配电所一般为户内型,当城市用地紧张,选址困难或因环境要求需要时,规划新建配电所可采用箱式变电站。在公共建筑楼内规划新建变电所,应有良好的通风和消防措施。低压为 0.4kV 的配电所中单台变压器的容量不宜大于 1 000kV·A,居民小区变电所内单台变压器的容量不宜大于 600 kV·A。

4. 城市电力线路

1)电力线路的类型

城市电力线路按照敷设形式分为架空线路和地下电缆两种方式。架空线路具有造价低、投资少、施工简单、建设工期短、维护方便等优点。其缺点是占地多,易受外力破坏,影响市容。地下电缆线路具有运行安全可靠性高,受外力破坏的可能性小,不受大气条件等因素影响的优点。

市内规划对于新 35kV 以上的电力线路,在下列情况下,应采用地下电缆:

(1)在市内中心地区、高层建筑群区、市区主干道、繁华街道等。

(2)重要风景旅游区和对架空裸导线有严重腐蚀性的地区。

布设在大、中城市的市区主次干道、繁华街区、新建高层建筑群区及新建居住区的中、低压配电线路,宜逐步采用地下电缆或架空绝缘线。

2)架空线路

(1)架空线路的布设路径要求。架空线路路径的选择应根据城市地形、地貌特点和城市道路网规划,沿道路、河渠、绿化带架设。力争路径短捷、顺直,尽量减少同道路、河流、铁路等的交叉,避免跨越建筑物。架空电力线路跨越或接近建筑物的安全距离应符合表 5-25、表 5-26 的规定。

1～500 kV 架空电力线路与建筑物之间的垂直距离(在导线最大计算弧垂的情况下) 表 5-25

线路电压(kV)	<1	1～10	35	66～110	220	330
垂直距离(m)	2.5	3.0	4.0	5.0	6.0	7.0

架空电力线路边导线与建筑物之间的安全距离(在最大计算风偏情况下) 表 5-26

线路电压(kV)	<1	1～10	35	66～110	220	330
安全距离(m)	1.0	2.0	3.0	4.0	5.0	6.0

注:1. 导线与城市多层建筑物或规划建筑间的距离是指水平距离。

2. 在无风的情况下,导线与不在规划范围内的建筑物之间的水平距离,不应少于表 5-26 所列数值的一半。

市内架空送电线路可采用双回线或与高压配电线同杆架设。线路宜采用占地较少的窄基杆塔和多回路同杆架设的紧凑型线路结构。杆塔结构造型、色调应尽量与环境协调配合。应满足线路导线对地面和树木间的垂直距离,杆塔应适当增加高度、缩小档距。在计算导线最大弧垂情况下,架空电力导线与地面、街道行道树之间的最小垂直距离应符合表 5-27 和表 5-28 的规定。

高压架空电力线路走廊指在计算导线最大风偏和安全距离情况下,35kV 及以上高压架空电力线路两边导线向外侧延伸一定距离所形成的两条平行线之间的专用通道。其宽度应考虑所在城市的气候条件、导线最大风偏、边导线与建筑物的安全距离、导线的最大弧垂、导线排列方式以及塔杆形式、杆塔档距等因素,通过技术经济比较后确定,并符合表 5-29 的规定。

架空电力导线边导线与地面间最小垂直距离(在最大计算导线弧垂情况下,单位:m) 表 5-27

线路经过地区	线路电压(kV)					
	<1	1 ~10	35 ~110	220	330	500
居民区	6.0	6.5	7.5	8.5	14.0	14.0
非居民区	5.0	5.5	6.0	6.5	7.5	10.5 ~11.0
交通困难地区	4.0	4.5	5.0	5.5	6.5	6.5

注:1.居民区:指工业企业地区、港口、码头、火车站、城镇、集镇等人口密集地区。

2.非居民区:指居民区以外的地区,虽然时常有人、车辆或农业机械到达,但房屋稀少的地区。

3.交通困难地区:指车辆或农业机械不能到达的地区。

架空电力线路导线与街道行道树之间最小垂直距离(考虑树木的自然生长高度) 表 5-28

线路电压(kV)	<1	1 ~10	35 ~110	220	330	500
安全距离(m)	1.0	1.5	3.0	3.5	4.5	7.0

市区 35 ~500kV 高压架空电力线路规划走廊宽度(单杆单回水平排列或单杆多回垂直排列)

表 5-29

线路电压(kV)	高压走廊宽度(m)	线路电压(kV)	高压走廊宽度(m)
500	60 ~75	110、66	15 ~25
330	35 ~45	35	12 ~20
220	30 ~40		

布设在大、中城市的市区主次干道、繁华街区、新建高层建筑群区及新建居住区的中、低压配电线路,宜逐步采用地下电缆或架空绝缘线。在市区配电线路的敷设中,应遵循以下原则:

①市区内的中、低压架空电力线路应同杆架设,做到一杆多用。为了维修和减少停电,直线杆横担数不宜超过 4 层(包括路灯线路)。

②中、低压同杆架设的线路,高压线路在上。架设同一电压等级的不同回路导线时,应把弧垂较大的导线放置在下层,路灯照明导线应架设在最下层。

③同一地区的中、低压配电线路的导线相位排列应统一规定。

④市区中、低压配电线路主干线的导线截面不宜超过两种。

⑤中压电力线路的导线,应采用三角排列或水平排列,双回路线路同杆架设时,宜采用三角排列或垂直三角排列。低压线路的导线应采用水平排列。

⑥向一级负荷供电的双电源线路不宜同杆架设。

(2)架空线路的组成。架空电线路主要由基础、电杆、横担、导线、拉线、绝缘子及金具等组成。基础的作用主要是防止电杆在垂直荷载、水平荷载及事故荷载的作用下,产生上拔、下压、甚至倾倒现象。

电杆多为锥形,用来安装横担、绝缘子和架设导线。城市中一般采用预应力钢筋混凝土杆,在线路的特殊位置也可采用金属杆。根据电杆在线路中的作用和所处的位置,可将电杆分为直线杆、耐张杆、转角杆、终端杆、分支杆和跨越杆六种基本形式。

导线是输送电能的导体,应具有一定的机械强度和耐腐蚀性能,以抵抗风、雨、雪和其他荷载的作用以及空气中化学杂质的侵蚀。架空配电线路常用裸铜绞线(TJ)、裸铝绞线(LJ)、钢芯铝绞线(LGJ)和铝合金线(HLJ),低压架空配电线路也可采用绝缘导线。高压线路在电杆上为三角排列,线间水平距离为1.4m;低压线路在电杆上为水平排列,线间水平距离为0.4m。

横担装在电杆的上端,用来安装绝缘子、固定开关设备及避雷器等,一般采用铁横担或陶瓷横担。陶瓷横担可同时起到横担和绝缘子的作用,因此又称为瓷横担绝缘子,它具有较高的绝缘水平,在断线时能自动转动,不致因一处断线而扩大事故范围。

绝缘子俗称瓷瓶,用来固定导线并使导线间、导线与横担间、导线与电杆间保持绝缘,同时承受导线的水平荷载和垂直荷载。常用的绝缘子有针式、蝶式、悬式和拉紧式。

金具是架空线路中各种金属连接件的统称,用来固定横担、绝缘子、拉线和导线。一般有连接金具、接续金具和拉线金具。

当架空的裸导线穿过市区时,应采取必要的安全措施,以防触电事故的发生。电缆线路和架空线路的作用完全相同,但与架空线路相比具有不用杆塔、占地少、整齐美观、传输性能稳定、安全可靠等优点,在城市电网中使用较多。

3)地下电缆

(1)电缆的路径选择。电缆的路径选择,应符合下列规定:

①应避免电缆遭受机械性外力、过热、腐蚀等危害。

②在满足安全要求的条件下,应保证电缆路径最短。

③应便于敷设、维护。

④宜避开将要挖掘施工的地方。

⑤充油电缆线路通过起伏地形时,应保证供油装置合理配置。

⑥电缆在任何敷设方式及其全部路径条件的上下左右改变部位,均应满足电缆允许弯曲半径要求。电缆的允许弯曲半径,应符合电缆绝缘及其构造特性的要求。对自容式铅包充油电缆,其允许弯曲半径可按电缆外径的20倍计算。

(2)电缆敷设方式。电缆的敷设方式应视工程条件、环境特点和电缆类型、数量等因素,以及满足运行可靠、便于维护和技术经济合理的要求选择。

直埋敷设同一通路少于6根的35kV及以下电力电缆,在厂区通往远距离辅助设施或城郊等不易经常性开挖的地段,宜采用直埋;在城镇人行道下较易翻修情况或道路边缘,也可采用直埋。

电缆直埋敷设如图5-138所示,电缆直接敷设于壕沟里,上下各铺100mm厚的软土或砂土,上盖保护板,其宽度不小于电缆两侧各50mm,并宜在保护板的上层铺设醒目标志带。电缆埋深(电缆外皮至地面深度)不得小于0.7m,穿越农田或在车行道下敷设时不宜小于1m,电缆的外皮至地下构筑物的基础不得小于0.3m。电缆在沟内应波状放置,预留1.5%的长度以免冷缩受拉,应敷设于冻土层下,不得在其他管道正上方或正下方敷设,且与其他管道设施之间的容许最小距离应符合表5-30的规定。

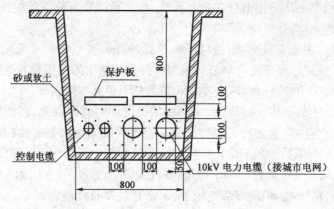

图 5-138　电缆直接埋地敷设(尺寸单位:mm)

当采用电缆穿波纹管敷设于壕沟时,应沿波纹管顶全长浇筑厚度不小于100mm的素混凝土,其宽度应不小于电缆两侧各50mm。

直埋敷设电缆的接头与邻近电缆的净距,不得小于0.25m;并列电缆的接头位置宜相互错开,且净距不宜小于0.5m。

直埋电缆应避开含有酸、碱强腐蚀或杂散电流电化学腐蚀严重影响的地段。无防护措施时,宜避开白蚁危害地带、热源影响和易遭外力损伤的区段。与其他管道设施保持规定的距离,在腐蚀性土壤或有地电流的地段,电缆不易直接埋地,如必须埋地敷设,宜选用塑料护套电缆或防腐电缆。埋地电力电缆应沿着电缆路径的直线间隔100m、转弯处和接头部位,应竖立明显的方位标志或标桩。电缆直埋敷设方式施工简单、投资少、散热条件好,应优先考虑采用。

电缆与其他管道设施之间的容许最小距离(m)　　　　　　　　　表 5-30

电缆直埋敷设时的配置情况		平　行	交　叉
控制电缆之间		—	0.5①
电力电缆之间或与控制电缆之间	10kV 及以下电力电缆	0.1	0.5①
	10kV 以上电力电缆	0.25②	0.5①
不同部门使用的电缆		0.5②	0.5①
电缆与地下管沟	热力管沟	2③	0.5①
	油管或易(可)燃气管道	1	0.5①
	其他管道	0.5	0.5①
电缆与铁路	非直流电气化铁路路轨	3	10
	直流电气化铁路路轨	10	1.0
电缆与建筑物基础		0.6③	—
电缆与公路边		1.0③	—
电缆与排水沟		1.0③	—
电缆与树木的主干		0.7	
电缆与1kV 以下架空线电杆		1.0③	
电缆与1kV 以上架空线杆塔基础		4.0③	

注:①用隔极分隔或电缆穿管时不得小于0.25m。
　　②用隔极分隔或电缆穿管时不得小于0.1m。
　　③特殊情况时,减小值不得大于50%。

在下列情况下应穿管敷设:

①在有爆炸危险场所明敷的电缆,露出地坪需加以保护的电缆,地下电缆与公路、铁路交叉时应采用穿管方式。

②地下电缆通过房屋、广场的区段,电缆敷设在将作为道路的地段,宜采用穿管方式。

③在地下管网较密的工厂区、城市道路狭窄且交通繁忙或道路挖掘困难的通道等电缆数量较多的情况下,可采用排管方式,如图5-139所示。

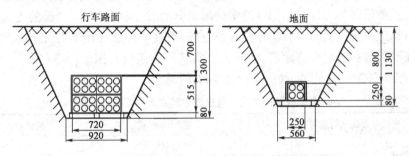

图5-139 电缆排管(混凝土管块)直埋敷设(尺寸单位:mm)

(3)电缆沟敷设。电缆沟敷设是将电缆置于沟内,一般置于沟内支架上。如图5-140所示,为两种规格的电缆沟剖面图。电缆沟的盖板应高出地面100mm,以减少地面水流入沟内。当电缆沟妨碍交通和排水时,宜采用有覆盖层的电缆沟,覆土厚度为300~400mm。电缆沟内应考虑分段排水措施,每50m设一集水井,沟底有不小于0.5%坡度的坡向集水井。沟盖板一般采用可开启的钢筋混凝土板,每块质量不超过50kg,以两人能抬起为宜。电缆沟检查井(人孔)的最大间距一般为100m。电缆沟进户处应设防火隔墙,在引出端、终端、中间接头和走向有变化处均应挂标示牌,注明电缆规格、型号、回路及用途,以便维修。

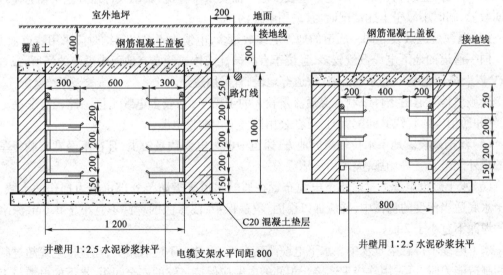

图5-140 电缆沟剖面图(尺寸单位:mm)

电缆沟内多层支架上敷设的电缆布设顺序应符合以下规定:

①应按电压等级由高至低的电力电缆、强电至弱电的控制和信号电缆、通信电缆"由上而下"的顺序排列。当水平通道中含有35kV以上高压电缆,或为满足引入柜盘的电缆符合允许弯曲半径要求时,宜按"由下而上"的顺序排列。在同一工程中或电缆通道延伸于不同工程的

情况,均应按相同的上下排列顺序配置。

②支架层数受通道空间限制时,35kV及以下的相邻电压级电力电缆,可排列于同一层支架上;1kV及以下电力电缆也可与强电控制和信号电缆配置在同一层支架上。同一层支架上电缆排列的配置,宜符合下列规定:控制和信号电缆可紧靠或多层叠置;除交流系统用单芯电力电缆的同一回路可采取品字形(三叶形)配置外,对重要的同一回路多根电力电缆,不宜叠置;除交流系统用单芯电缆情况外,电力电缆的相互间宜有1倍电缆外径的空隙。

③同一重要回路的工作与备用电缆实行耐火分隔时,应配置在不同层的支架上。对于敷设有其他城市工程管线的综合管沟中明敷的电缆,不宜平行敷设在热力管道的上部。电缆与管道之间无隔板防护时的允许距离,除城市公共场所应按现行国家标准《城市工程管线综合规划规范》(GB 50289)执行外,尚应符合表5-31的规定。

电缆与管道之间无隔板防护时的允许距离(mm)　　　　　　　表5-31

电缆与管道之间走向		电 力 电 缆	控制和信号电缆
热力管道	平行	1 000	500
	交叉	500	250
其他管道	平行	150	100

采用电缆沟敷设电缆时还应注意下列方面:

①在化学腐蚀液体或高温熔化金属溢流的场所,或在载货车辆频繁经过的地段,不得采用电缆沟。

②经常有工业水溢流、可燃粉尘弥漫的厂房内,不宜采用电缆沟。

③有防爆、防火要求的明敷电缆,应采用埋砂敷设的电缆沟。

④在厂区、建筑物内地下电缆数量较多但不需要采用隧道,城镇人行道开挖不便且电缆需分期敷设,同时不属于上述情况时,宜采用电缆沟。

(4)电缆隧道敷设。同一通道的地下电缆数量多,电缆沟不足以容纳时应采用隧道敷设。

同一通道的地下电缆数量较多,且位于有腐蚀性液体或经常有地面水溢流的场所,或含有35kV以上高压电缆以及穿越公路、铁道等地段,宜采用隧道。

受城镇地下通道条件限制或交通流量较大的道路下,与较多电缆沿同一路径有非高温的水、气和通信电缆管线共同配置时,可在公用性隧道中敷设电缆。

(5)浅槽敷设。地下水位较高的地方,通道中电力电缆数量较少,且在不经常有载货车通过的户外配电装置等场所,应采用浅槽敷设。

(6)水下敷设电缆方式。水下电缆布置在通航水道等需防范外部机械力损伤的水域,埋置于水底适当深度的沟槽中,并应加以稳固,覆盖保护;浅水区的埋深不宜小于0.5m,深水航道的埋深不宜小于2m。

水下电缆不得悬空于水中。水下电缆严禁交叉、重叠。不应有接头,当整根电缆超过制造厂的制造能力时,可采用软接头连接。相邻的电缆应保持足够的安全间距,水下的电缆与工业管道之间的水平距离,不宜小于50m;受条件限制时,不得小于15m。

水下电缆引至岸上的区段,应采取适合敷设条件的防护措施,当岸边稳定时,应采用保护管、沟槽敷设电缆,必要时可设置工作井连接,管沟下端宜置于最低水位下不小于1m处。

当岸边不稳定时,宜采取迂回形式敷设,以预留适当备用长度的电缆。

水下电缆的两岸,应设置醒目的警告标志。

四、城 市 电 信

1. 城市电信概述

1）城市电信组成

城市电信包括邮政通信和电信通信。邮政通信主要是传送实物信息，如传递信函、包裹、汇兑、报刊等；电信通信主要是利用电信号来传送信息，如市话、电报、传真、电视传送、数据传送等，它不传送实物，而是传送实物的信息。

城市电信设施系统有电话通信系统、公共广播系统、电缆电视系统等。这里主要介绍城市电话通信系统。

电话通信系统包括有线通信系统和无线通信系统，二者均是利用电技术传递语言、文字和图像等信息。有线通信系统中电信号是利用导线（架空线、电缆、光导纤维等）传播。无线通信则是利用电磁波传递信息。电报、电话、E-mail 均为有线通信的重要方式，它们都是通过通信线路（架空线、电缆、光纤）进行信息传播。

市话通信网包括局房、机械设备、通信管道与通道、用户设备。其中通信管道与通道是用户与电话局之间联系的纽带，用户只有通过线路才能达到通信的目的。

2）我国城市本地电话网的构成方式

（1）单局制。本地网服务范围内只有 1 个市内电话局，此局负责市内电话用户间的通话及将电话用户与市内其他电话通信设施沟通，例如，市话用户通过市话局和长话局之间的中继线可以与其他城市的电话用户进行通话；市话用户通过市话局和单位自行设置的用户交换机之间的中继线与该用户交换机的分机用户通话；市话用户通过市话局和特种业务台（如障碍台、查号台、信息台等）之间的中继线可对这些特种业务台进行呼叫。单局制本地网的有效号码为 4 位，电话总容量运 8 000 部。

（2）多局制。本地网使用于中、小型城市本地电话网。当本地电话网发展到一定容量时，为了避免用户与电话局之间的距离过长引起的投资及电路衰耗增大，应在市内实行分区，每区建立一个电话分局，负责本区内电话用户的通话。每个分局的最大容量号为 10 000，分局数不得超过 8 个，所以多局制本地网的有效号码为 5 位，电话总容量运 80 000 部。这样就构成了分局制本地网。各分局之间用中继线连接起来，两个不同分局之间的电话用户的通话通过这两个用户的线路及分局之间的中继线完成。在这种本地网中，各分局之间通过中继线直接相连。

（3）汇接制。本地网使用于大、中型城市本地电话网。当本地电话网发展到几万号时就需要考虑将本地网电话号码升位至六位制（最多 80 个分局）、七位制（最多 800 个分局）、八位制（最多 8 000 个分局）。分局数目急剧增加，为了避免局间中继线数量及平均长度增加引起的投资及电路衰耗增大，局间中继线不再采用直接中继法，而是将若干个市话网分区组成一个联合分区，即汇接区。市话网便由若干个汇接区组成。每个汇接区内设汇接局，下属若干个电话端局。汇接区内各电话局两两相连，两个不同汇接区的电话用户经过各用户所在的分局（电话端局）和汇接局通话。

2. 城市通信管道与通道

城市通信管道与通道应包括主干管道、支线管道、驻地网管道。城市通信管道与通道规划应以城市发展规划和通信建设总体规划为依据，根据各使用单位发展需要，按照统建共用的原则，并适宜与相关市政地下管线建设同步进行。

1)路由选择

通信管道与通道路由的确定应符合下列要求：

(1)通信管道与通道宜建在城市主要道路和住宅小区,对于城市郊区的主要公路也应建设通信管道。

(2)选择管道与通道路由应在管道规划的基础上充分研究分路建设的可能(包括在道路两侧建设的可能)。在终期管孔容量较大的宽阔道路上,当规划道路红线之间的距离等于或大于40m时,应在道路两侧修建通信管道或通道;当小于40m时,通信管道应建在用户较多的一侧、并预留过街管道,或根据具体情况建设。

(3)通信管道与通道路由应远离电蚀和化学腐蚀地带。

(4)宜选择地下、地上障碍物较少的街道。

(5)应避免在已有规划而尚未成型,或虽已成型但土壤未沉实的道路上,以及流沙、翻浆地带修建管道与通道。

2)布置要求

选定通信管道与通道建筑位置时,应符合下列要求：

(1)通信管道与通道宜建筑在人行道下。如在人行道下无法建设,可建筑在慢车道下,不宜建筑在快车道下。

(2)高等级公路上的通信管道建筑位置选择依次是:中央分隔带下、路肩及边坡和路侧隔离栅以内。

(3)管道位置宜与杆路同侧。

(4)通信管道与通道中心线应平行于道路中心线或建筑红线。

(5)通信管道与通道位置不宜选在埋设较深的其他管线附近。

通信管道与通道应避免与燃气管道、高压电力电缆在道路同侧建设,不可避免时,通信管道、通道与其他地下管线及建筑物间的最小净距,应符合表5-32的规定。

通信管道、通道和其他地下管线及建筑物间的最小净距表　　　　表5-32

其他地下管线及建筑物名称		平行净距(m)	交叉净距(m)
已有建筑物		2.0	—
规划建筑物红线		1.5	—
给水管	$d \leqslant 300mm$	0.5	0.15
	$300mm < d \leqslant 500mm$	1.0	
	$d > 500mm$	1.0	
污水、排水管		1.0	0.15
热力管		1.0	0.25
燃气管	$P \leqslant 300kPa$	1.0	0.3
	$300kPa < P \leqslant 800kPa$ $(3kg/cm^2 < P \leqslant 8kg/cm^2)$	2.0	
电力电缆	35kV 以下	0.5	0.5
	$\geqslant 35kV$	2.0	
高压铁塔基础边	>35kV	2.50	—
通信电缆(或通信管道)		0.5	0.25

其他地下管线及建筑物名称		平行净距(m)	交叉净距(m)
通信电杆、照明杆		0.5	0.25
绿化	乔木	1.5	—
	灌木	1.0	—
道路边石边缘		1.0	
铁路铜轨(或坡脚)		2.0	
沟渠(基础底)		—	0.5
洒洞(基础底)		—	0.25
电车轨底			1.0
铁路轨底			1.5

注:1. 当排水管后敷设时,其施工沟槽边与电信电缆管道间的水平净距不应小于1.5m。

2. 当电信电缆管道在排水管下部穿越时,净距不应小于0.4m。

3. 在交叉处2m以内,燃气管不应做接合装置及附属设备,如不能避免,电信电缆管道应包封2m。当燃气管道有套管时最小垂直净距为0.15m。

4. 电力电缆加管道保护时,净距可减为0.15m。

5. 电信电缆管道采用硬聚氯乙烯管时,净距不宜小于1.5m。

另外,通信管道与通道人孔内不得有其他管线穿越。通信管道与铁道及有轨电车道的交越角不宜小于60°。交越时,与道岔及回归线的距离不应小于3m。与有轨电车道或电气铁道交越处如采用钢管时,应有安全措施。

3) 电信线路的敷设

城市电信线路可采用直埋敷设、电缆沟敷设及架空电缆敷设等方式。新建城镇、住宅小区可采用通信电缆管道,局部地区可采用墙壁电缆、沿电力电缆沟敷设的托架电缆等敷设方式。

(1)架空电缆。架空电缆适用于下列几方面:

①总体规划无隐蔽要求;

②远期出线容量在200对及以下;

③地下情况复杂或土壤具有化学腐蚀的地带。

冰冻严重的地区不宜采用架空敷设方式。架空电缆宜采用全塑自承式通信电缆或实心绝缘非填充型电缆(如 HYAT 型),也可采用钢绞线吊挂全塑电缆或铅包电缆。

电信架空电缆不宜与电力线路同杆架设,在特殊情况下必须同杆架设时,电信架空电缆与其他线路的间距分别为:与低压380V 及以下线路相距不小于1.5m;与10kV 及以下的高压电力线相距不小于2.5m。架空电话电缆与广播线同杆架设时间距不应小于1.2m。架空电缆的杆距一般为35～45m,并应采用钢筋混凝土杆。架空电缆与地面的最小净距不小于4.5m,与路面的最小净距不小于5.5m。电话电缆亦可沿墙卡设(墙壁电缆),卡钩间距为0.5～0.7m,卡设高度宜为3.5～5.5m。电话电缆沿墙卡设时,宜采用全塑电缆,每条宜为50对以下,最多不能超过100对。

架空杆与其他设施的最小水平净距应符合表5-33的要求,架空电缆与其他设施的最小垂直净距应符合表5-34的要求,架空电缆交越其他电气设施的最小垂直净距应符合表5-35的要求,架空光缆与其他建筑物之间的距离应符合表5-36的规定。

设 施 名 称	最小水平净距(m)	备 注
消火栓	1.0	消火栓与电杆间的距离
地下管线	0.5～1.0	包括通信管线与电杆间的距离
火车铁轨	地面杆高的 4/3	
人行道边石	0.5	
市区树木	1.25	
郊区树木	2.0	
房屋建筑	2.0	裸线线条到房屋建筑的水平距离

架空电缆与其他设施的最小垂直净距(m)　表 5-34

序号	名称		平 行 时		交 叉 时	
			垂直净距	备注	垂直净距	备注
1	市内	街道	4.5	最低缆线到地面	5.5	最低缆线到地面
		里弄胡同	4.0		5.0	
2	铁路		3.0		7.5	最低缆线到轨面
3	公路		3.0		5.5	最低缆线到地面
4	土路		3.0		4.5	
5	房屋建筑物		—		0.6	最低缆线到屋脊
					1.5	最低缆线到房屋平顶
6	河流		—		1.0	最低缆线到最高水位时的船樯顶
7	树木	市区	—		1.5	最低缆线到树枝的垂直距离
		郊区	—		1.5	
8	其他通信线		—		0.6	一方最低缆线到另一方最高缆线
	同杆电缆间		0.3～0.4		—	

架空电缆交越其他电气设施的最小垂直净距表(m)　表 5-35

序号	名 称	最小垂直净距(m)		备 注
		架空电力线路有防雷保护装置	架空电力线路无防雷保护装置	
1	10kV 以下电力线	2.0	4.0	最高缆线到电力线
2	35～110kV 电力线	3.0	5.0	
3	110～220kV 电力线	4.0	6.0	
4	供电线接户线 Ⅰ	0.6		
5	霓虹灯及其铁架	1.6		
6	电车滑接线	1.25		最低缆线到电力线

注:通信线应架设在电力线路的下方位置,电车滑接线的上方位置。

序号	间　距		最小净距(m)	交越角度
1	光缆距地面	一般地区	3.0	
		特殊地点	2.5	
		市区(人行道上)	4.5	
		高秆农作物地区	4.5	
2	光缆距路面	跨越公路及市区街道	5.5	
		跨越通车的野外大路及市区巷弄	5.0	
3	光缆距铁路	跨越铁路(距轨面)	7.5	≥45°
		跨越电气化铁路	一般不允许	
		平行间距	30.0	
4	光缆距树枝	市区:平行间距	1.25	
		市区:垂直间距	1.0	
		郊区:平行及垂直间距	2.0	
5	光缆距房屋	跨越平顶房顶	1.5	
		跨越人字屋脊	0.6	
6	光缆距建筑物的平行间距		2.0	
7	光缆与其他架空通信缆线交越时垂直间距		0.6	≥30°
8	光缆与架空电力线交越时垂直间距		1.0	
9	光缆跨越河流	不通航河流:光缆距最高洪水位垂直间距	2.0	
		通航河流:光缆距最高通航水位时的船樯最高点	1.0	
10	光缆距消火栓		1.0	
11	光缆沿街道架设时,电杆距人行道边石		0.5	
12	光缆与其他架空线路平行时		不宜小于4/3 杆高	

注:1. 上述间距为光缆在正常运行期间应保持的最小间距。
　　2. 沿铁路架设时间距必须大于4/3 杆高。

(2)地下敷设。室外电话电缆通常采用地下敷设方式,如图 5-141 所示。当室外电话电缆与市话管道有接口要求或者线路比较重要时,宜采用管道电缆,一般可采用直埋电缆。直埋电缆敷设施工时,严禁将电缆平行敷设在其他管道的上方或下方。

①直埋敷设。一般在用户较固定、电缆条数不多、架空困难又不宜敷设管道的地段采用直埋敷设。直埋敷设的电话电缆通常采用钢带铠装电缆。在坡度大于30°的地区或电缆可能承力的地段,需采用钢丝铠装电缆。直埋电缆敷设前,应在电缆沟底先铺上一层 100mm 厚的细沙或软土,作为电缆的垫层。电缆放好后,上面应盖一层 100mm 细沙或软土,并应当及时在上面盖一层砖或混凝土板保护,防止外力损伤电缆。覆盖保护板的宽度应超过电缆两侧各 50mm。直埋电缆穿越道路时需穿钢管保护。在直线段每隔 50～100m 处、转弯处、电缆接头处、进入建筑物处及与其他管路交叉点应设明显方位标志或标示桩,以便于电缆检修时查找及防止外来的机械损伤。进入室内应穿管引入。为便于日后维修,直埋电缆应在适当地方埋设标志,如电缆线路附近有永久性的建筑物或构筑物,则可利用其墙角或其他特定部位作为电缆标志,测量出与直埋电缆的相关距离,标注在竣工图纸上,否则,应制作混凝土或石材的标志桩,将标志桩埋于电缆线路附近,

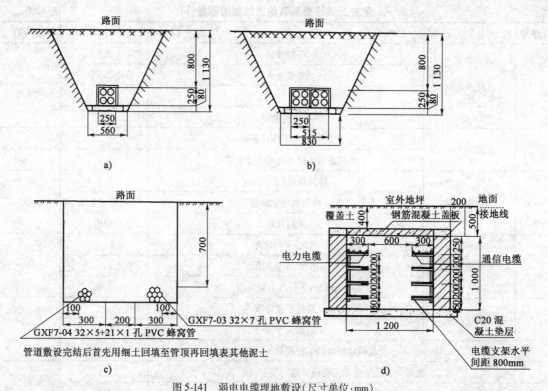

图 5-141　弱电电缆埋地敷设(尺寸单位:mm)

a)电缆排管(混凝土管块,单组)直埋敷设;b)电缆排管(混凝土管块,2 组)直埋敷设;c)PVC 蜂窝直埋管道敷设图;
d)强弱电电缆同沟敷设示意图

记录标志桩到电缆路的相关距离。标志桩有长桩和短桩之分,长桩的边长为 15mm,高度为
150mm,用于土质松软地段,埋深 100mm,外露 50mm;短桩的边长为 12mm,高度为 100mm,用于一
般地段,埋深 60mm,外露 40mm。标志桩一般埋于下列地点:

  a.电缆的接续点、转弯点、分支点、盘留处或与其他管线交叉处;

  b.电缆附近地形复杂,有可能被挖掘的场所;

  c.电缆穿越铁路、城市道路、电车轨道等障碍物处;

  d.直线电缆每隔 200 ~ 300m 处。

  通信电缆在钢管、塑料管内敷设时,管道内部宜放裸铅包电缆或塑料护套电缆。钢管、塑
料管用作主干管道时内径不宜小于 75mm,用作分支电缆使用时内径不宜小于 50mm。钢管需
做防腐处理,缠包浸透沥青的麻被或打在素泥土内保护。塑料管及石棉水泥管均需在四周用
10mm 厚混凝土保护。每段管道长不应大于 150m,管道埋深一般为 0.8 ~ 1.2m。

  ②电缆沟敷设。基于管理体制方面的原因,通信电缆宜单独敷设。

  通信电缆与 1kV 以下的电力电缆同沟架设时,两种电缆宜各置电缆沟的一侧,或置于同
侧托架上的上面层次,托架的层间间距和水平间距一般与电力电缆相同。在电缆沟敷设的电
缆宜采用铠装电缆,如环境较好的室内地沟可采用塑料护套电缆。

  ③排管敷设。电缆排管敷设方式,适用于同一方向并行的电缆根数不超过 12 根,而道路
交叉较多、路径拥挤又不宜采用直埋或电缆沟敷设的地段。

  电缆排管可采用混凝土多孔管块、石棉水泥管、陶土管等,这些管道内部宜放裸铅包电缆
或塑料护套电缆。

电缆排管敷设应一次留足备用管孔数,当无法预计发展时,考虑散热孔外可留 10% 的备用孔,但不少于 1~2 孔。电缆排管管孔内径不应小于电缆外径的 1.5 倍,多孔管块的内径一般不小于 90mm。石棉水泥管用作主干管道时内径不宜小于 75mm,用作分支电缆使用时内径不宜小于 50mm。

排管埋设时,排管沟底部应垫平、夯实,并铺以厚度不小于 80mm 的混凝土垫层。排管顶部距地面不应小于 0.7m,在人行道下敷设时,电缆排管埋设深度可浅些,但不宜小于 0.5m。

排管安装时,应有不小于 0.5% 的排水坡度,并在人孔井内设集水坑,集中排水。

为了便于检查和敷设电缆,在电缆排管线路的转弯、分支、终端处应设人孔井(检查井)。在直线段上,为了便于敷设时拉引电缆,也应设置一定数量的人孔井,人孔井间的距离不宜大于 150m。电缆人孔井的净空高度不宜小于 1.8m,其上部人孔的直径不应小于 0.7m,如图 5-142 所示。电缆管道的检查井应与其他管线的检查井相互错开,并避开交通繁忙的路口。

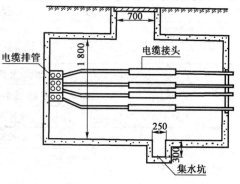

图 5-142　电缆排管人孔井剖面图(尺寸单位:mm)

五、电缆及通信管道

1. 电缆

1)电缆的分类

电缆按照其用途主要分为下列三大类:

(1)电力系统。电力系统采用的电线电缆产品主要有架空裸电线、汇流排(母线)、电力电缆(塑料线缆)、油纸力缆(基本被塑料电力电缆代替)、橡套线缆、架空绝缘电缆、分支电缆(取代部分母线)、电磁线以及电力设备用电气装备电线电缆等。

(2)信息传输系统。用于信息传输系统的电线电缆主要有市话电缆、电视电缆、电子线缆、射频电缆、光纤缆、数据电缆、电磁线、电力通信或其他复合电缆等。

(3)机械设备、仪器仪表系统。此部分除架空裸电线外几乎其他所有产品均有应用,但主要是电力电缆、电磁线、数据电缆、仪器仪表线缆等。

2)电缆的结构

电缆结构的描述按从内到外的原则进行,即导电线芯→绝缘层→内护层→外护层(铠装层保护层)。

导电线芯用来传导电流,一般由具有高导电率的铜或铝制成。为了方便制造和应用,线芯截面分为 $2.5mm^2$、$4mm^2$、$6mm^2$、$10mm^2$、$16mm^2$、$25mm^2$、$35mm^2$、$50mm^2$、$70mm^2$、$95mm^2$、$120mm^2$、$150mm^2$、$185mm^2$、$240mm^2$、$300mm^2$、$400mm^2$、$500mm^2$、$630mm^2$、$800mm^2$ 等标称等级。我国的电缆产品,按其芯数有单芯、双芯、三芯、四芯之分,线芯的形状有圆形、半椭圆形、扇形和椭圆形等。当线芯的截面大于 $16mm^2$ 时,通常采用多股导线绞合并压紧而成,以增加电缆的柔软性和结构稳定性。

绝缘层用来隔离导电线芯,使线芯间有可靠的绝缘,保证电能沿线芯传输,一般采用橡皮、聚氯乙烯、聚乙烯、交联聚乙烯等材料。

内护层用来保护电缆的绝缘层不受潮湿和防止电缆浸渍剂的外流及轻度机械损伤,一般

225

有铅套、铝套、橡套、聚氯乙烯护套和聚乙烯护套等。外护层用来保护内护层,包括铠装层和外被层,其所用材料和代号见表5-37,第一个数字表示铠装结构,第二个数字表示外被层结构。

外护层代号含义 表5-37

数 字 标 记	铠 装 层	外被层或外护套
0	无	—
1	联锁铠装	纤维外被
2	双层钢带	聚氯乙烯外套
3	细圆钢丝	聚乙烯外套
4	粗圆钢丝	
5	皱纹(轧纹)钢带	
6	双铝(或铝合金)带	
8	铜丝编织	
9	钢丝编织	

3)电缆型号

电线电缆的型号组成与顺序如下:1-类别、用途;2-导体;3-绝缘;4-内护层;5-结构特征;6-外护层或派生;7-使用特征1~5项和第7项用拼音字母表示,高分子材料用英文名的第一位字母表示,每项可以是1~2个字母;第6项是1~3个数字。

电缆型号含义见表5-38。

电缆型号含义 表5-38

类 别	导 体	绝 缘	内 护 套	特 征
电力电缆 (省略不表示) K:控制电缆 P:信号电缆 YT:电梯电缆 U:矿用电缆 Y:移动式电缆 H:市话电缆 UZ:矿用电缆 DC:电气化车辆用 电缆	T:铜线(可省略) L:铝线	Z:油浸纸 X:天然橡胶 (X)D:丁基橡胶 (X)E:乙丙橡胶 VV:聚氯乙烯 YJ:交联聚乙烯 E:乙丙胶	Q:铅套 L:铝套 H:橡套 (H)P:非燃性 HF:氯丁胶 V:聚氯乙烯护套 Y:聚乙烯护套 VF:复合物 HD:耐寒橡胶	D:不滴油 F:分相 CY:充油 P:屏蔽 C:滤尘用或重型 G:高压

型号中的省略原则:电线电缆产品中铜是主要使用的导体材料,故铜芯代号T省写,但裸电线及裸导体制品除外。裸电线及裸导体制品类、电力电缆类、电磁线类产品不表明大类代号,电气装备用电线电缆类和通信电缆类也不列明,但列明小类或系列代号等。第7项是各种特殊使用场合或附加特殊使用要求的标记,在"—"后以拼音字母标记。有时为了突出该项,把此项写到最前面。如ZR—(阻燃)、NH—(耐火)、WDZ—(低烟无卤、企业标准)、TH—(湿热地区用)、FY—(防白蚁、企业标准)等。例如:电缆型号为NH—YJV22,表示为铜芯交联聚乙烯绝缘钢带铠装聚氯乙烯护套耐火电力电缆。

2. 通信管道

通信管道常用的管材主要有水泥管块、硬质或半硬质聚乙烯(或聚氯乙烯)塑料管及钢管等。

226

水泥管块的管身应完整,不缺棱短角,管孔的喇叭口必须圆滑,管孔内壁应光滑平整,其规格和适用范围见表5-39。

水泥管块的规格 表5-39

孔数×孔径(mm)	标　称	外形尺寸	适用范围
		长×宽×高(mm)	
3×90	三孔管块	600×360×140	城区主干管道、配线管道
4×90	四孔管块	600×250×250	城区主干管道、配线管道
6×90	六孔管块	600×360×250	城区主干管道、配线管道

通信用塑料管一般有聚氯乙烯(U—PVC)塑料管和高密度聚乙烯(HDPE)塑料管。聚氯乙烯塑料管包括单孔双壁波纹管、多孔管、蜂窝管和格栅管。单孔双壁波纹管的外径一般为100~110mm,单根长度为6m,广泛用于市话电缆管道。蜂窝管为多孔一体结构,单孔形状为五边形或圆形,单孔内径为25~32mm,单根管长一般在6m以上。多孔管也为多孔一体结构,单孔为圆形或六边形,其他同蜂窝管。常用多孔管的规格见表5-40。

多孔管规格 表5-40

序号	名　称	型　号	孔　数	壁厚/内孔直径 (mm)	等效外径(mm)	长度 (m)	适用范围
1	管式三孔管	φ28×3/76	3	3/28	76.5	150	
2	管式四孔管	φ25/32×2/76	4	2/25.6,2/32	76.5	150	
3	管式五孔管	φ25×5/76	5	5/25.6	76.5	150	
4	埋式五孔管	φ28×5/88	5	5/28	88	6~8	光缆、配线管道
5	埋式六孔管	φ32×5/100	5	5/32	100	6~8	
6	埋式七孔管	φ32×6/110	6	6/32	110	6~8	
7	埋式八孔管	φ32×7/119	7	7/32	119	6~8	

第六节　城市工程管线综合

一、城市工程管线种类与特点

1. 城市工程管线的分类

城市工程管线种类多而复杂,根据不同性能和用途、不同输送方式、敷设方式等有不同的分类。

(1)按照不同性能及用途可分为如下14类:

①给水管道,包括工业给水、生活给水、消防给水等管道。

②排水管(渠),包括工业废水、生活污水、雨水等管道和明渠。

③电力线路,高压输电、高低压配电、生产用电、电车用电等线路。

④电信线路,包括市内电话、长途电话、有线广播、有线电视等。

⑤热力管道,包括蒸汽和热水管道等。

⑥可燃或助燃气体管道,包括煤气、乙炔、氧气等管道。

⑦空气管道,包括新鲜空气、压缩空气等。

⑧灰渣管道,包括排泥、排渣、排尾矿等管道。

⑨液体燃料管道,包括石油、酒精等管道。

⑩工业生产专用管道,工业生产上用到的管道,如氯气管道、化工专用管道等。

⑪城市垃圾输送管道,气力输送城市垃圾管道、压力输送垃圾渗滤液管道等。

⑫铁路,包括铁路线路、专用线路、地下铁路、轻轨铁路、站场和桥涵等。

⑬道路,包括城市道路(街道)、公路、桥梁、涵洞等。

⑭地下人防线路,包括防空洞、地下建筑物等。

(2)按照输送方式的不同分为压力流管道和非压力流管道(非压力流管道也称为重力流或自流管),如给水管道、燃气管道、空气管道、灰渣管道等属于压力流管道,管道中的介质需要靠动力机械设备提供的动力在管道中流动,非压力流管道如排水管(渠),管道中的介质只在地球引力即重力的作用从高往低流动。

(3)按照敷设方式的不同分为:架空线路,如架空的电力线路、架空的电话线路和架空热力管线等;地铺管线,在地面铺设明沟或盖板明沟的管线,如雨水沟渠或地面各种轨道;地埋敷设,直接埋入到地面以下一定覆土厚度的管线,给水管道、燃气管道、排水管道、热力管道、电力电缆等均可以直接埋设,其中自流管如排水管道埋得最深,不受冰冻影响的管道如热力管道、电力电缆及电信电缆等可以浅埋。

管线的分类还可以按照线路是否可弯来分。城市管线一般主要按照其性能及用途分类。各种分类方法反映了管线的特性,同时作为在地下管线综合布置出现冲突时避让的依据。

2. 城市工程管线的特点

上述按照性能及用途分类的14类管线并不是都会遇见,如石油管道、空气管道一般在城市的街道少见,而是大多敷设在工厂里,因此,也不都是城市地下管线的综合研究对象。常见的管线有六种,即给水管道、排水管(渠)、电力线路、电信线路、热力管道、燃气管道。此六种常见工程管线是城市地下管道工程的主要研究对象,这些工程管线的规划设计通常是由各专业设计单位承担的,道路的走向是常见设计管线走向的依据和坡向的依据。城市工程建设项目施工准备阶段中提到的"七通一平"中,"七通"即指上述六种管道的贯通及道路贯通。七通的顺利实现,也是城市地下管线综合工作的目标之一。

二、城市工程管线的综合管理

近年来,随着城镇化进程的加快和城市建设的快速发展,各地加大了城市地下空间、特别是管线的开发和利用。但由于一些地下管线工程建设和专业管线管理等单位不能及时向城建档案管理机构移交地下管线档案,致使地下管线档案信息的集中统一管理和查询服务工作不能适应城市建设发展的需要,一些地方施工中挖断地下管线,停水停电、煤气泄漏甚至爆炸、交通阻塞等事故屡有发生,严重影响了社会经济的健康发展和人民生活的正常秩序,造成重大经济损失。

为了加强城市地下管线工程档案的管理,更好地发挥地下管线工程档案在城市规划、建设和管理中的作用,住房和城乡建设部制定并发布了《城市地下管线工程档案管理办法》(以下简称《办法》),于2005年5月1日起实施。

《办法》规定,各地建设或规划行政主管部门及其所属的城建档案管理机构,负责本行政区域城市地下管线工程档案的管理工作,统一接收和集中管理全市地下管线工程档案,并向社会提供各种信息查询和服务。为此,《办法》规定了地下管线工程档案的移交、查询、告知、专项预验收、违规责任等制度。按照规定,在城市规划区内进行地下管线工程建设的各有关单位,包括供水、排水、燃气、热力、电力、电信、工业等地下管线及相关的人防、地铁工程等的建设单位、专业管线管理单位、工程测量单位等,都要按规定的时间和要求分别向当地城建档案管理机构移交地下管线工程竣工档案、专业管线图、1:500城市地形图等工程档案资料。建设单位在申领建设工程规划许可证前,应当到城建档案管理机构查询施工地段的地下管线档案资料,取得该施工地段地下管线现状资料,并在施工前与施工单位进行地下管线技术资料的交底。

《办法》规定,建设单位在地下管线工程竣工验收备案前,应当向城建档案管理机构移交下列档案资料:

(1)地下管线工程项目准备阶段文件、监理文件、施工文件、竣工验收文件和竣工图。

(2)地下管线竣工测量成果。

(3)其他应当归档的文件资料(电子文件、工程照片、录像等)。

城市供水、排水、燃气、热力、电力、电信等地下管线专业管理单位,应及时向城建档案管理机构移交地下专业管线图。

三、工程管线的综合布置

城市工程管线的综合规划布置应考虑城市的发展,充分利用地上及地下空间、现状工程管线,与城市现状的或规划的地下铁道、地下通道、人防工程等地下隐蔽工程协调配合,并结合城市的路网规划及城市地形的特点,避开城市土质松软地带、地震断裂带、沉陷区、地下水位较高等不利地带,合理布置。

城市工程管线可采用地下敷设及架空敷设方式。城市工程管线宜采用地下敷设。地下敷设方式又分为直埋方式和综合管沟敷设方式。

1)直埋敷设

(1)工程管线应平行布置在人行道或非机动车道下面。电信电缆、给水输水、燃气输气、污雨水排水等工程管线可布置在非机动车道或机动车道下面。道路红线宽度超过30m的城市干道,宜两侧布置给水、配水管线和燃气配气管线;道路红线宽度超过50m的城市干道,应在道路两侧布置排水管线。当工程管线需要穿越道路或铁道等时,宜垂直交叉,条件限制时,斜交叉角度不小于30°。工程管线的最小覆土深度应符合表5-41的要求。

地下管线的最小覆土厚度(m)   表5-41

序 号		1		2		3		4	5	6	7
管线名称		电力管		电信管		热力管		燃气管线	给水管线	雨水排水管线	污水排水管线
		直	管	直	管	直	管				
最小覆土深度(m)	人行道下	0.50	0.40	0.70	0.40	0.50	0.20	0.60	0.60	0.60	0.60
	车行道下	0.70	0.50	0.80	0.70	0.70	0.20	0.80	0.70	0.70	0.70

注:10kV以上直埋电力电缆管线的入土深度不应小于1.0m。

(2)工程管线在道路下的布置次序宜相对固定。根据工程管线的性质、埋设深度等确定工程管线在道路下的布置次序。分支线少、埋设深、检修周期短和可燃、易燃和损坏时对建筑物基础安全有影响的工程管线,应远离建筑物。从道路红线向道路中心线方向平行布置的次序宜为:电力电缆、电信电缆、燃气配气、给水配水、热力干线、燃气输气、给水输水、雨水排水、污水排水,如图5-143所示。

(3)各种管道的平面排列不得重叠,并应尽量减少和避免相互间的交叉,并应减少在道路交叉口的交叉。

(4)主干线应靠近主要使用单位及连接支管最多的一侧。当燃气管线可在建筑物两侧中任一侧引入均满足要求时,燃气管线应布置在管线较少的一侧。

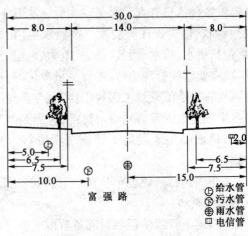

图5-143 道路断面图(尺寸单位:m)

(5)管道排列时,应注意其用途、相互关系及彼此间可能产生的影响。如污水管应远离生活饮用水;直流电缆不应与其他金属管靠近,以避免增加后者腐蚀(杂散电流产生的电化学腐蚀);易燃易爆气体管道和热力管道不可敷设在电缆沟上方。

(6)各种工程管线不应在垂直方向上重叠直埋敷设。

(7)河底敷设的工程管线应选择在稳定河段,埋设深度应按不妨碍河道的整治和管线安全的原则确定。在一至五级航道下面敷设,应在航道底设计高程2m以下;在其他河道下面敷设,应在河底设计高程1m以下。

(8)当在灌溉渠道下面敷设,应在渠底设计高程0.5m以下。

(9)管线平面布置时,管线之间的水平净距应符合表5-42的规定。管线交叉布置时的最小垂直净距应符合表5-43中的规定。

地下工程管线最小水平净距(单位:m)　　　　　　　　　　　表5-42

序号	管线名称		1 建筑物	2 给水管 $d\leq200$(mm)	2 给水管 $d>200$(mm)	3 排水管	4 燃气管 低压	4 燃气管 中压 B	4 燃气管 中压 A	4 燃气管 高压 B	4 燃气管 高压 A	5 热力管 直埋	5 热力管 地沟	6 电力电缆 直埋	6 电力电缆 缆沟	7 电信电缆 直埋	7 电信电缆 管道	8 乔木	9 灌木	10 地上杆柱 通信照明及≤10kV	10 地上杆柱 高压杆塔基础边 ≤35kV	10 地上杆柱 高压杆塔基础边 >35kV	11 道路侧石边缘	12 铁路钢轨(或坡脚)
1	建筑物			1.0	3.0	2.5	0.7	1.5	2.0	4.0	6.0	2.5	0.5	0.5		1.0	0	1.5	1.5	3.0	1.5	☆			6.0
2	给水管	$d\leq200$mm	1.0			1.0	0.5			1.0	1.5	1.5		0.5		1.0		1.5		0.5	3.0		1.5	
2	给水管	$d>200$mm	3.0			1.5	0.5			1.0	1.5	1.5		0.5		1.0		1.5		0.5	3.0		1.5	
3	排水管		2.5	1.0	1.5		1.0	1.2		1.5	2.0	1.5		0.5		1.0		1.5		0.5	1.5		1.2	
4	燃气管 低压	$P\leq0.005$MPa	0.7			1.0						1.0		0.5		0.5	1.0						1.5	5.0
4	燃气管 中压 B	$P\leq0.005$MPa	1.5	0.5			1.2					1.0	1.5	0.5		0.5	1.0						1.5	5.0
4	燃气管 中压 A	0.005MPa$<P\leq0.2$MPa	2.0					$d\leq300$mm,0.4 $d>300$mm,0.5										1.2		1.0	1.0	5.0		5.0
4	燃气管 高压 B	0.4MPa$<P\leq0.8$MPa	4.0	1.0								1.0	5.0	0.5		1.0							2.5	
4	燃气管 高压 A	0.8MPa$<P\leq1.6$MPa	6.0	1.5			2.0					2.0	4.0	1.5		1.5								

230

序号	管线名称		建筑物(1)	给水管 d≤200(2)	给水管 d>200	排水管(3)	燃气低压(4)	中压B	中压A	高压B	高压A	热力直埋(5)	热力地沟	电力直埋(6)	电力缆沟	电信直埋(7)	电信管道	乔木(8)	灌木(9)	通信照明及≤10kV(10)	高压杆塔≤35kV	>35kV	道路侧石边缘(11)	铁路钢轨(或坡脚)(12)
5	热力管	直埋	2.5	1.5	1.5	1.5	1.0	1.0	1.0	1.5	2.0			2.0	2.0	1.0	1.0		1.5	1.0	2.0	3.0	1.5	1.0
		地沟	0.5					1.5	1.5	2.0	4.0													
6	电力电缆	直埋	0.5	0.5	0.5	0.5	0.5	0.5	0.5	1.0	1.5	2.0	2.0			0.5	0.5			1.0	0.6	0.6	1.5	3.0
		缆沟																						
7	电信电缆	直埋	1.0	1.0	1.0	1.0		0.5	0.5	1.0	1.5	1.0	1.0	0.5	0.5			1.0	0.5	0.6	0.6	1.5	2.0
		管道	1.5																					
8	乔木(中心)		3	1.5	1.5	1.5	1.2					1.5		1.0		1					1.5			0.5
9	灌木		1.5													1.0								0.5
10	地上杆柱	通信、照明及≤10kV	0.5	0.5			1.0					1.0		0.6		0.5		1.5					0.5	
	高压铁塔基础边	≤35kV		3.0		1.5	1.0					2.0		0.6		0.6							0.5	
		>35kV					5.0					3.0												
11	道路侧石边缘		1.5	1.5		1.5	1.5			2.5		1.5		1.5		1.5		0.5		0.5				
12	铁路钢轨(或坡脚)		6.0	5.0								1.0		3.0		2.0								

注：1. 当受道路宽度、断面以及现状工程管线位置等因素限制难以满足要求时，可根据实际情况采取安全措施(如加设套管等)后，减少其最小水平净距。

2. 对于埋深大于建(构)筑物基础的工程管线，其与建(构)筑物之间的最小水平距离，应按管线中心至建筑物基础边的水平距离、管线的敷设深度、建(构)筑物基础底砌置深度、土壤的内摩擦角等折算后与本表所列的水平距离比较后，取其较大者确定。

3. 当工程管线交叉敷设时，自地表面向下的排列顺序宜为：电力管线、热力管线、燃气管线、给水管线、雨水排水管线、污水排水管线。

4. ☆见表5-43。

工程管线交叉时的最小垂直净距(m) 表5-43

序号	上面管线 \ 下面管线 净距(m)		给水管线(1)	污、雨水排水管线(2)	热力管线(3)	燃气管线(4)	电信管线(5) 直埋	管块	电力管线(6) 直埋	管沟
1	给水管线		0.15							
2	污、雨水排水管线		0.40	0.15						
3	热力管线		0.15	0.15	0.15					
4	燃气管线		0.15	015	0.15	0.15				
5	电信管线	直埋	0.50	0.50	0.15	0.50	0.25	0.25		
		管块	0.15	0.15	0.15	0.15	0.25	0.25		
6	电力管线	直埋	0.15	0.50	0.50	0.50	0.50	0.50	0.50	0.50
		管沟	0.15	0.50	0.50	0.15	0.50	0.50	0.50	0.50
7	沟渠(基础底)		0.50	0.50	0.50	0.50	0.50	0.50	0.50	0.50
8	涵洞(基础底)		0.15	0.15	0.15	0.15	0.20	0.25	0.50	0.50
9	电车(轨底)		1.00	1.00	1.00	1.00	1.00	1.00	1.00	1.00
10	铁路(轨底)		1.00	1.20	1.20	1.20	1.00	1.00	1.00	1.00

注：大于35kV 直埋电力电缆与热力管线的最小垂直净距应为1.00m。

(10)各种管线在竖向位置发生矛盾时,应按下列原则处理:

①有压管让无压管(重力自流管);

②可弯管道让不可弯管道;

③小口径管道让大口径管道;

④临时管让永久管;

⑤新设管道让已建管道;

⑥低压让高压;

⑦一般管让高温、低温管。

2)综合管沟敷设

综合管沟,就是地下城市管道综合走廊,即在城市地下建造一个隧道空间,将电力、通信、燃气、供热、给排水等各种工程管线集于一体,设有专门的检修口、吊装口和监测系统,实施统一规划、统一设计、统一建设和管理。综合管沟代表市政管线建设和发展的方向,是未来城市发展的必然趋势。

(1)在下列情况下敷设综合管沟:

①交通运输繁忙或工程管线设施较多的机动车道、城市主干道及配合兴建地下铁道、立体交叉等工程地段;

②广场或主要道路的交叉处,道路与铁路或河流的交叉处;

③不宜开挖路面的路段;

④道路宽度难以满足直埋敷设多种管线的路段;

⑤需要同时敷设两种以上工程管线及多回路电缆的道路。

(2)国内外常用的综合管沟有下列三种形式:

①干线综合管沟。一般设置于道路中央(机动车道)下方,负责向支线综合管沟提供配送服务。主要收容的工程管线为通信、有线电视、电力、燃气、供热、给水等,如图5-144所示。有的综合管沟将雨、污水系统纳入。其特点为结构断面尺寸大、覆土深、系统稳定且输送量大,具有高度的安全性,维修及检测要求高。

②支线综合管沟。支线综合管沟为干线综合管沟和终端用户之间联系的通道,一般设于人行道或非机动车道下。主要收容的管线为通信、有线电视、电力、燃气、热力、给水等直接服务的管线,结构断面以矩形居多。其特点为有效断面较小,施工费用较少,系统的稳定性和安全性较高。

③缆线综合管沟。一般埋设在人行道下,其纳入的管线主要有电力、通信、

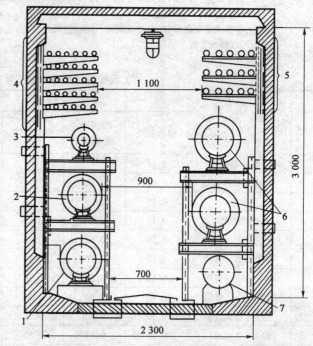

图5-144 整体式钢筋混凝土综合管沟示意图(尺寸单位:mm)
1、2-供热管与回水管;3-凝结水管;4-电话电缆;5-动力电缆;6-蒸汽管道;7-给水管

232

有线电视等,管线直接供应终端用户。其特点为空间断面较小,埋深浅,建设施工费用较少,不设通风、监控等设备,在维护和管理上较为简单。

综合管沟内对于相互有干扰的管线可分设于管沟内的不同小室。如电信电缆管线与高压输电电缆管线必须分开设置;给水管线与排水管线可布置在综合管沟的一侧,排水管位于底部。

工程管线干线综合管沟的覆土厚度应根据道路施工、行车荷载和综合管沟的结构强度以及当地的冰冻深度等因素综合确定;敷设工程管线支线的综合管沟,其埋设深度应根据综合管沟的结构强度以及当地的冰冻深度等因素综合确定。缆线综合管沟的埋设深度只需考虑管沟本身的结构强度。

国外部分综合管沟示例见图5-145。

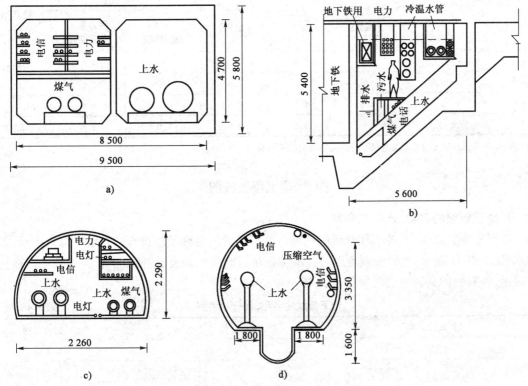

图5-145 国外部分综合管沟示例(尺寸单位:mm)
a)日本东京;b)日本大阪;c)英国伦敦;d)法国巴黎

3)架空敷设

架空敷设的工程管线设置在不影响城市景观,如围墙、河堤、建(构)筑物的墙壁等处,并结合城市详细规划而定。具体位置应根据城市规划道路的横断面图确定,并应保证交通畅通、居民的安全以及工程管线的正常运行。

(1)架空线线杆宜设置在人行道上距离路缘石不大于1m的位置。

(2)同一性质的工程管线宜合杆架设。

(3)电力架空杆线与电信架空杆线宜分别架设在道路两侧,且与同类地下电缆位于同侧。

(4)工程管线利用桥梁跨越河流时,应与桥梁设计相结合。

(5)架空管线与建(构)筑物之间的最小水平净距及垂直净距(m)应符合表5-44

233

及表 5-45 的规定。

架空管线之间及其与建（构）筑物之间的最小水平净距（m）　　　表 5-44

名　称		建筑物（凸出部分）	道路（路缘石）	铁路（轨道中心）	热 力 管 线
电力	10kV 边导线	2.0	0.5	杆高加 3.0	2.0
	35kV 边导线	3.0	0.5	杆高加 3.0	4.0
	110kV 边导线	4.0	0.5	杆高加 3.0	4.0
电信杆线		2.0	0.5	4/3 杆高	1.5
热力管线		1.0	1.0	3.0	—

架空管线之间及其与建（构）筑物之间交叉时的最小垂直净距（m）　　　表 5-45

名　称		建筑物（顶端）	道路（地面）	铁路（轨顶）	电信线		热力管线
					电力线有防雷装置	电力线无防雷装置	
电力管线	10kV 及以下	3.0	7.0	7.5	2.0	4.0	2.0
	35~110kV	4.0	7.0	7.5	3.0	5.0	3.0
电信线		1.5	4.5	7.0	0.6	0.6	1.0
热力管线		0.6	4.5	6.0	1.0	1.0	0.25

注：横跨道路或与无轨电车馈电线平行的架空电力线距地面应大于 9m。

四、城市工程管线图

1. 地下管线的名称、代号和色别

地下工程管线图中，各工程管线的代号主要按照管线名称汉语拼音的打头字母来表示，如给水管线，以 JS 表示；其管线颜色以与介质特征接近的颜色来表示，如给水管线的颜色以蓝色来表示，各管线的具体色别代号见表 5-46。

地下管线的名称、代号和色别　　　表 5-46

管 线 名 称		代 号		色 别
给水		JS		天蓝
排水	污水	PS	WS	褐
	雨水		YS	
	雨污合流		HS	
燃气	煤气	RQ	MQ	粉红
	液化气		YH	
	天然气		TR	
热力	蒸汽	RL	ZQ	橘黄
	热水		RS	
工业	氢	GY	Q	黑
	氧		Y	
	乙炔		YQ	
	石油		SY	

234

管 线 名 称		代 号		色 别
给水		JS		天蓝
电力	供电	DL	GD	大红
	路灯		LD	
	电车		DC	
	交通信号		XH	
电信	电话	DX	DH	绿
	广播		GB	
	有线电视		DS	
综合管沟		ZH		黑

2. 工程管线图例(部分)

工程管线图例见表5-47。

工 程 管 线 图 例   表 5-47

符 号 名 称		图 例	简 要 说 明
管线点		$\bigcirc$ JS$_3$	用直径为1mm的小圆圈表示
地下管线		DN200 WS WS	管道(或管沟)的直径或宽度按比例尺在图上小于2mm时,用单直线表示;大于2mm时,宜按实宽比例用双直线表示,线粗0.2~0.3mm
窨井	给水		1.用直径为2mm的小圆圈表示,不同类型的窨井用圆圈中的不同符号表示; 2.窨井直径按比例尺在图上大于2mm时,按实际形状比例绘制
	污水(或排水)		
	雨水		
	燃气		
	工业		
	石油		
	热力		
	电力		
电信人孔			
电信手孔			小方块的边长为2mm
预留口			
阀门			
消火栓			
雨箅			长方块的边长为3mm×1mm

3. 城市工程管线综合图

城市工程管线综合图如图 5-146 所示。

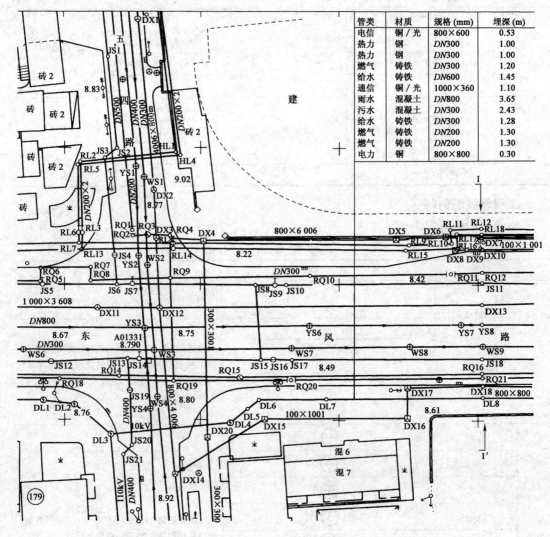

管类	材质	规格 (mm)	埋深 (m)
电信	铜/光	800×600	0.53
热力	钢	DN300	1.00
热力	钢	DN300	1.00
燃气	铸铁	DN300	1.20
给水	铸铁	DN600	1.45
通信	铜/光	1000×360	1.10
雨水	混凝土	DN800	3.65
污水	混凝土	DN300	2.43
给水	铸铁	DN300	1.28
燃气	铸铁	DN200	1.30
燃气	铸铁	DN200	1.30
电力	铜	800×800	0.30

图 5-146　城市工程管线综合图

思考题与习题

1. 什么是给水系统？它由哪些部分组成？

2. 市政给水管道工程系统由哪些部分组成？其任务是什么？

3. 给水管网布置的形式有哪两种？各有何优缺点？

4. 给水管网的布置原则及要求有哪些？

5. 常用的给水管材有哪些？其性能如何？接口形式有哪些？

6. 常用的给水管配件和附件各有哪些？其主要作用是什么？

7. 支墩的作用是什么？其设置条件如何？

8. 给水管道施工图的内容有哪些？

9. 什么是排水系统的体制？常用的排水体制有哪几种形式？各有什么优缺点？

10. 选择排水体制应考虑的因素有哪些？

11. 市政排水工程的任务是什么？它由哪些内容组成？

12. 排水管道系统的组成内容各有哪些？

13. 排水管道系统的布置形式有哪些？各有什么优缺点？

14. 排水管道的布置原则是什么？其布置要求有哪些？

15. 常用的排水管材有哪些？各有什么优缺点？

16. 排水管道的构造包括哪几部分？其构造要求有哪些？

17. 检查井的作用是什么？其设置要求有哪些？

18. 雨水口的作用是什么？其设置要求有哪些？

19. 排水管道施工图的内容有哪些？

20. 热力管道的作用是什么？其布置要求和布置形式各有哪些？

21. 热力管道的敷设形式有哪些？各有什么优缺点？

22. 在热力管道系统中设置保温结构和补偿器的作用各是什么？

23. 热力管道的敷设方式有哪些？各有什么要求？

24. 热力管道施工图由哪些内容组成？

25. 燃气管道系统由哪些内容组成？其布置形式有哪些？

26. 燃气管道的布置要求有哪些？

27. 常用的燃气管材有哪些？各有何性能？各采用何种接口形式？

28. 在燃气管道系统中,补偿器、排水器、放散管的作用各是什么？

29. 城市电力系统由哪些内容组成？各部分的作用是什么？

30. 城市电网组成内容是什么？电荷等级分哪几类？对电源有何要求？

31. 城市电网接线的方式有哪几种？各有何优缺点？

32. 城市变电所有哪几种结构类型？分别在何情况下设置？

33. 城市电力线路设置的方式有哪几种？分别如何设置？

34. 电信管线如何设置？敷设方式由哪几种？分别如何设置？

35. 电缆的型号如何标注？

36. 常见的城市工程管线有哪几类？有何特点？

37. 常见的城市管线综合敷设的方式有哪几种？直埋时应注意哪些问题？

第六章　城市环境工程

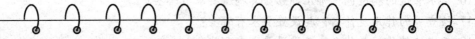

重点内容和学习目标

　　本章重点讲述了城市环境工程的概念，城市环境的控制，城市园林绿化工程的相关知识。通过本章学习，掌握城市环境工程的概念，了解城市环境的控制以及城市园林绿化工程的相关知识。

第一节　城市环境工程概述

一、城市环境工程的概念与原理

1. 环境的基本概念

1）环境的概念

　　环境（Environment）是指某一特定的生物体或群体以外的空间，以及直接或间接影响该生物体或生物群体生存的一切事物的总和。环境是一个相对的概念，离开了生物体或中心就无环境可言。

2）环境的类型

　　环境是一个非常复杂的体系，一般来说可按环境主体、环境范围、环境性质来进行分类。目前，常见的是按环境的性质来分类的，可分为自然环境、半自然环境和社会环境（城市环境）三种。

　　人类周围的大气、水、土壤、岩石、生物等一切自然因素的总和就构成了人类生存的自然环境。自然环境按其组成特性，又可分为大气环境、水环境、土壤岩石环境。

　　（1）大气环境，即包围着地球的大气层，也称大气圈。大气和人类的生命息息相关，它提供生命活动所必需的氧，保护地球上的生命免遭外层空间各种高能射线的照射，同时还能防止地球表面温度的剧烈变化和水分的散失。

　　（2）水环境，包括海洋、江河、湖泊里的地面水及地层中的地下水，也称水圈。水不仅孕育了生命，而且还一直维系着人类的生存与发展。

　　（3）土壤岩石环境，即地球表面的土壤与岩石，也称土壤岩石圈。它是矿产资源的集中地，又是植物生长基地，为人类提供了各种矿产、能源、食物和生态条件。

　　除了上述自然环境外，由于生活、生产条件的不同，又构成了不同类别的小环境，如居住环境、城市环境和工厂环境等。

238

3)人类与环境的关系

人类与环境的关系极为密切,它们之间既是统一的,又是对立的。人体通过新陈代谢和周围环境进行物质交换,在长期的进化过程中,使得人体的物质组成与环境的物质组成具有很高的统一性。但随着劳动工具的改进,特别是火的发明和利用,人类开始对环境产生重大影响,如砍伐森林,矿产采掘与冶炼等,常常会导致人类与环境关系的对立,结果会使人类受到大自然无情的惩罚(如水土流失、山洪暴发等)。

在近百年的工业和科学技术的发展过程中,由于无知和缺乏远见,人类破坏了自己生存、发展所处的良好环境。在经济发展过程中,由于人类缺乏了解经济发展与环境保护有着相辅相成的关系,任意向环境中排放废水、废气和废渣,使得不少地方的水、空气和食物中含有高浓度的污染物,造成农作物减产、鱼类死亡和人体中毒的严重后果。某些地方只顾眼前利益,肆意砍伐森林,不仅使绿地面积大为减少、野生动植物的生态环境受到破坏,更带来严重的水土流失,如黄河每年下泻 16 亿 t 泥沙,长江的年流沙量达 7 亿 t。有些起着调节气候与河流水位作用的湖泊,也因泥沙泄入,成为平地。

为了保护人类赖以生存的地球环境,必须注意保护环境,以求把我们的环境建设得更加清洁、美好,达到"优美、舒适"的目的,实现山常绿、天常蓝、水常清、气常新的目标。

2. 环境工程

环境工程是一门研究人类活动与环境的关系,以及改善环境质量的途径及技术的学科。所研究的课题包含大气污染治理与控制工程、水污染治理与控制工程、噪声污染与控制工程、固体废弃物污染与治理工程、环境影响评价等学科。环境工程是一门复杂的、具有高度综合性的学科,涉及社会学、经济学、管理学、生物学、化学等传统学科,并与各学科交叉成各类边缘学科。

3. 城市环境工程

城市环境工程(City Environmental Engineering)是研究和从事防治城市环境污染和提高环境质量的学科。城市环境工程同生物学中的生态学、医学中的环境卫生学和环境医学,以及环境物理学和环境化学密切相关,其核心是环境污染源的治理。

4. 环境工程学原理

环境工程学原理的主要内容包括环境工程原理基础、分离过程原理和反应过程原理三大部分。环境工程原理的基础部分主要讲述单位与因次分析、物料与能量守恒原理、传递过程等。分离过程原理部分主要讲述沉淀、过滤、吸收、吸附的基本原理;反应工程原理部分讲述化学和生物反应计量学、动力学、环境领域常用的各类反应器及其解析理论等。

二、环境工程学的起源、任务与途径

1. 环境工程学的起源

人们对环境和健康的关系是逐步认识的。1854 年,对发生在英国伦敦宽街的霍乱疫情进行周密调查后,推断成疫的原因是一个水井受到了患者粪便的污染。从此,推行了饮用水的过滤和消毒,对降低霍乱、伤寒等水媒病的发生率取得了显著效果。于是卫生工程和公共卫生工程就从土木工程中逐步发展为新的学科,包括给排水工程、垃圾处理、环境卫生、水分析等内容。

自然环境在受到污染之后有一定的自净能力,只要污染物的量不超过某一数量,环境仍能维持正常状态,自然生态系统也能维持平衡,这个污染物量称环境容量。环境容量决定于要求的环境质量等级和环境自身的条件。

产业革命以后,尤其是 20 世纪 50 年代以来,随着科学技术和生产的迅速发展,城市人口急遽增加,自然环境受到的冲击和破坏越演越烈,环境污染对人体健康和生活的影响已超越卫生一词的含义,因此改卫生工程为环境工程。

2. 环境工程学的任务

环境工程的主要任务是保护人类赖以生存的各种环境,城市环境工程的主要任务与其相同。随着城市化进程的加快,越来越多的人口集中于城市中生活,因此,整个城市所依赖的自然环境就显得尤其重要。切实保护好饮用水水源地、搞好城市垃圾处理、城市污水处理、城市工业污染源的控制和布局、城市噪声及大气污染的控制等,显然是城市环境工程的首要任务。

城市环境需要人类珍惜和保护的资源很多,最主要的类型有以下四类。

(1)三大生命要素:空气、水和土壤。

(2)六种自然资源:矿产、森林、淡水、土地、生物物种、化石燃料(石油、煤炭等)。

(3)两类生态系统:陆地生态系统(如森林、草原、荒野、灌丛等)与水生生态系统(如湿地、湖泊、河流、海洋等)。

(4)多样景观资源:如山势、水流、本土动植物种类、自然与文化历史遗迹等。

3. 保护环境的途径

保护城市环境最理想的途径是尽量减少污染物的排放。我国在20世纪80~90年代,工业造成的污染是最主要的污染,而它的废水、废气和废渣中的污染物一般是未能利用的原材料或副产品、产品。工业上加强生产管理和革新生产工艺,政府运用立法和经济措施促进工业革新技术,是防止环境污染最基本、最有效的途径。但是,进入2000年以后,随着城市工业企业的搬迁、改造和消失,随着城市化进程的加快,城市的人口急剧增加,现在生活污染已逐渐称为城市环境的主要污染源。

另外,生活和生产对环境的不利影响是难于从根本上予以根除的,因而控制排放到环境中的污染物,也是环境工程的基本任务之一。

三、环境工程学研究的对象及内容

环境工程学研究的对象主要有城市水体污染控制、生活用水供给、大气污染控制、固体废物处置、噪声污染控制、放射性污染控制、热污染控制、电磁辐射控制等。

1. 水体污染控制

我国颁布的《地面水环境质量标准》,为控制水体污染的依据。水体污染源主要来自生活污水、工业废水、农业废水和降水引起的地面径流等。

水体污染物主要有:

(1)病原体,如病菌、病毒和寄生虫卵等。

(2)来源于动植物的有机物,如动植物排泄物、动植物残体、机体的组分等。

(3)植物养料,主要有氮、磷化合物,将使水体出现富营养化。

(4)有毒有害的化学品,含氯农药(DDT、六六六等)、表面活性剂、重金属盐类、放射性物质等。

(5)其他,如油脂、酸、碱、温水、悬浮物等。

进入水体的污染物,有些在微生物的作用下能够降解,如生活污水中的有机物,在细菌的作用下大多转化为重碳酸盐、硝酸盐、硫酸盐等无机物;有些不能降解,如大多数无机污染物。水体的降解作用、稀释作用和周围环境的换质作用(如从水面上的空气中吸收氧),使得受污染的水体水质趋于复原的能力,称为自净能力。当污染物量不超过自净能力时,水体基本上维持正常状态;当超过自净能力时,水体就会呈现受污染状态。

2. 清洁生活饮用水的供给

饮用水的质量直接影响人体健康。城镇的给水系统,担负着向居民供应符合《生活饮用水卫生标准》饮用水的责任。给水水源地的严格保护、原水的完善处理工艺和给水管网的精心养护,是确保供水水质优良的有力措施。

3. 大气污染控制

由于城市是人类集中居住的地区,因此城区的空气质量要求较高。我国已颁布了《大气环境质量标准》、《工业企业设计卫生标准》等多项大气污染物控制标准,旨在控制城市环境中的大气污染。

大气污染有局部性的,如室内污染、个别烟囱的污染;有地区性的,如城市交通污染。由于空气是流动的,局部性的污染可以成为地区性的,地区性的污染范围扩展后,甚至成为全球性的。

大气污染会造成降尘量增加,能见度降低,树木生长不良,甚至枯萎。但是,最主要的危害是影响人类健康,轻则致病,重则死亡。由大气的硫污染引起的 1952 年伦敦烟雾事件,造成 4 000 人死亡。大气污染引起的酸雨,伤害植物,腐蚀建筑物,受害面积较广,正引起严重关注。

大气污染源最主要的是矿物燃料(煤、石油、燃气)的燃烧。常见的大气污染物主要有如下方面:

(1)烟尘,是一切非气态污染物的统称,也称颗粒物,主要是粉尘和烟。粉尘一般来自表土。烟是不完全燃烧的产物,主体是碳粒,吸附有其他杂质。

(2)一氧化碳,是燃料燃烧不完全的产物,是无色、无臭、有毒的气体,略轻于空气,扩散较快。在交通繁忙的城市,地面空气中的一氧化碳来自汽车,浓度有时高达$(10 \sim 100) \times 10^{-6}$,而在浓度为 10×10^{-6} 的空气中生活 8h,就可能影响人们的精神活动。

(3)二氧化硫,是含硫矿物燃料燃烧的产物。在中国主要来自烧煤的锅炉和炉灶。二氧化硫能腐蚀器物,刺激呼吸道。用烟囱向高空扩散时,常形成硫酸或硫酸盐,溶入雨滴,会出现 pH 值低于 5 的酸雨。

(4)氮氧化物,是一氧化氮、二氧化氮等氮氧化物,是燃料在高温下燃烧的产物。氮氧化物在大气光化学反应中是反应物,浓度高时直接影响健康。

(5)碳氢化合物,一般是汽油燃烧不完全的产物。

(6)二氧化碳,日益增加的矿物燃料燃烧使大气中的二氧化碳浓度呈上升趋势。由于二氧化碳有温室效应,有可能引起地球大气平均温度增加、极冰融化,造成严重的环境问题。

4. 固体废物处置

固体废物的处置方法有掩埋、焚化或加工利用。

(1)农业固体废物(秸秆、畜粪)一般都是有机物,中国农村历来用作饲料、燃料和肥料。近 10 年来,用沼气发酵法处理农业固体废物,沼气是清洁方便的燃料,残渣是良好的肥料。

(2)工业固体废物量少时,常作为垃圾处理。量多时,先考虑利用,无法利用时才掩埋或焚化。有毒有害的废物掩埋前要经过无害化处理,无法处理的密封后掩埋。

(3)城市垃圾是城市中固体废物的混合体。处置垃圾的方法主要是掩埋,少数焚化,也用于堆肥。掩埋包括填地、填坑、改沼泽地为场地等。现在要求每日倾弃的垃圾当天用泥土掩盖并压实,称卫生掩埋。垃圾掩埋场绿化后,经过 10 年或更长的时间可在上面建房。采取废旧物资的分拣和回收措施,可以减少垃圾的数量。

5. 噪声污染控制

干扰人们休息、学习、生活和工作,甚至影响健康的声音,统称为噪声。噪声一般采用声级,单位用分贝。声级可用声级计直接测得。

噪声主要来自机器(工业噪声)和交通工具(交通运输噪声)。控制噪声首先是不使用喧器的设备,或改革工艺,如改铆接为焊接;或改换机械,如用压桩机替代打桩机。其次是革新机械的构造和材料,如提高部件精度减少碰撞,用非金属材料替代金属材料,传动部件用弹性构件,整机采用隔振机座或隔声罩,排气口设消声器,交通工具外形采用流线型等。再次是正确操作,如正确使用润滑剂,正确使用喇叭等音响设备。建立隔声屏障(如墙)或建筑表面多用吸声、隔声材料,以及城市合理规划等,也是有效的措施。

6. 放射性污染控制

放射性物质产生的电离辐射超过一定剂量就危害人体健康。用一定厚度的铅板或混凝土等封闭放射性物质,就可以阻隔这种电离辐射。在核电站或使用放射性物质的工业、医疗和科研等部门,只要按照规定操作和管理,就可避免危害。

7. 热污染控制

电站和工业冷却水是最常见的水体热污染源。冷却用水直接排入河流和湖泊,会使水温升高,加速水中生物的新陈代谢,降低溶解氧,从而影响渔业和破坏自然平衡。可以采用循环冷却水系统以减少冷却用水排放量,或在排入天然水体前先经冷却塘降温。

8. 电磁辐射控制

无线电广播、电视及微波技术等事业的迅速普及,射频设备的功率成倍增高,使附近的电磁辐射强度达到可以直接威胁人体健康的程度。电磁辐射的防护手段,一般是在射频设备或保护对象周围设置电磁屏蔽装置,使保护范围内的电磁辐射强度降至容许范围以内。电磁屏蔽装置主要有屏蔽罩、屏蔽室、屏蔽衣、屏蔽头盔和眼罩,不同屏蔽对象,采用不同的装置。此外,还采取综合性的防治对策,如通过合理布局,使电磁污染源远离人口稠密的居民区;改进电磁设备,以减少对环境的电磁辐射;提高电磁设备自动化和遥控程度,以减少工作人员接触高强度电磁辐射的机会等。

9. 光污染控制

光害,又名为光污染,是人类过度使用照明系统而产生的一种新型环境污染种类。国际上一般将光污染分成三类,即白亮污染、人工白昼和彩光污染。

白亮污染阳光照射强烈时,城市里建筑物的玻璃幕墙、釉面砖墙、磨光大理石和各种涂料等装饰反射光线,明晃白亮、眩眼夺目。

人工白昼是夜幕降临后,商场、酒店上的广告灯、霓虹灯闪烁夺目,令人眼花缭乱。有些强光束甚至直冲云霄,使得夜晚如同白天一样。在这样的"不夜城"里,夜晚难以入睡,扰乱人体正常的生物钟,导致白天工作效率低下。

舞厅、夜总会安装的黑光灯、旋转灯、荧光灯以及闪烁的彩色光源构成了彩光污染。彩色光源让人眼花缭乱,不仅对眼睛不利,而且干扰大脑中枢神经,使人感到头晕目眩,出现恶心呕吐、失眠等症状。

四、环境工程学科分支与特点

1. 学科分支

环境工程有许多分支,如环境工程学、环境岩土工程、环境工程微生物学等。

1)环境工程学

环境工程学是研究运用工程技术和有关学科的原理和方法,合理利用和保护自然资源,防止环境污染与破坏的一门学科,是环境科学的一个分支。环境工程学的研究内容一般多指对已经形成的废气、废水、废渣等污染物进行处理或综合利用,即所谓管网末端的废物处理工程措施,其中包括自然净化方法和清洁生产工艺。

环境工程的一大特点是,根据环境目标的要求,谋求整体工程的总效果,从而形成了环境系统工程。随着对环境问题认识的发展,环境工程学的内容也不断地改变,如把绿化工程也列入生态工程或环境工程的范围。与此同时,鉴于管网末端技术治理污染效果的局限性,节约资源、发展清洁生产和循环经济技术以减少废物产生量(如生态农业、绿色照明等)的防污染技术,成为20世纪90年代环境工程研究的新趋势。

下面是几种常见的环境工程分支学科的介绍。

(1)水污染控制工程。水污染控制工程的目标是使其受纳水体的各项功能,能符合相关水质标准和使用功能。水污染控制工程按处理对象的不同分为:水利设施,大型市政污水处理系统,中小城镇污水处理系统,工商业污水处理系统。

城市污水处理工程又包括集中污水处理工程和分类污水处理工程。分类污水处理工程一般用于处理工厂排放的特定类型污水,含有工厂产生的具体有毒有害物质,需要用特别设计的工艺处理。集中污水处理工程主要用于集中处理城市生活污水。普通的污水处理方法主要分三大类:物理方法(包括过滤、沉淀等)、化学方法(臭氧氧化等)、生物化学方法(厌氧生物法、好养生物法等)。

(2)大气污染控制工程。依照污染物的性质,可利用物理、化学或生物的方式加以控制。一般来说,污染物大致可区分为粒状污染物、气状污染物。气状污染物又可分成有机及无机两类。

大气污染控制设备常可分为四个部分,分别是集气罩、管路、污染防治设备及引风机等。大气污染控制工程主要从上述四个部分着手。

(3)固体废弃物的处理与处置。固体废物处理是指将固体废物变成适于运输、利用、储存或最终处置的过程。其方法包括物理处理、化学处理、生物处理、热处理和固化处理。

固体废物处置是指最终处置或安全处置,是固体废物污染控制的末端环节,是解决固体废物的归宿问题。其方法包括海洋处置和陆地处置。

固体废物处置主要解决的问题有:固体废物的收集运输和压实;固体废物的破碎减量;固体废物的分类筛选;固体废物的固定化;固体废物的焚烧和热解处理;固体废物的再利用;固体废物的最终处置。

(4)噪声控制工程。噪声控制的方式不外乎是针对噪声源、噪声的传播路径及接收者三者做隔离或防护。具体的方式就是将噪声的能量做阻绝或是吸收,例如噪声源(电机)加装防振的弹簧或橡胶,吸收振动,或者将整个电机包覆起来。对于传播的路径一般都是使用隔声墙阻绝噪声的传播。如果前两种方式都不能降低噪声,就只好针对接收者作防护,一般常见的是隔音窗、耳塞等。

2)环境工程微生物学

环境工程微生物学系统地阐述了微生物学基础知识及环境生态工程中的微生物的作用。重点研究内容是环境工程中的污(废)水及有机固体废物生物处理,和水体、土壤及大气污染与自净过程中涉及的微生物学知识,包括细菌的基本形态、结构;微生物的营养类型;细菌能量代谢的方式;微生物的生长及其特性;微生物的遗传与变异;微生物的形态、习性以及在环境和环境工程中的作用;微生物之间的关系;水体自净的原理;微生物在环境工程中的应用等。

2. 学科特点

环境问题往往具有区域性特点。利用系统工程的原理和方法,对区域性的环境问题和防治技术措施进行整体的系统分析,以求取得最优化方案,是环境工程的主要任务。

环境工程学科是一门交叉科学、边缘学科,它具有下列明显的学科特点:

(1)涉及的学科知识多,范围广。

(2)涉及的政策性强,法律法规变化较快。

(3)研究的对象多数为涉及公众和民生的利益。

(4)技术研发的周期性较长,投入较大。

(5)学科的实践性要求较强。

(6)理论原理和工程技术的专业技能结合性强。

五、环境工程发展趋势

环境工程学是一个庞大而复杂的技术体系。它不仅研究防治环境污染和公害的措施,且研究自然资源的保护和合理利用,探讨废物资源化技术、改革生产工艺、发展少害或无害的闭路生产系统,以及按区域环境进行运筹学管理,以获得较大的环境效果和经济效益,这些都成为环境工程学的重要发展方向。

自然资源的有限和对自然资源需求的不断增长,特别是环境污染的控制目标和对能源需求之间的矛盾,促使环境工程学的研究不断发展,资源、生态、经济三者发展的动态平衡,决定着环境工程学未来研究的发展趋势。

第二节　城市环境控制

一、城市环境控制的对象和任务

1. 城市环境控制的对象

城市是一个地区政治、经济、文化的中心,而环境保护问题已成为当今城市发展的全球性课题。城市环境控制的对象主要是整个城市赖以可持续发展的诸多环境要素,如水资源、土地资源、空气质量、城市人口的生存卫生环境、声环境等。

2. 城市环境控制的任务

城市环境控制的任务就是为城市的发展提供优良的环境质量,包括:优良、卫生的饮用水源;清洁的空气;园林式优美的城市居住环境;城市垃圾的合理处置;安宁的家园等。

随城市规模的扩大,人口的集中度越来越高,城市可持续性发展的问题提到了每一座城市的面前。可持续发展是 20 世纪 70 年代和 20 世纪 80 年代世界环法大会提出的一个观念,在经济发展方面,环境资源开发方面使得环境满足当代人的需要。现在,可持续发展既要满足当代人的需要,同时也要满足后代人的需要,需要社会、经济、文化、政治的协调发展,还有资源、环境、人口的协调发展,以及城市开发、城市建设与社会经济环境的协调发展。

二、城市环境控制的方法和措施

人生活在一定的城市环境之中,环境的好坏直接影响着人体的健康。因此,创建一个优美的环境十分重要。所谓优美的环境是指有助于增强人身心健康的环境。其基本要求是:新鲜的空气、清洁的水、没有残毒的食物及舒适的居住条件等。优美的环境,还要满足人体五官感觉及心理上的需要,即人体周围应具有秀丽的景色,悦耳、和谐的音响,友好的人群及人体自身应具有和睦的家庭等。

城市环境控制的具体工作应从两方面着手,即加强城市合理规划和城市环境污染的有效治理。

1. 合理的城市规划和环境保护规划

(1)城市规划的超前性是城市环境控制效果的根本依据。城市规划是一定时期内城市发展的目标和计划,是城市建设的综合部署,也是城市建设的管理依据,它与很多学科密切相关。

(2)城市环境保护规划的合理性是城市环境控制效果的根本保证。城市环境保护规划具有地区性、综合性、预测性的特点。城市是一个庞大而复杂的系统,城市环境保护涉及这个系统的各个方面。近年来,由于环境保护规划没有与城市规划和城市建设同步落实,使城市环境遭到一定程度的破坏,环境污染日趋严重,城市环境不能进入良性发展的轨道。因此,城市规划中的环境保护规划应该引起人们的重视。城市环境保护规划的制订,必须以城市社会经济发展计划和城市总体规划为基础,但又对后者进行补充和完善。

城市规划应遵循以下原则:

①与城市的发展和建设规划相协调,既保护环境,又促进城市发展;

②合理利用自然资源和综合利用废水、废气和固体废物;

③最大限度地减少和控制污染物质排放量和排放浓度;

④充分利用绿化系统和水体净化环境,维护生态平衡。

2. 有效的城市环境污染治理

1)城市水污染的控制

水体污染的控制措施,除加强污染源的管理外,政府还应制定和颁布法规以控制废水的排放。如中国政府制定和颁布了《中华人民共和国水污染防治法》、《工业"三废"排放试行标准》等法规。城镇应建设完善的排水管系和废水处理厂,并制订和实施管理制度。工业布局和工艺要考虑环境要求。生产废水必须处理后出厂,废水再利用,特别是建立废水灌溉系统,都是防止废水污染水体的有效途径。

水污染控制主要是针对城市中的点污染源和面污染源。点污染源有具体的污染源,如工厂的排污管道口,比较容易治理,只要控制污染物排放标准有足够的执法能力,都可以通过污染物排放控制技术来控制。造成工业污染的主要原因是企业不愿意自行提高成本治理污染,必须由政府和舆论强制执行。城市面污染源主要是城市道路产生的交通污染,如地面油污等,目前全国对此有效的管理和处理措施落后,这是造成城市周围地表径流污染的一个重要方面。由于城市尤其是中小城市迅速发展,城市生活污水成为主要的面污染源,必须以城市污水处理厂的方式解决。生活污水的主要污染物是含氮、磷的有机物,可以被微生物分解吸收,可以通过集中的城市污水处理厂加以处理。

城市污水处理厂是利用微生物分解吸收、分解水中的有机物,使水净化。目前,城市污水处理厂有多种不同的处理工艺和技术,有用曝气头曝气的传统技术,有用转刷曝气的氧化沟技术,有先用厌氧菌分解大分子、再曝气的 AB 法技术等。但城市污水处理厂不允许含有高浓度有毒工业废水的进入,因此工业废水必须首先经预处理净化系统处理后,方可排放进入集中式城市污水处理厂。

秦淮河是南京的"母亲河"。这里昔日曾藏污纳垢,污水横流,严重影响城市景观。2002年底,南京市投资 30 亿元正式启动水利、治污、拆迁以及景观和路网建设 5 大工程,综合整治秦淮河。两年多来,南京市顺利动迁了 4 356 户居民和 97 家工业、企业单位,完成拆迁面积 38万 m^2;改造防洪墙 20km;铺设污水截流管道 25km,截流大小排污口 550 个;在两岸种植绿地面积 100 万 m^2。2005 年 9 月,如期实现一期工程目标的外秦淮河,水质从整治前的劣 5 类水提升为 4 类水,10 多千米的河道碧波荡漾、垂柳依依。

2)城市大气污染控制

大气污染的控制措施中,造林和城市绿化有助于改善城市大气质量,营造防风林带还可以防止尘土扩散。但从源头上控制大气污染的措施,应主要从以下几个方面着手。

(1)能源革新。这是一种从根本上解决大气污染问题的措施之一。一个城市如有可能,应该用无污染能源(太阳能、风能、地热水能、电能和蒸汽),或低污染能源(燃气)替代煤、石油等燃料。

(2)设备和操作的革新。革新除尘设备有助于烟尘量的降低,提高燃烧设备的效率,可以降低一氧化碳和碳氢化合物的污染量。火焰温度的控制,可以减少氮的氧化和二氧化碳的分解。汽车尾气污染的防治主要依靠革新汽车的燃烧系统,逐步减少甚至从法律上禁止含铅汽油的使用,安装汽车尾气净化器等。随着中国经济的高速发展,城市居住环境要求越来越高,燃煤、燃油锅炉等大气污染源已逐渐退出城市,相反随城市汽车数量的迅猛增长,汽车尾气已逐渐成为城市大气污染源的主要来源。

(3)废气处理。废气处理是大气污染防治的最直接的措施,也是末段治理手段。烟气中的粉尘可以用过滤、洗涤、离心分离、静电沉降、声波沉降等方法与气流分离。去除烟气中的二氧化硫有多种方法:将石灰石粉末吹入燃烧室,与二氧化硫化合成灰分;用碱性物质吸收或吸附二氧化硫;在催化剂作用下燃烧烟气,使二氧化硫转化为三氧化硫,烟气冷却时与冷凝水结合为硫酸。

3)城市固体废弃物的控制

城市固体废弃物的组成主要为城市生活垃圾及商业垃圾、工业垃圾等。城市生活垃圾的数量是巨大的。在我国,厨房剩余物质习惯上和垃圾分别收集,用于喂猪和肥田。处置垃圾的方法主要是掩埋,少数焚化,也用于堆肥。城市工业垃圾虽然数量较少,但因其多数具有毒性高、危害大、不易分解等特点,因此必须引起高度重视。目前对于城市工业垃圾,多数采用焚烧的方式处置,使其成为无害化的物质后,再行安全填埋。

4)城市噪声污染控制

城市噪声主要来自机器(工业噪声)和交通工具(交通运输噪声)。

5)城市放射性污染控制

用一定厚度的铅板或混凝土等封闭放射性物质,就可以阻隔这种电离辐射。

6)城市热污染控制

电站和工业冷却水是最常见的水体热污染源。冷却用水直接排入河流和湖泊,会使水温升高,加速水中生物的新陈代谢,降低溶解氧,从而影响渔业和破坏自然平衡。可以采用循环冷却水系统以减少冷却用水排放量,或在排入天然水体前先经冷却塘降温。

7)城市电磁辐射控制

电磁辐射的防护手段,一般是在射频设备或保护对象周围设置电磁屏蔽装置,使保护范围内的电磁辐射强度降至容许范围以内。电磁屏蔽装置主要有屏蔽罩、屏蔽室、屏蔽衣、屏蔽头盔和眼罩,不同屏蔽对象,采用不同的装置。此外,还采取综合性的防治对策,如通过合理布局,使电磁污染源远离人口稠密的居民区;改进电磁设备,以减少对环境的电磁辐射;提高电磁设备的自动化和遥控程度,以减少工作人员接触高强度电磁辐射的机会等。

8)城市光污染控制

对于城市里出现的光污染的控制,全世界采取了许多措施,如开展全球黑暗天空运动,自1980年初以来,全球开展了黑暗天空运动,这个运动的目的正是为了鼓励人们减少使用照明系统,以减少光污染。

三、城市环境控制的管理部门

目前,我国城市环境控制的管理部门主要是规划部门、环境保护部门。当然,从某种意义上说,城市中的发展和改革委员会、计划部门、土地部门也与城市环境的控制有关。

1. 城市规划局

城市规划局的主要职责是拟订全市城市规划的管理规定和办法;负责全市城市规划管理工作;组织城市规划的编制、审查、申报和实施;对城市规划区范围内的各项建设实行规划管理;指导和参与编制全市国土规划、区域规划、土地利用规划、旅游规划等专项规划等。

2. 城市环境保护局

城市各级环境保护管理局的主要职责是:监督实施全市环境保护规范性文件;审核城市总体规划中的环境保护内容;拟定并组织实施全市环境保护规划;组织编制全市环境功能区划并负责落实;组织开展全市环境保护执法检查活动,依法查处各种环境违法行为;监督全市生态环境保护工作;监督对生态环境有影响的自然资源开发利用活动、重要生态环境建设和生态破坏恢复工作;负责监督全市饮用水源保护工作;指导和协调解决各县市、各部门以及跨行政区域、跨流域的重大环境问题;组织全市环境保护科技发展、重大科学研究和技术示范工程;负责全市环境保护系统对外经济合作等。

四、我国城市环境控制中存在的问题及对策

1. 城市规划的滞后性

城市规划的滞后性是导致城市环境控制失调的根本原因。当前,我国城市建设正以前所未有的速度进行着,在为我国经济建设注入了新的活力的同时,也产生了不少新的问题,造成了经济效益和社会效益的损失,影响了城市的可持续发展。

许多城市为了相互竞争,忽视都市圈的客观存在,片面地从各自城市竞争角度出发,单纯地规划一个城市,导致城市的产业结构类似、雷同,造成区域基础设施规划和城市发展布局不合理。许多城市就像从流水线上生产出来的产品一样,千城一面,城市个性几乎荡然无存。

目前,我国城市规划体系主要存在以下四个方面的缺陷:

(1)人为意志左右城市规划。由于对政治业绩的追求,城市政府自觉或不自觉地受到开发商的影响,要求规划部门按照人为的意志进行规划的编制,或利用权力随意改变已经批准的城市规划。

(2)规划管理和监督的欠缺。目前,城市规划出现上述的"异化现象",使得规划很像橡皮泥,能缩能伸、能圆能方,已制定的规划无法落实。《城市规划法》规定"城市规划主管部门有权对城市规划区内的建设工程是否符合规划要求进行监督与检查",然而在目前情况下,规划部门难以发挥对城乡规划的监督制约作用。

(3)规划决策的封闭性。我国城市规划决策基本上是一个封闭的工作系统。长期以来,规划从编制、修订、审批到通过,都视为行政部门同步的操作过程。因而地方主义、宗派主义在决策过程中普遍存在。

(4)城市规划的公众参与度不高。我国公众参与城市规划还处于告知性参与阶段,参与的程度还处于低层次上。规划主管部门或其他部门很少向社会公布有关规划信息,公众对城市规划的参与度不高,使得大量社会资源流向了"面子工程"。

在大力推进城市化发展战略以及发展文明的时代要求下,针对我国城市规划建设过程中表现出来的缺陷,可从以下几个方面着手解决:

①加大城市整体规划布局的研究力度,完善城市规划法规体系。

②健全、完善规划行政程序。

③加强规划合理性及环境影响评价的论证。

④加强公众参与,完善规划的决策、管理、监督。广泛征求公众的合理化意见,调整规划中的不足。

⑤广泛借鉴国内外的成功经验,因地制宜地制订符合当地条件的规划。

2. 环境保护的投入严重不足

改革开放以来,我国在大力促进经济社会发展的同时,高度重视环境保护。据统计,"十五"期间我国用于环境保护的资金达 1 115 亿元人民币,我国目前环境保护的投入占国民经济总收入的比例还是比较低的。发达国家的环境保护经验表明,要控制水环境恶化的趋势,环保投入要达到 GDP 的 1.5%,要使环境改善则须达到 GDP 的 2.5%。而我国目前乡镇企业的环保投入仅达到 GDP 的 0.1%,与水环境的保持与改善要求的投入标准差距太大。

改进目前局面的对策如下:

制订相关的环境保护收费标准,加大环保治理的投入;积极改善环境保护领域的投融资渠道,大力引进民间资本和国际资本;加大对环保违法行为的惩罚力度,加大对环境治理较好行为的鼓励,促其加大环保投入;对实行清洁生产、循环经济的部门予以税收方面的减免,鼓励投入;改革现行的有关水处理、垃圾处理等环境保护的收费制度,实现市场化运行机制。

3. 环境保护宣传和教育的滞后

环境保护意识对人的环境行为有指导作用,能够使环境行为具有目的性、方向性和预见性,从而对环境保护的进程起到巨大的促进作用。长期以来,人们都注重各自家庭的小环境而忽视了公共的大环境,从而导致了许多城市环境问题的出现。如城市垃圾包围城市的"壮观景象"在全国各地此起彼伏。

改善目前状况的对策有:将环境保护宣传和教育制度化;政府利用公益资金,利用公共媒体加大环保宣传力度;可以通过各种媒介不断地利用环境观、资源观、资源危机观等来教育市民,让市民了解保护环境的重大意义;利用国际各类公益基金,进行国内环保宣传教育等。

4.经济发展的不平衡性

我国东、西部国民经济发展的不平衡性,直接导致了目前东、西部城市环境控制的不平衡。据统计,目前我国最佳人居城市环境中,几乎清一色的为沿海开放城市,那里天是蓝色的,水是清的,空气是清新的,城市有如花园一般美丽。而西部城市主要由于经济的不发达,直接导致城市污水横流,未经处理的污水直接排放到城市周围水体,使水体功能严重下降,反过来又制约了经济的发展;城市浓烟滚滚,四处弥漫,直接影响了居住在其中居民的身体健康;城市垃圾处理率低下,形成了垃圾包围城市的"景观"等。

改进目前局面的对策为:因地制宜地积极调整城市的产业政策,淘汰重污染、资源消耗量大的产业;采用经济杠杆作用,积极引导社会的资本、国际资本,投入城市污水处理厂、垃圾处理场等基础设施的建设;大力发展清洁生产技术,最大限度地实现资源的循环利用;利用西部资源的优势,加强与东部城市的经济合作,实现双赢的目标,从而改善经济环境和城市环境。

5.环境控制法规制定的滞后和治理的技术手段的落后

目前,由于经济发展速度的加快,环境控制和保护的某些法律、法规的条文,已远不能适应经济的发展,不能有效地控制环境质量的恶化趋势。环境保护中的许多政策,如排污收费制度、行政处罚制度、城市污水处理及垃圾处理取费制度等,存在严重滞后现象。另外,随污染源种类和污染物种类的增加,环境保护部门的监测技术和手段、在线监测技术、城市污水处理经济、实用及高效技术等,已远不能满足污染控制工作开展的需要。

改进目前局面的对策为:积极推广应用城市环境保护新技术、新方法,从根本上改变目前技术落后的面貌;如环境监测技术和分析技术、环境治理技术、环境突发污染应急技术等;政策方面、税收优惠制度、财政贷款优惠政策等方面,给予技术创新、改革鼓励;利用国际间政府渠道和民间交流渠道,积极引进国外先进的控制和治理技术,解决国内存在的难题。

第三节　城市园林绿化工程

城市绿化是城市现代化建设的重要内容,是提高城市居民生活质量、实现城市可持续发展的客观需要。随着我国社会主义市场经济体制的逐步建立和完善,城市建设的资源配置方式发生了直接的转变,绿化规划作为一项重要的政府职责,是城市绿化建设从"拆墙建绿"、"见缝插绿"向"规划建绿"、"依法治绿"转变的关键,是城市政府有效指导城市绿化合理发展、建设和管理的重要依据和手段。

一、城市园林绿化工程概述

1.概念

1)城市园林绿化工程的概念

(1)城市绿化工程的概念。园林绿化工程是建设风景园林绿地的工程。园林绿化是为人们提供一个良好的休息、文化娱乐、亲近大自然、满足人们回归自然愿望的场所,是保护生态环境、改善城市生活环境的重要措施。

园林绿化泛指园林城市绿地和风景名胜区中涵盖园林建筑工程在内的环境建设工程,包括园林建筑工程、土方工程、园林筑山工程、园林理水工程、园林铺地工程和绿化工程等,它是应用工程技术来表现园林艺术,使地面上的工程构筑物和园林景观融为一体。

（2）园林绿化工程的特点。

①园林绿化工程是一项公共事业。园林绿化工程是根据法律实施的公共事业。目前我国已出台了许多相关的法律、法规，如《土地法》、《环境保护法》、《城市规划法》、《建筑法》、《森林法》、《文物保护法》、《城市绿化规划建设指标的规定》、《城市绿化条例》等。

②城市中的园林绿化要求多样化。随着人民生活水平的提高和对环境质量的要求越来越高，对城市中的园林绿化也要求多样化。工程的规模和内容越来越大，工程中所涉及的面非常广泛，高科技已深入到工程的各个领域，如光—机—电一体的大型喷泉、新型的铺装材料、新型的施工方法以及施工过程中的计算机管理等，无不给从事的人员带来新的挑战。

③园林绿化工程在现阶段的工作往往需要多部门、多行业协同配合

2）城市绿化工程的意义和作用

城市绿化工程的意义和对城市环境的作用，概括起来包括如下内容：

（1）美化环境。园林绿化是美化城市的一个重要手段。一座城市的美丽，除了在城市规划设计、施工上善于利用城市的地形、道路、河边、建筑来配合环境，灵活巧妙地体现城市的美丽外，还可以运用树木花草不同的形状、颜色、用途和风格，配置出一年四季色彩丰富的景象。乔木、灌木、花卉、草皮等层层叠叠的绿地，镶嵌在城市、工厂的建筑群中，它不仅使城市披上绿装，而且为广大人民群众劳动、工作、学习、生活创造优美、清新、舒适的环境。

（2）净化空气。园林植物对净化空气有独特的作用，它能吸滞烟灰和粉尘，能吸收有害气体，吸收二氧化碳并放出氧气，这些都对净化空气起了很好的作用。

①吸滞烟尘和粉尘。空气中的灰尘和工厂里飞出的粉尘是空气污染源中的有害物质。这些微尘颗粒质量虽小，但它在大气中的总质量却是惊人的，许多工业城市每平方公里平均降尘量为 500t 左右，某些工业十分集中的城市甚至高达 1 000t 以上。在城市每燃烧 1t 煤，就要排放 11kg 粉尘。粉尘中不仅含有碳、铅等微粒，有时还含有病原菌，进入人的鼻腔和气管中容易引起鼻炎、气管炎和哮喘等疾病。植树后，树木能大量减少空气中的灰尘和粉尘，树木吸滞和过滤灰尘的作用表现在两方面：一方面由于树林枝冠茂密，具有强大的减低风速的作用，随着风速的减低，气流中携带的大粒灰尘下降。另一方面由于有些树木叶子表面粗糙不平，多绒毛，分泌黏性油脂或汁液，能吸附空气中大量灰尘及飘尘。蒙尘的树木经过雨水冲洗后，又能恢复其滞尘作用。树木的叶面积总数很大。据统计：森林叶面积的总和为森林占地面积的数十倍。因此，吸滞烟尘的能力是很大的。我国对一般工业区的初步测定，空气中的飘尘浓度，绿化地区较非绿化地区少 10% ~ 50%。可见，树木是空气的天然过滤器。草坪植物也有很好的滞尘作用，因为草坪植物的叶面积相当于草坪占地面积的 22 ~ 28 倍。

②吸收有害气体。工业生产过程中产生出有毒气体，如二氧化硫是工业企业产生的主要有害气体，它数量大、分布广、危害大。当空气中二氧化硫浓度达到 0.001% 时，人就会呼吸困难，不能持久工作；达到 0.04% 时，人就会迅速死亡。氟化氢则是窑厂、磷肥厂、玻璃厂产生的另一种有毒气体，它对人体的危害比二氧化硫大 20 倍。

很多树木可以吸收有害气体。上海地区对一些常见的绿化植物进行了吸硫测定，发现臭椿和夹竹桃不仅抗二氧化硫能力强，并且吸收二氧化硫的能力也很强。臭椿在二氧化硫污染情况下，叶中含硫量可达正常含硫量的 29.8 倍，夹竹桃可达 8 倍。一般的松林每天可从 1m³ 空气中吸收 20mg 的二氧化硫；每公顷柳杉林每年可吸收 720kg 二氧化硫；每公顷垂柳在生长季节每月可吸收 10kg 二氧化硫。其他如珊瑚树、紫薇、石榴、厚皮香、广玉兰、棕榈、胡颓子、银

杏、桧柏、粗榧等也有较强的对二氧化硫的抵抗能力,刺槐、女贞、泡桐、梧桐、大叶黄杨等树木抗氟的能力比较强。大多数植物都能吸收臭氧,其中银杏、柳杉、樟树、海桐、青冈栎、女贞、夹竹桃、刺槐、悬铃木、连翘等净化臭氧的作用较大。

③吸收二氧化碳,放出氧气。由于城市人口比较集中,在城市中不仅人的呼吸排出二氧化碳,吸收氧气,而且各种燃料燃烧时也排出大量二氧化碳和吸收大量氧气,所以,有时城市空气中的二氧化碳浓度可达 0.05% ～0.07%。二氧化碳虽是无毒气体,但是当空气中的浓度达0.05%时,人的呼吸已感不适,当含量达到 0.3% ～0.6%时,人就会感到头痛,出现呕吐、脉搏缓慢、血压增高等现象。

树木是二氧化碳的消耗者,也是氧气的天然制造厂。树木进行光合作用时吸收二氧化碳,放出人们生存必需的氧气。通常 $1hm^2$ 的阔叶树林,在生长季节每天可以吸收 1t 二氧化碳,放出 570kg 氧气。如果以成年人每日呼吸需要 0.75kg 氧气,排出 0.9kg 二氧化碳计算,则每人有 $10m^2$ 的树林面积,就可以消耗掉每人因呼吸排出的二氧化碳,供给所需要的氧气。

(3)调节气候。树木具有吸热、遮荫和增加空气湿度的作用。

①提高空气湿度。树木能蒸腾水分,提高空气的相对湿度。

树木在生长过程中,形成 1kg 的干物质,大约需要蒸腾 300 ～400kg 的水,因为树木根部吸进水分的99.8%都要蒸发掉,所以森林中空气的湿度比城市高38%,公园的湿度也比城市中其他地方高27%。据调查,每公顷油松每月蒸腾量为43.6～50.2t,加拿大白杨林的蒸腾量每日为51.2t。由于树木强大的蒸腾作用,使水汽增多,空气湿润,使绿化区内湿度比非绿化区大10% ～20%,为人们在生产、生活上创造了凉爽、舒适的气候环境。

②调节气温。绿化地区的气温常较建筑地区低,这是由于树木可以减少阳光对地面的直射,能消耗许多热量用以蒸腾从根部吸收来的水分和制造养分,尤其在夏季绿地内的气温较非绿地低 3 ～5℃,而较建筑物地区可低 10℃左右,森林公园或浓密成荫的行道树下效果更为显著。即使在没有树木遮荫的草地上,其温度也要比无草皮的空地低些。据测定:7 ～8 月间沥青路面的温度为 30 ～40℃,而草地只有 22 ～24℃。

(4)减弱噪声。城市中工厂林立,人口集中,车辆运输频繁,各种机器电动机的声响嘈杂,汽车、火车、船舶、飞机、建筑工地的轰鸣尖叫,常使人们处于噪声的环境里,不仅影响人们的正常生活,还会使听力减弱以至耳聋,并易引起疲劳,使操作人员反应迟钝,降低劳动生产率,甚至发生工伤事故。

茂密的树木能吸收和隔挡噪声。据测定,40m 宽的林带,可以降低噪声 10 ～15dB;公园中成片的树林可以降低噪声 26 ～43dB;绿化的街道比不绿化的街道可降低噪声 8 ～10dB。在森林中声音传播距离小,是由于树木对声波有散射的作用,声波通过时,枝叶摆动,使声波减弱而逐渐消失。同时,树叶表面的气孔和粗糙的毛,就像电影院里的多孔纤维吸音板一样,能把噪声吸收掉。

(5)杀死细菌。空气中散布着各种细菌,又以城市公共场所含菌量为最高。植物可以减少空气中的细菌数量,一方面是由于绿化地区空气中的灰尘减少,从而减少了细菌;另一方面植物本身有杀菌作用。$1hm^2$ 的刺柏林每天就能分泌出 30kg 杀菌素,可以杀死白喉、肺结核、伤寒、痢疾等病菌。还有某些植物的挥发性油,如丁香酚、天竺葵油、肉桂油、柠檬油等也具有杀菌作用。尤其是松树林、柏树林及樟树林灭菌能力较强,可能与它们的叶子都能散发某些挥发性物质有关。在有树林的地方比没有树林的市区街道上,每立方米空气中的含菌量少85%以上。有人做过测定:林区与城市百货大楼空气中含菌率竟相差 10 万倍,公园与百货大楼相差4千倍。

(6)监测环境。植物是有生命的东西,它和周围的环境有着密切的联系,环境条件起变化,在植物体上就会产生反应。在环境污染的情况下,污染物质对植物的毒害,也同样会在植物体上以各种形式表现出来。植物的这种反应就是环境污染的"信号",人们可以根据植物所发出的"信号"来分析鉴别环境污染的状况。这类对污染敏感而发出"信号"的植物称为"环境污染指示植物"或"监测植物"。

树木中各种敏感性的植物,对监测环境污染有很大作用,如雪松对有害气体就十分敏感,特别是春季长新梢时,遇到二氧化硫或氟化氢的危害,便会出现针叶发黄、变枯的现象。另外,月季花、苹果树、油松、落叶松、马尾松、枫杨、加拿大白杨、杜仲对二氧化硫反应敏感;唐菖蒲、郁金香、萱草、樱花、葡萄、杏、李等对氟化氢较敏感;悬铃木、向日葵、番茄、秋海棠对二氧化碳敏感。利用敏感植物监测环境污染,对净化大气、保护环境,既经济便利,又简单易行,便于广泛发动群众来作监测工作,可以起到"报警"、"绿色哨兵"、"监视三废的眼睛"的积极作用。

(7)防火防震。许多植物有防火功能。由于这类树木本身不易着火,因此在城市房屋之间多种这类树种,可以起阻挡火势蔓延的作用。有防火功能的树种应具备含树脂少,枝叶含水分多,不易燃烧;萌芽再生力强;根部分蘖力量强等特点。

比较好的防火树种,常绿树有珊瑚树、厚皮香、山茶、油茶、罗汉松、蚊母、八角金盘、夹竹桃、海桐、女贞、青冈栎、大叶黄杨、枸骨、棕榈等;落叶树有银杏、麻栎、臭椿、刺槐、白杨、柳树、泡桐、悬铃木、枫香、乌桕等。其中尤以珊瑚树的防火功效最为显著,它的叶片全部烧焦也不会产生火焰。银杏的防火能力也很突出,夏季即使将它的叶片全部烧尽,仍能萌芽再生,冬季即使树干烧毁大半,也能继续存活。绿化植树比较茂密的地段如公园、街道绿地等,还可以减轻因爆炸引起的震动而减少损失,也是地震避难的好场所。1976年7月,北京市受唐山地震波及,调查证实15处公园绿地总面积四百多公顷,疏散居民二十余万人。

3)城市园林绿化工程的组成

城市园林绿化工程的组成主要包括绿化工程、园林给排水工程、水景工程,另外还包括部分辅助工程,如铺装工程、假山工程、园林供电与照明。

(1)绿化工程。包括乔灌木种植工程、大树移植、草坪工程等。

在城市环境中,栽植规划是否能成功,在很大程度上取决于当地的小气候、土壤、排水、光照、灌溉等生态因子;在进行栽植工程施工前,施工人员必须通过设计人员的设计交底以充分了解设计意图,理解设计要求、熟习设计图纸,故应向设计单位和工程甲方了解有关资料,必要时应作出场调研。在完成施工前的准备工作后,应编制施工计划,制订出在规定的工期内费用最低的安全施工的条件和方法,优质、高效、低成本、安全地完成其施工任务。作为绿化工程,其施工的主要内容是:

①树木的栽植。首先是确定合理的种植时间。在寒冷地区以春季栽植为宜。在气候比较温暖的地区,以秋季、初冬栽植比较适宜,以使树木更好地生长。栽植方法种类很多,在城市中常用人行道栽植穴、树坛、植物容器、阳台、庭园栽植、屋顶花园等。

②大树移植。大树是指胸径达15~20cm,甚至30cm处于生长育旺盛期的乔木或灌木,要带球根移植,球根具有一定的规格和重量,常需要专门的机具进行操作。大树移植能在最短的时间内创造出园林设计师理想的景观。在选择树木的规格及树体大小时,应与建筑物的体量或所留有空间的大小相协调。通常最合适大树移植的时间是春季、雨季和秋季。

③草坪栽植工程。草坪是指由人工养护管理、起绿化、美化作用的草地。就其组成而言，草坪是草坪植被的简称，是环境绿化中的重要组成部分，主要用于美化环境，净化空气，保持水土，提供户外活动和体育活动场所。

（2）园林给排水工程。主要是园林给水工程、园林排水工程。园林给排水与污水处理工程是园林工程中的重要组成部分之一，必须满足人们对水量、水质和水压的要求。水在使用过程中会受到污染，而完善的给排水工程及污水处理工程对园林建设及环境保护具有十分重要的作用。

①园林给水工程。给水的水源一是地表水源，主要是江、河、湖、水库等；二是地下水源，如泉水、承压水等。选择给水水源时，首先应满足水质良好、水量充沛、便于防护的要求。

给水系统一般由取水构筑物、泵站、净水构筑物、输水管道、水塔及高位水池等组成。

给水管网的水力计算包括用水量的计算，一般以用水定额为依据，它是给水管网水力计算的主要依据之一。给水系统的水力计算就是确定管径和计算水头损失，从而确定给水系统所需的水压。给水设备的选用包括对室内外设备和给水管径的选用。

②园林排水工程。

a. 排水系统的组成。

（a）污水排水系统，由室内卫生设备和污水管道系统、室外污水管道系统、污水泵站及压力管道、污水处理与利用构筑物、排入水体的出水口等组成。

（b）雨水排水系统，由景区雨水管渠系统、出水口、雨水口等组成。

b. 排水系统的形式。污、雨水管道在平面上可布置成树枝状，并顺地面坡度和道路由高处向低处排放，应尽量利用自然地面或明沟排水，以减少投资。常用的形式如下：

（a）利用地形排水，可节省投资，利用地形排水、地表种植草皮，最小坡度为5‰。

（b）明沟排水，主要指土明沟，也可在一些地段视需要砌砖、石、混凝土明沟，其坡度不小于4‰。

（c）管道排水，将管道埋于地下，有一定的坡度，通过排水构筑物排出。

在我国，园林绿地的排水，主要以采取地表及明沟排水为宜，局部地段也可采用暗道排水作为辅助手段。采用明沟排水应因地制宜，可结合当地地形因势利导。

③园林污水的处理。园林中的污水主要是生活污水。目前国内各风景区及风景城市，一般污水通过一、二级处理后，基本上能达到国家规定的污水排放标准。三级处理则用于排放标准要求特别高的水体或污水量不大时，才考虑使用。

（3）水景工程。园林水景工程除了满足排洪、蓄水、交通运输、调节湿度、观光游览等要求外，应尽可能做到水工的园林化，使水工构筑物与园林景观相协调，以解决水工与水景的矛盾。

①水池、驳岸、护坡。

a. 水池。在城市园林中可以改善小气候条件，又可美化市容，起到重点装饰的作用。水池的形态种类很多，其深浅和池壁、池底的材料也各不相同。水池材料多有混凝土水池、砖水池、柔性结构水池。目前在工程实践中常用的有：混凝土水池、砖水池、玻璃布沥青蓆水池、再生橡胶薄膜水池、油毛毡防水层（二毡三油）水池等。

各种造景水池，如汀步、跳水石、跌水台阶、养鱼池的出现，也是人们对水景工程需要的多样化的体现，而各种人工喷泉在节日中配以各式多彩的水下灯，变幻多端，增添了节日气氛。

b. 驳岸与护坡。园林水体要求有稳定、美观的水岸,以维持陆地和水面一定的面积比例,防止陆地被淹或水岸倒塌等造成水体塌陷、岸壁崩塌而淤积水中等,破坏了原有的设计意图,因此,在水体边缘必须建造驳岸与护坡。

园林驳岸按断面形状分为自然式和整形式两类。大型水体或规则水体常采用整形式直驳岸,用砖、混凝土、石料等砌筑成整形岸壁,而小型水体或园林中水位稳定的水体常采用自然式山石驳岸,以作成岩、矶、崖、岫等形状。

②小型水闸。水闸在园林中应用较广泛。水闸是控制水流出入某段水体的水工构筑物,水闸按其使用功能分,一般有进水闸(设于水体入口,起联系上游和控制水出量的作用)、节制闸(设于水体出口,起联系下游和控制水出量的作用)、分水闸(用于控制水体支流出水)。水闸结构由下至上可分为地基、闸底、水闸的上层建筑三部分。

③人工泉。人工泉是近年来在国内兴起的水景布置。随着科技的发展,出现了各种诸如喷泉、瀑布、涌泉、溢泉、跌水等,不仅大大丰富了现代园林水景景观,同时也改善了小气候。喷泉的类型很多,常用的有:普通装饰性喷泉;雕塑装饰性喷泉;人工水能造景型;自控喷泉。

4)城市园林绿化工程建设程序、步骤和内容

园林建设工程作为建设项目中的一个类别,它必定要遵循建设程序,即建设项目从设想、选择、评估、决策、设计、施工到竣工验收、投入使用,发挥社会效益、经济效益的整个过程,其中各项工作必须遵循其先后次序的法则,即:

(1)根据地区发展需要,提出项目建议书。它是投资建设决策前对拟建建设项目的轮廓设想,主要是说明该项目立项的必要性、条件的可行性、可获取效益的可能性,以供上一级机构进行决策之用。

(2)在踏勘、现场调研的基础上,提出可行性研究报告。

(3)有关部门进行项目立项。

(4)根据可行性研究报告编制设计文件,进行初步设计。设计过程一般分为三个阶段,即初步设计、技术设计和施工图设计。但对园林工程一般仅需要进行初步设计和施工图设计即可。

(5)初步设计批准后,做好施工前的准备工作。

(6)组织施工,竣工后经验收可交付使用。

(7)经过一段时间的运行,一般是1~2年,应进行项目后评价。

2. 我国城市园林概况

1)发展历程

中国改革开放1/4世纪的丰富实践,使中国园林绿化事业空前发展,学科领域不断拓展。我国的城市绿化工程经历了城市绿化→城市绿地系统→园林城市的过程。

(1)城市绿化阶段。我国城市绿化事业的开拓是在解放以后。"一五"期间国务院决议中明确指出,将绿化作为新建城区的市政公用工程,必须配套建设,将绿化当作城市建设的一个组成部分。1992年国务院颁发的《城市绿化条例》定义为:城市绿化是改善城市生态,美化城市环境,增进人民身心健康的事业。当时对城市绿化的界定为:

①是城市园林在城市整体范围内的拓展,以城市为对象,按照园林规划设计建设手法进行绿化和美化;形成城市实体空间,作为城市环境建设的重要内容。

②是现代城市必要的基础设施,同其他设施相统一协调;而且是唯一的具有生命的基础设施,在城市再造第二自然,改善和调节城市生态环境,协调人与自然的关系。

③是城市社会服务和保障系统的重要组成部分,主体属于第三产业,不以物质产出为目标,具有社会公益性质,属于政府的社会管理职能。

（2）城市绿地系统的规划和建设阶段。

①城市绿地系统的构成。

a. 各级各类公园的绿地系统。按服务半径分布的不同规模的基本公园和不同类型特点的专类公园共同组成方便实用、造园和绿化水平较高的城市绿地。按我国城市建设用地标准,一般可达到占城市建设用地的8%。

b. 城市绿地分类系统。按城市绿地功能分类,如公共绿地、居住区绿地、单位附属绿地、生产绿地、防护绿地、风景林地、道路交通绿地等构成城市绿地的系列系统。其全部可达到占城市建设用地的30% ~40% 。

c. 各类绿地的纽带构成系统。规划道路、河渠、水体岸畔带状绿地,进行科学布局、设置,连接各类绿地基本单元,构成城市绿地整体系统并成为城市气流良性循环的通道和具有本城市特色的风光带。

d. 城郊一体化的系统。将城市绿地系统同郊区的自然山川地貌、林地、农牧区紧密地连接,形成一个整体系统的自然环境,将一切对改善生态有积极作用的因素都调动起来。

e. 城镇体系的环境系统。一些大城市的辖区已经形成城镇体系,对这些城市整体的绿地系统,除了要考虑各自城区和郊区的一体化外,还要将整个城镇体系的环境形成整体系统。

f. 城市绿化所需的地带性植物材料规划。对本区域地带性植物材料进行深入地调查研究,认真规划。包括引种、育种规划,确保城市绿化有一个坚实的物质基础。

②城市绿地系统的复合功能。

a. 是改善和优化城市生态环境的主体。城市绿地系统将再造的第二自然同依托的自然山川连成整体,包容了城市的主要自然因素,分布着最广泛的植物种,容纳野生生物栖息;承担濒危物种移地保护任务;系统成为城市生态的积极生产者,固化太阳能,促进生命物质的生长和良性循环,同时涵养水源、保持水土、调节小气候。

b. 是城市游憩休闲活动的主要载体。随着经济和文化的发展,休闲游憩占有人们生活时间的相当部分,休闲消费占据市场相当份额。现代人追求在优美的自然环境中游憩休闲已是进步的时尚,健全的城市绿地系统将成为人们利用最多的游憩休闲载体。绿地系统中优良的自然条件和富于文化内涵的美景必然成为人们向往的处所和就近方便利用的游憩空间。

c. 是创造城市风貌特色的主导因素。绿地系统包容的自然地理结构和地貌特征是城市所独有的;绿地系统中的地带性植物及其构成的生态系统必然具有地方特色;历史文化遗存及其所处环境的优化,连同传统集景文化形成的景观骨架,将它们都组织进绿地系统中来,将充分反映地方的文脉和特征,形成城市独有的风貌特色。

（3）园林城市建设阶段。为探索具有中国特色的城市环境建设的形式,1992 年以来建设行政主管部门制订标准,在全国倡导了创建"园林城市"的活动。

①将城市环境建设问题提到日程。20 世纪 70 年代末,我国转入以经济建设为中心的轨道,经济飞速成长,城市化急速发展。到 20 世纪 80 年代中期,在城市经济一片繁荣的景象下,城市各项公用设施频频告急,城市环境急剧恶化。

在环境和经济发展不相适应的尖锐矛盾下,从改善投资环境和开创持续发展的条件出发,提出建设"花园城市"的目标。但限于现实条件制约和急于求成的心理,所提标准往往不高,实施的措施只限于局部和表层的改善。1992 年在世界环发大会上我国宣布了"经济建设、城乡建设和环境建设同步规划、同步实施、同步发展"的方针。为履行这一庄严承诺,同年住房和城乡建设部制订办法和标准,在全国各城市开展环境综合整治考核评比活动。在此基础上,鉴于园林绿化在城市环境上的积极能动作用,又制订了富于建设性的单项标准,推动评选"园林城市"活动。因而创建"园林城市"活动在全国蓬勃地展开。

②中国园林传统及对建设园林城市的启示。中国传统的自然山水园林有着深厚的物质和文化基础。中国广袤的国土钟灵毓秀,有着丰富多彩的自然景观,自古有着崇拜、欣赏、讴歌自然美景的传统,以"虽由人作,宛自天开"为高标准。我国古代园林设计,充分发挥其景观、水利,调节气候、改善生态等实际作用,凝结了我国整治河山和城邑环境的优良传统和宝贵经验。另外,我国的自然条件和悠久的文化传统为建设园林城市提供了坚实的依据,而许多现实条件又为园林城市计划开创了实施道路。

③园林城市的实施。许多城市根据自身条件和特点建设园林城市,取得丰富的经验,成为园林城市典型。

a. 规划建设城市完整的绿地系统。每个城市都要依法做好符合自己城市特点,解决城市实际问题的规划,建设起完整、有机的绿地系统。

b. 城市生态状况得到明显改善。"标准"制订过程有意识地将一些城市生态改善的考核内容渗透进来,这些是"质"的保障,也是园林城市的必要条件,例如:消除主要污染源,城市污染得到治理;城市绿地数量和质量达到相当的水平;城市热岛效应缓解;促成城市气流良性循环,小气候得到改善;生境改善,生物多样性趋向丰富。

c. 景观协调统一,城市风貌富于特色。

d. 城市游憩系统形成。按一定的服务半径在城市中相对均匀地分布,形成户外开放空间休闲游憩系统。这是健康的城市形态,适于居住的城市环境的重要条件,是现代城市生活所必需的。

e. 健全管理机制

2)管理部门

城市园林绿化的行政管理部门是城市园林管理局,它的主要职能是:组织编制城市绿地系统规划;制订本市相应的实施细则或办法,并监督、检查执行情况;主管城市规划区内的园林绿化工程;负责审批公共绿地、单位附属绿地、居住区绿地、风景林地和干道绿化的规划设计方案,组织对园林建设项目的验收;审批因建设或其他需要而砍伐、迁移、修剪城市树木和临时占用城市绿化用地事项,查处违反《城市绿化条例》的违法、违章行为等。

3. 国外城市园林绿化的经验

20 世纪 60 年代初,新加坡是世界上高居榜首的脏乱城市,仅用了 30 年的时间,就跃为全球最佳的绿色花园城市。新加坡的城市绿化建设是全世界最为详细周密的,它的城市绿色环境建设值得借鉴。一是巷道必须种植花草树,人行道两旁种植灌木和乔木成为林荫步道,使行人和车辆完全隔离;二是桥与灯杆的绿色建设,美化高架桥和陆桥,桥上做花坛,并种爬滕类植物,使之成为绿桥,选择开花的攀滕类植物,以美化灯杆;三是混凝土走道的宽度超过 1.5m 者要种树,狭小的走道有埋设水管或沟渠者不可以种树;四是停车场必须种植花草树木,两行停车位之间也必须种植树木遮荫,停车位上铺设特制空心石板作为树木根系通气之用;五是绿色围墙、挡土墙和路旁零星地,要先整地,使土地平坦、整齐再种草皮,践踏枯死的草皮要随时补植;六是道路旁不雅观的建筑物,均应种植高大的绿篱及花木遮丑;七是新填土地在未开辟道路及盖房屋之前,政府用来培植树苗和草皮,以减少太阳的辐射,街道的树木,均需作根系通气处理;八是绿化学校大操场。

4.园林植物配置原则及方法

(1)配置原则

①整体优先原则。城市园林植物配置要遵循自然规律,利用城市所处的环境、地形地貌特征,自然景观,城市性质等进行科学建设或改建。要高度重视保护自然景观、历史文化景观,以及物种的多样性,把握好它们与城市园林的关系,使城市建设与自然和谐,在城市建设中可以回味历史,保障历史文脉的延续。

②生态优先的原则。在植物材料的选择、树种的搭配、草本花卉的点缀、草坪的衬托以及新平装的选择等方面必须最大限度地以改善生态环境、提高生态质量为出发点,也应该尽量多地选择和使用乡土树种,创造出稳定的植物群落;充分应用生态位原理和植物他感作用,合理配置植物。

③可持续发展原则。以自然环境为出发点,按照生态学原理,在充分了解各植物种类的生物学、生态学特性的基础上,合理布局、科学搭配,使各植物物种和谐共存,群落稳定发展,达到调节自然环境与城市环境关系的目的。

④文化原则。在植物配置中,坚持文化原则,可以使城市园林向充满人文内涵的高品位方向发展,使不断演变起伏的城市历史文化脉络在城市园林中得到体现,形成具有特色的城市园林景观。

(2)配置方法

①近自然式配置。所谓近自然式配置,一方面是指植物材料本身为近自然状态,尽量避免人工重度修剪和造型;另一方面是指在配置中要避免植物种类单一,株行距应整齐划一,苗木的规格应一致。在配置中,尽可能自然,通过不同物种、密度、不同规格的适应、竞争实现群落的共生与稳定。

②融合传统园林中植物配置方法。充分吸收传统园林植物配置中模拟自然的方法,师法自然,经过艺术加工来提升植物景观的观赏价值,在充分发挥群落生态功能的同时尽可能创造社会效益。

二、我国城市园林工程中存在的问题及对策

1.存在的问题

纵观我国众多城市园林绿化的建设发展,目前国内城市园林绿化方面的现状及存在的问题如下:

(1)城市绿地结构趋向单一,缺乏生态学指导。

在城市园林绿地建设中,为了获得整齐划一的人工美,从空间结构上缺乏群落的分层,往往是单纯的草本、灌木或乔木相互孤立地种植,而生态稳定性最强的乔灌草结构则较少见。尤其是在近年来全国大中城市兴起的草坪热,更是将这种单一性倾向推向了顶峰。另外,从生态学的角度而言,不同地域、不同气候、不同水土的城市,都有最适合于本地生长的植物群落。将这些植物群落根据不同的需要,选择运用到城市园林绿化的过程中,就可以自然地体现出城市绿色景观的地域特征,从而产生可识别性和特色性。这种结构趋向单一的城市园林绿化,影响了每个城市特有的魅力,不仅有害于城市景观的美化和城市形象的树立,而且也大大弱化了城市园林绿化应发挥的生态效益。

(2)绿地生态效益重视不够,绿化体系亟待完善。

城镇绿化中引进一些适宜的树种是非常必要的,但相比之下使用乡土树种更为可靠、廉价和安全。在植物景观设计和生态环境建设中,不重视植物的生物学和生态学特征,片面追求视觉效果和美化效果,导致城市森林景观单调,缺乏自然特性,生态效益低下,不能充分发挥单位面积上应有的森林生态效益。这类设计忽视了植物本身的生物学、生态学特性,与城市森林绿地建设自然化、生态化的趋势背道而驰。

(3)缺乏文化品位,难觅历史文脉。

城市园林绿化绝非简单的植树、栽花、培草,而是一种源于自然而高于自然的有着丰富文化内涵的植树、栽花、培草活动。因此,城市园林绿化是保持和塑造城市风情、文脉和特色的重要方面,应在以自然生态条件和地带性植被为基础的同时,将民俗风情、传统文化、宗教、历史文物等融合在园林绿化建设之中,烘托出城市环境的文化氛围,从而体现出城市特有的人文底蕴。如果人们很难从城市园林绿化景观中品味出不同城市的人文风格,很难从中读出不同城市的历史文脉,城市就丧失了自身应有的独特性和吸引力。

(4)规划编制依据缺乏。

绿化规划编制作为城市绿化管理工作的龙头,是城市绿化行政主管部门的职能重点。目前,指导我国城市绿化规划编制的法规文件存在两方面突出的问题:一是以行政性法规文件为主,技术性标准与规范性文件明显不足,往往只能对规划作出方向性的指导,而不能对具体的规划内容作出明确的解答;二是法规文件缺乏时效性。

(5)行政职能管理部门间的协调性较弱。

城市建设中,以规划部门为龙头的城市建设涉及众多职能部门的分工与协调,绿化管理作为城市规划的专业规划管理,与城市规划行政主管部门之间存在着协作与监督的双重作用,而目前存在协调不力的现象。

2.解决问题的措施和对策

要真正实现园林城市的构想,仍然需要不断深化的改革才能完成。

(1)观念的变革。

首先,不改变习以为常的陈旧观念,不逐步在人们心目中建立起人与自然的协调性、可持续的科学发展观和环境观,园林城市的实现就难以保证。

(2)体制的变革。

现行管理体制很大程度上还是低生产力经济制度的延续,条条块块分隔,立法、执法、监察脱节。在涉及环境和生态这类全局性的问题上就不能适应。园林城市这一关系城市环境和发展全局的事务,至今仍缺乏法律依据,得不到立法的支持和推动。

(3)产业的发展。

现代风景园林这一行业和学科在发达国家得到长足发展,在社会发展中起着举足轻重的作用。在我国,五十年来风景园林师等重要职位的执业注册制度仍不被重视。科研项目缺少资金,专业教育、人才培养远远跟不上需要。园林城市需要科学技术、人才和强大产业的支持。

(4)加强规划编制,引导建设管理。

规划作为建设管理的龙头和先导,首要的是做好绿地系统规划编制。要突破过去城市建成区的概念,从系统的角度整体规划城乡一体化的绿地系统,以土地利用规划、城市总体规划和生态分区规划为指导,合理整合规划区内的城市建设用地、农田耕地、林地、牧草地、水域等多用途的土地空间。

(5)用地范围线要严格控制。

从总规到详规的逐层实施过程中,绿化规划的重点是进行绿化用地的空间布局。因此,规划编制中划定绿线和灰绿线,特别是在城市中心城区,严格划定绿线以确保中心城区一定的绿化用地比例,这是改善高密度下人居环境质量的重要措施,同时也是达到增加城市绿地总量、改善城市微气候、提高人居环境质量、提升城市竞争力的目的。

(6)规范规划审批程序,完善审批监督机制,增加管理透明度。

贯彻实施《行政许可法》,推进政府职能转变和管理创新,完善管理体制,并根据部门职能的调整,在配合城市建设项目管理过程中加强对绿化用地审批、审查的监督管理,确保绿化用地的物质空间,协调好绿地系统规划与城市规划的协作与监督关系,并建立完善的批前监督、批后监督管理机制,建立规章和规范性文件的备案审查制度,建立稳定的管理机构,建立定期汇报制度以评估绿化建设情况,达到对绿化规划实施管理进行监督目的。

(7)加强园林科研工作。

推进城市绿化科研工作,重点是加强以植物为主的生物多样性的资源调查,建立信息化数据库系统,合理划定生物多样性保护区,适当选择移地保护对象,并加强对乡土植物的研究和园林引种培育工作,促进城市绿化建设中合理引入地带性植被群落,达到促进城市绿化自维持、减少建设养护成本的目的。

(8)建立有效的管理队伍。

建立有效的管理队伍,应建立、健全绿化管理机构,提高管理队伍的专业素质,有效开展绿化管理工作。同时,采用科学管理手段,提高管理效率。

三、城市园林绿化工程的发展趋势

从我国及世界城市发展史上可以看出,城市园林绿化工程发展的趋势,必然是向山、水、城、林融为一体,人居环境日益和谐的方向发展,是城市大园林——现代城市园林发展的必由之路。

进入 21 世纪,我国各项建设事业正面临新的机遇和挑战。城市作为政治、经济、文化的中心和人类活动的主要区域,其建设已成为密切影响国民经济和社会发展的重要因素,城市建设的内涵、建设走向和建设布局已受到我国政府的充分重视和广大人民的普遍关注。坚持经济建设与环境建设同步,使经济发展与人口、环境、资源的承载能力相协调,走可持续发展之路,是面向新世纪我国城市建设所应遵循的基本战略。

建设城市过程中对自然环境造成的破坏,必须通过人为的努力予以补偿。作为这种补偿最为有效的建设行业——城市园林绿化,自然要担当起发挥这方面作用的重要任务,成为现代城市建设中不可或缺的重要组成部分。

(1)现代城市建设基本框架的确立,已成为建设城市大园林的载体,并为其发展提供了广阔的空间。

城市的现代化建设,确立城市发展合理框架的规划至关重要。我国许多城市面临建设成为大型城市,甚至超大型城市的趋势,其中一个极为重要的环节,就是完善城市发展体系,即在现有的范围内,完善"分散集团式"的城市布局和几级城镇体系,形成由中心市区——绿化防护绿地(绿化隔离带)——边缘集团——卫星城——小城镇所组成的现代城市形态规划体系。构成这一体系的显著特点如下:

一是以市域范围内的自然山体、河湖水体及植被作为环境质量优化的重要依托,列为城郊一体绿地系统规划的重要组成部分,不仅要严加保护使之不受破坏,并对其中需要改造的部分施行合理的人工干预,加以改善或提高,使之成为城市生态效益的重要生产区和生物的主要分布区,也是生物多样性保护的重点区域。

二是以人工建造第二自然,以园林绿化作为主要手段,营造连接、贯通和融合这一体系的纽带和网络。其规划的核心内容应是占有合理的绿地面积、绿地的合理分布及各类绿地形态和功能的多样性和兼容性(包含绿地系统中的自然地理结构和地貌特征)。使各类绿地成为贯穿于市区——卫星城——小城镇之间有机的桥梁,并融合于大、小城镇的内部,在市域广袤的大地上,构建城郊一体的绿色生态网络。实现这种由绿色植被(包括自然与人工建造的)与自然山水所组成的自然环境与由人工构建形成的城市人工环境协调共存,从而实现城市与自然共存。

城市大规模的建设和改造为园林的发展提供了广阔的空间。以市域为整体的园林建设,既为发展城市大园林提供了建设基地,相应的规划和政策又为城市大园林的发展铺设了正确轨道。

(2)现代城市生态建设及体现历史文脉的建设要求和市区、郊区特殊的区位关系,决定了我国城市大园林的发展格局。

生态建设促进城市环境的改善,代表着城市的长远利益,是城市经济发展的基础。温家宝总理在全国城市绿化工作会上提出:城市绿化的首要任务是改善生态环境。因此,它是城市生态建设的重要内容,其建设规模与建设质量同城市环境的改善休戚相关。

园林绿化功能的多元属性,是使这一建设行业成为现代城市建设重要组成部分的主要依据。园林植被通过其生理活动的物质循环与能量流动,所产生的改善城市环境质量的生态效益;园林通过景观设计所构成的美化城市效益,和为居民提供游憩空间对提高居民生活质量的效益;创造减灾条件和提供避灾场所,所产生的城市安全效益以及改善城市投资环境,和促进旅游业的发展而派生的多项经济效益,都是城市生态系统中除城市植被以外的其他生态因子所不能提供的,具有不可替代性。

人与环境的关系不同于一般的生物界,生物界大多表现为被动的适应性,但人与环境的关系往往表现为人对环境更加积极主动的干预和改造关系,城市建设的过程更是这种表现的集中体现。人们通过多年的实践已经证明:城市生态系统的变化规律和环境质量,是由自然规律和人类影响叠加形成的,在这里,人类的活动(保护性的合理干预或是破坏性的不合理干预)都将直接影响城市的环境质量。

(3)我国现行的城市行政管理体制和创建园林城市活动的开展,保障了城市大园林建设的有效性和可操作性。

我国住房和城乡建设部从 1992 年以来,倡导并组织开展的"创建园林城市"活动,正是源于我国城市行政体制这个基础。创建活动的开展,极大地调动了国内城市园林建设的积极性。创建园林城市的活动不仅与城市大园林建设的目标完全一致,而且为强化大园林建设注入了强大的动力,这又为增强城市大园林建设的有效性和可操作性提供了优越的条件。

"行政有区划,环境无疆界",以城市为单元的"疆界",必然与其所属或连接的区域发生联系,从而对其生态环境造成一定的影响。在广域环境中,城市及其郊区可以说是区域环境中的内核,而区域环境则是城市和郊区环境的延伸。城市区域是一种更大尺度的有机系统,就环境建设而言,一个城市是不可能完全做到"独善其身"的。从我国的城市体系全面加强园林绿化建设角度来看,包括规划的配套和组织实施,建设工程的落实和相应机构及设施的健全,技术、管理经验的积累等,以城市为单元的大园林建设应是当前园林建设的主要形式,也是逐步发展和实现以上目标进程的重要基础。

(4)城市化的发展趋势,将会有力地推动我国城市大园林的建设进程。

城市化是我国乃至全球的共同发展趋势。据联合国统计,1950年城市人口仅占世界总人口的29.2%,到1995年已上升至48.1%。预测1975~2000年期间全球增加的20亿人口中,城市人口将占12亿;到20世纪末,百万人口以上的城市要超过400个。我国的预测也表明,到2030年我国城镇人口可达总人口的60%。

在城市化的进程中,既要重视控制特大城市规模的恶性膨胀,但也必然会出现大量的小城镇。以北京为例,根据北京市"十五"计划及到2010年发展规划的要求,到2005年郊区城镇化率已达到45%以上,全市城镇居住人口占总人口的比重将达到80%。小城镇的发展,对于截流外来人口向中心城市聚集,并为解决当地人口劳力的转移和就业及发展当地经济起到重要作用。

城市园林绿化是以人(居民)为主要对象进行服务的事业,"以人为本"的园林服务宗旨,不仅符合和适应城市化和人口老龄化发展趋势的需要,而且其服务功能在这一新的条件下将会得到更加充分和全面的发挥。随着城市化进程的加快,过去城、郊泾渭分明的这种格局也将会逐步发生改变,要求更多的城市和城镇在新建、扩建或进行调整性建设的同时,必须认真吸取过去的教训,充分重视城市、城镇本身的绿色含量,重视城市本身的自然生态系统与人工生态系统的协调,实现城市本身与自然的共存。

城市化的发展趋势,既是对城市环境建设提出的严峻挑战,也是发展城市生态建设难得的机遇,这种契机必然会有力地推动我国城市大园林的建设进程。

 思考题与习题

1.何谓环境?何谓环境工程?何谓城市环境工程?环境工程的主要特点是什么?

2.城市环境控制的具体工作应从何处着手?

3.城市园林绿化工程的组成部分是什么?

4.城市园林绿化工程对城市环境的作用和意义是什么?

第七章 城市污水处理工程

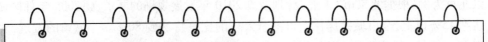

重点内容和学习目标

　　本章重点讲述了城市污水处理工程的基本知识、工艺流程、生物处理方法、污泥处置、城市污水深度处理和中水回用方法。

　　通过本章学习,掌握城市污水处理工程的基本知识、工艺流程、生物处理方法,了解污泥处置、城市污水深度处理和中水回用的方法。

第一节 概 述

一、城市污水处理工程概论

　　城市污水是城市发展中的产物,早期通过污水收集系统收集后排放到附近水体,使其经过水体的稀释和自然净化变污为清。但是,随着城市人口的增多,发展的规模越来越大,排放的污水越来越多,水质越来越复杂,水体有限的自然净化能力已经不堪重负。大量的城市污水未加处理即倾泄入水体和土壤,破坏了水体和土壤的自然生态,使水体物种消失、鱼虾绝迹,变成了臭河、死湖,土壤里重金属和有毒物质富集,污染物通过食物链危害人体健康,制约了城市社会经济的可持续性发展。为此,应大力发展污水处理工程,以期改善城市的水生态环境。

　　1.概念

　　1)城市污水

　　城市污水是指在城市范围内,由居民居家生活、办公、卫生医疗、商业活动、娱乐、休闲、饮食等活动,以及部分工业生产活动产生的污水、城市径流污水,但主要包括生活污水和工业污水两大类,由城市污水管网汇集并输送到污水处理厂进行处理。但从严格意义上来说,城市生活污水仅包括居民的生活污水。

　　目前常用的判断城市水体污染的指标有:酸碱度(pH)、水温、生化需氧量(BOD)、化学耗氧量(COD)、高锰酸盐指数、溶解氧(DO)、磷、氰化物、氟化物、硝酸盐、亚硝酸盐、挥发酚、石油类及重金属(如汞、镉、铬、铅等)、大肠菌群数等。

　　2)城市污水处理工程

　　城市污水处理工程有广义和狭义之分。广义的定义是指与城市污水处理相关的管网建设、污水处理厂设施建设等工程的总称。狭义的概念指城市污水处理厂的建设工程。

　　城市污水处理工程属于市政工程中重要的一类,是一个城市防治水环境污染的重要技术措施之一。污水处理技术水平的高低,将直接影响一个地区的水环境质量。城市污水处理工程的工艺选择,一般根据城市污水的利用或排放去向,并考虑水体的自然净化能力,确定污水的处理程度及相应的处理工艺。

2. 来源、组成、水质标准及特点

1）来源及组成

（1）来源。生活污水主要来自家庭、机关、商业和城市公用设施,其中主要是粪便和洗涤污水,集中排入城市下水道管网系统,输送至污水处理厂进行处理后排放。工业废水在城市污水中的比重,因城市工业生产规模和水平而不同,可从百分之几到百分之几十,其中往往含有腐蚀性、有毒、有害、难以生物降解的污染物。因此,工业废水必须进行处理,达到一定标准后方能排入生活污水系统。城市径流污水是雨雪淋洗城市大气污染物,和冲洗建筑物、地面、废渣、垃圾而形成的,这种污水具有季节变化和成分复杂的特点,降雨初期所含污染物甚至会高出生活污水多倍。

（2）组成。城市污水中90%以上是水,其余是以下各种污染物:

①悬浮物。一般为200~500mg/L,有时候可超过1 000mg/L。其中无机和胶体颗粒容易吸附有机毒物、重金属、农药、病原菌等,形成危害大的复合污染物。

②病原体。包括病菌、寄生虫、病毒三类。常见的病菌是肠道传染病菌,每升污水可达几百万个,可传播霍乱、伤寒、肠胃炎、婴儿腹泻、痢疾等疾病。常见的寄生虫有阿米巴、麦地那丝虫、蛔虫、鞭虫、血吸虫、肝吸虫等,可造成各种寄生虫病。病毒种类很多,仅人粪尿中就有百余种,常见的是肠道病毒、腺病毒、呼吸道病毒、传染性肝炎病毒等。每升生活污水中病毒可达50万到7 000万个。

③需氧有机物。包括碳水化合物、蛋白质、油脂、氨基酸、脂肪酸、酯类等。其浓度常用五日生化需氧量（BOD_5）来表示,也可用总需氧量（TOD）、总有机碳（TOC）、化学需氧量（COD）等指标评价。常用BOD_5与COD的比例来反映污水的可生化降解性,城市污水处理厂据此选择处理方案。城市污水中的BOD_5数值一般为300~500mg/L。

④植物营养素。生活污水、食品工业废水、城市地面径流污水中都含有植物的营养物质——氮和磷。近年来,城市污水中磷的含量由于大量使用含磷洗涤剂,含量显著增加。来自洗涤剂的磷占生活污水中磷含量的30%~75%,占地面径流污水中磷含量的17%左右。氮素的主要来源是食品、化肥、焦化等工业的废水,以及城市地面径流和粪便。硝酸盐、亚硝酸盐、铵盐、磷酸盐和一些有机磷化合物都是植物营养素,能造成地面水体富营养化、海水赤潮和地下肥水。

城市污水中除含以上四类普遍存在的污染物外,随污染源的不同还可能含有多种无机污染物和有机污染物,如氟、砷、重金属、酚、氰、有机氯农药、多氯联苯、多环芳烃等。如果城市污水不经处理就排入地面水体,会使河流、湖泊受到污染。

2）水质标准

水质标准是水中各项水质参数应达到的指标和限值,水质参数是标准的具体数值。我国现行的水质标准,包括质量标准和排放标准两大类。随经济发展和水资源保护的要求越来越高,水质回用标准相继出台,各种标准如下:

（1）《生活饮用水卫生标准》（GB 5749—2006;2008年7月1日实施）;

（2）各类工业用水水质标准（食品、酿造、饮料、纺织、造纸、印染、锅炉、电子、钢铁、制药等行业要求相差悬殊）;

（3）水环境质量标准,包括《地表水环境质量标准》（GB 3838—2002）、《渔业水质标准》（GB 11607—89）、《景观娱乐用水水质标准》（GB 12941—91）、《农田灌溉水质标准》（GB 5084—92）等;

（4）污水排放标准,包括《综合污水排放标准》(GB 8978—1996)和各行业污水排放标准。

3）特点

与其他工业废水比较,城市生活污水具有下列明显的特点:

（1）水量、水质明显具有昼夜周期性和季节周期变化。

（2）生活污水的来源广。

（3）生活污水和工业废水的水量以及两者的比例,决定着城市污水的水质、处理的工艺技术和处理的难易程度。

（4）水质还与地方的饮食结构、经济发达程度、生活习惯等社会因素有关,具有明显的地域性。

3. 城市污水处理管理体制

我国城市水环境污染控制体制,是依据部门分工和《城市规划法》、《水法》、《环境保护法》、《水污染防治法》的规定,采取分级和分部门管理体制,即中央、省、自治区、直辖市和县、镇三级分设行政主管部门;城市的独立工矿企业单位的水污染处理设施由各自行政部门管理,但业务、技术上受同级城市环保、建设部门的指导。

4. 城市污水处理工程的特点

城市污水处理工程中,城市污水处理厂占有举足轻重的地位,因此,本教材重点介绍城市污水处理厂的特点。

不同处理规模、处理工艺的城市污水处理厂的特点有所不同,但概括起来,城市污水处理厂的共同特点为:建设规模大、占地多;处理设施尺寸大、单元多;城市污水处理设施规模大,因此建设资金投入庞大;它的结构坚固简单,使用年限长,运行效果比较稳定;单位处理费用随处理的深度和要求的提高而增加;处理的技术要求、工艺要求和人员素质要求越来越高。

5. 相关的法律、法规和技术规范

目前,与城市污水处理相关的主要法律、法规及政策有如下几条:

（1）《中华人民共和国水法》(2002 年 10 月 1 日);

（2）《中华人民共和国水污染防治法》(2008 年 6 月 1 日);

（3）《中华人民共和国水污染防治法实施细则》(2006 年 4 月 6 日);

（4）《中华人民共和国环境保护法》(1989 年 12 月 26 日);

（5）《中华人民共和国环境污染防治法》(2000 年 3 月);

（6）《城市污水处理及污染防治技术政策》(2000 年 5 月 29 日);

（7）《建设项目环境保护管理条例》(1998 年 11 月 29 日);

（8）《饮用水水源保护区污染防治管理规定》(1989 年 7 月);

（9）《城市排水许可管理办法》(2006 年 12 月 25 日);

（10）关于加大污水处理费征收力度建立城市污水排放和集中处理良性运行机制的通知(1999 年 9 月)。

二、城市污水处理工程发展史

1. 我国城市污水处理工程发展史

我国从 20 世纪 70 年代提出"环境保护是我国的基本国策"后,兴建了一批污水处理设施和城市污水处理厂,特别是在改革开放以来,在工业废水治理和城市污水处理方面取得了一些进展。全国城市污水处理情况见表 7-1。

年 度 变 化	1978	1991	1996	2000	2010
污水排放总量(亿 m³/年)	—	299	353	402	514
污水平均增长率(%)	—	—	3.3	3.3	2.5
污水处理总量(万 m³/年)	—	194	538	2 753	5 640
污水处理率(%)	—	2.4	5.6	25	40
污水厂投资(亿元)	—	—	—	355	490
污水厂数量(座)	—	35	134	187	数百座

新中国成立 50 多年来,我国污水处理行业的成长历程,可以分为以下几个阶段:

(1)20 世纪 50~60 年代:起步阶段。新中国成立初期,污水污染程度很低,且提倡利用污水进行农业灌溉,特别是北方缺水地区将污水灌溉利用作为经验进行推广。全国仅有几个城市建设了近十座污水处理厂(包括1921~1926 年国外公司兴建的 3 座),在处理工艺上是一级处理,处理的规模也很小,最大的也只有每天 5 万 m³ 左右。

(2)20 世纪 70~80 年代:发展阶段。随着工农业生产的不断发展,人民生活水平逐步提高,城市污水的成分也随之而变化,污染程度由低向高逐渐演变。因此,我国建立了国家级环保组织——国务院环境保护办公室,大学也陆续设置环境工程系或环境工程专业,国务院环保办在天津投资兴建污水处理试验厂(天津市纪庄子污水处理试验厂),20 世纪 70 年代末开始兴建,处理规模为:一级处理 0.1m³/s,二级处理0.025m³/s。

天津市纪庄子污水处理厂的诞生填补了我国大型污水处理厂建设的空白。纪庄子污水处理厂自投产运行后,使黑臭的污水变为清流。纪庄子污水处理厂是我国第一座大型城市污水处理厂,随后在北京、上海、广东、陕西、山西、河北、江苏、浙江、湖北、湖南等省市根据各自的具体情况,分别建设了不同规模的污水处理厂,使我国的污水处理厂由 20 世纪 60 年代的十几座发展到几十座。

(3)20 世纪末:腾飞阶段。国家"七五"、"八五"、"九五"科技攻关课题的建立,使我国污水处理的新技术、污泥处理的新技术、再生水回用的新技术都取得了可喜的科研成果,某些项目达到国际先进水平。

随着改革开放大好形势的不断深入,我国的污水处理事业也得到了快速的发展。国外污水处理新技术、新工艺、新设备被引进到我国,在活性污泥法工艺应用的同时,AB 法、A/O 法、A/A/O 法、CASS 法、SBR 法、氧化沟法、稳定塘法、土地处理法等也在污水处理厂的建设中得到应用。

由于建设大型城市污水处理厂的投资很大,我国的建设资金有限,无法适应水污染治理的需要。引进国外资金建设污水处理厂,成为建设资金的重要组成部分,从而也加快了我国城市污水处理厂的建设速度。一批大型的城市污水处理厂利用国外贷款项目相继建成投产。如:我国 20 世纪最大的污水处理厂高碑店污水厂,处理规模为:一期 50 万 m³/d,二期可达 100 万 m³/d;天津东郊污水处理厂,处理规模为 40 万 m³/d;成都三瓦窑污水处理厂处理规模为 40 万 m³/d;杭州四堡污水处理厂处理规模为 40 万 m³/d;沈阳北部污水处理厂规模为 40 万 m³/d;郑州王新庄污水处理厂处理规模为 40 万 m³/d。这些大型污水处理厂的建设标志着我国污水处理事业发展到一个崭新的阶段。

2. 国外城市污水处理工程发展史

国际上,大规模的水污染治理是在第二次世界大战后,是随着 20 世纪 50 年代经济蓬勃发展带来的 20 世纪 60 年代日益严重的环境污染而展开的,如英国的泰晤士河和欧洲的莱茵河等水系的污染和治理就是典型的例子。

至 20 世纪 70 年代末,美国投入了数千亿美元兴建了 18 000 余所城市污水处理厂,英国、法国、德国各耗费了巨额资金兴建了 7 000～8 000 座城市污水处理厂,这些污水处理厂的投入运行对这些国家的水体污染改观起了关键的作用,也为人类治理水污染积累了丰富的经验。20 世纪 80 年代,这些国家的污水处理水平又有进一步提高,兴建了一批具有脱氮除磷功效的设施,对水体质量改善和水环境保护起了重大的作用。

三、我国城市污水处理工程发展现状与存在问题

1. 现状

1)我国水污染现状

在我国,江河、湖泊和水库普遍受到不同程度的污染,直接威胁着饮用水的安全和人民的健康,水污染已成为不亚于洪灾、旱灾甚至更为严重的灾害。

据 2000 年统计,我国河流水质在 11.4 万 km 评价河长中,符合和优于 III 类水的河长占评价河长的 58.7%,比上年下降 3.7%。关于湖泊水质,在评价的 24 个湖泊中,9 个湖泊水质符合或优于 III 类水,4 个湖泊部分水体受到污染,11 个湖泊水污染严重。在对 93 座水库进行营养化程度评价时,处于中营养化状态的水库 65 座,处于富营养化状态的水库 14 座。这些情况说明我国江、河、湖库水体污染状况严重,且有明显恶化趋势。

最近 20 余年我国经济迅猛发展,由于工业结构不合理和粗放式的发展模式,工业废水造成的水污染占水污染负荷的 50% 以上,未经处理的工业废水排放是最重要的点污染源。农田施用化肥、农药后形成的农田径流,畜禽养殖业排放的废水、废物,是我国水环境的重要污染源。

从我国生态环境的总体状况看,生态环境恶化的趋势一直未得到遏制,主要表现在:森林覆盖率低,增长缓慢,部分地区覆盖率减少;草地生态破坏加重;水土流失仍然严重;荒漠化面积扩大。为了遏制这种恶化的趋势,近年来国家已将生态环境建设提到十分重要的地位,制订规划,加大投资。这些重大举措必然对我国江、河、湖库水环境的改善产生深远的影响。

2)差距

从总体上看,我国城市污水处理尚处在起步阶段,城市污水处理率还很低,国际上发达国家的城市污水处理起步则早得多。

联邦德国 1898 年便开始建设城镇污水处理设施,现有规模大小不等的城镇污水处理厂 10 390 个,废水日处理能力达 3 000 万 t,是其全部居民生活污水排放量的 1.92 倍。其中,大中型污水处理厂虽仅占总数的 13.1%,但其废水处理能力却占全部废水处理能力的 82.1%。1995 年联邦德国居民生活污水处理率已达 89.0%,其中,原东、西德地区分别为 70.0% 和 93.5%,占全国人口总数的 89.0%,7 269 万居民的生活污水已在各类污水处理厂得到净化处理。

2. 我国城市污水处理工程中存在的问题

近年来,我国的城市污水处理工程取得了长足进展,但依然存在如下许多问题:

(1)污水处理厂建设资金短缺。全国已建成污水处理厂几百座,但就每一个城市本身的总体污水量来说,处理率却不高。目前在中、小城市,特别是在西北部中、小城市,还没有将污水处理的规划建设纳入城市发展的议程,其主要原因之一就是没有专门的建设资金。

(2)污水处理厂运行经费不能到位。全国目前已经建成投产运行的污水处理厂中,满负

荷运行的不到1/3。

（3）进口设备的维修缺失及设备备件的开发不足。大批的进口设备，经过几年的运转后，已出现不同程度的损坏，特别是索赔期后的维修和正常的大修。

（4）污水处理工艺选择不结合本地区的实际情况。在选择污水处理工艺时，出现的单纯追求新工艺，追求时髦工艺，不考虑本地区的进水水质、处理水量以及出水用途的问题，以致造成设施设备闲置，增大了建设投资，也提高了日常运转成本。

（5）污水处理后的再生水得不到充分利用。

（6）污泥没有真正达到无害化，没有很好的最终处置途径。在污水处理过程中产生的污泥未能得到妥善的处置，给环境造成的二次污染问题比较严重。

（7）污水处理厂没有除臭装置。污水处理厂的进水池、格栅间、沉砂池、初沉池及污泥处理系统的储泥池和脱水机房（除离心机外）都会产生严重的臭气，影响操作运行人员的身体健康，也给周围居民生活环境带来污染，但多数未有除臭装置。

四、城市污水处理工程发展趋势

随着城市化进程的加快，大量的人口向城市集中，城市原有的污水处理设施如排水管网、污水处理厂建设速度和规模，已远不能适应社会的发展，因此，加大城市污水处理工程的管网、规模的建设步伐，加快处理工艺的革新、进步已成为大势所趋。

（1）经济发展与污水处理事业协调发展。

①基本建设项目要坚持生产线与污染治理同步实施。

②从改革生产工艺入手，解决污染从源头开始，进行清洁生产，生产绿色产品，从工艺上解决污染的源头。

③对已经建成投产的生产线，要提出限期治理的要求，要制订可操作性的实施方案。

（2）扶植国内环保产业（污水处理行业）的发展。

①污水处理专用设备国产化。

②对污水处理专用仪表进行开发研制。

③多方解决环保治理资金，多种渠道寻求国际贷款。

（3）改变污水处理行业的运营机制，由事业型向企业经营型转变。

①发展的趋势逼迫污水处理厂的运营机制由事业型转变为企业经营型，由过去的政府承担运行费转变为企业按照市场经济模式自己去收费（要合理的收费）。

②加大合理收费的力度，保障污水处理厂的正常运行。

（4）加强污水处理工艺选择参谋机制，为各地区污水处理厂建设的工艺审查把关。

（5）政府应给予污水处理行业优惠的政策。

①电费价格。污水处理厂是一个用电大户，电费是污水厂运行费用的主要组成部分，直接影响污水处理厂的成本核算。为保持正常运行，政府应给予污水处理厂较合理的低价格的电价政策。

②自来水水费价格的确定。水的价值随着日益减少而更加昂贵起来，这个规律是社会发展的必然。只有彻底将自来水价格推向市场，才能体现出淡水资源的真正价值来，才能刺激消费者对水的忧患意识和节约用水的实际行动，才能迫使人类产生寻求第二水资源的意愿。

③自来水采取定量供应，超量加价的措施。

④污水处理费要按照排出废水量、水质的实际状况，实行综合指标计费法进行收费。

⑤要充分利用经污水处理厂净化后的再生水。

(6)再生水回用。污水经过不同深度的处理后,可以成为城市生产的第二水资源。面对宝贵的淡水资源,要求人们重新认识再生水,拓宽渠道,因地制宜根据需要确定利用途径。

①城市污水经过二级处理后达到农业灌溉用水标准。

②工业用水应在二级污水处理厂的出水基础上,根据工厂、企业用水水质的不同标准,由工厂、企业进行进一步的处理,达到不同行业的用水水质标准,作为生产辅助用水使用。

③二级污水处理厂的出水,再进一步处理即可作为生活杂用水使用。可用于市政,园林,小区坑塘补充水,小区道路喷洒水,树木、草坪、鲜花浇灌水等,经消毒后还可用于家庭卫生间冲洗马桶。

④补充城市二级河道用水,改善城市景观,同时也为河道两岸再生水回用单位提供了输水渠道。

⑤利用现有的坑塘兴建简易水库,将这部分再生水储存起来作为备用水源,避免宝贵的淡水资源的流失和浪费。

⑥再生水可以作为回灌水的水源之一,但要经过进一步处理,达到地下水回灌的水质要求。

(7)污泥最终处置要向无害化、资源化方向迈进。全国污水处理厂产生的污泥其最终处置均存在不同程度的问题,污泥的最终处置不能用统一的模式,要根据污泥的成分分类,结合本地区的具体实情来选择最终处置的途径。

(8)建设环保型的污水处理厂。由于污水、污泥本身的臭气在工艺流程中释放出来,给周边环境带来一定程度的污染,为此,关于臭气的处理,要纳入21世纪污水处理厂消除自身污染的议事日程。

第二节 城市污水处理工程工艺流程

一、概 述

1.城市污水处理工艺

1)分类及主要类型

(1)按处理程度分类。城市污水处理的工艺按对生活污水处理程度的不同,可以分为一级处理、二级处理、三级处理和深度处理。

所谓一级处理,就是对生活污水进行简单的机械过滤、沉淀处理,主要去除水中的悬浮物等机械杂质。所谓二级处理,是由机械处理以及生化处理构成的系统,不仅对污水中的悬浮物等无机物进行处理,还对其中的有机污染物进行处理。为了去除特定的物质,在二级处理之后设置的处理系统属三级处理,例如化学除磷、絮凝过滤、活性炭吸附等。

典型的城市污水处理工艺流程主要包括机械处理、生化处理(水线)、污泥处理等工段。处理效果介于一级处理和二级处理之间的,称为强化一级处理、一级半处理或不完全二级处理,主要有高负荷生物处理法和化学法两大类,BOD_5 去除率45%~75%。具有生物除磷脱氮功能的二级处理系统通常称为深度二级处理。

典型的城市污水处理工艺流程(一级处理工艺)如下:

粗格栅→进水泵房→细格栅→曝气沉砂池→氧化沟→二沉池→出水泵站

　　　　　　　　　　　　　　　　　　　　　　　　　　出水流入江河

(2)按有无微生物参与分类。城市污水处理的工艺按有无微生物参与,可分为物理方法处理、生物方法处理和化学方法处理三大类。

（3）主要处理方法。截至到 2008 年 7 月底，我国所建成的污水处理厂数量已达到 1 470 座之多。根据中国水网年度系列报告之四统计数据显示，截止到 2008 年 6 月 5 日，我国正在运营的污水处理厂总数已达 1 408 座，其中城市污水处理厂数量为 1 043 座，县级及以下污水处理厂数量为 346 座。根据住房和城乡建设部《2007 年城市、县城和村镇建设统计公报》显示，2007 年末，我国已运营的污水处理厂总数为 1 206 座，其中城市污水处理厂 883 座，县城污水处理厂 323 座。而随着"十一五"规划的进一步深入，各地县级污水处理厂建设脚步也在加快，保守计算，截止到 2010 年底，我国至少将有近 3 000 座污水处理厂达到运营状态。

我国地域辽阔，气候跨度大，经济发展水平差异较大；加之城市污水处理厂的建设资金来源多样，技术支持、提供和服务方较多；已建的城市污水处理厂的规划、设计、建设和管理有着较强的地域性。我国城市污水处理厂的以上建设特点决定了其处理工艺种类的多样性。全国已建成或在建的城市污水处理厂中，城市污水处理厂采用的工艺基本上包括了世界各国的先进工艺，主要有活性污泥法、AB 工艺、A/O 工艺、A²/O 工艺、水解（酸化）、氧化沟、SBR、BAF 工艺及其变型工艺和自然净化系统（如生物稳定塘及土地处理）等污水处理工艺。

（4）城市污水深度处理。几年前，我国城市污水处理厂的设计主要考虑的还是去除碳类有机污染物，但随着环境标准和水环境保护要求的提高，目前正逐步开展城市污水的脱氮脱磷等深度处理。所采用的方法主要是生物脱氮和化学脱磷，但进行脱氮脱磷处理的生活污水占城市污水的比例还很低。

2）比较

几种不同污水生物处理工艺技术特点见表 7-2。

不同生物处理工艺技术特点比较　　　　　　　　　　　　　　表 7-2

工 艺 名 称	污泥负荷 [kgBOD/(kgMLVSS·d)]	MLSS(mg/L)	停留时间(h)	特　　点
传统工艺	0.2 ~ 0.4	1 500 ~ 3 000	4 ~ 8	出水水质较好、污泥不稳定
分段进水	0.2 ~ 0.4	2 000 ~ 3 500	3 ~ 5	负荷适应性强、污泥不稳定
吸附再生	0.2 ~ 0.6	2 000 ~ 8 000	3 ~ 5	负荷适应性强、污泥不稳定
氧化沟	0.05 ~ 0.3	3 000 ~ 6 000	8 ~ 36	耐负荷、水质好、污泥较稳定
序批池	0.05 ~ 0.3	1 500 ~ 5 000	12 ~ 50	耐负荷、水质好、污泥较稳定
一体化池	0.05 ~ 0.3	1 500 ~ 5 000	12 ~ 50	耐负荷、水质好、污泥较稳定
A/O 法	0.05 ~ 0.2	2 000 ~ 3 500	6 ~ 15	水质好、耐负荷、污泥较稳定
A/A/O 法	0.1 ~ 0.25	2 000 ~ 3 500	6 ~ 12	水质好、耐负荷、污泥较稳定
AB 法	0.3 ~ 5	1 500 ~ 3 000	3 ~ 5	针对高浓度进水、污泥不稳定

2. 城市污水处理程度确定及工艺选择原则

1）城市污水处理等级的确定

根据城市污水处理技术政策，市级城市和重点流域及水资源保护区的建制镇，必须建设二级污水处理设施。受纳水体为封闭或半封闭水体时，为防治富营养化，城市污水应进行二级强化处理，增强除磷脱氮的效果。非重点流域和非水源保护区的建制镇，根据当地经济条件和水污染控制要求，可先行一级强化处理，分期实现二级处理。

(1)污水处理的水质对象及方法。按污水处理的水质净化对象分类，城市污水(生物)处理技术经历了三个发展阶段。在发展的早期，人们认识到有机污染物对环境生态的危害，从而把有机物即碳源生化需氧量(BOD_5)和悬浮固体(SS)的去除作为污水处理的主要水质目标。到20世纪60~70年代，随着二级生物处理技术在工业化国家的普及，人们发现仅仅去除BOD_5和SS还是不够的。氨氮的存在依然导致水体的黑臭或溶解氧浓度过低，这一问题的出现使二级生物处理技术，从单纯的有机物去除发展到有机物和氨氮的联合去除，即污水的硝化处理。到20世纪70~80年代，由于水质富营养化问题的日益严重，污水氮磷去除的实际需要，使二级(生物)处理技术进入了具有除磷脱氮功能的深度二级(生物)处理阶段。而采用物理、化学方法对传统二级生物处理出水，进行除磷除氮处理及去除有毒有害有机化合物的处理过程，通常被称为三级处理或深度处理。因此，可以认为城市污水处理厂的主要处理对象包括COD、BOD_5、SS和氮、磷营养物质。

(2)水质标准。城市污水和污泥经过有效处理之后，其排放、利用和处置的去向往往因地而异，因此必须根据当地的具体情况，依据国家和地方的有关水质标准和接纳水体的等级划分(水质目标)，合理确定城市污水处理厂的污水处理程度和水质指标。最主要的标准为《污水综合排放标准》(GB 8978—1996)(表7-3、表7-4)和《地表水环境质量标准》(GB 3838—2002)(表7-5)。

第一类污染物最高允许排放浓度(单位:mg/L)　　表7-3

序　号	污　染　物	最高允许排放浓度	序　号	污　染　物	最高允许排放浓度
1	总汞	0.05	8	总镍	1.0
2	烷基汞	不得检出	9	苯并(a)芘	0.000 03
3	总镉	0.1	10	总铍	0.005
4	总铬	1.5	11	总银	0.5
5	六价铬	0.5	12	总α放射性	1Bq/L
6	总砷	0.5	13	总β放射性	10Bq/L
7	总铅	1.0			

第二类污染物最高允许排放浓度(1998年1月1日后建设的单位)(单位:mg/L)　　表7-4

序号	污　染　物	适　用　范　围	一级标准	二级标准	三级标准
1	pH	一切排污单位	6~9	6~9	6~9
2	色度(稀释倍数)	一切排污单位	50	80	—
		采矿、选矿、选煤工业	70	300	—
		脉金选矿	70	400	—
3	悬浮物 (SS)	边远地区砂金选矿	70	800	—
		城镇二级污水处理厂	20	30	—
		其他排污单位	70	150	400
4	五日生化需氧量 (BOD_5)	甘蔗制糖、苎麻脱胶、湿法纤维板、染料、洗毛工业	20	60	600
		甜菜制糖、酒精、味精、皮革、化纤浆粕工业	20	100	600
		城镇二级污水处理厂	20	30	—
		其他排污单位	20	30	300
		甜菜制糖、合成脂肪酸、湿法纤维板、染料、洗毛、有机磷农药工业	100	200	1 000

序号	污染物	适用范围	一级标准	二级标准	三级标准
5	化学需氧量（COD）	味精、酒精、医药原料药、生物制药、苎麻脱胶、皮革、化纤浆粕工业	100	300	1 000
		石油化工工业（包括石油炼制）	60	120	—
		城镇二级污水处理厂	60	120	500
		其他排污单位	100	150	500
6	石油类	一切排污单位	5	10	20
7	动植物油	一切排污单位	10	15	100
8	挥发酚	一切排污单位	0.5	0.5	2.0
9	总氰化合物	一切排污单位	0.5	0.5	1.0
10	硫化物	一切排污单位	1.0	1.0	1.0
11	氨氮	医药原料药、染料、石油化工工业	15	50	—
		其他排污单位	15	25	—
12	氟化物	黄磷工业	10	15	20
		低氟地区（水体含氟量<0.5mg/L）	10	20	30
		其他排污单位	10	10	20
13	磷酸盐（以P计）	一切排污单位	0.5	1.0	—
14	甲醛	一切排污单位	1.0	2.0	5.0
15	苯胺类	一切排污单位	1.0	2.0	5.0
16	硝基苯类	一切排污单位	2.0	3.0	5.0
17	阴离子表面活性剂（LAS）	一切排污单位	5.0	10	20
18	总铜	一切排污单位	0.5	1.0	2.0
19	总锌	一切排污单位	2.0	5.0	5.0
20	彩色显影剂	电影洗片	1.0	2.0	3.0
21	显影剂及氧化物总量	电影洗片	3.0	3.0	6.0
22	元素磷	一切排污单位	0.1	0.1	0.3
23	有机磷农药（以P计）	一切排污单位	不得检出	0.5	0.5
24	丙烯腈	一切排污单位	2.0	5.0	5.0
25	总硒	一切排污单位	0.1	0.2	0.5

序 号	污 染 物	适 用 范 围	一级标准	二级标准	三级标准
26	粪大肠菌群数	医院*、兽医院及医疗机构含病原体污水	500 个/L	1 000 个/L	5 000 个/L
		传染病、结核病医院污水	100 个/L	500 个/L	1 000 个/L
		医院*、兽医院及医疗机构含病原体污水 <0.5**	>3（接触时间≥1h）	>2（接触时间≥1h）	医院*、兽医院及医疗机构含病原体污水
27	总余氯（采用氯化消毒的医院污水）	传染病、结核病医院污水	<0.5**	>6.5（接触时间≥1.5h）	>5（接触时间≥1.5h）

注：*指 50 个床位以上的医院；**指加氯消毒后，须进行脱氯处理，以达到标准要求。

《地表水环境质量标准》（GB 3838—2002）（单位：mg/L）　　表 7-5

序号	分类标准值项目	I 类	II 类	III 类	IV 类	V 类
1	水温（℃）	人为造成的环境水温变化应限制在：周平均最大温升≤1℃，周平均最大温降≤2℃				
2	pH 值（无量纲）	6~9				
3	溶解氧，≥	饱和率90%（或7.5）	6	5	3	2
4	高锰酸盐指数，≤	2	4	6	10	15
5	化学需氧量（COD），≤	15	15	20	30	40
6	五日生化需氧量（BOD_5），≤	3	3	4	6	10
7	氨氮（NH3-N），≤	0.15	0.5	1.0	1.5	2.0
8	总磷（以 P 计），≤	0.02（湖、库0.01）	0.1（湖、库0.025）	0.2（湖、库0.05）	0.3（湖、库0.1）	0.4（湖、库0.2）
9	总氮（湖、库，以 N 计），≤	0.2	0.5	1.0	1.5	2.0
10	铜，≤	0.01	1.0	1.0	1.0	1.0
11	锌，≤	0.05	1.0	1.0	2.0	2.0
12	氟化物（以 F 计），≤	1.0	1.0	1.0	1.5	1.5
13	硒，≤	0.01	0.01	0.01	0.02	0.02
14	砷，≤	0.05	0.05	0.05	0.1	0.1
15	汞，≤	0.000 05	0.000 05	0.000 1	0.001 1	0.001
16	镉，≤	0.001	0.005	0.005	0.005	0.01
17	铬（六价），≤	0.01	0.05	0.05	0.05	0.1
18	铅，≤	0.01	0.01	0.05	0.05	0.1
19	氰化物，≤	0.005	0.05	0.2	0.2	0.2
20	挥发酚，≤	0.002	0.002	0.005	0.01	0.1
21	石油类，≤	0.05	0.05	0.05	0.5	1.0
22	阴离子表面活性剂，≤	0.2	0.2	0.2	0.3	0.3
23	硫化物，≤	0.05	0.1	0.05	0.5	1.0
24	粪大肠菌群（个/L），≤	200	2 000	10 000	20 000	40 000

①《污水综合排放标准》（GB 8978—1996），该标准是对 GB 8978—88 的修订，对城镇污水二级处理厂的主要出水指标规定如表 7-3、表 7-4 所示。除了保留原来的二级标准外，该标

准新增了更加严格的一级标准（$BOD_5 \leqslant 20mg/L$，$SS \leqslant 20mg/L$，$COD \leqslant 60mg/L$，磷酸盐$\leqslant 0.5mg/L$，氨氮$\leqslant 15mg/L$）。国外城市污水二级生物处理厂一般按 BOD_5 和 SS 两项指标控制，不考虑 COD。对于工业废水处理或污水二级化学处理来说，把 COD 列为考核指标是合理而且必要的。但对于城市污水生物处理来说，一般情况下由于不具备特殊或强化的 COD 去除能力，处理厂的出水 COD 基本上取决于进水的水质特性，标准中确定的 $COD \leqslant 60mg/L$（一级标准）和 $COD \leqslant 120mg/L$（二级标准）似乎缺乏足够的技术依据。与 GB 8978—88 相比，GB 8978—1996 确定的磷酸盐排放标准非常严格，而且扩大到所有排污单位。

根据 GB 8978—1996 确定的排放标准，城市污水处理厂都要考虑除磷处理，大部分城市污水处理厂要考虑硝化处理或脱氮处理。

关于水域，分为 I 类、II 类、III 类、IV 类、V 类共五类水域。I 类：主要适用于源头水、国家自然保护区。II 类：主要适用于集中式生活饮用水水源地一级保护区、珍贵鱼类保护区、鱼虾产卵场等。III 类：主要适用于集中式生活饮用水水源地二级保护区、一般鱼类保护区及游泳区。IV 类：主要适用于一般工业用水区及人体非直接接触的娱乐用水区。V 类：主要适用于农业用水区及一般景观要求水域。

排入 GB 3838 中的 III 类水域（划定的保护区和游泳区除外）和排入 GB 3097 中的二类海域的污水，执行一级标准。排入 GB 3838 中 IV、V 类水域和排入 GB 3097 中三类海域的污水，执行二级标准。排入设置二级污水处理厂的城镇排水系统的污水，执行三级标准。

②《地表水环境质量标准》（GB 3838—2002），该标准对与城市污水处理厂出水有关的主要指标作了相应规定。一般要通过数学模型对环境容量作出预测后，才能求算出允许的排放总量，从而确定处理程度和工艺流程。

2）城市污水处理工艺选择的原则

城市污水处理工艺方案的选择一般应体现以下总体要求：满足要求，因地制宜，技术可行，经济合理。即在保证处理效果、运行稳定，满足处理要求（排放水体或回用）的前提下，使其建造价和运行费用最为经济节省，运行管理简单，控制调节方便，占地和能耗最小，污泥量少，同时要求具有良好的安全、卫生、景观和其他环境条件。

（1）满足处理功能与效率要求。城市污水处理厂工艺方案应确保高效稳定的处理效果，出水应达到国家或地方规定的水污染物排放控制的要求。对城市污水处理设施出水水质有特殊要求的，须进行深度处理。这是污水处理最重要的目标，也是污水处理厂产品的基本质量要求。

（2）规模与工艺标准因地制宜。污水处理厂工艺方案的确定必须充分考虑当地的社会经济和资源环境条件。城市污水处理工程的规模、水质标准、技术标准、工艺流程以及管网系统布局等问题，对污水处理影响较大。污水处理厂的实际设计规模，应根据污水收集量和分期建设、水质目标确定，污水收集量取决于管网完善程度和汇水区内的生活、工业污水产生与允许纳入量，以及管网入渗或渗漏水量等因素。

（3）技术成熟、可靠、切实可行。城市污水处理设施建设，应采用成熟可靠的技术。根据污水处理设施的建设规模和对污染物排放控制的特殊要求，可积极稳妥地选用污水处理新技术。

（4）经济合理，效益显著。节省工程投资与运行费用是城市污水处理厂建设与运行的重要前提。合理确定处理标准，选择简捷紧凑的处理工艺，尽可能地减少占地，力求降低地基处理和土建造价。同时，必须充分考虑节省电耗和药耗，把运行费用减至最低。对于我国现有的经济承受能力来说，这一点尤为重要。较高的性能价格比指标同样是先进性的重要体现。

3）工艺选择应考虑的水质因素

进水水质、水量特性和出水水质标准的确定是污水处理工艺选择的关键环节。

对于污水处理工艺方案及其设计参数的确定，进行必要的水质水量特性分析测定和动态工艺试验研究是国际通行的做法。在水质构成复杂或特殊时，应进行污水处理工艺的动态试验，必要时应开展中试研究。

一般城市污水主要污染物是易降解有机物，所以目前绝大多数城市污水处理厂都采用好氧生物处理法。如果污水中工业废水比重很大，难降解有机物含量高，污水可处理性差，就应考虑增加厌氧处理，改善可处理性的可能性，或采用物化法处理。

污水的有机物浓度对工艺选择有很大关系。当进水有机物浓度高时，AB 法、厌氧酸化/好氧法比较有利。AB 法中的 A 段只需较小的池容和电耗，就可去除较多的有机物，节省了基建费和电耗，污水有机物浓度越高，节省的费用就越多。厌氧处理要比好氧处理显著节能，但只有在浓度较高时才显示出优越性。当有机物浓度低时，氧化沟、SBR 等延时曝气工艺具有明显的优势。在要求除磷脱氮的场合须选用稳定可靠的生物除磷脱氮工艺。

二、城市污水处理工艺技术现状与发展

1. 工艺技术现状

我国现有城市污水处理厂 80% 以上采用的是活性污泥法，其余采用一级处理、强化一级处理、稳定塘法及土地处理法等。

"七五"、"八五"、"九五"国家科技攻关课题的建立与完成，使我国在污水处理新技术、污水再生利用新技术、污泥处理新技术等方面都取得了可喜的科研成果，某些研究成果达到国际先进水平。同时，借助于外贷城市污水处理工程项目的建设，国外许多新技术、新工艺、新设备被引进到我国，AB 法、氧化沟法、A/O 工艺、A/A/O 工艺、SBR 法在我国城市污水处理厂中均得到应用。污水处理工艺技术由过去只注重去除有机物发展为具有除磷脱氮功能。

AB 法污水处理工艺于 20 世纪 80 年代初开始在我国应用于工程实践。由于其具有抗冲击负荷能力强、对 pH 值变化和有毒物质具有明显缓冲作用的特点，故主要应用于污水浓度高、水质水量变化较大，特别是工业污水所占比例较高的城市污水处理厂。

目前氧化沟工艺是我国采用较多的污水处理工艺技术之一。应用较多的有奥贝尔氧化沟工艺，由我国自行设计、全套设备国产化，已有成功实例。DE 型氧化沟和三沟式氧化沟在中高浓度的中小型城市污水处理中也有应用。采用卡罗塞尔氧化沟工艺的城市污水处理厂大部分为贷款项目。多种类型的 SBR 工艺在我国均有应用，如属第二代 SBR 工艺的 ICEAS 工艺，属第三代的 CAST 工艺、UNITANK 工艺等。

随着我国对水环境质量要求的提高，修订后的国家《污水综合排放标准》（GB 8978—1996）也越来越严，特别是对出水氮、磷的要求提高，使得新建城市污水处理厂必须考虑氮磷的去除问题。由此开发了改良 A/A/O 工艺和回流污泥反硝化生物除磷工艺，并已开始在实际工程中应用。如泰安污水处理厂、青岛李村河污水处理厂、天津北仓污水处理厂、北京清河污水处理厂等。

从工程规模上看，一批大型污水处理厂的相继建成投产，标志着我国污水处理事业发展到一个崭新的阶段。如：我国 20 世纪最大的污水处理厂北京高碑店污水处理厂，处理规模 100 万 m³/d；目前全国最大的城市污水处理厂上海竹园污水处理厂正在设计之中，其规模为 170 万 m³/d。

2. 城市污水处理工程的发展趋势

从国情出发,我国城市污水处理主要的发展趋势为:

(1)氮、磷营养物质的去除仍为重点也是难点。

(2)工业废水治理开始转向全过程控制。

(3)单独分散处理转为城市污水集中处理。

(4)水质控制指标越来越严。

(5)由单纯工艺技术研究转向工艺、设备、工程的综合集成与产业化及经济、政策、标准的综合性研究。

(6)污水再生利用提上日程。

(7)中小城镇污水污染与治理问题开始受到重视。

目前最普遍使用的是活性污泥法,特别是在城市污水处理中。而效率较好的是生物膜法,特别是在特殊行业废水的处理中应用最为常见。

第三节   城市污水处理工程中生物处理方法

一、概   述

污水的生物处理技术是现代生物工程的一个重要组成部分。水的生物处理技术是利用自然界中存在的微生物,代谢降解水中有机物的生理机能进行人工强化,通过创造微生物生长、繁殖的良好环境,使水中有机污染物得以降解的技术。主要用来去除水中的呈溶解态和胶体态的有机污染物。

根据参与代谢的微生物种群不同,分为好氧法和厌氧法。水的好氧生物处理法又分为活性污泥法和生物膜法。由于城市所处的地理位置、自然气候、社会经济等的不同,实际生活中,城市污水生物处理方法有很多变型,但其基本原理基本是相同的。

二、城市污水的好氧生物处理方法

1. 基本原理

1)好氧生物处理的基本生物过程

所谓"好氧",是指这类生物必须在有分子态氧气(O_2)的存在下,才能进行正常的生理生化反应。

所谓"厌氧",是能在无分子态氧存在的条件下,能进行正常的生理生化反应的生物,如厌氧细菌、酵母菌等。

不同形式的有机物被生物降解的历程也不同,结构简单、小分子、可溶性物质,直接进入细胞壁;结构复杂、大分子、胶体状或颗粒状的物质,则首先被微生物吸附,随后在胞外酶的作用下被水解液化成小分子有机物,再进入细胞内。

2)影响好氧生物处理的主要因素

影响好氧生物处理的主要因素如下:

(1)溶解氧(DO),约 1 ~ 2mg/L;

(2)水温,是重要因素之一,在一定范围内,随着温度的升高,生化反应的速率加快,增殖速率也加快;最适宜温度为 15 ~ 30℃;>40℃或 <10℃后,会有不利影响。

（3）营养物质，细胞组成中，C、H、O、N 约占 90% ~97%；其余 3% ~10% 为无机元素，主要的是 P；生活污水一般不需再投加营养物质；而某些工业废水则需要投加营养物质。一般对于好氧生物处理工艺，应按 $BOD:N:P=100:5:1$，投加 N 和 P；其他无机营养元素 K、Mg、Ca、S、Na 等，微量元素 Fe、Cu、Mn、Mo、Si、硼等则需要得极少。

（4）pH 值，一般好氧微生物的最适宜 pH 值在 6.5 ~8.5 之间；pH <4.5 时，真菌将占优势，引起污泥膨胀；另一方面，微生物的活动也会影响混合液的 pH 值。

（5）有毒物质（抑制物质），包括重金属、氰化物、H_2S、卤族元素及其化合物、酚、醇、醛等。

（6）有机负荷率，污水中的有机物本来是微生物的食物，但太多时，也会不利于微生物。

（7）氧化还原电位。

三、活性污泥法

在城市生活污水好氧生物处理方法中，活性污泥法是非常重要的方法之一。

1.活性污泥法工艺流程

活性污泥法工艺是一种应用最广泛的废水好氧生化处理技术，其主要由曝气池、二次沉淀池、曝气系统以及污泥回流系统等组成，基本流程见图 7-1。

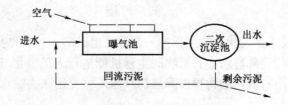

图 7-1　活性污泥处理法基本流程

活性污泥法的基本处理流程如下：废水经初次沉淀池后与二次沉淀池底部回流的活性污泥同时进入曝气池，通过曝气，活性污泥呈悬浮状态，并与废水充分接触。废水中的悬浮固体和胶状物质被活性污泥吸附，而废水中的可溶性有机物被活性污泥中的微生物用作自身繁殖的营养，代谢转化为生物细胞，并氧化成为最终产物（CO_2）。非溶解性有机物需先转化成溶解性有机物，而后才被代谢和利用。废水由此得到净化。净化后废水与活性污泥在二次沉淀池内进行分离，上层出水排放；分离浓缩后的污泥一部分返回曝气池，以保证曝气池内保持一定浓度的活性污泥，其余为剩余污泥，由系统排出。

2.活性污泥反应的影响因素

活性污泥反应的影响因素为：BOD 负荷率（F/M）或称有机负荷率，以 NS 表示；水温；pH值；溶解氧；营养平衡；有毒物质。

3.曝气装置

（1）鼓风曝气设备

鼓风曝气设备包括：微气泡曝气器；中气泡曝气器；水力剪切型空气曝气器；水力冲击式空气曝气器。

（2）机械曝气器

机械曝气器包括：竖轴式机械曝气器；卧轴式机械曝气器。

4.活性污泥系统的主要运行方式

活性污泥系统的主要运行方式为：推流式活性污泥法；完全混合活性污泥法；分段曝气活

性污泥法;吸附—再生活性污泥法;延时曝气活性污泥法;高负荷活性污泥法;浅层曝气、深水曝气、深井曝气活性污泥法;纯氧曝气活性污泥法;氧化沟工艺;序批活性污泥法。

5. 序列间歇式活性污泥法（SBR 工艺）

序批式活性污泥法（SBR——Sequencing Batch Reactor），简称 SBR 工艺，是早在 1914 年就由英国学者 Ardern 和 Locket 发明的水处理工艺。20 世纪 70 年代初，美国 Natre Dame 大学的 R. Irvine 教授采用实验室规模对 SBR 工艺进行了系统、深入的研究，并于 1980 年在美国环保局（EPA）的资助下，在印第安纳州的 Culwer 城改建并投产了世界上第一个 SBR 法污水处理厂。SBR 是现行的活性污泥法的一个变型，它的反应机制以及污染物质的去除机制和传统活性污泥基本相同，仅运行操作不一样，如图 7-2 所示。

（1）SBR 操作模式由进水、反应、沉淀、出水和待机五个基本过程组成。从污水流入开始到待机时间结束为一个周期。在一个周期内，一切过程都在一个设有曝气或搅拌装置的反应池内依次进行，这种操作周期周而复始反复进行，以达到不断进行污水处理的目的。

（2）SBR 工艺的设备和装置包括:滗水器（有电动机械摇臂式，套筒式，虹吸式，旋转式，浮筒式）；曝气装置（有机械曝气，鼓风曝气）；阀门，排泥系统；自动控制系统，如图 7-3 所示。

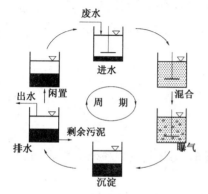

图 7-2　SBR 工艺反应流程图（平面）

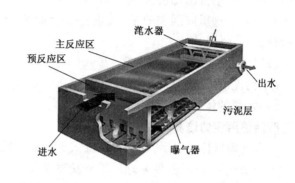

图 7-3　SBR 工艺设备流程三维图

6. 氧化沟工艺

氧化沟又名氧化渠，因其构筑物呈封闭的环形沟渠而得名。氧化沟是由荷兰卫生工程研究所在 20 世纪 50 年代研制开发的废水生物处理技术，是活性污泥法的一种变型。因为污水和活性污泥在曝气渠道中不断循环流动，因此有人称其为"循环曝气池"、"无终端曝气池"。氧化沟的水力停留时间长，有机负荷低，其本质上属于延时曝气系统。氧化沟使用一种带方向控制的曝气和搅动装置，向反应池中的物质传递水平速度，从而使被搅动的液体在闭合式渠道中循环。

生物氧化沟兼有完全混合式、推流式和氧化塘的特点。在技术上具有净化程度高、耐冲击、运行稳定可靠、操作简单、运行管理方便、维修简单、投资少、能耗低等特点。氧化沟在空间上形成了好氧区、缺氧区和厌氧区，具有良好的脱氮功能。氧化沟一般由沟体、曝气设备、进出水装置、导流和混合设备组成，沟体的平面形状一般呈环形，也可以是长方形、L 形、圆形或其他形状，沟端面形状多为矩形和梯形。

自 1920 年英国 sheffield 建立的污水厂成为氧化沟技术先驱以来，氧化沟技术一直在不断地发展和完善。其技术方面的提高是在两个方面同时展开的:一是工艺的改良；二是曝气设备地革新。工艺的改良过程大致可分为四个阶段（表 7-6）。

阶　　　段	形　　　式
初期氧化沟	1954 年，Pasveer 教授建造的 Voorshopen 氧化沟，间歇运行。分进水、曝气净化、沉淀和排水四个基本工序
规模型氧化沟	增加沉淀池，使曝气和沉淀分别在两个区域进行，可以连续进水
多样型氧化沟	考虑脱氮除磷等要求，著名的有 DE 型氧化沟，Carrousel 氧化沟及 Orbal 氧化沟等
一体化氧化沟	时空调配型(D 型，VR 型，T 型等)，合建式(BMTS 式，侧沟式，中心岛式等)

7. 活性污泥系统管理

活性污泥的形状好坏可以从它的形、色、嗅加以判断：活性污泥外观似棉絮状，亦称絮粒或绒粒，正常活性污泥呈黄褐色。供氧曝气不足，可能有厌氧菌产生，污泥发黑发臭。溶解氧过高或进水过淡，负荷过低色泽转淡。良好活性污泥带泥土味。

(1)颜色和气味。正常的活性污泥外观为黄褐色，可闻到土腥味。土腥味是由微生物分解代谢过程中分泌出的土臭素和异冰片所致。微生物分解能力越强，即生物活性越高，土腥味越浓。这里应强调的是，黄褐色和土腥味只是活性污泥正常的指标之一，而不是唯一指标。

(2)活性污泥的好氧速率：$8 \sim 20 mgO_2/(gMLVSS \cdot h)$。

(3)污泥沉降比 SV30：MLSS1 500 ~ 3 000mg/L 时，SV30 15% ~ 30%。

(4)污泥的体积指数和密度指数 SVI30。

8. 活性污泥的培养与驯化

废水处理厂建成以后，要进行单机试车和清水联动试车，为运行提供资料。如无问题，就应培养与驯化活性污泥，使处理厂尽早发挥废水处理功能。

(1)间歇培养。将曝气池注满水，然后停止进水，开始曝气。只曝气不进水称为"闷曝"。闷曝 2 ~ 3d 后，停止曝气，静沉 1h，然后进入部分新鲜废水，这部分废水约占池容的 1/5 即可，以后循环进行闷曝、静沉、进水三个过程，但每次进水量应比上次有所增加，每次闷曝时间应比上次缩短，即进水次数增加。此时可停止闷曝，连续进水，连续曝气，并开始污泥回流。最初回流比不要太大，可取 25%，随着 MLSS 的升高，逐渐将回流比增加至设计值。当温度为 15 ~ 20℃时，采用该种方法，经过 15d 左右即可培养成功。

(2)低负荷连续培养。将曝气池注满废水，停止进水，闷曝 1d。然后连续进水、连续曝气，进水量控制在设计水量的 1/2 或更低。待污泥絮体出现时，开始回流，取汇率比 25%。至 MLSS 超过 1 000mg/L 时，开始按设计流量进水，MLSS 至设计值时，开始以设计汇率比回流，并开始排放剩余污泥。

(3)满负荷连续培养。将曝气池注满废水，停止进水，闷曝 1d。然后按设计流量连续进水、连续曝气，待污泥絮体形成后，开始回流，MLSS 至设计值时，开始排放剩余污泥。

(4)接种培养。将曝气池注满废水，然后大量投入其他处理厂的正常污泥，开始满负荷连续培养。该种方法能大大缩短污泥培养时间，但受实际情况例如其他处理厂离该厂的距离、运输工具等的制约。该法一般仅适于小型处理厂，大型处理厂需要的接种量非常大，运输费用高，不经济。在同一处理厂内，当一个系列或一条池子的污泥正常以后，可以大量为其他系列接种，从而缩短全厂总的污泥培养时间。

四、生物膜法

城市生活污水好氧生物处理又一种非常重要的方法是生物膜法。

1. 基本概念与原理

生物膜法是利用附着生长于某些固体物表面的微生物(即生物膜)进行有机污水处理的方法。生物膜是由高度密集的好氧菌、厌氧菌、兼性菌、真菌、原生动物以及藻类等组成的生态系统,其附着的固体介质称为滤料或载体。生物膜自滤料向外可分为厌气层、好气层、附着水层、运动水层,如图7-4所示。

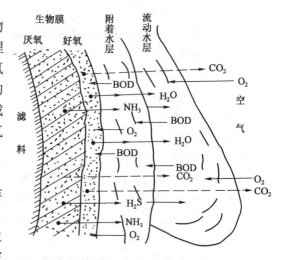

图 7-4　生物滤池滤料上生物膜的构造

1)微生物膜的形成过程

微生物膜的形成通常是以下过程综合作用的结果:

(1)有机物分子从水中向微生物膜附着生长载体表面运送,其中有些被吸附便形成了被微生物改良的载体表面,如图7-5a)所示;

(2)水中一些浮游的微生物细胞被传送到改良的载体表面,其中碰撞到载体表面的细胞一部分在被表面吸附一段时间后因水力剪切或其他物理、化学和生物作用又解吸出来,而另一部分则被表面吸附一段时间后变成了不可解吸的细胞,如图7-5b)所示;

(3)不可解吸的细胞摄取并消耗水中的有机底物与营养物质,其数目增多,同时细胞新陈代谢产生大量的代谢产物,这些产物有些被排出体外,有些则是胞外多聚物,将微生物膜紧紧地结合在一起,长此以往便使微生物膜形成累积,如图7-5c)所示;

(4)细胞在水中或在增殖时也可以向水中释放出游离的细胞,如图7-5d)所示。

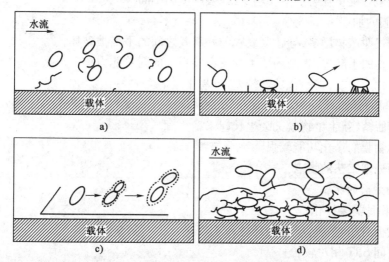

图 7-5　生物膜在附着生长载体表面的形成过程

生物膜法又称固定膜法,是与活性污泥法并列的一类废水好氧生物处理技术,是土壤自净过程的人工化和强化。与活性污泥法一样,生物膜法主要去除废水中溶解性的和胶体状的有机污染物,同时对废水中的氨氮还具有一定的硝化能力。

生物膜法工作的原理:生物膜首先吸附水层有机物,由好气层的好气菌将其分解,再进入厌气层进行厌气分解,流动水层则将老化的生物膜冲掉以生长新的生物膜,如此往复以达到净化污水的目的。

2)生物膜法主要类型

(1)生物滤池。又可分为普通生物滤池、高负荷生物滤池、塔式生物滤池等。

(2)生物转盘。

(3)生物接触氧化法。

(4)好氧生物流化床等。

2. 生物膜的结构

1)生物膜的形成

生物膜的形成必须具有如下条件:

(1)具有起支撑作用、供微生物附着生长的载体物质,在生物滤池中称为滤料,在接触氧化工艺中成为填料,在好氧生物流化床中成为载体。

(2)具有供微生物生长所需的营养物质,即废水中的有机物、N、P 以及其他营养物质。

(3)作为接种的微生物。含有营养物质和接种微生物的污水在填料的表面流动,一定时间后,微生物会附着在填料表面而增殖和生长,形成一层薄的生物膜。在生物膜上由细菌及其他各种微生物组成的生态系统,以及生物膜对有机物的降解功能都达到了平衡和稳定即成熟。从开始形成到成熟,一般需要 30d 左右(城市污水,20°C)。

2)生物膜的更新与脱落

(1)厌氧膜的出现

①生物膜厚度不断增加,氧气不能透入的内部深处将转变为厌氧状态;

②成熟的生物膜一般都由厌氧膜和好氧膜组成;

③好氧膜是有机物降解的主要场所,一般厚度为 2mm。

(2)厌氧膜的加厚

①厌氧的代谢产物增多,导致厌氧膜与好氧膜之间的平衡被破坏;

②气态产物的不断逸出,减弱了生物膜在填料上的附着能力;

③成为老化生物膜,其净化功能较差,且易于脱落。

(3)生物膜的更新

①老化膜脱落,新生生物膜又会生长起来;

②新生生物膜的净化功能较强。

3. 生物膜处理工艺的特点

1)微生物方面的特征

(1)微生物种类多样化。

①微生物拥有相对安静稳定的环境;

②停留时间 SRT 相对较长;

③丝状菌也可以大量生长,无污泥膨胀之虞;

④线虫类、轮虫类等微型动物出现的频率较高;

⑤藻类、甚至昆虫类也会出现;

⑥生物膜上的生物其类型广泛、种属繁多、食物链长且复杂。

（2）生物膜上微生物的食物链较长。

①动物性营养者所占比例较大，微型动物的存活率较高；

②食物链长；

③污泥产量少于活性污泥系统（仅为1/4左右）。

（3）存活世代时间较长的微生物有利于硝化作用。

2）在处理工艺方面的特征

（1）对水质、水量变动有较强的适应性。

（2）剩余污泥的沉降性能良好，易于固液分离。

（3）能够处理低浓度污水。

（4）易于维护运行，运行费用少。

4. 生物膜法与活性污泥法的比较

生物膜法与活性污泥法的比较见表7-7。

生物膜法与活性污泥法的比较

表7-7

项　　目	生　物　膜　法	活　性　污　泥　法
基建费	低	较低
运行费	低	较高
气候的影响	较大	较小
技术控制	较易控制	要求较高
灰蝇和臭味	蝇多、味大	无
最后出水	负荷低时，硝化程度较高，但悬浮物较高	悬浮物较少，但硝化程度不高
剩余污泥量	少	大
泡沫问题	很少	较多

5. 生物接触氧化法

生物接触氧化法是一种介于活性污泥法与生物滤池之间的生物膜法处理工艺，又称为淹没式生物滤池，是生物膜法中发展最迅速、应用最广的一种方法。

1）基本原理与特点

（1）基本流程为：原污水——→初沉池——→接触氧化池——→二沉池——→处理出水。

（2）主要特点。

①生物接触氧化池内的生物固体浓度高于活性污泥法和生物滤池，具有较高的容积负荷（可达$3.0 \sim 6.0 \text{kgBOD}_5/\text{m}^3 \cdot \text{d}$）；

②不需要污泥回流，无污泥膨胀问题，运行管理简单；

③对水量水质的波动有较强的适应能力；

④污泥产量略低于活性污泥法。

2）生物接触氧化池的构造

生物接触氧化池由池体、填料、布水系统和曝气系统等组成；填料高度一般为3.0m左右，填料层上部水层高约为0.5m，填料层下部布水区的高度一般为0.5～1.5m。接触氧化池构造示意见图7-6。

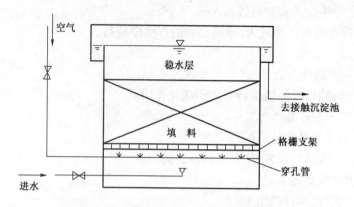

图 7-6　接触氧化池构造示意图

根据曝气装置与填料的相对位置,可以将其分为下列两大类:

(1)曝气装置与填料分设。填料区水流较稳定,有利于生物膜的生长,但冲刷力不够,生物膜不易脱落。可采用鼓风曝气或表面曝气装置。较适用于深度处理。

(2)曝气装置直接安设在填料底部。曝气装置多为鼓风曝气系统,可充分利用池容。填料间紊流激烈,生物膜更新快,活性高,不易堵塞。检修较困难。

3)填料

填料是微生物的载体,其特性对接触氧化池中生物量、氧的利用率、水流条件和废水与生物膜的接触反应情况等有较大影响。可对填料分为硬性填料、软性填料、半软性填料及球状悬浮型填料等。

6.自然生物处理法

自然生物处理法是利用在自然条件下生长、繁殖的微生物(不加人工强化或略加强化)处理废水的技术。其主要特征是工艺简单,建设与运行费用都较低,但受自然条件的制约。自然生物处理法主要的处理技术类型是稳定塘和土地处理法。

1)稳定塘处理法

稳定塘在我国长期被称氧化塘,又名生物塘,为与国际标准统一,故现称为稳定塘。它是一种较古老的污水处理技术,但是在 20 世纪 50 年代,得到较快的发展。

稳定塘是土地经人工修整,设围堤和防渗透的池塘。主要依靠自然生物净化污水的生物处理技术。

稳定塘是利用塘水中自然繁育的微生物(好氧、兼氧及厌氧),在其自身的代谢作用下氧化分解废水中的有机物,稳定塘中的氧由塘中生长的藻类光合作用和塘面与大气相接触的复氧作用提供,在稳定塘内废水停留时间长,它对废水的净化过程和自然水体净化过程相近。

稳定塘可分为好氧塘、兼性塘、厌氧塘和曝气塘等。

按照塘内微生物的类型和供氧方式来划分,稳定塘可以分为以下四类:

(1)好氧塘。深度较浅,一般小于0.5m。塘内存在着细菌、原生动物和藻类,由藻类的光合作用和风力搅动提供溶解氧,好氧微生物对有机物进行降解。净化功能模式见图7-7。

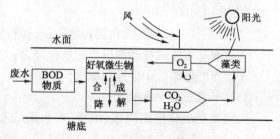

图 7-7　好氧塘净化功能模式

（2）兼性塘。深度较大,一般大于1m。上层为好氧区,中间层为兼性区,塘底为厌氧区,沉淀污泥在此进行厌氧发酵。净化功能模式见图7-8。

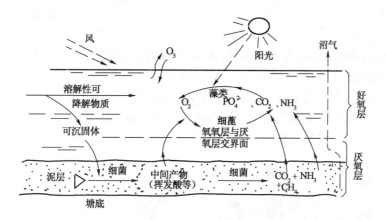

图7-8　兼性塘净化功能模式

（3）厌氧塘。塘水深度一般在2m以上。

（4）曝气塘。塘深大于2m,采取人工曝气方式供氧,塘内全部处于好氧状态。曝气塘的曝气系统见图7-9。

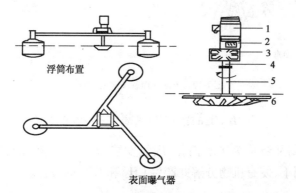

图7-9　曝气塘的曝气系统

1-电机;2-联轴节;3-减速箱;4-连接套管;5-轴;6-叶轮

稳定塘的类型与主要特征参数见表7-8。

稳定塘的类型与主要特征参数

表7-8

指　标	好氧氧化塘	兼性氧化塘	厌氧氧化塘	曝气氧化塘
水深(m)	0.2~0.4	1~2.5	2.5~4	2~4.5
停留时间(d)	2~6	7~30	30~50	2~10
BOD负荷(g/m³·d)	10~20	2~10	20~100	—
BOD去除率(%)	80~95	35~75	50~70	55~80
BOD降解形式	好氧	好氧	好氧	好氧
污泥分解形式	无	厌氧	厌氧	好氧或厌氧
光合成反应	有	有	—	—
藻类浓度(mg/L)	>100	10~50	0	0

2）土地处理法

包括废水灌溉在内的土地处理也是一种生物处理法。它是在人工控制下，将污水投配到土地上，利用土地—植物系统进行一系列净化过程，使污水得到净化，处理、利用相结合，建立良好的生态环境。

工地处理的系统组成为：预处理设备，调节、储存设备，输送与配布和控制，土地净化田，净化水收集、利用系统。

废水向农作物提供水分和肥分，废水中非溶解性杂质为表层土壤过滤截留，并逐渐为微生物分解利用。近十几年来在利用土地处理废水方面有了较大的发展。

土地处理系统常见类型如图7-10所示。

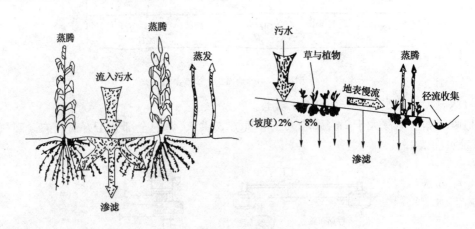

图 7-10　土地处理系统常见类型

五、生活污水的厌氧生物处理

厌氧生物处理早期又被称为厌氧消化、厌氧发酵，是指在厌氧条件下由多种（厌氧或兼性）微生物的共同作用下，使有机物分解并产生 CH_4 和 CO_2 的过程。

1. 原理

下面介绍厌氧生物处理中的基本生物过程——阶段性理论。

（1）两阶段理论。20 世纪 30～60 年代，被普遍接受的是"两阶段理论"。

第一阶段：发酵阶段，又称产酸阶段或酸性发酵阶段。主要功能是水解和酸化，主要产物是脂肪酸、醇类、CO_2 和 H_2 等；主要参与反应的微生物统称为发酵细菌或产酸细菌。

第二阶段：产甲烷阶段，又称碱性发酵阶段。是指产甲烷菌利用前一阶段的产物，并将其转化为 CH_4 和 CO_2；主要参与反应的微生物被统称为产甲烷菌（Methane producing bacteria）。

（2）三阶段理论。对厌氧微生物学进行深入研究后，发现将厌氧消化过程简单地划分为上述两个过程，不能真实反映厌氧反应过程的本质，因而出现了三阶段理论。

（3）四阶段理论。总体来说，"三阶段理论"、"四阶段理论"是目前公认的对厌氧生物处理过程较全面和较准确的描述（图7-11）。

2. 厌氧消化过程中的主要微生物

参与厌氧消化过程中主要的是发酵细菌（产酸细菌）、产氢产乙酸菌、产甲烷菌等。

（1）发酵细菌（产酸细菌）。发酵产酸细菌的主要功能有以下两种：

①水解——在胞外酶的作用下，将不溶性有机物水解成可溶性有机物；

②酸化——将可溶性大分子有机物转化为脂肪酸、醇类等。

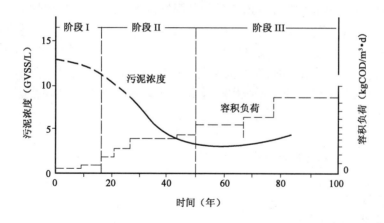

图7-11　厌氧生物处理过程

（2）产氢产乙酸菌。产氢产乙酸细菌的主要功能是将各种高级脂肪酸和醇类氧化分解为乙酸和H_2；为产甲烷细菌提供合适的基质，在厌氧系统中常常与产甲烷细菌处于共生互营关系。

（3）产甲烷菌。产甲烷细菌的主要功能是将产氢产乙酸菌的产物——乙酸和H_2/CO_2转化为CH_4和CO_2，使厌氧消化过程得以顺利进行。主要可分为两大类：乙酸营养型和H_2营养型产甲烷菌，或称为嗜乙酸产甲烷细菌。一般来说，有70%左右的甲烷是来自乙酸的氧化分解。

3. 厌氧生物处理的影响因素

产甲烷反应是厌氧消化过程的控制阶段，因此，一般来说，在讨论厌氧生物处理的影响因素时，主要讨论影响产甲烷菌的各项因素。主要影响因素如下：

（1）温度。原来温度对厌氧微生物的影响尤为显著。厌氧细菌可分为嗜热菌（或高温菌）、嗜温菌（中温菌），相应地厌氧消化分为：高温消化（55℃左右）和中温消化（35℃左右）。随着新型厌氧反应器的开发研究和应用，温度对厌氧消化的影响不再非常重要（新型反应器内的生物量很大），因此，可以在常温条件下（20～25℃）进行，节省能量和运行费用。

（2）pH值和碱度。pH值是厌氧消化过程中的最重要的影响因素。产甲烷菌对pH值的变化非常敏感，一般认为，其最适pH值范围为6.8～7.2，在<6.5或>8.2时，产甲烷菌会受到严重抑制，而进一步导致整个厌氧消化过程的恶化。

（3）氧化还原电位。严格的厌氧环境是产甲烷菌进行正常生理活动的基本条件。非产甲烷菌可以在氧化还原电位为+100～-100mV的环境正常生长和活动；产甲烷菌的最适氧化还原电位为-150～-400mV。

（4）营养要求。厌氧微生物对N、P等营养物质的要求略低于好氧微生物，其要求COD:N:P=200:5:1；多数厌氧菌不具有合成某些必要的维生素或氨基酸的功能，所以有时需要投加如下物质：

①K、Na、Ca等金属盐类；

②微量元素Ni、Co、Mo、Fe等；

③有机微量物质：酵母浸出膏、生物素、维生素等。

(5)F/M比。厌氧生物处理的有机物负荷较好氧生物处理更高,一般可达 5 ~ 10kgCOD/$m^3 \cdot d$,甚至可达 50 ~ 80kgCOD/$m^3 \cdot d$;无传氧的限制;可以积聚更高的生物量。

(6)有毒物质。常见的抑制性物质有硫化物、氨氮、重金属、氰化物及某些有机物。

①硫化物和硫酸盐。硫酸盐和其他硫的氧化物很容易在厌氧消化过程中被还原成硫化物;可溶的硫化物达到一定浓度时,会对厌氧消化过程主要是产甲烷过程产生抑制作用;投加某些金属如 Fe 可以去除 S^{2-},或从系统中吹脱 H_2S,可以减轻硫化物的抑制作用。

②氨氮。氨氮是厌氧消化的缓冲剂,但浓度过高,则会对厌氧消化过程产生毒害作用。抑制浓度为 50 ~ 200mg/L。

③重金属。使厌氧细菌的酶系统受到破坏。

④氰化物。

⑤有毒有机物。

4.厌氧生物处理的主要特征

(1)厌氧生物处理过程的主要优点如下:

①能耗大大降低,而且还可以回收生物能(沼气);

②污泥产量很低;

③厌氧微生物有可能对好氧微生物不能降解的一些有机物进行降解或部分降解;

④反应过程较为复杂——厌氧消化是由多种不同性质、不同功能的微生物协同工作的一个连续的微生物过程。

(2)厌氧生物处理过程的主要缺点如下:

①对温度、pH 等环境因素较敏感;

②处理出水水质较差,需进一步利用好氧法进行处理;

③气味较大;对氨氮的去除效果不好等。

5.厌氧生物处理常见的构筑物

(1)消化池的构造,见图 7-12 和图 7-13。

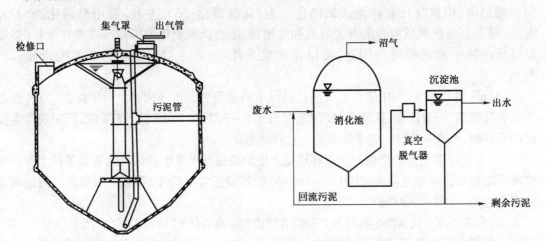

图 7-12 常见的消化池的构造   图 7-13 普通消化池的工艺流程图

消化池一般由池顶、池底和池体三部分组成。消化池的池顶有两种形式,即固定盖和浮动盖,池顶一般还兼作集气罩,可以收集消化过程中所产生的沼气;消化池的池底一般为倒圆锥形,有利于排放熟污泥。

（2）化粪池的构造,见图7-14。

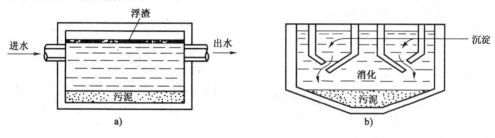

图7-14 化粪池的构造
a）化粪池；b）Imhoff池

（3）UASB结构,UASB反应器的主要组成部分由进水配水系统、反应区、三相分离器、出水系统、气室、浮渣收集系统、排泥系统等组成。UASB反应器的工作原理如图7-15所示。

UASB反应器最大的优点是结构简单,便于放大,运行管理简单。

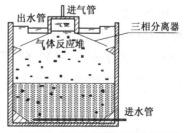

图7-15 UASB反应器的工作原理图

第四节 城市污水处理工程中污泥处置

一、污泥处置概述

1. 基本概念

城市污水污泥是污水处理过程中产生的固体废弃物。随着国内污水处理事业的发展,污水厂总处理水量和处理程度将不断扩大和提高,产生的污泥量也日益增加。目前在国内一般污水厂中,其基建和运行费用约占总基建和运行费用的20%～50%。

污泥中除了含有大量的有机物和丰富的氮、磷等营养物质,还存在重金属、致病菌和寄生虫等有毒有害成分。为防止污泥造成的二次污染及保证污水处理厂的正常运行和处理效果,污水污泥的处理处置问题在城市污水处理中占有的位置已日益突出。对沈阳市北部污水处理厂污泥进行的不同成分的分析,其结果见表7-9。

污泥成分分析表（mg/kg）   表7-9

成 分	脱 水 污 泥	污泥农业标准	成 分	脱 水 污 泥	污泥农业标准
有机质(%)	37.55		Pb	197.13	320
全N	2.694		Cu	176.22	250
TP	1.686		Zn	264.59	500
Cd	4.69	5.0			

从污泥营养成分来看,N、P含量接近和超过鸡粪（N1.63%,P_2O_5 1.54%,K_2O 0.85%）,重金属元素也均低于农业标准值。污泥经过脱水、干化,具备农业、林业、园林绿化用肥的基本条件。

污泥中所含水分大致分为如下四类:

（1）颗粒间的空隙水，约占总水分的70%。

（2）毛细水，即颗粒间毛细管内水约占20%。

（3）吸附水，约占10%。

（4）内部水。

污泥的含水率很高，初沉污泥的含水率为95%～97%，剩余污泥达99%以上。故污泥体积大，需对污泥进行脱水处理。

污泥中各类水分所占比例见图7-16。

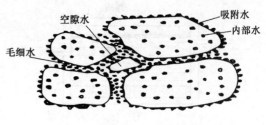

图7-16 污泥中各类水分所占比例示意图

2. 污泥产量

按污泥产量占处理水量的0.3%～0.5%（以含水率97%计）计算，我国城市污水厂污泥的产量在7.602万 m^3/d 和12.67万 m^3/d 之间。因此，我国在污水处理事业不断取得进步的同时，将面临巨大的污泥处理处置压力。

二、我国污泥处理处置现状

1. 我国城市污泥处理的状况

1）现有污水污泥处理工艺

城市污水污泥处理处置是污水处理事业的重要组成部分。从我国已建成运行的城市污水厂来看，污水污泥处理工艺大体可归纳为16种工艺流程，见表7-10。

2）污泥浓缩

污泥浓缩主要是降低污泥中的空隙水，通常采用的是物理处理方法，主要包括重力浓缩法、气浮浓缩法、离心浓缩法等，它们的处理性能如表7-11所示。

我国已建城市污水处理厂污水污泥处理工艺 表7-10

序　号	污泥处理流程	应用比例(%)
1	浓缩池→最终处置	21.63
2	双层沉淀池污泥→最终处置	1.35
3	双层沉淀池污泥→干化场→最终处置	2.70
4	浓缩池→消化池→湿污泥池→最终处置	6.76
5	浓缩池→消化池→机械脱水→最终处置	9.46
6	浓缩池→湿污泥池→最终处置	14.87
7	浓缩池→两相消化池→湿污泥池→最终处置	1.35
8	浓缩池→两级消化池→最终处置	2.70
9	浓缩池→两级消化池→机械脱水→最终处置	9.46
10	初沉池污泥→消化池→干化场→最终处置	1.35
11	初沉池污泥→两级消化池→机械脱水→最终处置	1.35
12	接触氧化池污泥→干化场→最终处置	1.35
13	浓缩池→消化池→干化场→最终处置	1.35
14	浓缩池→干化场→最终处置	4.05
15	初沉池污泥→浓缩池→两级消化池→机械脱水→最终处置	1.35
16	浓缩池→机械脱水→最终处置	14.87

注：表中未注明的污泥均为活性污泥。

288

从表7-11中可以看出,初沉污泥用重力浓缩法处理最为经济。对于剩余污泥来说,由于剩余活性污泥浓度低,有机物含量高,浓缩困难,采用重力浓缩法效果不好,而采用气浮浓缩、离心浓缩则设备复杂,费用高,也不适合中国国情。所以,目前我国推行将剩余活性污泥送回初沉池与初沉污泥共同沉淀的重力浓缩工艺,利用活性污泥的絮凝性能,提高初沉池的沉淀效果,同时使剩余污泥得到浓缩。因此,我国当前将重力浓缩法作为主要的污泥浓缩方法。基于我国经济状态和资金短缺的状况,且污泥中有机物含量低,所以重力浓缩法仍然将是我国今后主要污泥减容手段。

几种浓缩方法的比能耗和含固浓度   表7-11

浓缩方法	污泥类型	浓缩后含水率(%)	比能耗	
			干固体(kW·h/t)	脱除水(kW·h/t)
重力浓缩	初沉污泥	90~95	1.75	0.20
重力浓缩	剩余活性污泥	97~98	8.81	0.09
气浮浓缩	剩余活性污泥	95~97	131	2.18
框式离心浓缩	剩余活性污泥	91~92	211	2.29
无孔转鼓离心浓缩	剩余活性污泥	92~95	117	1.23

3)污泥稳定

我国目前常用的污泥稳定方法是厌氧消化,好氧消化和污泥堆肥也有部分被采用,但污泥堆肥正处于研究阶段,而热解和化学稳定方法或者是由于技术的原因或者是经济、能耗的原因而很少被采用。

4)污泥脱水

我国现有的污泥脱水措施主要是机械脱水,而干化场由于受到地区、气候条件的限制很少被采用。

2. 我国城市污水污泥处理中存在的问题

我国城市污水污泥的处理起步较晚,其中存在许多问题,主要表现在以下几个方面:

(1)污泥处理率低、工艺不完善。

我国存在重废水处理、轻污泥处理的倾向。很多城市未把污泥的处理作为污水厂的必要组成部分,造成我国城市污水污泥处理率很低。从表7-10的工艺中也可以看出,国内城市污水厂的污泥经过浓缩、消化稳定和干化脱水处理的,仅占上述城市污水厂的25.68%,不具有污泥稳定处理的污水厂占55.70%,大量未经过稳定处理的污水污泥将对环境产生严重的二次污染。污泥经浓缩、消化后,尚有约95%~97%含水率,体积仍然很大。这样庞大体积的污泥,如果不经过干化脱水处理,将为运输及后续处置带来许多不便。

(2)污泥处理技术、设备落后。

当前我国有些污水处理厂所采用的污泥处理技术是发达国家20世纪70年代、80年代的水平,有的甚至是国外20世纪60年代的水平,而且有些污泥处理技术根本不合乎国内的污水污泥特性。污泥处理设备也比较落后,性能差、效率低、能耗高,专用设备少,未能形成标准化和系列化。

(3)污泥处理管理水平低。

很多已建成的污泥处理设施不能正常运行,除技术水平外,管理水平低也是重要因素。大部分污水厂的管理人员和操作人员缺乏管理经验,不能有效地组织生产,加上技术人员少,各个专业不配套,所以一旦生产上出现问题,不知如何处理。

（4）污泥处理设计水平低。

在污泥处理方面，我国还缺乏实践经验和设计经验，尤其是污泥处理系统的整体设计水平还比较低。

（5）污泥处理投资低。

我国污泥处理投资只占污水处理厂总投资的20%～50%，而发达国家污泥处理投资要占总投资的50%～70%。

3. 我国城市污水污泥处置的状况及分析

城市污水污泥的处置途径包括土地利用、卫生填埋、焚烧处理和水体消纳等方法，这些方法都能够容纳大量的城市污水污泥。

我国自20世纪80年代初第一座污水处理厂——天津纪庄子污水处理厂建成投产后，污泥即由附近郊区农民用于农田。其后，北京高碑店等污水处理厂的污泥也均用于农田。随着城市污水污泥产生量和污水处理厂的逐渐增多，目前，我国已开始将污水处理厂污泥用于土地填埋和城市绿化，并将污泥作基质，制作复合肥用于农业等。但在国内，总的状况还是以污泥土地利用的形式为主，将污泥用于农业。

我国污泥处置的最终出路存在较大的问题。我国目前仍有13.79%的污泥没有任何处置，这将为环境污染带来巨大危害。污泥散发的臭气污染空气，病原菌对人类健康产生潜在威胁，重金属和有毒、有害有机物会污染地表和地下水系统。

造成这种现象的原因可以归纳为：由于我国污泥处理处置的起步较晚，许多城市没有将污泥处置场所纳入城市总体规划，造成很多处理厂难以找到合适的污泥处置方法和污泥弃置场所；我国污泥利用的基础薄弱，人们对污泥利用的认识存在严重不足；污泥的利用率不是很高，尤其是国内一些南方城市。

4. 我国城市污泥处理处置对策

1）污泥处理途径

从我国今后的发展趋势来看，城市污水处理将形成以国家投资的大型污水处理厂为主，各地区根据经济发展状况投资兴建的不同规模污水处理厂并存的局面。因此，对污水厂污泥的处理，应根据污水厂所处的环境位置、处理规模、资金来源、经济技术水平，来确定适合我国国情的工艺方法和技术设备等。

就选择污水污泥浓缩技术来说，由于我国城市污水污泥中有机物含量低，所以采用重力浓缩仍然是一种经济、有效的污泥减容方法。污泥脱水的方法主要包括自然干化和机械脱水，而自然干化由于受到气候、地区的限制而很少被采用。污泥的机械脱水能有效降低污泥体积，为污泥的后续处置打下良好基础。

污泥处理时采用不同的稳定方法，对整个污水处理的工艺选择和技术经济比较有举足轻重的影响。典型的稳定方法有厌氧消化、好氧消化和堆肥等生物稳定法及投加石灰的化学稳定法。对目前我国现有的情况来说，应考虑采用基建投资少、运行管理费用低、简易高效的污泥稳定方法。污泥的中温厌氧消化法为我国的部分污水处理厂所采用，它不仅能将污泥中的有机物降解，同时杀死部分病原菌和寄生虫（卵），从而使污泥达到稳定化以及部分无害化，而且消化产生的沼气还可作能源回收。不过该法投资大，操作管理严格，对工艺技术及安全运行的要求也较高，这对国内大型的污水处理厂来说是可行的。

对于小型污水处理厂，一是在选择污水处理工艺时，可选择延时曝气法（如采用氧化沟），有机物分解趋于完善，污泥趋于稳定。二是采用生污泥直接脱水后进行好氧堆肥的方法。好氧堆肥是利用微生物的作用,将污泥转化为类腐殖质的过程,可消除污泥恶臭,堆肥后污泥稳定化、无害化程度高,是经济简便,高效低能耗的污泥稳定化、无害化替代技术。

2)污泥堆肥是符合我国国情的污泥稳定技术

目前,世界各国普遍采用的堆肥方法有静态和动态堆肥两种,如自然堆肥法、圆柱形分格封闭堆肥法、滚筒堆肥法、竖式多层反应堆肥法以及条形静态通风等堆肥工艺,这些方法都在不断发展和完善。近年来,我国先后建成了一些机械化程度较高的堆肥厂,其堆肥技术在产品质量、运行操作可控性、环境质量等方面的指标都达到了较高水平。

3)污泥土地利用是符合我国国情的处置方法

一般来说,各国对于污泥处置方式的选择,应兼顾环境生态效益与处置成本、经济效益之间的平衡。污泥土地填埋对污泥的土力学性质要求较高,需要大面积的场地和大量的运输费用,地基需作防渗处理以免污染地下水,填埋场的废气可能污染环境等;焚烧法的技术和设备复杂、耗能大、费用较高,并且有大气污染问题;污泥投海受到地理位置和国际海洋有关公约的限制,而且对海洋生态系统和人类食物链已造成威胁。我国政府已于1994年初接受三项国际协议,承诺于1994年2月20日起不在海上处置工业废物和污水污泥;污泥用作建材是近年研究的新课题,尚有许多技术难题需要解决。因此,上述几种方法的使用在我国受到限制。

从污泥的成分看,其中有机物、氮、磷等的含量均高于一般农家厕肥,还含有钾及其他微量元素。若施用于土地中,对土壤物理、化学及生物学性状有一定的改良作用。污泥中的有机物质可明显改善土壤的结构性,使土壤的重度下降,孔隙增多,土壤的通气、透水性和田间持水量提高,从而改善土壤的物理性质。施用污泥也可提高土壤的阳离子交换量,改善土壤对酸碱的缓冲能力,提供养分交换和吸附的活性位点,从而提高土壤保肥性。污泥中丰富的各种养分,明显地增加土壤氮、磷养分,并能有效地向植物提供养分,减少化学肥料的施用量,从而可降低农业生产的成本。此外,污泥可以使土壤中微生物量增加和代谢强度提高而改变土壤的生物学性状,所以污泥土地利用适合我国目前的经济发展状况,是一种积极的、生产性的污泥处置方法。同时,我国又是一个农业大国,其广阔的土地资源具有发展污水污泥土地利用的天然优势。因此,无论从经济因素还是从肥效利用因素出发,污泥的土地利用特别是污泥的农用都是一种符合中国国情的处置方法。

4)污泥土地利用应注意的问题

(1)加强病原菌和寄生虫的控制。

城市污水处理厂污泥中含有大量的病原微生物和寄生虫,如不加以控制,则污泥在土地利用或使用过程中会对人畜的健康造成危害。因此,污泥在处置或利用前进行高、中温好氧法或厌氧法处理或采用辐射处理是不可或缺的环节。

(2)重视对污泥中重金属及有毒有机物的控制。

污水污泥中的重金属和有机污染物含量已成为污泥土地利用的重要限制因素,污泥中往往含有大量的铜、镍、镉、铅、锌、汞等重金属和许多种有毒有机物,若农田中长期施用会导致土壤污染,它们被农作物吸收后又通过食物链进入人体,从而影响人体健康。因此,将污泥作土地利用时,应特别注意污水污泥中重金属超标问题。

(3)污泥的施用量应合理。

污泥的农业利用,不仅可以消除污泥对环境的污染,也可使其资源化而提高作物产量。但是,不合理的施用污泥,很可能导致土壤中重金属元素的积累,造成土壤资源的污染和危害人类的健康。具体的污泥施用量,应在调查研究的基础上,根据气候条件、地理环境、作物种类及土壤同化能力确定,以确保污泥的农田施用安全。

(4)制定完善的标准和法律法规,推广与普及环境知识。

许多发达国家已对污泥的处置利用制定了法律法规,对污泥的标准、施用地点的选择、水源的保护、病原菌的控制、重金属的允许施入量、运输等都作了相应的规定。目前,我国关于污泥施用的标准和法律法规还不健全。

随着我国工业和城市的发展和污水处理率的提高,其产生量必然越来越大。从目前情况来看,我国污泥处理利用技术还比较落后,污泥处理率还比较低,人们对污泥处理处置的必要性认识还不够,污泥的处理处置存在严重的不足,许多问题亟待解决。为了解决国内污泥处理处置中存在的问题,充分利用污泥这种资源,减少环境公害,我国必须大力发展污泥处理处置和利用各种技术。

第五节　城市污水深度处理及中水回用方法

我国是世界上 21 个最缺水的国家之一。淡水资源总量虽居世界第 6 位,但人均占有淡水量仅居第 108 位,水资源已成为我国最严重的资源问题之一。

随着近年来经济的飞速发展,人们也越来越认识到环境问题的严重性,不节约用水和无节制地排放污水使得可用的新鲜水源越来越少,负责供应城市用水的水库的库容在逐年缩小,已敲响了水危机的警钟。

一、城市污水深度处理及中水回用概述

1. 城市污水深度处理概述

城市污水深度处理,也称高级处理或三级处理。它是将二级处理出水再进一步进行物理、化学和生物处理,以便有效去除污水中各种不同性质的杂质,从而满足用户对水质的使用要求。

城市污水或生活污水经处理达到一定的水质标准后,可在一定范围内重复使用的非饮用的杂用水,称为"中水",其水质介于上水与下水之间。中水可作为公园绿化及河湖用水、城市绿化用水、路面喷洒用水、热电厂和化工厂冷却用水、汽车清洗用水等,从而大大降低用水成本,节约资源。

2. 中水回用概述

1)中水的概念

所谓中水,是污水处理厂将收集来的生活污水、工业废水、雨水等城市污水,在污水厂中经过传统的活性污泥法,达到去除有机物、重金属离子等目的,使污水水质达到河湖排放标准,然后将水送到深度处理厂,经过混凝、沉淀、过滤、消毒传统工艺过程或利用膜技术深度处理,从而得到的水称为中水。

2)使用中水的目的和意义

在城市生活、生产用水中,水是人们生活和国民经济建设中不可缺少的重要资源,是不可替代的物质。随着经济的发展、人口的增长和人们物质文化生活水平的提高,世界各地对水的需求在日益增长,水资源短缺已成为许多国家的突出问题。为了解决水资源紧张的问题,水的再生与回用,将中水开发为第二水源已越来越受到人们的重视。对于缺水城市来说,城市的污水再生回用比开发新水源更为重要,更符合我国贫水的客观事实,更具有现实的意义。我们不

能只跨区域调水,而忘掉身边廉价的污水资源。以城市污水二级处理后的中水作为原水,根据需要进行深度处理,供给工业生产、城市绿化、市政用水等是解决水资源短缺的最有效途径,是缺水城市势在必行的重大决策。

为了节约越来越宝贵的水资源,为了缓解城市日趋紧张的缺水的现状,科学合理地利用水资源,实现"节能、减排"的总体目标,我国各级政府积极推行了"用中水替代新鲜水源"的节水措施。

3. 中水的用途

随着城市基础设施建设的不断发展,相应的环卫、绿化、景观等方面的市政杂用水也随之增加,对于用水便捷性和供水形式多样化提出了更高的要求,用水潜力比较大。可从以下几方面推广使用中水。

(1)园林绿化用水包括以下几个方面:

①绿化用水。据园林、绿化部门提供的绿化用水量,测算依据为每天每平方米用水 $0.002m^3$。因此,全国每年用于绿化的用水,也是个非常大的数字。由于目前公园均以湖水或地下水用作绿化,价格偏低。而中水水价难以降到湖水或地下水的水平,因此建议政府应有效限制河湖水、地下水用于绿化,并规定合适的中水价格,使中水用于绿化即经济合理又是可行而必要的。

②河湖补水。为了保持各公园湖面水质良好和具有一定的防洪调蓄的能力,每年护城河都要向各公园按期补水若干次。按北京市总体规划,2000 年至 2010 年每年河道换水 6 ~ 8 次,每次换水 1m 深。另一方面,河湖补水只能来源于水库高质量水体,用于大量补充观赏用水是对水资源的极大浪费。若用中水代替新鲜水源给河湖补水,在水质上完全可以满足要求,又为国家节约大量的新鲜水源,而且用水不受季节影响。

③公园内冲洗厕所。中水的另一用途就是冲洗厕所,可在卫生间实现双路供水。中水用于冲洗厕所可以节约大量清洁水源,完全可以满足要求。

④公园内道路冲洗。为了实现公园内的道路冲洗,应加强设备投资,为各公园配备水车等设施。园林绿化部门制订完善的路面冲洗计划,实现每天一次中水冲洗路面,以提高公园内道路景观水平。

(2)配合城市环境综合治理,发挥中水效应。空气含尘量高是导致空气污染较严重的一个重要原因。目前人工降尘的方法是环卫部门定时派水车浇洒路面,由于受水车载水体积所限,浇洒范围达不到理想的压尘目的。国外的方法是,在城市主要干道沿线铺设中水管线,并配设相应的喷头,在保证用水量充足的前提下,可将现行的水车喷洒改为中水冲洗路面,提高压尘效果。

(3)中水用于小区。将中水引入小区,实现双路供水是建设节水型城市的重要体现,小区中的冲厕用水、绿化用水、洗车等方面都可以用中水代替。如小区将中水管线直接介入用户的马桶内用于冲厕,即避免了居民误饮误用,又使得管理收费方便易行。

(4)中水洗车。目前全国有轿车约几千万辆,将来数量还会增加,与之相应的洗车站也应不断增加,才能满足使用需要。但对于用新水源冲洗车辆,很多缺水城市都很难接受继续增加洗车站点。如北京市就制订了限制洗车站用水量,提高用水价格并在超出用水范围后追加高额水费。若使用中水洗车就不存在无水可用的问题,中水在水质、水量上都能满足要求,并具有以下优势:

①节约用水;

②中水水价一定比现行洗车水价低廉,各用户容易接受,推广起来比较容易;

③水量丰富,可以节省循环设备的投资,用于引进先进洗车设备,提高工作效率。

(5)中水作为工业冷却水。工业冷却用水用量大,不受季节影响,中水回用在规划阶段应充分考虑工业用户。

二、城市污水深度处理及中水回用方法

目前,概括起来国内外城市污水深度处理常用的方法有以下几种。

1.活性炭吸附法

活性炭是一种多孔性物质,而且易于自动控制,对水量、水质、水温变化适应性强,因此活性炭吸附法已成为一种具有广阔应用前景的污水深度处理技术。活性炭对分子量在 500 ~ 3 000 的有机物有十分明显的去除效果,去除率一般为 70% ~ 86.7% ,可经济有效地去除嗅、色度、重金属、消毒副产物、氯化有机物、放射性有机物等。

常用的活性炭主要有粉末活性炭(PAC)、颗粒活性炭(GAC)和生物活性炭(BAC)三大类。

GAC 处理工艺的缺点是基建和运行费用较高,且容易产生亚硝酸盐等致癌物,突发性污染适应性差。BAC 可以发挥生化和物化处理的协同作用,从而延长活性炭的工作周期,大大提高处理效率,改善出水水质。不足之处在于活性炭微孔极易被阻塞、进水水质的 pH 适用范围窄、抗冲击负荷差等。目前,欧洲应用 BAC 技术最广泛的是对水进行深度处理。

2.膜分离法

膜分离法是以高分子分离膜为代表的一种新型的流体分离单元操作技术。最大特点是分离过程中不伴随有相的变化,仅靠一定的压力作为驱动力就能获得很高的分离效果,是一种非常节省能源的分离技术。膜分离法主要包括微滤、超滤、反渗透、纳滤等类型。

微滤可以除去细菌、病毒和寄生生物等,还可以降低水中的磷酸盐含量。天津开发区污水处理厂采用微滤膜对 SBR 二级出水进行深度处理,满足了景观、冲洗路面和冲厕等市政杂用和生活杂用的需求。

超滤用于去除大分子,对二级出水的 COD 和 BOD 去除率大于 50% 。北京市高碑店污水处理厂采用超滤法对二级出水进行深度处理,产水水质达到生活杂用水标准,回用污水用于洗车,每年可节约用水 4 700m^3 。

反渗透用于降低矿化度和去除总溶解固体,对二级出水的脱盐率达到 90% 以上,COD 和 BOD 的去除率在 85% 左右,细菌去除率 90% 以上。经反渗透处理的水,能去除绝大部分的无机盐、有机物和微生物。

纳滤介于反渗透和超滤之间,其操作压力通常为 0.5 ~ 1.0MPa。显著特点是具有离子选择性,它对二价离子的去除率高达 95% 以上,一价离子的去除率较低,为 40% ~ 80% 。

我国的膜技术在深度处理领域的应用与世界先进水平尚有较大差距,今后的研究方向是开发、制造高强度、长寿命、抗污染、高通量的膜材料,着重解决膜污染、浓差极化及清洗等关键问题。

3.高级氧化法

工业生产中排放的高浓度有机污染物和有毒有害污染物,种类多、危害大,有些污染物难以生物降解,且对生化反应有抑制和毒害作用。而高级氧化法在反应中产生活性极强的自由基(如·OH 等),使难降解有机污染物转变成易降解小分子物质,甚至直接生成 CO_2 和 H_2O,达到无害化目的,从而为废水深度处理提供可能。

1)湿式氧化法

湿式氧化法(WAO)是在高温(150~350℃)、高压(0.5~20MPa)下利用O_2或空气作为氧化剂,氧化水中的有机物或无机物,达到去除污染物的目的,其最终产物是CO_2和H_2O。

2)湿式催化氧化法

湿式催化氧化法(CWAO)是在传统的湿式氧化处理工艺中,加入适宜的催化剂,使氧化反应能在更温和的条件下和更短的时间内完成,因此可减轻设备腐蚀、降低运行费用。

湿式催化氧化法关键的技术之一是催化剂的选择。催化剂一般分为金属盐、氧化物和复合氧化物三类。目前,考虑经济性,应用最多的催化剂是过渡金属氧化物如Cu、Fe、Ni、Co、Mn等及其盐类。采用固体催化剂还可避免催化剂的流失、二次污染的产生及资金的浪费。

3)超临界水氧化法

超临界水氧化法把温度和压力升高到水的临界点以上,该状态的水就称为超临界水。在此状态下水的密度、介电常数、黏度、扩散系数、电导率和溶剂化学性能都不同于普通水。较高的反应温度(400~600℃)和压力也使反应速率加快,可以在几秒钟内对有机物达到很高的破坏效率。

美国得克萨斯州哈灵顿首次大规模应用超临界水氧化法处理污泥,日处理量达9.8t。系统运行证明其COD的去除率达到99.9%以上,污泥中的有机成分全部转化为CO_2、H_2O以及其他无害物质,且运行成本较低。

4)光化学催化氧化法

目前,研究较多的光化学催化氧化法主要分为Fenton试剂法、类Fenton试剂法和以TiO_2为主体的氧化法。

Fenton试剂法是Fenton在20世纪发现,如今作为废水处理领域中有意义的研究方法重新被重视起来。Fenton试剂依靠H_2O_2和Fe^{2+}盐生成·OH,对废水中的污染物进行处理,因为铁是很丰富且无毒的元素,而且H_2O_2也很容易操作,对环境也是安全的。目前,国内Fenton试剂用于印染废水处理方面,脱色效果非常好。另外,国内外的研究证明,用Fenton试剂可有效地处理含油、醇、苯系物、硝基苯及酚等物质的废水。

类Fenton试剂法具有设备简单、反应条件温和、操作方便等优点,在处理有毒有害、难生物降解有机废水中极具应用潜力。但应用的主要问题是处理费用高,将其作为难降解有机废水的预处理或深度处理方法,再与其他处理方法(如生物法、混凝法等)联用,则可以更好地降低废水处理成本、提高处理效率,并拓宽该技术的应用范围。

光催化法是利用光照某些具有能带结构的半导体光催化剂,如TiO_2、ZnO、CdS、WO_3等诱发强氧化自由基·OH,使许多难以实现的化学反应能在常规条件下进行。锐钛矿中形成的TiO_2具有稳定性高、性能优良和成本低等特征。

5)电化学氧化法

电化学氧化又称电化学燃烧,其基本原理是在电极表面的电催化作用下,或在由电场作用而产生的自由基作用下使有机物氧化。除可将有机物彻底氧化为CO_2和H_2O外,电化学氧化还可作为生物处理的预处理工艺,将非生物相容性的物质经电化学转化后变为生物相容性物质。这种方法具有能量利用率高,低温下也可进行;设备相对较为简单,操作费用低,易于自动控制;无二次污染等特点。

4.臭氧法

臭氧具有极强的氧化性,对许多有机物或官能团发生反应,有效地改善水质。臭氧能氧化分解水中各种杂质所造成的色、嗅,其脱色效果比活性炭好;还能降低出水浊度,起到良好的絮凝作用,提高过滤滤速或者延长过滤周期。目前国内的臭氧发生技术和工艺还相对比较落后,运行费用较高,推广有一定的难度。

三、城市污水深度处理及中水回用存在问题与应对策略

1. 存在问题

目前,城市污水经深度处理后的中水回用,主要在我国北方严重缺水地区逐渐推广应用,但实际操作中还存在不少问题。

从目前情况来看,中水回用的制约因素如下:一是认识问题。对解决缺水的措施,相当一部分人还是偏重于开辟传统水源,对中水回用等非传统水源和节水没有引起足够重视。二是政策方面还缺乏鼓励中水回用的措施。三是供水水价和自备井的水资源费偏低。四是供排水沿用老的管理体制,不利于中水回用。五是中水回用的技术设备水平还不够先进,质量指标体系也不完善。六是投入力度不大,污水处理厂的建设、运行管理和铺设输送中水的管道,均缺乏资金。

2. 应对策略和措施

要解决应用中存在的一系列问题,需要在行政、经济、技术、法律、宣传等方面采取一系列措施。

1)充分意识到水资源紧缺的严峻性

虽然"加强保护环境,防治水污染"已经深入人心,但是人们并没有意识到水资源短缺的严峻性,更没有认识到进行中水回用、开辟第二水源是解决缺水城市用水矛盾的必经之路。目前,人们对于将中水回用于生产、生活还存在着不少顾虑。

2)建立完善的法律法规体系

缺乏配套的政策法规是阻碍中水回用的另一重要因素。目前还没有一部关于中水回用方面的法律或法规,来明确中水的应用范围以及使用中水与其他水(如地下水)的关系,不按要求使用中水应受到的惩罚等相关内容,致使中水回用缺乏法律强制性条款作为保障。

在城市中水回用初期,除了从法律法规方面进行强制推广外,还应从政策方面予以扶植。如对自筹资金建设中水设施的企业,政府可优先提供一定的环保项目贷款或给予财政贴息;减免中水生产企业的增值税、所得税及用水增容费等税费,实行中水处理企业用电优惠政策;对于具体的中水回用项目可减免相关的市政配套费,或无偿提供土地使用权;使用中水的单位可酌情减免污水处理费,其新鲜水的水质和水量应优先得到保证等。

3)制定合理的水价格体系

水价构成不完整、各种用水的比价关系不科学,是造成中水回用进展缓慢的主要原因。在市场经济条件下,价格是调节和引导人们消费行为的有力手段。制定合理的地表水、地下水、自来水、中水、污水处理费之间的比价关系,拉大中水与地表水、地下水以及自来水之间的价格差,真正做到优水优用,提高水资源的利用效率,依靠价格手段推动中水利用市场的形成,扩大中水利用的市场需求,进而促进中水回用的产业化发展,达到节约用水的目的。

4)理顺城市水业管理关系

实施城市中水回用是一项庞大而复杂的系统工程,涉及城市规划、建设、环保、市政、工业、农业、水利、卫生等众多单位与部门,但长期以来,在许多城市还存在着地表水和地下水、供水和用水、供水与排水之间的部门和地区条块分割的体制,没有一个具体的机构来统一协调、规划及管理城市的中水回用。因此,进行管理体制改革,理顺城市水业管理关系至关重要。要把

水资源作为一种可持续发展的战略资源来对待,由政府专职管理部门对水资源进行科学调控,合理安排地表水、地下水、自来水、中水的使用量,实现环境效益和经济效益的双赢。

5)通过拓宽融资渠道来加大投入力度

中水回用工程的建设不能仅仅依靠政府的财政投入,单一的政府投资体制会严重制约中水产业的发展。要尽快建立起与市场接轨的多元化投资体制,借鉴国外如法国、芬兰等一些欧洲国家的经验,通过实施"谁污染、谁治理,谁用水、谁花钱"的以水养水政策,解决资金来源。要拓宽融资渠道,鼓励和吸引社会资金和外资投向中水回用项目的建设和运营,采用基础设施建设风险补偿基金等办法和手段保证投资回报;积极争取利用世界银行等国际金融组织贷款、国外政府低息贷款及赠款,积极探索发行建设债券等多种融资方式,加大对中水回用市场的资金投入。

通过以上措施的实施,因地制宜地选择中水回用方式,可集中回用,也可分散回用。中水回用,变废为宝,既是当务之急,也是一项战略性的措施,一举多得,势在必行。

四、污水深度处理及中水回用的发展趋势

污水的深度处理在城市和工业污水回用处理中扮演着非常重要的角色。在传统的生物方法之后,深度处理用于去除额外的污染物、特殊金属以及其他有害成分。现在已有的深度处理方法包括颗粒介质过滤、吸附、膜技术、高级氧化和消毒等。其中膜技术是一种正在发展的、重要的,并且能够得到高质量再生水源的污水回用技术。

污水回用可为城市的发展提供补充充足的第二水源。目前,污水回用的研究热点和趋势主要集中在以下方面:

(1)与衡量有机物相关的健康风险评价。

(2)评价微生物性质的监测方法的改进。

(3)用于制造高质量再生水的膜技术的应用。

(4)再生水储存效果的评价。

(5)再生水中微生物、化学物质、有机污染物的评价。

(6)中小型生活污水处理与回用设备设计。

(7)污水回用管网体系的研究。

城市的可持续发展应该以实现水的社会循环和水资源可持续利用为己任,并将随着社会循环水量的增大而发展。预计到 21 世纪中叶,进行社会循环的水量将超过 20%。污水资源化即中水回用,既可以防治水污染,保护水环境,也是解决城市水资源不足的一个重要途径。

 思考题与习题

1.简述城市污水的含义,并叙述城市污水的来源、组成和特点。

2.何谓城市污水处理工程? 它的特点有哪些?

3.城市污水处理工程中,常见的处理工艺有哪些? 试比较它们之间的区别。

4.城市污水处理的分类标准及类型是什么?

5.城市污水处理工程中,常见的生物处理方法有哪些?

6.城市污水处理中产生的污泥有哪些处理方法? 查阅文献,你还能列出哪些方法?

7.城市污水深度处理对于我国环境保护的意义是什么?

8.试说出多种城市污水深度处理的方法。

第八章　市政工程新技术

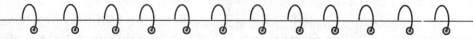

重点内容和学习目标

　　本章重点讲述了沥青混凝土路面、水泥混凝土路面养护新技术,非开挖新技术,沟槽回填技术。

　　通过本章学习,掌握沥青混凝土路面、水泥混凝土路面养护技术,了解非开挖和沟槽回填技术。

第一节　沥青混凝土路面养护新技术

一、沥青混凝土路面养护技术概述

　　目前,对于沥青路面的养护、维修存在不少问题。对一些因沥青老化而产生的裂纹,一般采取补油或刨开重铺;对因气温较高路面变软后经车辆碾压而产生的鼓包,通常用路面铣刨机铣平,造成路面变薄,且当拥包过高时也会铣露路基。同时,因城市发展的需要,道路上各种各样的施工也越来越多,如各种管线的铺设、维修等,而施工后重铺的路面在大多数情况下却很难与原有的路面接合,从而造成路面的高低不平等现象,既不美观,也影响行车的安全性。因此,寻求一种特别适用于沥青路面快速修补的技术已迫在眉睫。

　　为了快速、高效地清除已经损坏的沥青混凝土,各国的科学家、工程师长期以来进行了坚持不懈的努力。沥青混凝土路面养护技术按破碎工艺可分为冷处理技术和热熔化破碎技术。采用冷处理技术先后出现了风镐、液压镐、路面铣刨机等冷处理机具与设备。采用加热熔化破碎技术是目前本领域研究的重点,燃气加热器、电加热器、燃油加热器、远红外线加热装置、PTC陶瓷加热装置、微波加热装置等热熔化破碎处理设备不断得到发展和完善。

　　目前国内外对沥青路面小面积破损的修补大多采用三种作业方式。

　　第一种方法是传统的修补方法。首先用风镐、液压镐或铣刨机去除沥青路面的破损部分,然后采用灌入法将碎石、热沥青等新料填入修整好的坑槽内或者在现场拌制沥青混合料并将其填入坑槽,摊平后再用压路机压实。这种作业方式存在的不足是:工作时间长,需在现场炒油,还需要大量的人力和机械相配合,如采用手持破碎机、运输车、切割机、新料加热机、压路机等,工作效率低。同时,被修路面的交通也受到很大影响。由于原来的路面混凝土是冷的,而加入的新沥青料是热的,这样在新、旧料之间就会形成弱接缝,当有汽车碾压此处时,新、旧路面之间的弱接缝就会分离。这时,路面不能有效地阻挡水分渗入到道路基层中,从而导致基层破坏,降低了道路的使用寿命。

第二种方法是以液化石油气为燃料加热红外线辐射板,利用红外线辐射加热破损路面,然后摊平并压实路面。这种作业方式虽然比前一种作业方式的效率有了很大提高,新、旧料之间的弱接缝问题有所改善,但仍存在不足。红外线加热的传导方式是辐射传导,热效率相对较低,而且由于自上至下传热,很容易造成上面层的沥青老化,影响沥青料的再生。

第三种方法也是利用辐射加热技术加热破损路面。它是以液化石油气为燃料,石油液化气经过汽化器汽化以后在加热板后部的燃烧室内进行燃烧,然后用鼓风机对燃烧的热量加以背压,通过加热砖将热量吹到地面,间断加热,层层渗透。它实际上是一种可见光在烤路面,因为其传导和对流所占比重很大,辐射出的热量少,热效率低,易使路面烤焦或者氧化。

从沥青路面修复的工程实践来看,与冷处理技术相比,加热熔化破碎技术具有优越性。而加热熔化破碎技术的关键是对破损沥青路面的加热问题。除上述方法外,我国一些科研院所及机械设备公司正在研究利用微波加热修复沥青混凝土路面的方法,并取得了一定的成果。

二、就地热再生方法简介

1. 热辐射加热修补技术

热辐射加热修补技术,这里主要通过对香港英达科技公司生产的"热再生"修路王的介绍来说明。"热再生"修路王全称为"沥青路面热再生养护车",它由加热墙、沥青混合料加热保温料仓、液压系统、电气系统、乳化沥青喷洒系统、压路机等部分组成。通过对沥青路面的间歇式加热,使路面温度迅速升高至适当温度,升起加热墙,移开修路王设备,对路面废旧沥青混合料处理,适当添加乳化沥青或添加新的热沥青混合料,然后再整平、碾压,实现对沥青路面就地进行综合养护。

修路王的修补方法既不同于传统的冷修补技术,也不同于红外发热管修补技术,它通过高效的间歇性热辐射,先使破损的路面软化后,再人工捣碎,添加部分新的路面材料。该设备具有独特的分区加热装置——加热墙,如图8-1所示。可以在任何条件下对破损路面进行加热软化,具有即时加热即时修补的特点,并配有高效能加热保温料仓,保证添加的沥青混合料有足够的温度。配有自行式振动压路机,可迅速、独立地完成碾压作业。它具有热接缝、全天候、修补平整度好等优点。经相当多的国内外施工单位的实践证明,采用修路王方法进行5次路面修补的费用相当于传统方法进行1次路面修补的费用,即修路王的方法比传统方法提高4倍效率。同时修路王使旧料再生,不但降低了新沥青的使用量,而且还保护了环境。

就地热再生技术非常适合我国沥青路面维修养护,在公路养护工程中已得到比较多的应用,在市政道路维修中也正在推广应用,如图8-2所示。如江苏省无锡市引进了"修路王",市政养护部门在市区重要路段、通往风景区的主要干道上用它进行了道路修补,并取得了良好的效果。

2. 微波加热修补技术

利用微波加热沥青混凝土路面是一种全新的热再生技术,与传统加热方式不同,微波能量对材料物质有较强的穿透力,能对被照射物质产生深层加热作用。而且微波加热不需依靠热传导进行内外同时加热,它能在很短的时间内穿透较深的沥青混凝土路面,达到均匀加热的目的。由于微波加热可以弥补传统加热方法的一些不足,所以更适合于沥青混凝土路面的现场热再生。国内的一些专家,如同济大学李万莉教授,对沥青混凝土微波加热作了深入的试验研究,证明了微波加热具有广阔的应用前景。

目前,利用微波技术对沥青路面进行热再生修补的设备也已经产品化,如美的集团佛山市威特专用微波设备有限公司生产的"6S再生养护专家",它具有"深层、均匀、稳定、灵活、快速、

图8-1 "热再生"修路王的加热系统

图8-2 修路王在市政道路修补中的应用

安全"的特点。"6S热再生养护专家"设备的现场演示如图8-3所示。

图8-3 "6S热再生养护专家"设备的现场演示
a)加热软化;b)耙松修整;c)碾压;d)修补后路面

三、沥青路面坑槽修补技术

坑槽修补主要是针对坑槽、局部网裂、龟裂等病害的修补和加强,同时还可以对局部沉陷、拥包以及滑移裂缝等病害进行修补。通常沥青路面坑槽修补的施工工艺为:测定破坏部分的范围和深度,按"圆洞方补"原则,画出大致与路中心线平行或垂直的挖槽修补轮廓线(正方形或长方形)。槽坑应开凿到稳定部分,槽壁要垂直,并将槽底、槽壁清除干净,在干净的槽底、

300

槽壁涂刷一层黏结沥青,随即填铺备好的沥青混合料。新填补部分应略高于原路面,待行车压实稳定后保持与原路面相平。

　　除了传统的坑槽修补方法外,还有一些特殊的或新近发展的方法。比如采用沥青混合料预制块修补,沥青路面破损处开槽修补的尺寸应等于预制块的倍数,预制块之间的接缝用填缝料填塞。此种坑槽修补方法较为简单,修补料的配合比容易控制,密实度能得到保证。日本研究出一种"荒川式斜削施工法",是在返土、压平和补铺沥青混合料前,先将被切坑槽的边缘用特制工具切成45°斜坡形,然后再用喷燃器将边缘烧成粗糙形状,接着再铺压沥青混合料。这样可使旧料和新料紧密吻合在一起,不易出现裂缝。

　　美国SHRP计划进行的坑槽修补研究,推荐使用最好的材料,以减少路面重修的工作量。如在修补时使用质量不佳的材料,则重复修补同一个坑槽的费用将很快抵消购买廉价沥青混合料所节省的费用。当前修补材料的发展趋向是在修补料中添加改性剂,研制专供补坑用的高性能改性沥青混合料,使其具有极强的抗湿性、低温和易性以及混合料与坑洞的黏结力。

第二节　水泥混凝土路面养护新技术

一、水泥混凝土路面养护技术概述

1. 国内外水泥混凝土路面养护现状

　　国外水泥混凝土路面养护和修复方面的研究工作起步较早。英国1986年由运输部和水泥、混凝土协会共同编制出版了《水泥混凝土路面养护和维修手册》,该手册总结了英国的养护经验,介绍了水泥混凝土路面损坏种类、原因及养护维修方法、修复工艺、养护材料、维修设备等内容。对于旧水泥混凝土路面的损坏检查、接缝损坏修复、表面损坏修复、结构损坏补强、紧急与临时修复等给出了技术规定。英国在评定水泥混凝土路面状况方面,也建立了相应的管理制度。美国联邦公路管理局1985年编制出版了《路面修复手册》,系统地介绍了美国水泥混凝土路面修复方面的内容,并于1988年进行了修订。美国手册对水泥混凝土路面的回收、全深度混凝土的补块、板下封堵、水泥混凝土路面的破碎稳固、路面结构边缘渗透排水、防止罩面反射裂缝等方面都提出了具体规定。比利时道路管理局建立了对国道进行2~4年定期系统性测量和检查制度。法国的养护策略系统包括GERPHD(摄影测量),SCRIM(摩擦系数)、APL(纵断面分析仪)、DMDB(混凝土板唧泥)和COLLDGEAPHE(荷载传递)等;20世纪90年代初,澳大利亚对回收混凝土的利用也展开了大量的研究工作。

　　水泥混凝土路面的养护修复技术是随着水泥混凝土路面出现了不同程度的损坏后应运而生的。目前,国外已经开发和研究了许多水泥混凝土路面修复和养护技术,其中不少技术已经推行到我国,如水泥混凝土路面的板底浅层低压灌浆技术、超快硬水泥混凝土路面修补材料与技术、破碎稳固技术、使用寿命在5~10年的填缝材料技术等,这些技术已经在公路和城市道路中得以应用。但是,要加强对水泥混凝土路面的养护与维修,提高水泥混凝土路面修补质量,从技术上讲,关键还在于对修补材料和修复工艺的研究、开发、应用。我国水泥混凝土路面的快速修复技术落后,主要也是在这两方面的开发力度不足。

2. 水泥混凝土路面修补材料的现状与发展

　　早期最常用的水泥混凝土路面修补材料是沥青质材料,即在水泥混凝土路面的裂缝、断板处灌注沥青,以达到封闭裂缝的目的,或在破损严重的水泥混凝土路面上加铺一层沥青混合料。这种方法只是一种应急措施,不能从根本上解决水泥混凝土路面修复问题。

20 世纪 80 年代以后,随着人们对水泥混凝土路面修补技术的重视,一些国家加大了对水泥混凝土路面修补材料的研究力度。针对不同的水泥混凝土路面破坏特点,研制出一些新的修补材料,并在一些路面上进行试验性的应用。在水泥混凝土路面的裂缝修补方面,美国、日本等国家将常用于工业与民用建筑混凝土结构裂缝修补的环氧树脂进行改性,研究出适合于水泥混凝土路面需要的抗冲击韧性较大的改性环氧树脂灌浆材料。还有些国家研制出了低黏度聚合物稀浆用于裂缝宽度为 0.5mm 左右的细裂缝修补。用掺加高分子材料的聚合物水泥砂浆及合成聚合物和焦油为主的油灰胶泥修补较宽的裂缝,用延性较好的聚氨酯脂、橡胶——煤焦油填缝料进行路面的接缝修补。

在水泥混凝土路面的板块修补上,常采用的方法是将损坏的混凝土除掉,铺上与原路面混凝土相同强度或略高于路面混凝土原设计强度的普通混凝土。由于普通混凝土需要较长的养生时间,给路面尽快恢复交通带来了困难。因此,人们就通过在混凝土中掺早强型外加剂的办法,以加快混凝土早期强度的发展。一些国家还研制出适用于水泥混凝土路面修补的快硬高早强水泥,如日本的"一日水泥",英国的"Swiftcrete"水泥,意大利的"Supercement"水泥。20 世纪 80 年代末,在国家科委引导性项目《我国水泥混凝土路面发展对策修筑技术研究》的研究过程中,我国一些研究单位,根据我国国情也研制出一些高早强、收缩小、性能优异的修补材料,如江苏省建筑科学研究院研制的 JK 系列混凝土快速修补剂,早期强度发展最快的 4 ~ 6h 就可达到通车强度要求。这种材料不仅早期强度高,而且收缩小,新老混凝土黏结力强,凝结时间适中。该材料已在全国 20 多个省市的公路、城市道路修补中应用,并取得了较好的路面修补效果。

罩面修补常用材料是沥青混合料,也有些国家采用钢纤维混凝土或薄层连续配筋混凝土加铺层。如比利时 1982 ~ 1985 年间,7 段试验路铺设了薄层加铺层,总面积达 13.7 万 m^2,其中 10.4 万 m^2 为钢纤维混凝土,3.3 万 m^2 为连续配筋薄层混凝土。有些国家采用水泥树脂砂浆罩面,如捷克曾采用 3 ~ 10mm 的薄层加铺层,法国则认为这种整修方法在交通量达到 3.5 万辆/日的情况下可以维持 5 ~ 8 年的使用寿命。

3. 水泥混凝土路面维修工艺的现状与发展

仅仅具有性能良好的修补材料还不够,修补工艺也直接影响水泥混凝土路面的修补质量。在裂缝的修补方面,最简单的方法是用热熔化后的沥青直接灌入缝内。后来采用灌环氧树脂的方法,让环氧树脂通过孔渗入裂缝内。这种修补方法对新建路面的断板裂缝修补较为适合,对于旧水泥混凝土路面,由于裂缝内夹有灰尘、缝隙的尘污难以清除,致使灌入的材料与原材料黏结不好。近几年来,江苏等地采用沿路面裂缝向两侧扩展 20 ~ 30cm,去除表层 8 ~ 10cm 的混凝土,沿裂缝每隔 30cm 左右用钯钉钯住裂缝两侧,再铺上用 JK 系列混凝土快速修补材料配置的混凝土,使用时间达 3 年以上。随着对水泥混凝土路面养护维修技术的深入研究和大量的实践,从水泥路面的日常养护到路面状况调查评定;从养护维修材料到养护维修机具;从路面维修到路面改善;从加铺层到水泥混凝土再生利用,已形成一套较为成熟的施工工艺和养护维修技术。

4. 水泥混凝土路面维修机具的现状与发展

在板块的修补方面,过去破碎旧混凝土,大多采用人工凿除或风镐破碎的方法。破碎清除老混凝土的速度很慢,有的地方采用冲击破碎老混凝土,虽工效有所提高,但容易导致相邻好板块的损伤。近年来,我国研制出了一种液压式多功能混凝土破碎机,不仅大大提高了老混凝土的破碎工效,而且也减少了相邻板块的损坏。而用高压射流理论破碎水泥混凝土路面,由于工作介质是水,具有高效、节能、无污染、易操纵的特点,而且工作装置与混凝土之间不存在机械接触,不存在磨损,减少了更换工作装置的时间,提高了效率,降低了维修成本。在美国以及一些欧洲国家,超高压和大功率的水射流式混凝土破碎机械已经应用于混凝土结构的切割和破碎、隧道施工、矿料开采等领域。水泥压浆机的问世,为处治水泥凝土板下脱空提供了有效手段,起到了防止路面早期损坏,延长路面使用寿命的作用。

二、水泥混凝土路面快速修补材料

按路面损坏性质和范围,水泥混凝土路面损坏形式分为裂缝类、路表损坏及板块损坏三大类。如何选择修补材料,则要根据水泥混凝土路面的破坏形式而定。

1. 裂缝与接缝维修材料

1) 裂缝修补材料

裂缝修补材料根据其功能可分为补强材料和密封材料。当水泥混凝土路面由于裂缝造成强度不足时,宜选用补强材料,使其恢复整板传荷能力。当水泥混凝土路面仅出现贯穿裂缝,而板面强度仍能满足通车要求时,为防止雨水和空气的侵蚀和裂缝扩大而削弱路基,可选用密封修补材料,将裂缝封闭。

典型的补强材料有用于灌缝的环氧树脂及各种改性环氧树脂、酚醛及各种改性酚醛树脂类胶黏剂、用于裂缝条带修补的水泥基无机胶凝材料(如掺 JK 系列快速修补剂的早强快硬修补混凝土)。密封修补材料主要指聚氨酯类、烯类、橡胶类、沥青类胶黏剂。

2) 接缝修补材料

水泥混凝土路面的接缝包括纵向施工缝、纵向缩缝、横向施工缝、横向缩缝、横向胀缝等。接缝是水泥混凝土路面的薄弱环节,最易引起破坏,特别是胀缝,损坏率很高。引起水泥混凝土路面接缝破坏的原因是多方面的,有选用的材料问题,也有施工问题。

水泥混凝土路面的接缝修补材料分为接缝板和填缝料两大类。用于水泥混凝土路面接缝修补材料的接缝板有软木板、聚氨酯硬泡沫板、松木板。用于水泥混凝土路面填缝修补材料的填缝料又分为加热施工式填缝料和常温施工式填缝料。加热施工式填缝料有聚氯乙烯胶泥、ZJ 型填缝料、橡胶沥青;常温施工式填缝料有聚氨酯焦油类(如 M880 建筑密封膏、聚氨酯焦油发泡填料)、聚氨酯类(如 LPC-89 接缝密封胶、聚氨酯密封胶)。

2. 路面及板块修补材料

用于水泥混凝土路面及板块修补材料必须具有下列技术要求:快硬高早强,收缩小,具有一定的黏性,后期性能稳定且强度发展与老混凝土基本同步,耐磨性高且耐久性好,施工和易性好,颜色与老混凝土无明显差异。为此,国内外研制开发了大量的路面及板块快速修补材料,主要包括以下材料。

1) 特种水泥

适用于水泥混凝土路面修补的快硬早强水泥品种有:日本的"一日水泥"、英国的"Swift-crete"水泥、德国的"Draifach"水泥及意大利的"Supercememt"水泥。我国的特种水泥有以下几种:

(1)快硬硅酸盐水泥。主要使用硫酸盐超早强水泥及氟铝酸盐快凝快硬水泥。硫铝酸盐水泥具有早强、快硬、微膨胀、耐硫酸盐侵蚀等性能,其 4h 抗压强度可达 $10 \sim 25$MPa,1d 强度可达 $30 \sim 60$MPa。氟铝酸盐快凝快硬水泥也具备快凝快硬的性能,凝结很快,初凝一般仅几分钟,初凝和终凝间隔很短,一般不超过 0.5h,2~3h 的抗压强度即可达 20MPa。这两种水泥常用于路面的抢修工程,因其后期强度及性能呈下降的趋势,所以使用范围受到限制。

（2）矾土水泥（高铝水泥）。高铝水泥是一种快硬早强型的水硬性胶凝材料。它的主要原料是矾土和石灰石,其熟料矿物的主要成分是铝酸一钙,其水化速度极快,强度发展主要集中在早期,后期几乎无多大的发展。高铝水泥水化产物不稳定,容易发生晶型转变,后期强度往往下降,不宜用于修补。

（3）磷酸镁水泥。磷酸镁系水泥具有足够的凝结时间,较快的硬化速度和较高的早期强度,与旧水泥混凝土结合力强,相容性好,是很有发展前途的一类路面修补材料,然而由于我国开发的磷酸镁水泥的适应性问题未解决,目前较少用于路面工程。

2）聚合物改性砂浆及混凝土

聚合物改性砂浆及混凝土是一大类性能优良的路面修补材料,在全世界范围内都有广泛的应用,已有大量成功的工程实践。所用的聚合物有天然橡胶、合成橡胶、热塑性树脂、热固性树脂、沥青与石蜡等,乳液的浓度通常按质量计为 40%~60%。这种材料具有以下优点:

（1）流动性好,用水量低（5%~10%）。

（2）掺量 10%~20%,抗压强度提高 1.5~10 倍,脆性降低。

（3）与老混凝土黏结力提高,以聚丙酸酯为例,提高 9~10 倍。

（4）混凝土密实度提高,内部孔结构得到明显改善。

（5）抗冲击力提高数倍至十几倍。

（6）随着聚合物掺量的增大,混凝土收缩减小。

存在的缺点是价格昂贵,是普通混凝土的 4~6 倍,并有一定的毒性,耐高温性能较差,因而在使用上受到限制。

3）复合型水泥混凝土及砂浆

早强型、膨胀剂及聚合物乳液配制复合型水泥混凝土或砂浆,国外这方面的研究和应用早,比较先进的国家是美国、日本、俄罗斯。采用聚合物改性的掺有复合外加剂的泥砂浆配成路面快速修补材料,可做到当天修补当天通车,且耐久性好。我国北京市政部门曾采用高效复合早强剂（CNL-4）、聚合物胶黏剂（J-6 或 YJ-9）,共同掺入水泥混凝土和砂浆中配制新型水泥混凝土路面修补材料,作为严重裸石的水泥混凝土罩面材料,在北京二环路上进行了试验性修补,效果较好。但此类复合材料用于水泥混凝土路面抢修工程在我国还处于试验阶段。

4）复合外加剂配置的水泥混凝土

在我国,江苏省建科院研制的 JK 系列混凝土快速修补剂,这类材料能适应以上各类修补,而且性能稳定,已在全国 20 多个省市的公路、市政部门中应用。其中最受施工单位欢迎的是 JK-24 型修补剂。掺入 JK-24 型修补剂的水泥砂浆 1d 的抗折强度是 4.80MPa,抗压强度为 20.2MPa。

5）钢纤维水泥砂浆

用钢纤维配成钢纤维增强水泥砂浆或钢纤维增强细石混凝土,对损坏的水泥混凝土路面进行罩面修补,具有较好的应用效果。影响钢纤维水泥砂浆性能的主要因素是钢纤维水泥砂浆的配合比,即钢纤维体积率、长径比、水泥砂浆配合比。用于水泥混凝土路面罩面修补的钢纤维水泥砂浆,钢纤维体积率以 1%~2% 为宜,钢纤维的长径比可略高于用于钢纤维增强混凝土的长径比,限制在 70~100 范围内。水泥与砂的质量比可视具体情况而定,一般选择 1:（1.2~2.0）,水灰比控制在 0.40~0.46。

6)板下封堵灌浆材料

板底脱空,但板面尚未损坏。这种情况下,为稳定基层,需进行板底灌浆。板下封堵灌浆材料的选择应根据早期通车要求等确定。江苏等地采用江苏省建筑科学研究院研制的JK-10或JK-24混凝土快速修补剂掺入水泥砂浆中,以此来加快灌浆材料早期强度的增长,积累了一些好的经验。

三、水泥混凝土路面维修技术

1. 裂缝与断板维修

1)扩缝灌浆法

扩缝灌浆法适用于裂缝宽度小于3mm的表面裂缝,其修补工艺如下:

(1)扩缝。顺着裂缝用冲击电钻将缝口扩宽成$1.5 \sim 2$cm沟槽,槽深根据裂缝深度确定,最大深度不得超过2/3板厚。

(2)清缝填料。清除混凝土碎屑,用压缩空气吹净灰尘,并填入粒径$0.3 \sim 0.6$cm的清洁石屑。

(3)配料灌缝。采用聚硫橡胶:环氧树脂$= 16:(2 \sim 16)$,配成聚硫环氧树脂灌缝料,拌和均匀并倒入灌浆器中,灌入扩缝内。

(4)加热增强。宜用红外线灯或装有$60 \sim 100$W灯泡的长条形灯罩,在已灌缝上加温,温度控制在$50 \sim 60$℃,加热$1 \sim 2$h即可通车。

2)直接灌浆法

直接灌浆法适用于裂缝宽度大于3mm,且无碎裂的裂缝,其修补工艺如下:

(1)清缝。将缝内泥土、杂物清除干净,并确保缝内无水、干燥。

(2)涂刷底胶。在缝两边约30cm的路面上及缝内涂刷一层聚氨酯底胶层,厚度为0.3mm± 0.1mm,底胶用量为0.15kg/m^2。

(3)配料理缝。由环氧树脂(胶结剂)、二甲苯(稀释剂)、邻苯二甲酸二丁酯(增稠剂)、乙二胺(固化剂)、水泥或滑石粉(填料)组成。采用配合比为胶结剂:稀释剂:增稠剂:固化剂$=100:40:10:8$,填料视缝隙宽度掺加,按比例配制好,并搅拌均匀后直接灌入缝内,养护$2 \sim 4$h即可开放交通。

3)条带罩面补缝

条带罩面补缝适用于贯穿全厚大于3mm、小于15mm的中等裂缝。其罩面补缝工艺(图8-4)如下:

(1)切缝。顺裂缝两侧各约15cm,且平行于缩缝切7cm深的两条横缝。

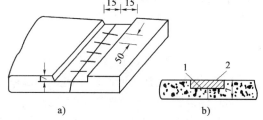

图8-4 条带补缝(尺寸单位:cm)
1-钯钉;2-新浇混凝土

(2)凿除混凝土。在两条横缝内侧用风镐或液压镐凿除混凝土,深度以7cm为宜。

(3)打钯钉孔。沿裂缝两侧15cm,每隔50cm钻一对钯钉孔,其直径各大于钯钉直径$2 \sim 4$mm,并在两钯钉孔之间打一与钯钉孔直径相一致的钯钉槽。

①安装钯钉。用压缩空气吹除孔内混凝土碎屑,将孔内填灌快凝砂浆,把除过锈的钯钉(宜采用ϕ16mm 螺纹钢筋)弯勾长7cm,插入钯钉孔内。

②凿毛缝壁。将切割的缝内壁凿毛,并清除松动的混凝土碎块及表面松动裸石。

③刷黏结砂浆。将修补混凝土毛面上刷一层黏结砂浆。

④浇筑混凝土。应浇筑快凝混凝土,并及时振捣密实,磨光和喷洒养护剂,其喷洒面应延伸到相邻老混凝土面板20cm以上。

(4)全深度补块。适用于宽度大于15mm的严重裂缝。全深度补块分集料嵌锁法、刨挖法设置传力杆法。其修补工艺在这里就不再详细介绍了。

2. 接缝修补

水泥混凝土路面接缝包括纵向施工缝、纵向缩缝、横向施工缝、横向缩缝等。接缝是水泥混凝土路面的薄弱环节,经常出现接缝填料损坏、纵向接缝张开等病害,由于这些病害的产生,地面水从接缝渗入,使路面基层强度降低,在行车荷载作用下,导致唧泥、脱空、断板、沉陷等病害的产生,影响水泥路面的使用质量,因此对接缝必须加强养护和修补,使水泥路面经常处于良好状态,延长水泥路面的使用寿命。

1)接缝填料损坏修补

(1)清缝。用清缝机清除接缝内杂物,并将接缝内灰尘吹净。

(2)接缝做胀缝修补时,先将建筑热沥青涂刷缝壁,再将接缝板压入缝内。对接缝板接头及接缝与传力杆之间的间隙,必须用填缝料灌实抹平,上部用嵌缝条的应及时嵌入嵌缝条。

(3)用加热式填缝料修补时,必须将填缝料加热至灌入温度,滤去杂物,倒入填缝机内即可填缝。在填缝的同时,宜用铁钩来回拌动,以增加与缝壁的黏结和填缝的饱满,在气温较低季节施工时,应先用喷灯将接缝预热。

(4)用常温式填缝料修补时,除无须加热外,其施工方法与加热式填缝料相同。

2)纵向接缝张开维修

(1)当相邻车道面板横向位移、纵向接缝张开宽度在10mm以下时,宜采取聚氯乙烯胶泥、焦油类填缝料和橡胶沥青等加热施工填缝料。

(2)当相邻车道面板横向位移,纵向接缝张开宽度在10~15mm时,宜采取聚酯类常温施工式填缝料进行维修。

①维修前应清除缝内杂物和灰尘;

②按材料配比配制填缝料;

③宜采用挤压枪注入填缝料;

④填缝料固化后,方可开放交通。

(3)当纵向接缝张口宽度在15~30mm时,采用沥青砂进行维修。

(4)当纵缝宽度达30mm以上时,可在纵缝两侧横向锯槽并凿开,槽间距60cm,宽5cm,深度为7cm,要设置Φ12mm螺纹钢筋耙钉。耙钉在老混凝土路面内的弯钩长度为7cm,纵缝内部的凿开部位用同强度等级水泥混凝土填补,纵缝一侧涂刷沥青。

3. 沉陷、拱起处理

1)沉陷处理

(1)板块灌砂顶升法。

①板在顶升前,应用水准仪测量下沉板的下沉量,并绘出纵断面,求出升起值。

②每块板上,钻出两行与纵轴平行的直径为3cm的透孔,孔的距离约为1.7m。当板需要从一侧升起时,只需在升起部分钻孔。

③在升起前将所有孔用木塞堵好,一孔一孔地灌砂,充气管与板接头处,用麻絮密封,用排气量为6~10m³/min的空气压缩机向孔中灌砂,直至砂冒出缝外时为止。

④板升起后,接连往另一个孔中灌砂,直至下沉板全部顶升就位。

（2）整板翻修。当水泥混凝土整板沉陷并产生破碎时,应进行整板翻修,其工艺简述如下:

①宜用液压镐将旧板凿除,尽可能保留原有拉杆,并清运混凝土碎块。

②将基层损坏部分清除,并整平压实。对基层损坏部分,宜采用C15号混凝土补强,其补强混凝土顶面高程应与旧路面基层顶面高程相同。宜在混凝土路面板接缝处的基层上涂刷一道20cm的薄层沥青。

③整块翻修的面板在路面排水不良地带,路面板边缘及路肩应设置路基纵横向排水系统。

④板块修复,混凝土施工时,配合比及所有材料宜采用快速修补材料。

2）拱起处理

（1）对轻微拱起处理。

①用切缝机或其他机具将拱起板间横缝中的硬物切碎。

②用压缩空气将缝中石屑等杂物和灰尘吹净,使板块恢复原位,并灌入填缝料。

（2）对严重拱起处理。

①板端拱起但路面完好时,应根据拱起高低程度,计算多余板的长度,将拱起板块两侧附近1~2条横缝切宽,待应力充分释放后切除拱起端,逐渐使板块恢复原位。

②将横缝和其他接缝内的杂物、灰尘用空气压缩机清除干净,并灌入填缝料,如图8-5所示。

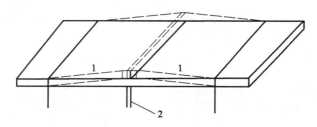

图8-5　板体拱起修复
1-拱起板;2-切除部分

（3）胀缝间因传力杆部分或全部在施工时设置不当,使板受热时不能自由伸长而发生拱起,应重新设置胀缝。

4.坑洞修补

1）对个别坑洞的修补

（1）用手工或机械将坑洞凿成矩形的直壁槽。

（2）用压缩空气把槽内的混凝土碎块及尘土吹净。

（3）用海绵块沾水后湿润坑洞,不得使坑洞内积水。

（4）用高强度等级水泥砂浆等材料填补,并达到平整密实。

2）对较多坑洞的修补

对较多坑洞且连成一片,面积在20m² 以内,应采取罩面方法修补。

（1）划出与路中心线平行或垂直的修补区域图形。

（2）用切割机沿修补图形边线切割5~7cm深的槽,槽内用风镐清除混凝土,使槽底平面达到基本平整,并将切割的光面凿毛。

（3）用压缩空气吹净槽内混凝土碎屑和灰尘。

(4)按混凝土配合比设计配制修补混凝土。

(5)将拌和好的混凝土填入槽内,人工摊铺、振捣密实,并保持与原路面齐平。

(6)喷洒养护剂养生。

(7)待混凝土达到通车强度后,开放交通。

3)对大面积坑洞的修补

对面积大于 $20m^2$,深度在 4cm 左右成片的坑洞,可用浅层结合式表面修复或沥青混凝土罩面进行修补。

浅层结合式表面修复的方法如下:

(1)将连成片的坑洞周围标画出与路中心线平行或垂直的区域,并用风镐凿除深度 $2 \sim 3cm$,如图 8-6 所示。

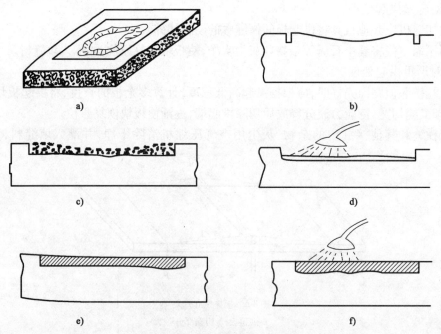

图 8-6　浅层结合式表面修复的程序
a)在损坏处周围标出正方形或长方形区域;b)沿着修复区的周边刻出轮廓槽;c)取出修复区内有缺陷的混凝土;d)用水完全湿润修复区或根据需要打底层;e)加入修复材料并完全压实;f)加上表面纹理并立即养生

(2)将修复区内凿掉的混凝土碎块运出,并清除其碎屑和灰尘。

(3)在修复区表面用水喷洒湿润,并适时涂刷黏结剂。

(4)将拌和好的混凝土摊铺于修复区内振捣、整平。

(5)用压纹器压纹,压纹深度宜控制在 3mm 左右。

(6)养生,使修复板块经常处于潮湿状态。

(7)待混凝土达到通车强度后,开放交通。

四、水泥混凝土路面再生技术

对于路面损坏极为严重的路段,全部重建常为首选的修复方案。但是,通常都希望保持交通开放,尽可能地减少施工对交通的干扰,尤其在城市更是如此。因此要求采用新技术实现破损旧路快速破碎清除、快速摊铺并尽快开放交通。

而路面重建工程中最引人注目的施工方案便是混凝土的再生利用。混凝土再生的两个主要优点是保护环境和节省运输时间与成本。在城市道路的重建工程中采用再生混凝土，其优势更为明显，因为城市废物处理困难大且费用高。路面现场清除和处理设备的最新发展使从破损路面中生产再生集料变为现实。新型设备不断出现，保证了快速进行旧路面的碎裂、清除工作。从混凝土碎块中剥除钢筋的高效工艺也相继问世。特别是传力杆置放机、零侧距施工装置和滑模式摊铺机的有机结合，实现了在相邻单车道或多车道和路肩上车辆正常行驶条件下的施工。在美国许多州已经完成了一些混凝土再生项目，其中有密歇根州、威斯康星州、明尼苏达州、北达科他州、俄克拉荷马州、依阿华州、伊利诺伊州和怀俄明州。大多数项目报告表明成本显著节省。所有进行混凝土再生试验的州一致认为应用成功，并计划在将来扩大使用。

水泥混凝土路面再生技术可分为下列两种。

1. 现场再生技术

生产过程是破碎或粉碎现有路面，然后将破碎或粉碎后的路面用作新路面结构中的基层或底基层。破裂压密法和破碎压密法是现场再生技术的两种基本方法。破裂压密法是将严重破坏的混凝土路面破裂成 $0.09 \sim 0.28\mathrm{m}^3$ 大小的碎块，压密后摊铺罩面。破碎压密法是将现有混凝土路面破碎成最大粒径为 152mm 的碎石，压密后摊铺罩面。

2. 料厂再生技术

生产过程包括旧水泥混凝土路面的现场破碎、装载、运输，然后在中心料厂通过联合破碎机组破碎，成为用于基层或新水泥混凝土路面的集料。

五、高压水射流切割技术

路面局部出现损坏后如何快速整齐切割病害处而不损坏周边良好路面是迫在眉睫的难题。近年来，有许多专家学者试图解决水泥路面的维修问题，如借助冲击器破碎、锯片切割、重锤砸板等方法，但事实证明，这些方法在环保要求、维修质量、能量利用等诸多方面存在问题。如冲击器破碎、重锤砸板以及锯片切割，不仅产生无法忍受的噪声、飞扬的尘土，而且冲击器破碎、重锤砸板对本来完好的混凝土路面产生微裂纹而加剧混凝土路面的损坏。锯片切割时由于剧烈磨损，导致成本大幅度提高。事实证明，这些传统的维护方法在环保要求、维修质量、能量利用等诸多方面都存在问题，因此必须寻求更好的方法来维护水泥混凝土路面。这里介绍一种适应于水泥路面维护的新方法，即用高压水射流冲蚀破旧的水泥混凝土路面。这种新方法突破了水泥混凝土路面的传统维修方法，摒弃了机械式破碎设备进行路面破碎带来的负面影响。而用高压射流理论破碎水泥混凝土路面，它的工作介质是水，所以具有高效、节能、无污染、易操纵的特点，而且工作装置与混凝土之间不存在机械接触，所以不存在磨损，减少了更换工作装置的时间，提高了效率，降低了维修成本。

高压水射流切割技术的原理是：经净化后的水，进入水高压发生装置，将水压提高到一定的压力后，经过控制阀送到喷嘴，形成能量高度集中的高速射流束（射流在喷嘴出口的速度一般超过声速），即可对材料进行切割。

水射流技术作为一门新兴的技术，其发展十分迅速。现在已从单一的纯水射流发展到多种形式的新型射流，如气蚀水射流、磨料水射流等。这些新型射流与纯水射流相比，在相同的工作压力下具有较高的切割效率。但是，这些新型的水射流切割技术设备复杂、成本较高。纯水射流切割效率相对较低，但其设备简单，同时不存在磨料回收问题。因此，目前纯水射流切割依然广泛应用于采矿、混凝土破碎等领域。

在美国以及一些欧洲国家,超高压和大功率的水射流式混凝土破碎机械已经应用于混凝土结构的切割和破碎、隧道施工、矿料开采等领域。应用情况表明,采用水射流法切割或松动混凝土材料时,不会损坏相邻的材料。由于高压水射流优越的切割性能,以及我国高压水射流技术近20年来的发展,可以相信,该项技术一定会在我国水泥混凝土路面养护领域中得到广泛应用和推广。

六、透 水 路 面

在城市建设中,地面铺装大量采用沥青、混凝土、砖石封闭地面,加上高楼大厦,使城市地表被阻水材料覆盖,水分难以下渗,降水很快成为地表径流排走,形成了生态学上的"人造沙漠"。不透水的路面缺乏对城市地表温度、湿度调节能力,地面易干燥,扬尘污染重,且雨后水分快速蒸发,空气湿度大,夏天使人闷热难受,这就是气象学上的"热岛效应"。而透水混凝土路面很好地解决了这一问题。它是一种以聚合物材料、石子和水泥组成的聚合物混凝土路面材料,由于采用特殊的空隙结构,透水路面和地下土壤是"连通"的,地表水、气都能渗透下去。用这种新型混凝土建成的市政道路,可对城市起到吸尘降噪、透水透气的生态效应。

透水路面可用于人行道、慢车道、广场、景区道路等,由于混凝土强度达到 C30 级,还可用于轻型车道、停车场,并可铺成各种颜色,和周围环境相协调。目前,许多市政部门研制和推广使用"透水路面"。如南京市政公用局和某家建材公司研制的"透水路面",已在南京秦淮河风光带、幕府山市政配套、无锡十八湾景区等工程中使用。已改造的珠江路中山路至太平北路段,两侧人行道也全部采用透水路面。

第三节　非开挖新技术

一、非开挖技术概述

非开挖技术(英文为 Trenchless Technology 或 No Dig),即非开挖地下管线施工技术,是指利用各种岩土钻凿工程的技术手段,在地表不挖槽的情况下,铺设、更换和修复地下管线的施工新技术,即改传统的"挖槽铺管和修复"施工方法为"钻孔铺管和修复"。

由于传统的"破膛开肚"式开沟埋管的施工方法阻断交通、污染环境,而且有些场合也不允许开挖(诸如受到保护的古建筑等),于是在 20 世纪 80 年代,"非开挖管线施工技术"在一些国家兴起并逐渐推广使用。现今已成为一个新兴的产业和技术。

非开挖管线施工技术利用高科技的岩土钻掘手段,在对地面较少破坏或无须挖沟(槽)的条件下(个别作业坑除外),进行各类用途、各类材质管线的铺设、修复和更换的技术,用于不开挖地面而从地下穿越公路、铁路、建筑物、河流等,铺设、修复和更换各种用途、各类材质的管线,管线材质可以是 PE 管、PVC 管或钢管等。

非开挖技术具有减少施工工程的开挖工作量,不破坏地面设施,不破坏环境,不阻碍河流航运或地面交通,所安装的设施深度大大提高,减少了设施遭受人为损坏和自然损害的几率等优越性,从而大大增加了设施的安全性和可靠性。同时,由于非开挖施工一般需要采用先进的机械设备,使得施工效率高、施工速度快、劳动强度低、施工质量好,从而具有较高的经济效益和社会效益。

目前,国内外采用非开挖管线施工技术的施工方法主要有盾构法、顶管法、微型隧道法、导向钻进法、夯管法、水平钻孔法等。盾构法主要在大型越江隧道、穿山隧道等建设施工中使用,目前在我国已是一门成熟的非开挖地下施工技术,成为大多数地下隧道工程施工的首选。顶管施工最初主要用于下水道施工,近来用于自来水管、煤气管、动力电缆、通信电缆和发电厂循环水冷却系统等许多管道的施工中,也是一门成熟的非开挖施工技术。

二、非开挖技术的现状与前景

1. 国外非开挖技术的发展

自 1896 年,美国首次使用顶管法施工,在铁路下顶进一根混凝土管。非开挖施工技术开展至今已有百年的历史,但其重大的发展始于 20 世纪 50 年代。1986 年国际非开挖技术协会(International Society for Trenchless Technology,简称 ISTT)在英国伦敦成立,其主办的国际非开挖会议促进了非开挖施工技术的传播。在国际非开挖技术协会的推动下,许多国家和地区相继成立了国家和地区性协会,而且发展了很多个人会员。

由于地下管线的现状和地层条件的不同,为了适应不同的地层条件,满足不同的施工要求,各国相继对施工设备进行改进,使之可以满足距离更长、直径更大的管线施工要求,针对不同的需要,所采用的施工工艺和设备也各有所侧重。如英国主要的需求在于修复和更换由于年久而破损的现有管道,因而发明和开发了许多非开挖管线更换和修复的方法。主要有爆管法、软衬法、导向钻进法等。美国由于石油天然气和通信工业的发展,需要铺设大量的石油天然气输送管道和通信电缆,因而定向钻进和导向钻进施工法的发展极为迅速,并得到广泛应用。

现代的非开挖技术是 20 世纪 70 年代末在西方发达国家兴起并逐渐走向成熟的地下管线铺设、修复和更换的新技术,是地下管线施工的一项技术革命,它以独特的技术优势和广阔的市场前景得到世界各国的重视。

2. 国内非开挖技术的发展

我国非开挖工程起步较晚,相应的科学研究与试验尚处于初期阶段,与国外先进国家相比差距较大,但近 20 年来我国的非开挖事业的发展速度较快。我国非开挖施工技术大致可分为三个阶段。

第一阶段,1953～1985 年,即使用传统的非开挖技术阶段。1953 年,北京市在市政工程中首次使用顶管法,此后逐渐推广到全国,这是我国最早使用的非开挖施工法。1959 年,北京地质学院首次采用水平钻进法穿越刚完工的北京市三里河路,铺设了三条高压动力电缆。20 世纪 80 年代初,导向钻进技术、夯管法等现代非开挖技术逐渐被引入中国,对我国非开挖技术进步起到推动作用。

第二阶段,1985～1994 年,即引入国外现代非开挖技术阶段。自 1985 年起我国先后引进大、中型水平定向钻机和水平螺旋钻机,并用于穿越黄河、黄浦江等大跨度河流,以及穿越公路、铁路、铺设石油天然气输送管道。在该时期,为满足不断扩大的国内市场需要,我国许多部门、单位也先后研制开发了可用于非开挖施工的设备,以应工程急需。

第三阶段,20 世纪 90 年代至今,即在引进的同时,自行研发非开挖装备与相应技术阶段。20 世纪 90 年代以来,我国现代非开挖技术开发应用的速度明显加快,用于非开挖施工技术的先进设备从无到有,不仅填补了我国非开挖设备的空白,也为我国非开挖施工技术的推广和应用奠定了基础。我国非开挖技术协会(CSTT)于 1998 年 4 月正式成立,当年成为 ISTT 的第 20 个正式成员国。在他们的倡导下,我国相继在北京、上海、武汉和广州成立了非开挖技术研究中心,为我国相关技术的研究奠定了坚实的基础。

3. 非开挖技术的发展前景

1996年10月1日,中华人民共和国国务院颁布了198号令《城市道路管理条例》,"条例"中明确规定:"新修道路5年不准挖,修复道路3年不准挖"。随着执法的推进,宣传的深入,"挖路埋管"将逐步被非开挖技术取代,这对非开挖技术的推广应用无疑会产生极大的推动作用。

非开挖技术的市场前景与现代化建设的进程密切相关,加速基础设施和基础工业的建设是实现2010年人均国民生产总值比2000年再翻一番的前提条件,因此在较长一段时间内,对石油、煤气、电力等各种地下管线的需求有较大幅度的增长,我国将会拥有一个相当庞大的地下管网系统,这为非开挖技术的进一步发展提供了有利的条件。

同时,非开挖技术的应用在我国大多集中在大城市,除了一些省会城市,绝大部分中、小城市都还未问津非开挖工程,与国外相比,我国非开挖的工程区域和工程量还需大幅度地增加。

三、非开挖技术的分类

非开挖施工的分类方法较多,按用途可分为管线铺设、管线更换和管线修复三大类。如表8-1所示。

非开挖施工方法分类

表8-1

		施工方法	典型应用	管 材	适用管径(mm)	施工长度(m)
非开挖施工方法	管线铺设	顶管法	各种大口径管道,跨越孔	混凝土、钢、铸铁	>900	30~1 500
		隧道施工法	各种大口径管道	混凝土	>900	
		导向钻进法	压力管道、电缆、短跨越孔	钢、塑料	300~1 500	100~2 000
		螺旋钻进法	钢套管、跨越孔	跨越孔	100~1 500	20~100
		冲击矛法	压力管道、电缆、短跨越孔	钢、塑料	40~250	20~60
		夯管法	钢套管、跨越孔、管棚	钢套管	50~2 000	20~80
		盾构法	各种大口径管道	混凝土	>900	
	管线更换	爆管法	各种重力和压力管道	PE、PP、PVC、GRP	50~600	230
		吃管法	各种重力和压力管道	PE、PP、PVC、GRP	50~150	200
		扩孔法	各种重力和压力管道	钢、塑料	100~1 000	300
	管线修复	传统的内衬法	各种重力和压力管道	PE、PP、PVC、GRP	100~2 500	300
		改进的内衬法	各种重力和压力管道	HDPE、PVC、MDPE	75~1 200	1 000
		缠绕法	各种重力管道	PE、PP、PVC、GRP	100~2 500	300
		喷涂法	各种重力和压力管道	水泥浆、树脂	75~4 500	150
		浇筑法	各种重力和压力管道	水泥浆、树脂	100~600	
		管片法	各种重力和压力管道			
		化学稳定法	各种重力和压力管道			
		局部稳定法	各种重力和压力管道			

四、非开挖铺管施工法

1. 顶管施工法

顶管施工法起源于美国,是继盾构法之后而发展起来的一种地下管道施工方法,也是使用得最早的一种非开挖施工方法。

顶管施工就是借助于主顶油缸及中继间等的推力,把工具管或掘进机从土坑内穿过土层一直推到收坑内吊起。与此同时,也就把紧随工具管或掘进机后的管道埋设在两坑之间,这是一种非开挖的敷设地下管道的施工方法,如图8-7所示。

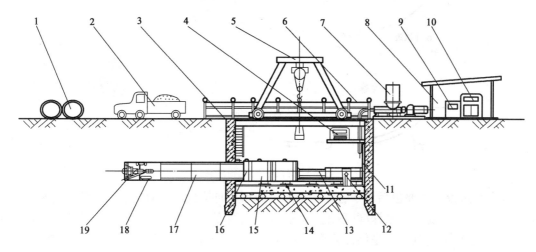

图8-7 顶管施工示意图

1-混凝土管;2-运输车;3-扶梯;4-主顶油泵;5-行车;6-安全扶栏;7-润滑注浆系统;8-操纵房;9-配电系统;10-操纵系统;11-后座;12-测量系统;13-主顶油缸;14-导轨;15-弧形顶铁;16-环形顶铁;17-混凝土管;18-运土车;19-机头

在顶管施工中,最为流行的三种工作面平衡理论是气压、土压和泥水平衡理论。从目前发展趋势来看,土压平衡理论的应用已越来越广。

顶管施工过程中,主要的配套设备包括主顶设备、基坑导轨、顶铁和后靠板、起重设备、注润滑浆设备及出土设备。

顶管施工中的主顶设备包括主顶油缸、主顶油泵及控制阀等。

顶管施工法的适用范围如下:

(1)管径一般在200～3 500mm。

(2)管材一般为混凝土管、钢管、陶土管、玻璃管。

(3)管线长度一般为50～300m,最长可达1 500m。

(4)各种地层,包括含水层。

2.导向钻进施工法

大多数的导向钻进使用一种射流辅助切削钻头,钻头通常带有一个斜面,因此当钻杆不停地回转时钻出一个直孔,而当钻头朝着某个方向给进而不回转时,钻孔发生偏斜。导向钻头内带有一个探头或发射器,探头没有也可以固定在钻头后面。当钻孔向前推进时,发射器发射出来的信号被地表接受器所接收和追踪,因此可以监视方向、深度和其他参数。如图8-8所示。

导向孔施工步骤主要为:探头装入探头盒内;导向钻头连接到钻杆上;转动钻杆,测试探头发射是否正常;回转钻进2m左右,完成导向孔,开始按设计轨迹施工。

根据每段铺管设计高程、地层及地形情况进行导向孔轨迹设计,确定导向孔的施工方案。导向孔钻进是通过导向钻头的高压水射流冲蚀破碎、旋转、切削成孔的。导向钻头前端为造斜面。该造斜面的作用是在钻具不回转钻进时,造斜面对钻头有个偏斜力,使钻头向着斜面的反方向偏斜;钻具在回转顶进时,由于斜面在旋转中斜面的方向不断改变,斜面周围各方向受力均等,使钻头沿轴向的原有趋势在直线上前进。

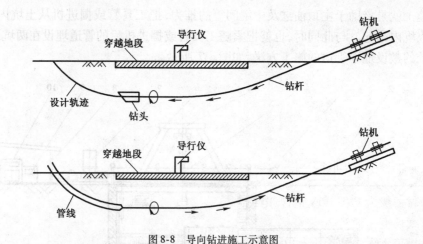

图 8-8 导向钻进施工示意图

导向钻进设备主要包括用于管线探测的仪器和导向钻机。导向仪是导向钻进技术的关键配件之一,它用来随钻测量深度、顶角、工具面向角、温度等基本参数,并将这些参数值直观地提供给钻机操作者,其性能是保证铺管施工质量的重要前提。目前,导向仪有三大类,即手持式、有缆式和无缆式。GBS 系统是目前国际上比较流行的用于非开挖工程上的定向制导钻进系统。

导向钻进施工法的适用范围如下:

(1)管径一般在 50~350mm。

(2)管材一般为钢管和塑料管。

(3)管线长度一般为 20~500m。

3. 气动矛法

气压驱动的冲击矛(也称气动冲击矛)在压缩空气的作用下,矛体内的活塞做往复运动,不断地冲击矛头。由于活塞的质量很大(一般为矛头质量的 10 倍),每次冲击使矛头获得很大的冲击力和高速度,足以克服端部阻力和摩擦力,形成钻孔并带动矛体前进,同时将土向四周挤压。

由于矛体与土层摩擦力的作用,以及活塞往复运动的冲击力远大于回程时的反作用力,所以冲击矛可在土层中自由移动。冲击矛既可前进,也可以后退(只需反方向转动压气软管 1/4 圈,改变配气回路使活塞向后冲击)。冲击矛的既定功能主要是用来回拖管线,或者在遇到障碍物时返回工作坑,重新开孔。

气动矛施工时,一般先在欲铺设管线地段的两端开挖发射工作坑和目标工作坑,其大小可根据矛体的尺寸、铺管的深度、管的类型及操作方便而定。随后将冲击矛放入发射工作坑,并置于发射架上,用瞄准仪调整好矛体的方向和深度。最后使气动冲击矛沿着预定的方向进入土层。当矛体的 1/2 进入土层后,再用瞄准仪校正矛体的方向,如有偏斜应及时调整。校正过程可重复多次,直至矛体完全进入土层,如图 8-9 所示。

目前,管线的铺设方法有直接拉入、反向拉入和扩孔后拉入等。

使用冲击矛施工时,常用的机具主要有冲击矛、空压机、注油器、高压胶管、发射架、瞄准仪、位管接头等。

气动矛施工法的适用范围如下:

(1)管径一般在 30~250mm。

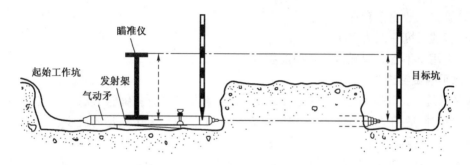

图 8-9　气动矛施工法示意图

（2）管材一般为 PVC、PE、钢管、电缆。

（3）管线长度一般为 20～60m。

（4）适用于不含水的均质地层，如黏土，亚黏土等。

4. 夯管法

夯管过程中，夯管锤产生的较大冲击力直接作用于钢管的后端，通过钢管传递到最前端钢管的管鞋上，克服管鞋的贯入阻力和管壁（内、外壁）与土之间的摩擦阻力，将钢管夯入地层，随着钢管的夯入，被切削的土芯进入钢管内，待钢管抵达目标坑后，将钢管内的土用压气或高压水排出，而钢管则留在孔内。有时为了减少管内壁与土的摩擦阻力，在施工过程中夯入一节钢管后，间断地将管内的土排出，如图 8-10 所示。

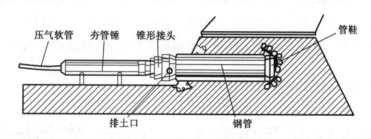

图 8-10　夯管施工法示意图

施工前，首先将夯管锤固定在工作坑上，并精确定位，然后通过锥形接头和张紧将夯管锤连接在钢管的后面。

为了保证施工精度，夯管锤和钢管的中心线必须在同一直线上。在夯第一节钢管时，应不断地进行检查和校正。如果一开始就发生偏斜，以后就很难修正方向。每根管子的焊接要求平整，全部管子须保持在一条直线上，接头内外表面无凸出部分，并且要保证接头处能传递较大的轴向压力。

当所有的管子均夯入土层后，留在钢管内的土可用压气或高压水排出。排土时，须将管的一端密封。当土质疏松时，管内进土的速度会大于夯管的速度，土就会集中在夯管锤的前部，此时，可使用一个两侧带开口的排土式锥形接头在夯管的过程中随时排土。对于直径大于800mm 的钢管，也可以采用螺旋钻杆、高压射流或人工的方式排土，当土的阻力极大时，可以先用冲击矛形成一导向孔，然后再进行夯管施工。

夯管锤铺管系统的配套主要为空压机、夯管锤、带爪压盘、锥形接头、排土锥、张紧带及管鞋。

夯管施工法的适用范围如下：

（1）管径一般在 50～2 000mm。

（2）管材一般为钢套管。

（3）管线长度一般为 20～80m。

（4）适用于不含大卵砾石的各种地质，包括含水地层。

5. 水平螺旋钻进法

水平螺旋钻进法又称水平干钻法，是一种使用较早的非开挖铺管方法。目前，水平螺旋钻机在方向控制、适用地层、铺管长度和尺寸等方面，都比以前有了长足的进步。

施工时，先准备一个工作坑，然后将螺旋钻机水平安放在工作坑内。钻进时，由螺旋钻杆向钻头传递钻压和扭矩，并将钻头切削下来的土屑排到工作坑。欲铺设的钢套管在螺旋钻杆之外，由钻机的顶进油缸向前顶进。钢管间采用焊接的方法连接，在稳定的地层，而且欲铺设的管道较短时，也可采用无套管的方法进行施工，即在成孔后再将欲铺设的管道拉入或顶入孔内，如图 8-11 所示。

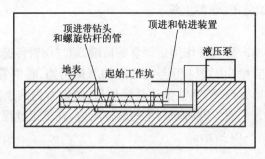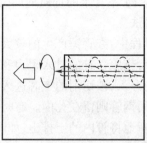

图 8-11　水平螺旋钻进施工法示意图

水平螺旋钻进施工法所用的施工机具主要包括螺旋钻机、螺旋钻杆、钻头、方向控制系统和泥浆润滑系统。

水平螺旋钻进法的适用范围如下：

（1）管径一般为 10～1 500mm。

（2）管材为钢套管，其内可铺设各类管线。

（3）最大管线长度一般为 100m。

（4）一般适用于软至中硬的不含水土层、黏土层和稳定的非黏土性土层。

6. 水平钻进法

水平钻进法又称水平湿钻法，一般分为单管法和双管法两种。

单管施工法类似于取芯钻进法，要求钻机的通孔直径大，能使大口径套管（也是钻杆）通过，并直接钻进铺管。在套管内装有水管，可注水排土，有时也用螺旋输送钻杆排土。钻进时，钻机直接带动套管回转，套管前端装有切削钻头。结束后，套管可以留在孔内作为永久性管道的护管，也可以在顶入永久管道时将套管拉出，如图 8-12 所示。

双管施工法采用双重管正循环钻进工艺，钻进

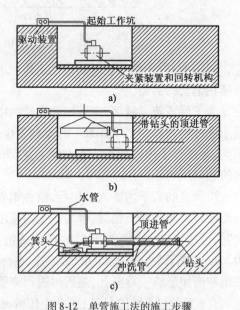

图 8-12　单管施工法的施工步骤

a）安装夹紧装置和回转机构；b）安装和调节第一节带钻头的顶进管；c）顶进

时,内管和钻头由钻杆带动超前回转钻进,外管(即套管)不回转随后压入。由于不能控制钻进的方向,双管法的施工精度也较差,如图8-13所示。

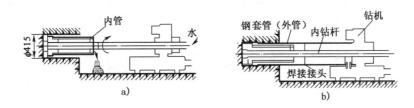

图8-13 双管施工法示意图
a)钻进;b)顶入套管

五、旧管道的更换

1. 爆管法

爆管法又称碎管法或胀管法,是使用爆管工具从管内在动力的作用下挤碎旧管,并用扩孔器将旧管的碎片挤入旧管周围的土层中,同时将等直径或更大口径的新管拉入取代旧管,以达到去旧换新的目的。

爆管施工法一般分为三个步骤进行:准备工作、爆管更换、清洗。

爆管法的优点是:破除旧管和完成新管一次完成;可保持或增加原管的设计能力;施工速度快,对地表的干扰小。

爆管法的缺点:在施工之前必须将支管的连接处拆卸掉,并用开挖的方法进行支管连接。更换金属管道时,往往要求有套管以保护新管不受损坏,碎管的荷载会引起周围土层的变化,旧管埋深较浅或在不可压缩的地层中施工时可能引起地表的隆起,该方法不适于弯管的更换,旧管碎片的去向混乱,可能影响新管的使用寿命。

根据爆管工作的不同,又可将爆管法分为以下几种:

(1)气动爆管法(图8-14)。利用气动锤的冲击力从旧管的内部将其破碎,并将碎片挤压到周围的土层中,同时将新管拉入由爆管装置形成的孔内。此法起初被称为管线插入法,是英国于20世纪70年代开发成功的。适用于由脆性材料制成的管道的更换,新管可以是PE管、聚丙烯、陶土管和玻璃管。

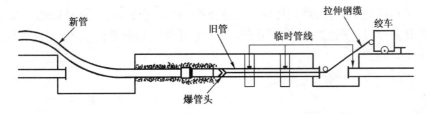

图8-14 气动爆管法施工示意图

(2)液动爆管法(图8-15)。是利用液压静力将旧管胀破,一般为扩张、收缩和拉管三个工作程序的重复,直至将整段旧管全部更换为新管为止。仅适用于脆性的旧管更换,主要为陶土管和不加筋的混凝土管,而不适用于钢管、加筋的混凝土管、石棉水泥管和玻璃钢管等。

(3)切割爆管法。指在施工时,在动力机强大牵引力的作用下,切削刀片沿着旧管道将其切开,连接在切削刀片后的扩孔器紧接着将切开的旧管道撑开并挤入周围的土层,将连接在扩孔器后的新管拉入旧管所在的位置。适用于管径为 50～100mm,长度为 150m 左右的钢管、铁管以及非金属管道等。

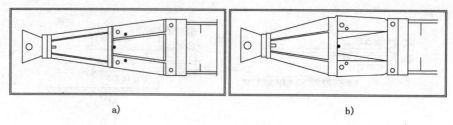

图 8-15　液动冲击锤
a)收缩状态;b)扩张状态

2. 吃管法

吃管法是使用特殊的隧道掘进机,以旧管为导向,将旧管连同周围的土层一起切削破碎,形成相同直径或更大直径的孔,同时将新管顶入,完成管线的更换。破碎后的旧管碎片和土由螺旋钻杆排出。这种方法主要用于更换埋深大于 4m 的非加筋污水管道,如图 8-16 所示。

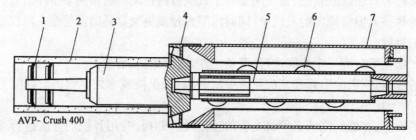

图 8-16　吃管法施工设备 AVP
1-密封件;2-旧管;3-导向头;4-切削钻头;5-冲击锤子;6-螺旋钻杆;7-新管

吃管法的优点是:对地表和土层无干扰;可在复杂的地层中施工,尤其是含水层;能够更换管线的走向和坡度已偏离的管道;施工时不影响管线的正常工作。

吃管法的缺点是:挖两个工作坑以及地表需有足够的工作空间。

吃管法的适用范围:管径为 100～900mm,长度为 200m 左右的陶土管、混凝土管或加筋的混凝土管等的更换。

3. 扩孔法

扩孔法是指在施工时,先将钻杆柱插入待更换的一段旧管内,并在钻杆的一端接上一个特殊设计的扩孔头,然后开始扩孔,在扩孔的同时,将新管拖入旧管的位置,完成管线的更换,如图 8-17 所示。

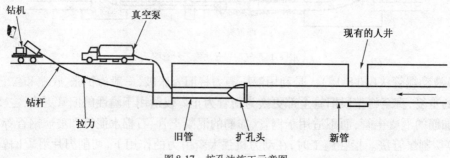

图 8-17　扩孔法施工示意图

318

六、旧管道的修复

1. 传统的内衬法

传统的内衬法也称插管法,是使用最早的一种非开挖地下管道修复方法,适用于各种地下管道的修复。施工时,将一根直径稍小的新管直接插入或拉入旧管内,然后向新旧管之间的环形间隙灌浆,予以固结。该方法可用于旧管中无障碍、管道无明显变形的场合。其优点在于简单易行、施工成本低;缺点在于管道的过流断面损失较大。

根据施工时所用新管的不同,传统的内衬法一般分为两种:一种为连续管法(长管法);一种为非连续管法(短管法),如图8-18所示。

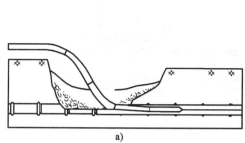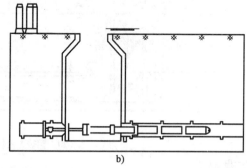

图8-18 传统的内衬法
a)连续管法(长管法);b)非连续管法(短管法)

连续管法是使用一根熔焊而成的连续塑料长管或者焊接而成的钢管,通过钢绳由绞车拉入旧管内。长管可以在现在连接或施工前事先连接好后运到工地。这种施工方法可用于结构性或非结构性的管道修复,施工时要求有坑槽作为插入工作坑。

非连续管法使用带接头的短管,在工作坑连接后逐节地由顶进装置顶入旧管内。短管可以是塑料管(PE或PVE管)、陶土管、混凝土管或者玻璃钢管。短管法简单,对工人的技术要求低。缺点在于新管的接头太多,而且有些管材容易在施工的过程中受到损坏。

2. 改进的内衬法

改进的内衬法,又称紧配合的内衬法,是施工前先将新管(主要是聚乙烯管)通过机械作用,使其断面产生变形(直径变小或改变形状),随后将其送入旧管内,最后通过加热、加压或靠自然作用使其恢复到原来的形状和尺寸,从而与旧管形成紧密的配合。这种非开挖管道修复方法的主要目的是减少修复后管道过流断面的损失,如图8-19所示。

改进的内衬法的优点是:不需要灌浆,施工速度快;过流断面的损失很小,可适应于大曲率半径的弯管;可长距离修复。缺点是:分支管的连接需要进行开挖施工。

改进的内衬法根据新管变形方法的不同,可分为以下几种方式:

(1)缩径法。是利用中密度或高密度聚乙烯材料的临时缩胀特性,使软衬的直径临时性地缩小,以便于置入旧管内达到内衬的目的。

(2)变形法。是使用可变形的PE或PVC管作

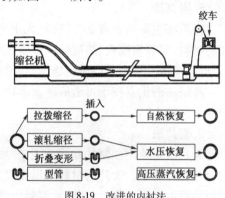

图8-19 改进的内衬法

319

为管道材料,施工前在工厂或工地先通过改变衬管的几何形状来减小断面。变形管在旧管内就位后,利用加热或加压使其膨胀,并恢复到原来的大小和形状,以确保与旧管道形成紧密的配合。

(3)软衬法(图8-20)。也称原始固化法,是在现有的旧管内壁上衬一层液态的热固性树脂,通过加热(利用热水、热蒸气或紫外线等)使其固化,形成与旧管紧密配合的薄层管,而管道的过流断面没有损失,但流动性能大大改善。

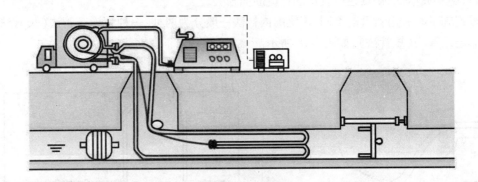

图 8-20　翻转置入软衬管施工示意图

3. 缠绕法

这种方法是使用带连锁的塑料条带在原位缠绕形成一条新管,主要用于修复污水管道。施工时,螺旋缠绕机或人直接进入管道内部,将 PE 或 PVC 等塑料制成衬管条带螺旋地缠绕成管道形状,随后在缠绕管与旧管之间的环形间隙灌浆,予以固结,如图 8-21 所示。

这种方法的优点在于可使用现有的人井;能适应大曲率的弯曲部分;管径可由缠绕机调节,能适应管径的变化;适应长距离施工,施工速度快。缺点在于只适用于圆形或椭圆形断面的管道;过流断面会有所损失;对施工人员的技术要求较高。

4. 喷涂法

喷涂法主要用于管道的防腐处理,也可用于在旧管道内形成结构性内衬。施工时,高速回转的喷头在绞车的牵引下,一边后退一边将水泥浆液或环氧树脂均匀地喷涂在旧管道的内壁上。喷头的后退速度决定喷涂层的厚度。

喷涂法的优点在于不存在支管的连接问题;施工速度快;过流断面的损失小;可适应管径、断面形状、弯曲度的变化。缺点在于树脂固化需要一定的时间;对施工人员的技术要求较高。

5. 浇筑法

浇筑法主要用于修复大口径(大于 900mm)的污水管道。施工时,先在污水管的内壁固定加筋材料,安装钢模板,然后向模板后注入混凝土和胶结材料,以形成一层内衬。混凝土固化后,拆除模板并移到下段进行施工,如图 8-22 所示。

浇筑法的优点在于可适应断面形状的变化;分支管的连接相对较容易。缺点在于对流断面的损失较大。

6. 管片法

管片法是使用预制的扇形管片在大口径管道内直接组合而形成内衬,通常这种内衬由 2~4 片管片组成。管片的材料可以是玻璃纤维加强的混凝土管(GRC)、玻璃钢管片(GRP)、塑料加强的混凝土管片(PRC)、混凝土管片或加筋的砂浆管片。管片组合后,通常需要在环形

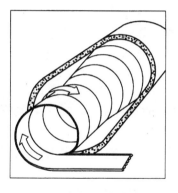

图 8-21　紧配合的缠绕法

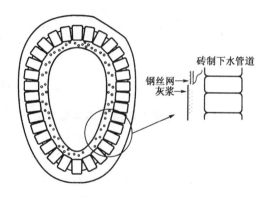

图 8-22　浇筑施工法示意图

空间进行灌浆,如图 8-23 所示。

管片法的优点为:可适应大曲率半径的管道;适用于非圆形断面的管道;对施工人员的技术要求不高;分支管容易处理;施工时管道可以不断流。缺点在于过流断面损失较大;劳动强度较大;施工速度较慢。

7. 化学稳定法

化学稳定法主要用于修复管道内的裂隙和空穴,以形成管道内表面或稳定管道周围的土层。施工前,将待修复的一段管道隔离,并清除管道内部的污垢,封闭分支管道。然后,先向管道内注入一种化学溶液,使其渗入裂隙并进入周围的土层,大约 1h 后将剩余的溶液泵出,再注入第二种化学溶液。多种溶液的化学反应使土层颗粒胶结在一起,形成一种类似混凝土的材料,达到密封裂隙和空穴的目的,如图 8-24 所示。

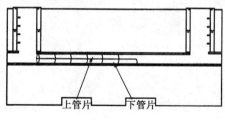

图 8-23　管片施工示意图

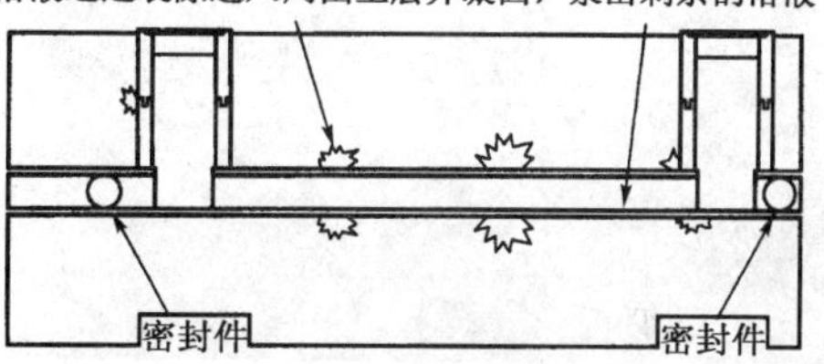

图 8-24　化学稳定法施工示意图

化学稳定法的优点在于施工时对周围的干扰小。缺点在于比较难以控制施工的质量;仅限于小口径管道的修复。

8. 局部修复法

当管道的结构完好,仅有局部性缺陷(裂隙或接头损坏)时,可考虑使用局部修复的方法。目前,进行局部修复的方法很多,主要有以下几种:

(1)密封法。通过向渗漏点注入树脂或浆液以防止进一步渗漏。

(2)补钉法。其原理与软衬法类似,用于局部破损管道,主要是管道内的小孔或裂隙的修复。

(3)灌浆法。使用专用设备,在压力的作用下将浆液(化学浆液或水泥灰浆)或树脂注入管道的裂隙区,以达到防渗目的。

(4)机器人法。使用遥控修复装置(机器人)来进行各种工作的方法。如:切割管道的凸出物(包括树根)、打开管道的侧向分支孔,向裂隙内注浆等。

第四节　沟槽回填技术

一、概　述

近年来,随着城市规模的不断发展和城市居民生活水平的不断提高,城市中各类管线的铺设越来越多,很多旧城区的市政管线也要进行改造。市政管线的施工区域通常都在交通繁忙、人口稠密的路段,一般要求尽量减少对交通和市民生活的影响。因此,沟槽回填的质量和速度,对城市道路的施工、修复具有重要的意义。

铺设市政管线时,由于点多线长、深浅不一,因而遇到的工程地质条件也变化多样,沟槽回填时要充分考虑到地质条件。城市道路的路基填料比较复杂,沟槽回填时要做到一样的土质或一样的集料难度较大。由于施工环境特殊和管线构造的要求,沟槽回填压实施工难度大,容易忽略一些死角,造成质量隐患。沟槽的回填,往往不能使用重型压实机械,多是人工配小型夯实机具进行夯实。如检查井周围、一些管道不能承受压路机压实,必须回填到一定覆土厚度才能压实,这些会使施工进度放慢,回填质量达不到质量要求。图 8-25 为新建市政道路铺设排水管道时开挖的沟槽,图 8-26 为市政道路改造时开挖的沟槽。

图 8-25　铺设排水管道时开挖的沟槽　　　　　图 8-26　市政道路改造时开挖的沟槽

沟槽回填是城市道路或管网工程中的一道重要工序。回填质量的优劣,后期将会对城市环境、交通带来极大的影响。如果处理不当,轻则会使路面塌陷,重则会引发各类交通事故,甚至会造成沿线建筑物坍塌等。

二、沟槽回填引起路面下沉的主要因素

1. 自然因素

(1)回填土的土质分析。由于沟槽的开挖,使原土体结构遭到破坏变为"扰动土",回填后即为扰动土,原土被回填扰动最重要的一点就是结构发生变化,而土的结构是决定路面变形的重要因素。而回填土经一段时间堆放后,也使体积变小。

(2)回填土的压实因素。从强度和稳定性要求出发,土体中含水率是影响压实的主要因素,在所有相同的条件下压实,土体中最佳含水率应符合碾压的要求,土体的干密度越大,强度就越高,稳定性就强。如果沟槽回填中所填的土质,不是最佳含水率的土,那么压实后的效果

就达不到规范的标准和要求。

2. 人为因素

（1）施工管理者的质量意识淡薄，施工人员没有按技术操作施工，技术人员检查不到位，责任心差。

（2）回填土的质量不符合要求。如建筑垃圾、生活垃圾、腐殖土以及1cm以上砖石块，特别是冬季施工回填冻土，春季时土壤形成饱和状态等。

（3）回填土分层夯实，虚铺厚度超过规定的范围，遇到工期紧时，根本做不到分层夯实。

（4）回填土夯实机具不到位，夯实遍数不够，检验人员跟踪检查不到位。

（5）检查井周围回填时，没有对局部进行特殊处理，行车冲击荷载对周围的再夯实，致使路面下沉。

三、沟槽回填相关技术

1. 沟槽回填一般应采取的措施和对策

（1）对于工期要求紧、地下水位高的施工段落，排水管材可由钢筋混凝土管材更换为高密度聚乙烯双壁波纹管材，这样工序上不但可以减少混凝土平基这一工序，而且沟槽开口宽度也可变窄，使受影响的原土范围缩小，回填土的数量减少，减轻了成型后路面的下沉。

（2）回填材料可采用天然砂砾、毛砂和粗砂，可采用直径小于1cm的粗砂颗粒。回填范围：胸腔和管顶以上50cm以内一般采用上述三种材料；其他部位管顶以上50cm以外可用素土，在条件或经济允许的情况下，可全部用这三种材料回填。

（3）每层回填虚铺的厚度不大于20cm，并派专人负责验收。回填时，禁止在毛砂和天然砂砾里掺杂砖石块和垃圾，但适量拌和10%左右的土也是可行的。

（4）在检查井周围方圆1.5m范围内，应采用小型平板电动打夯机，且要有专人负责，分层对井周围夯实时，每层夯实遍数不得少于5遍，并且每层要有检验结果。

（5）井周围回填材料时，可采用2:8和3:7灰土或毛砂、粗砂三种材料。

工程实践表明，在多项工程中采用上述材料进行沟槽回填和夯实，可以收到良好的效果。目前，仍有许多工程技术和科研人员在研究怎样改进施工中的回填材料和加强施工技术的操作，如用具有一定的水硬性、胶凝固结性特征的热焖粉化钢渣材料，作为回填材料，通过制订材料技术性能标准和拌制加工工艺，不但能保证回填工程质量、满足回填强度要求，而且通过利用工业废渣可创造良好的经济效益、社会效益、环境效益。

2. 不同地质条件下的回填病害及有关处理办法

（1）湿陷性黄土类沟槽。湿陷性黄土类沟槽由于其物理力学性质特征，沟槽回填中最易发生的病害现象是遇水沉降，针对此情况，处理对策如下：

①保证回填土的压实度达到规范要求，即管侧不小于90%，管顶以上25cm范围内不小于87%，其他部位回填土的压实度应符合表8-2的规定。

②当原土含水率高且不具备降低含水率条件，不能达到要求压实度标准时，管道两侧及沟槽人行路基范围内的管道顶部以上，应回填砂、砂砾或采用石灰土与回填土拌和后的材料。当回填土含水率过低时，应采用分层摊铺洒水压实的办法予以解决。

③对回填沟槽中遇到的其他易产生漏水的污水、供水、雨水管道附近，要采取混凝土浇筑的防漏措施，以保证其不对沟槽内渗水。

④最上层沥青路面恢复时，要切实做好上、下的淋油封层，以保证雨季不通过路面向沟槽

内渗水。

（2）红黏土类沟槽。红黏土类沟槽因其力学特征导致开挖后的回填土极易成块，并产生大量裂隙（沟槽两侧亦然），因而其回填往往难以达到标准压实度，并且遇水强度降低。回填后的病害现象为极易形成路面橡皮泥状，处理对策如下：

沟槽回填土作为路基的最小压实度 表 8-2

由路槽底算起的深度范围(cm)	道路类别	最低压实度（%）	
		重型击实标准	轻型击实标准
≤80	快速路及主干路	95	98
	次干路	93	95
	支路	90	92
80～150	快速路及主干路	93	95
	次干路	90	92
	支路	87	90
>150	快速路及主干路	87	90
	次干路	87	90
	支路	87	90

①过筛处理回填土，为保证回填土质量和提高回填速度，建议一般用筛网直径以 3cm × 3cm 为宜。

②保证回填土压实度。

③保证回填土的最佳含水率。过高时可采用摊铺风干处理，过低时宜进行洒水摊铺。

④做好沟槽本身及周围的防水处理，确保沟槽内不进水。

⑤若在进行沥青路面恢复时，发现沟槽内回填土含水率过高，要进行挖出摊晒处理，并分层夯实。

⑥恢复沥青路面时，做好上、下淋油封层，以确保雨季不通过路面向沟槽内渗水。

（3）填土类沟槽。填土类沟槽是老城区管网铺设中最常遇见的一类沟槽，其所受到的工程力学性质，若处理不当，不但会造成路面破坏问题，而且会在上覆荷载过大时，造成所铺管道的损坏等。处理对策如下：

①要保证管道底部土的强度，若管道底部仍为杂填土时，应进行深挖换土处理。若因条件所限，不可能全部深挖时，起码应保证深挖管底 60cm，并换用细砂回填处理。

②沟槽宜适当加宽，一般应比正常地层设计宽度每边宽 10cm 为宜，并采用合乎回填标准的外运土回填夯实。

③保证管道两侧回填土压实度，避免后期运行中出现管道顶部凸起承力现象。

（4）风化岩石与残积土类沟槽。此类沟槽在开挖时极易形成开挖宽窄不等、深度不一的情况，在回填后因密实度不均，常常造成路面不均、管道两侧压实不佳、不均匀沉降等现象。处理对策如下：

①对因石块过大而造成的超挖地段，要进行垫砂整平处理。

②回填土全部进行过筛处理，若回填土不足时，要选择合乎质量要求的外运土进行回填。

③保证回填后的密实度达到规范要求。

④为保证所铺管道不被破坏，管道底部、顶部和两侧要用细砂保护。

3. 英达城市道路沟槽快速回填新技术简介

这种技术采取基层回填与路面修复跟进作业方式,基层加入美国进口添加剂(一种可使基层不收缩的特殊材料)搅拌后回填,配合英达热再生有限公司的辐射式专利加热设备,经烘烤后可使基层强度迅速增加,提前达到铺筑沥青面层所需的施工条件,从而实现了填料回填和沥青路面面层铺筑同步进行。铺筑沥青混凝土面层时,采用的是无弱接缝、无弱界面的热再生沥青路面修补工艺,可以快速、有效地消除新旧路面的弱接缝、弱界面,实现铺筑的路面与周边路面、层间的热黏结。

当管路铺设结束后,分别对沟槽的管腔、路面基层部分空间注入不收缩的填料至面层,如图 8-27 所示。采用振捣器将回填料振捣密实,再用修路王加热墙将路基填料面层约 200mm 厚的填料快速烘干硬化,根据施工时的环境温度,一般需 15~20min。填料变硬后,具有足够强度,如图 8-28 所示。抗压强度达到≥0.8MPa,以承受压路机或车轮等压力。

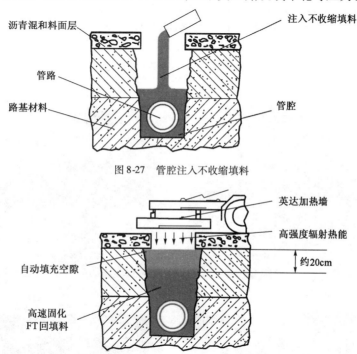

图 8-27　管腔注入不收缩填料

图 8-28　用修路王加热墙烘干面层

由美国引进的不收缩回填材料添加剂在回填材料的拌和过程中被加入。由于这种添加剂的加入,拌和后的回填材料具备如下四个特性:

(1)具有良好的流动性。

(2)凝固过程不收缩。

(3)快速产生足够的强度。

(4)便于日后维修时的再开挖。

用修路王加热墙按标准工艺步骤进行面层的修补,完成整个修补工艺,如图 8-29 所示。英达城市道路沟槽快速回填技术的工艺流程如图 8-30 所示,施工过程如图 8-31 所示。

4. 其他回填技术

1)"水闷"法

所谓"水闷"法,就是利用水在填料中的流动,带动填料中较小的颗粒,充填较大颗粒的间

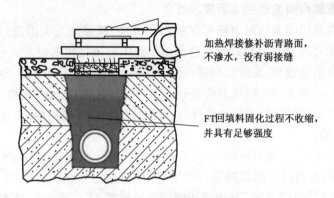

加热焊接修补沥青路面，不渗水，没有弱接缝

FT回填料固化过程不收缩，并具有足够强度

图 8-29　用修路王修复整个面层

破碎掘路的废料 → 加入添加剂拌和 → 填料回填捣实 → 基层烘烤 → 分层罩面

图 8-30　英达沟槽快速回填技术工艺流程

a)　　　　　　　　　　　　　　　　　b)

c)　　　　　　　　　　　　　　　　　d)

图 8-31　英达沟槽快速回填技术施工过程
a)加入添加剂拌和；b)基层料回填与捣实；c)路面层分层修复；d)完成修复工程后的路面

隙，使填料达到密实。此法适用于基础坐落在透水土层、填料也是透水性好的管道沟槽回填工程。原则上对管道胸腔和管顶以上 50cm 范围内采用"水闷"法回填，其余部位采用压路机压

实。"水闷"法的施工要点为：

（1）做好回填前的准备工作，包括清除槽内的淤泥和杂物，准备好抽水机具等。

（2）选择填料，确保填料为透水性好的砂卵石或中砂等。

（3）控制好回填厚度，每层的虚铺厚度一般为 30～50cm，且要摊铺均匀，层面要平整。

（4）灌水使水面高出回填土层面 30cm 左右。

（5）水闷时间宜控制在 6～12h，填层厚度大者则相应增加水闷时间。

（6）检测回填土的压实度，不合格者要重复水闷，直至合格，才能进行下一层回填。在地质、填料都满足要求的工程施工中，"水闷"法回填沟槽是一种较好的方法，特别对质量要求高、速度要求快的市政工程，其优点更为显著，加上使用此法无需购买大型专用设备，就能产生较好的经济效益。当然，"水闷"法还有待研究之处，如随着填土厚度的增加，其下层土密实度达到设计要求，但透水性能相对减弱，使上层填料的水闷密实度降低，水闷时间也要相对延长。所以，对水闷法的最佳适用厚度尚待进一步探讨和研究。

2）灌水振捣密实法

以排水管道沟槽回填为例，排水管改造的沟槽深，原土回填分层夯实工作量大，工期较长，很不经济。根据以往的施工经验，即使回填土按 30cm 一层分层打夯，其压实度在短时间内也难以达到规定的密实度要求，使修复的市政道路沉陷，影响很坏。在某些城市的旧城排水管改造施工中，有的路段采用了更换回填土料，灌水振捣密实的方法回填沟槽，取得了较好的效果。

（1）回填土料的选择。选择回填材料，要求具有经济廉价、容易密实、不会沉降等特点，一般选用石屑作为回填材料。回填用的石屑的最大粒径应小于 5mm，粒径太大则不易振捣，且颗粒间隙太大，不易保证密实度。对其含泥量的要求不必像道路稳定层用的那么严格，含泥量在 1%～3%最佳，含泥量小则材料费用较高，含泥量太大则石屑遇水会形成橡皮土。

（2）灌水振捣密实。石屑灌满水后成为半流态，在混凝土振捣棒的振捣下，其松散结构重新排列，小颗粒填充入大颗粒的间隙，细颗粒填充小颗粒的间隙，粉末填充入细颗粒的间隙，使回填料的孔隙率降低，从而增加了密实度。实践证明，振捣棒以与地面呈 45°斜角插入效果较好。振捣棒在灌满水的石屑中振捣半径可达 30cm。每次振捣的深度不宜大于 1.5m，若沟槽深度大于 1.5m，不易保证充分振捣，则应分层振捣密实。通常采用本方法后再用压路机压实，回填土的密实度可以达到 93%以上，待水稍干后，含水率下降，面层密实度可达 95%以上，完全可以满足道路施工的要求。

在市政道路排水工程改造施工中，采用石屑回填——灌水振捣施工技术，能有效地缩短施工工期，又能保证回填土的密实度。而该技术回填部分增加的材料和机械费用对整个工程造价的影响较小。所以说，该方法在旧城市政管线改造中是适用的。在工期要求较紧的新建市政管道中，该方法也有一定实用价值。

3）土工格网法

由于沟槽回填时沟槽边一侧为老路基，一侧为回填土，沉降量存在差异，为道路开裂留下隐患，特别是人工回填土沉降量大，而老路基已完成大部分的沉降，这样不可避免地在结合部产生一个沉降差值突变点，成为道路产生裂缝的主要原因。而保证回填土与两侧老路基的整体性，使路基沉降保持均衡，则是沟槽回填土的关键性问题。土工格网处理沟槽回填土，可以加强回填土与路基的整体性，减少不均匀沉降，与其他措施相比，具有施工快捷、经济效益好等优点。

沟槽回填时，将土工格网沿沟槽的横向铺设，施工时应保证格网铺向与沟槽垂直。将截断的土工格网两端锚固在土质台阶上,并将土工格网张拉紧,使之产生 1% ~ 3% 的伸长,相邻两幅土工格网的搭接长度≥20cm,并用尼龙绳呈"之"字形穿绑,使之成为一体。由于土工格网为柔性材料,它能承受较大的拉应力,将其布置在土体的拉伸变形区;土的拉应力传给土工格网,使筋材成为抗拉构件。当受荷载作用时,土工格网与土体间咬合镶嵌的摩阻力制约了土体的侧向变形,土工格网与土体之间具有较高的黏结作用,并与土体产生嵌固作用的效应,显示出更好的抗拉性能,高抗拉性使有筋土强度远远高于无筋土,极大地提高了路基土承受剪应力的能力,一定程度上改善了路基的沉降状况,使得横断面的沉降趋于均匀,因此能减少新老路基结合部的差异沉降,防止新老路基结合部出现纵横向裂缝。

4)钢筋混凝土保护法

市政管线中,如电缆、光缆埋置深度有时很浅,不能进行压实,一般可采用两侧钢筋混凝土地梁保护的方法,使路面车轮荷载(或压路机碾压时受力)均匀分担到地梁上,使电缆、光缆不直接受外力作用。既保护了电缆、光缆,也使得在沟槽回填施工中覆土较薄的情况下压路机可以直接碾压,保证电缆管上面覆土层和周边土方压实。电缆管下路基持力层的受力因经过钢筋混凝土地梁应力扩散,受力状况得到改善,不至于造成不均匀沉降。

 思考题与习题

1.水泥混凝土路面快速修补材料有哪些?各自的适用范围是什么?

2.叙述沥青混凝土路面维修的方法及其比较。

3.顶管施工法的施工原理是什么?

4.旧管道的修复有哪几种?其适用范围是什么?

5.沟槽回填的病害有哪几类?基本对策是什么?

6.水平螺旋钻进的施工方法是什么?

7.简述管道铺设的常用方法。

8.简述在沟槽回填中引起路面下沉的因素有哪些?

参 考 文 献

[1] 中华人民共和国国家标准. GB 50373—2006 通信管道与通道工程设计规范[S]. 北京：中国计划出版社,2007.

[2] 中华人民共和国国家标准. GB 50289—98 城市工程管线综合规划规范[S]. 北京：中国建筑工业出版社,1999.

[3] 中华人民共和国国家标准. GB 50217—2007 电力工程电缆设计规范[S]. 北京：中国建筑工业出版社,2007.

[4] 中华人民共和国国家标准. GB 50028—2006 城镇燃气设计规范[S]. 北京：中国建筑工业出版社,2007.

[5] 中华人民共和国行业标准. CJJ 34—2002 城市热力网设计规范[S]. 北京：中国建筑工业出版社,2002.

[6] 中华人民共和国行业标准. JTG D20—2006 公路路线设计规范[S]. 北京：人民交通出版社,2006.

[7] 中华人民共和国行业标准. JTG B01—2003 公路工程技术标准[S]. 北京：人民交通出版社,2003.

[8] 中华人民共和国行业标准. JTG D50—2006 公路沥青路面设计规范[S]. 北京：人民交通出版社,2006.

[9] 中华人民共和国行业标准. JTG D30—2004 公路路基设计规范[S]. 北京：人民交通出版社,2004.

[10] 中华人民共和国行业标准. CJJ 56—94 市政工程勘察规范[S]. 北京：中国建筑工业出版社,1994.

[11] 何晖,等. 土木工程概论[M]. 西安：陕西科学技术出版社,2004.

[12] 王云江. 市政工程概论[M]. 北京：中国建筑工业出版社,2007.

[13] 栗振锋,李素梅. 路基路面工程[M]. 第2版. 北京：人民交通出版社,2009.

[14] 杨少伟. 道路勘测设计[M]. 北京：人民交通出版社,2006.

[15] 白建国,等. 市政管道工程施工[M]. 北京：中国建筑工业出版社,2007.

[16] 程和美. 管道工程施工[M]. 北京：中国建筑工业出版社,2006.

[17] 周胜. 管道工[M]. 北京：化学工业出版社,2008.

[18] 温传舟. 管道工操作技术[M]. 北京：化学工业出版社,2007.

[19] 蒋志良. 供热工程[M]. 北京：中国建筑工业出版社,2005.

[20] 邵宗义. 适用供热、供燃气管道工程技术[M]. 北京：化学工业出版社,2005.

[21] 李天荣. 城市工程管线系统[M]. 重庆：重庆大学出版社,2005.

[22] 陈送财. 建筑给排水[M]. 北京：机械工业出版社,2007.

[23] 刘金生. 建筑设备[M]. 北京：中国建筑工业出版社,2006.

[24] 戴慎志. 城市工程系统规划[M]. 北京：中国建筑工业出版社,1999.

[25] 李公藩. 燃气管道工程施工[M]. 北京：中国计划出版社,2001.

[26] 花景新. 燃气管道供应[M]. 北京：化学工业出版社,2007.

[27] 段常贵. 燃气输配[M]. 北京：中国建筑工业出版社,2001.

[28] 周维权. 中国古典园林史[M]. 北京:清华大学出版社,1990.

[29] 俞孔坚,等. 高科技园区景观设计[M]. 北京:中国建筑工业出版社,2001.

[30] 彭振华. 城市林业[M]. 北京:中国林业出版社,2003.

[31] 魏小琴. 世纪之约——深圳市生态风景林建设文集[M]. 北京:中国林业出版社,1999.

[32] 张自杰,林荣忱,金儒霖. 排水工程[M]. 第3版. 北京:中国建筑工业出版社,1996.

[33] 丁亚兰. 国内外废水处理工程设计实例[M]. 北京:化学工业出版社,2000.

[34] 王凯军,贾立敏. 城市污水生物处理新技术开发与应用[M]. 北京:化学工业出版社,2001.